应用运筹与博弈教材教辅系列

运筹学基础

（第2版）

李志猛　刘　进　李卫丽　编著

电子工业出版社

Publishing House of Electronics Industry

北京·BEIJING

内 容 简 介

本书是基于编著者多年一线教学经验编写而成的，同时广泛参考了中外多类运筹学教材，体例上充分考虑了读者自主学习的需求。书中主要内容围绕运筹学典型问题展开，依次说明经典运筹学分支所针对的问题、问题适用的模型、模型的通用求解算法及结论的实践应用。在本书的编著过程中还针对各类创新竞赛的要求，增加了 LINGO 软件求解的介绍。

作为系列教材的第 1 本，本书内容包括绪论、运筹学研究方法、线性规划与单纯形法、对偶理论与灵敏度分析、运输问题、线性目标规划、整数线性规划、图与网络分析、其他分支选讲共 9 章。内容选取考虑多类专业领域的实际，具有一定的深度和广度。附录 A 给出了 12 类综合实践项目供读者选用，这些项目在作者的教学实践中取得了较好的应用效果。本书中部分内容难度稍大，用"*"标记，供读者选修。

本书可作为高等院校理工科相关专业基础课程的教材，也可作为感兴趣读者的自学参考书。

图书在版编目（CIP）数据

运筹学基础 / 李志猛，刘进，李卫丽编著. —2 版. —北京：电子工业出版社，2021.7

应用运筹与博弈教材教辅系列

ISBN 978-7-121-41298-1

Ⅰ．①运… Ⅱ．①李… ②刘… ③李… Ⅲ．①运筹学—高等学校—教材 Ⅳ．①O22

中国版本图书馆 CIP 数据核字（2021）第 105948 号

责任编辑：徐蔷薇　　　文字编辑：赵　娜

印　刷：北京七彩京通数码快印有限公司

装　订：北京七彩京通数码快印有限公司

出版发行：电子工业出版社

　　　　　北京市海淀区万寿路 173 信箱　　邮编：100036

开　本：787×1 092　1/16　印张：27.5　字数：572 千字

版　次：2019 年 11 月第 1 版
　　　　2021 年 7 月第 2 版

印　次：2023 年 3 月第 3 次印刷

定　价：88.00 元

凡所购买电子工业出版社图书有缺损问题，请向购买书店调换。若书店售缺，请与本社发行部联系，联系及邮购电话：（010）88254888，88258888。

质量投诉请发邮件至 zlts@phei.com.cn，盗版侵权举报请发邮件至 dbqq@phei.com.cn。

本书咨询联系方式：（010）88254438，xuqw@phei.com.cn。

前　言

运筹学是近几十年发展起来的一门新兴学科，其研究目的是形成和求解所谓"优化"问题，问题的优化往往对应着更好的决策，意味着在相同条件下获得更高的社会效益、经济效益或军事效益。因此，运筹学有着很强的实用性，在经济管理、工业工程、卫生医疗，乃至军事等领域都有着广泛的应用，特别是作为人工智能和大数据分析的基础支撑学科，已经成为高等院校热门的专业基础课程。

本书是基于编著者多年的一线教学经验编写的，同时广泛参考了中外多类运筹学教材，矫正了多处国内教材中常见的不准确之处，同时充分考虑了读者自主学习的需求，力争做到"体例完整、深入浅出"。书中主要内容均围绕运筹学典型问题展开，依次说明经典运筹学分支所针对的问题、问题适用的模型、模型的通用求解算法及结论的实践应用。此外，针对各类创新竞赛和解决实际问题的需求，增加 LINGO 软件求解的介绍。

内容与特色

本书作为系列教材的第 1 本，内容包括绪论、运筹学研究方法、线性规划与单纯形法、对偶理论与灵敏度分析、运输问题、线性目标规划、整数线性规划、图与网络分析、其他分支选讲共 9 章，主要是运筹学中使用确定性模型的分支，具体内容选择上兼顾了理论深度和应用广度。书中考虑多个专业领域的需求，增加了具有实际背景的多类案例，同时在附录 A 中给出了 12 类综合实践项目供读者选用，这些项目在作者的教学实践中取得了较好的应用效果。

面向的读者

本书预设的读者对象为学习过高等数学（主要是线性代数）的低年级大学生，需要提前了解的基础数学知识主要包括线性相关与线性无关、矩阵的运算和求逆等，如果读者还了解有关线性空间的知识会更好（如果不了解，也没有很大影响）。

本书可作为高等院校相关专业的第一门运筹学课程的教材。由于编排时充分考虑了自主学习的需求，也适宜作为对运筹学感兴趣的读者或参加数学建模活动的读者的自学参考书。

软件的使用

本书使用 LINGO 作为求解软件，该软件由 Lindo System Inc. 开发，读者可从该公司官网（www.lindo.com）获得免费试用版（对于入门用户来说，试用版即可满足一般需求），本书附录 B 为 LINGO 使用说明，供读者参考。

致谢

本书编写的具体分工：李志猛负责本书总体，以及第 1～5 章、第 8 章、第 9 章部分；刘进负责第 6 章和第 7 章、第 9 章部分及课后习题；李卫丽负责 9.2 节的编写及课后习题答案的审核，王建江老师也提供了部分素材。另有多位老师参与审校和提出意见。在本书编写和出版过程中，国防科技大学系统工程学院和作战运筹与规划系的两级领导十分关心，特别感谢学院在经费保障方面的支持。国防科技大学运筹学教学团队的其他老师和作者多年并肩作战，坚持在教学一线，对本书的形成助益良多，他们是徐培德教授、祝江汉教授、马满好老师、朱晓敏老师、伍国华老师、张昆仑老师，这里一并向他们致谢和致敬！

本书经过多个教学班的试用，很多同学为本书的形成付出了辛苦的劳动，包括但不限于以下同学：于绪虎、万珊珊、何家辉、姜智文、李旻浩、黄欢欢、侯文哲、宫铨志、余京、杨君燕、石家豪、卢伟峰、李振龙、侯衍波、姚远征、田硕、楼新星、翟文硕、李哲、杨忠。

本书出版过程中，电子工业出版社的编辑队伍认真负责、尽心尽力，保证了本书的顺利出版。本书也参考了多位前辈、同人的文献和网上资料，难以一一列举，一并向他们致谢。当然，本书编写仓促，难免有错讹之处，这些概由作者负责。也请发现错误的读者及时告知作者，以便再版时修订，联系方式为 zmli@nudt.edu.cn。

本书为任课教师提供配套的教学资源（包含电子教案等），需要者可登录华信教育资源网（http://www.hxedu.com.cn），注册后免费下载。本书附录 C 中有习题的参考答案，详细解题过程读者可参考本书的配套辅导书《运筹学基础学习指导和习题详解》。

李志猛

2021 年 4 月于德雅村

目　录

第1章

绪 论

　　"……夫未战而庙算胜者，得算多也；未战而庙算不胜者，得算少也。多算胜，少算不胜，而况于无算乎！"

　　"……用兵之法，十则围之，五则攻之，倍则分之，敌则能战之，少则能逃之，不若则能避之。故小敌之坚，大敌之擒也。"

——《孙子兵法》

在历史长河中，人们一直在不断地探索更好的决策方法，朴素的"量化优化"思想火花时有闪现。20 世纪的两次世界大战，特别是第二次世界大战为决策优化问题的深入研究提供了强大驱动力。20 世纪 50 年代以后，产业革命蓬勃发展，经济、社会、军事等各领域中组织的规模和复杂性空前扩大，形成了有效分配各类资源、做好管理决策、促进整体协调的强大需求。在此背景下，找到相应的科学方法日益迫切，运筹学学科应运而生。

诞生之初运筹学就在学术领域被广泛认可，在实际使用中也产生了巨大的经济效益和社会效益。运筹学研究的基本目的是"选优求胜"，即在生活生产实践中寻求更优的方案和更高的效益，以及在有对抗的条件下追求优势和胜利。研究的基本手段是定量化和模型化，运筹学总是企图将问题中的要素定量化，并在量化后将要素之间的关系用模型表达出来，本书中所有运筹学分支皆是如此。相信经过学习，读者一定会对这两点深有体会。

本章对运筹学的起源、形成和发展做简略的回顾，并从总体上说明运筹学学科的基本性质、主要内容及应用情况。

1.1　发展简史

虽然现代运筹学学科的诞生是在 20 世纪，但人们使用量化方法来优化决策的实践由来已久，朴素的运筹优化观念伴随人类发展的历史。古今中外有很多事例，我国古代兵书《孙子兵法》中就有很多应用数量分析来优化作战决策的论述，《史记》中记载的"田忌赛马"故事则直接体现了古人运筹博弈的智慧（对应于现代运筹学，是一个典型的两人零和对策模型）；西方则有 18 世纪大数学家欧拉（L. Euler）解决柯尼斯堡七桥问题的经典事例。进入 20 世纪后，运筹学早期的典型事件包括：1913 年美国工程师哈里斯（F. W. Harris）最早提出存储优化的经济订货批量公式，1916 年英国工程师兰彻斯特（F. W. Lanchester）首次提出了描述作战双方兵力损耗的数学方程——Lanchester 方程，以及 1917 年丹麦工程师爱尔朗（A. K. Erlang）在研究电话系统时最先提出了排队论研究的思路。

　　尽管 20 世纪 30 年代前，已经有不少相关成果出现，但学者普遍认为，真正意义上的运筹分析研究起源于第二次世界大战前的相关工作，这些工作都是为战争服务的。下面简要说明在这段时间及其后运筹学的发展历程，可分为萌芽时期、形成时期和发展时期。

1.1.1　萌芽时期

　　20 世纪 30 年代末，在第二次世界大战爆发前夕，英国为了应对德军的空中威胁，积极研究雷达系统的作战运用问题，从事这一工作的科学家小组负责人罗威（A. P. Rowe）在 1938 年将这一工作称为 "Operational Research" [1]（20 世纪 50 年代引入我国后，译为运筹学）。这一工作后来被证明价值巨大，使用的方法和研究模式被广泛推广，促进了运筹学学科的最终形成。20 世纪 30 年代至 40 年代中期被认为是现代运筹学的萌芽时期。

【案例 1.1】　分析、评估与改进——用科学方法研究战争问题

　　1935 年，德国已经开始了积极扩军备战，欧洲上空战争阴云密布。为了应对德国空中力量的严重威胁，英国开始了认真的战争准备，其中一个重要工作就是研制能够利用电波远程探测敌机的系统，后来这类系统被称为雷达（RADAR，无线电探测与测距的英文缩写）。如何更有效地使用这一新系统呢？在其后几年间，英国的科学家们、英国皇家空军的官兵及其他相关人员密切合作，进行了一系列的试验，他们在英国东海岸安装了雷达系统，并进行了各类实战化模拟测试。逐渐地，他们确定了跟踪和报告敌机位置的方法，但为了有效地拦截敌机，还必须对英国战斗机加以控制和引导，让它们及时到达适当的地点实施起飞拦截。因此，工作重点就由技术性试验转化为有效的系统使用战术研究，并评估该战术的效率，提出改进的措施建议。

---

　　[1]　英文中，"Operational" 的基本词义是操作运用的或可使用，也有军事活动的意思。

其后参与雷达运用研究工作的部分成员被派到英国皇家空军作战指挥部参与另一项战术应用研究工作，并在 1939—1940 年的 2 年间同学者和作战人员合作，取得了很大的成果和广泛的影响，以至于后来在英国空军负责空中轰炸、潜艇作战及防空作战的部门都成立了类似的研究小组，他们积极参与作战问题研究，提供高质量的决策建议。

1940 年秋季，德国开始对英国实施空中大轰炸，英军防空指挥部面临严峻的挑战，为了应对复杂的技术问题和作战问题，其迅速成立了一个由诺贝尔物理学奖得主布莱凯特（P. M. S Blackett）领导的运筹研究小组，成员包括物理学家、化学家、数学家、心理学家、统计员和军官。由于成员复杂，被人们戏称为布莱凯特马戏团。这一早期的运筹研究小组工作极为有效，对于英国成功抗击德军的空袭做出了重要贡献。1941 年后，在布莱凯特的建议下，英国皇家海军也成立了类似的研究机构。

在 1941 年 12 月"珍珠港事件"后，美国投入了战争，美国海军和陆军航空作战部队（当时美国空军尚未成立，1947 年 9 月才独立为军种）很快注意到英军中使用科学家研究作战的情况。1942 年后，为了应对大西洋上的德国潜艇，美国海军成立了反潜战运筹研究小组，并请麻省理工学院的物理学家菲利普·莫尔斯（Philip W. Morse）来领导，这一小组后来提出了提高反潜作战效率的诸多建议，为盟军反潜战的胜利做出了重要贡献；同时，美国陆军航空作战部队则成立了"作战分析小组"，研究空战的相关问题。盟国中的加拿大皇家空军也几乎同期成立了多个运筹研究小组。

1945 年战争将近结束时，在盟军中提供各类服务的运筹研究小组已经有几十个，保守估计，参与相关研究工作的科学家约 700 多名。他们不仅提供技术上的帮助，更重要的是进行了各种各样的战果评价和战术革新工作，将各类科学知识应用到作战计划制订、战略决策选择等方面，为最后盟军获得战争胜利做出了重要贡献[1]。作为对照，德意日轴心国方面在整个战争期间，没有类似的研究工作。

比战争中这些学者的贡献更重要的是，很多人在其中看到了一门新学科的萌芽，这门新学科要解决的核心问题是，通过定性定量的科学分析，更好地设计和使用各类系统，为决策者提供有量化依据的、高质量的意见建议。这类问题不但

---

[1] 对于第二次世界大战中盟国的作战运筹研究，时任美国总司令的海军上将欧内斯特·约瑟夫·金（E. J. King）在 1945 年的总结报告中做出如下评价："现代战争在方法和手段两方面的复杂性，要求我们对每一阶段中我方和敌方所采取的措施及反措施进行精确的分析。科学研究不仅能加速武器的发展和生产，还能有助于保证其正确使用。有资格的科学家们把科学方法应用到海军作战技术和设备的改进上，形成了运筹学……"

在战争或军事组织中普遍存在，还在平时各类社会经济组织中普遍存在。实际上，由于没有了迫切的战争威胁，大部分战时研究者在战后把注意力更多地转向了国防建设、经营计划、企业生产甚至社会管理等领域的问题，大大拓展了研究范围，使得运筹学在工业和大学中有了快速的发展。

1.1.2　形成时期

第二次世界大战后，大多数战时运筹研究者回到了原来的工作岗位，很多人在战争中的研究工作得到了其他形式的延续。第一种形式是和军事组织继续合作，开展装备发展论证、作战效能评价、国防建设规划等研究。最为典型的是美军，其战时的海军运筹小组战后扩大为作战评价机构，并与大学建立了合作关系，研究海军武器装备发展的新问题；美国空军则扩大了其战时建立的作战分析小组，在 1948 年设立了空军运筹局，并在道格拉斯飞机公司启动了兰德（RAND，英文中"研究与发展"的缩写）计划，后者在 1949 年演变为后来赫赫有名的兰德公司；第二种形式是根据工业生产、城市规划等非军事领域的实际需要，发展出更多的运筹学分支，如更一般的数学规划、动态规划、排队论、计算机模拟等。其中最主要的贡献是由时任美军数学顾问的丹捷格（G. B. Dantzig）在 1947 年提出的线性规划单纯形解法。

由于研究领域的拓展和研究人员逐步增多，专业化的学术机构相继出现，最早建立运筹学学会的国家是英国（1948 年），随后是美国（1952 年）和法国（1956 年），到 20 世纪 70 年代，世界上主要国家基本都建立了运筹学学会或类似专业组织。同时在 1959 年，国际运筹学学会联合会（INFORS）正式成立，并在英国牛津举行了第一届国际会议。相关专著也相继出现，对第二次世界大战中研究工作进行总结的专著《运筹学方法》（*Methods of Operations Research*）1951 年公开出版（其原版 1946 年由 P. M. Moose 和 G. E. Kimball 写成，但被政府认定需要保密而没能出版），这本书被称为历史上第一本运筹学专著，而被公认为第一本运筹学教材的是《运筹学导论》（*Introduction to Operations Research*），出版于 1957 年。20 世纪 60 年代以后，各类运筹学学术著作和教材已经如雨后春笋般出现。几乎与专业学术机构的发展同步，这些国家的大学在 20 世纪 50 年代开始出现专门的运筹学课程，根据美国运筹学学会 1973 年的统计，截至当时，美国大学中已经出现了 50 多门运筹学课程，专业化教育的形成也从另一方面标志着运筹学作为一门学科正式形成。

1.1.3 发展时期

如果说 20 世纪 50 年代运筹学学会、研究专著和大学课程的出现标志着运筹学这门学科的正式形成，那么 20 世纪 50 年代后，美国、西欧等地区工业化生产的蓬勃发展则为运筹学学科的发展提供了强大的需求动力。到 20 世纪 60 年代中期，美国大型企业在经营管理中已经大量应用运筹学，用于生产计划制订、资源分配、设备更新等方面，甚至政府和一些公用事业开始雇佣运筹学专家来从事相关方法和模型的研究，以减少成本和提高效率。同时计算机的普及应用解决了手工大规模计算的难题，为运筹学中各类算法的兴起提供了基础条件（1951年，在美国空军支持建成的一台计算机上，最早的通用单纯形算法程序就被编写出来了）。

20 世纪 50—60 年代可称为运筹学发展史上的"大爆发"时期，运筹学各经典分支中的大部分模型和算法都被提出来，运筹学的基础性教材中涉及的大多数内容，包括线性规划的对偶理论、对偶单纯形算法、线性目标规划与解法、求解整数规划的分枝定界法和割平面法、求解指派问题的匈牙利算法、动态规划方法、最小支撑树问题与算法、最短路问题及其算法、最大流最小截算法、中国邮递员问题及其解法、对策论中的纳什均衡理论、存储论等都是这一阶段的研究成果。同时一些更为现代的运筹学理论方法，如计算复杂度、启发式算法、蒙特卡洛模拟、决策分析等问题也被提出。

20 世纪 70—90 年代，运筹学各分支的基础理论不断完善，研究范围也不断拓展。求解线性规划的多项式算法——椭圆算法和内点法先后被提出，非线性规划的凸优化理论被系统地阐述，NP 和 NP-完全问题在 20 世纪 70 年代被提出，一些更为现代的优化求解新理念和方法也被逐一提出，包括神经网络模型、模拟退火算法、禁忌搜索方法等。同时，一些商用运筹优化软件被研制出来，本书使用的 LINGO 软件的早期版本就是 1980 年由美国芝加哥大学的 Linus E. Schrage 教授设计开发的。

在应用方面，随着运筹学应用深度和广度的拓展，运筹优化的理念广泛渗入工业生产、经营管理、运输规划、工程优化等社会生产和生活的各个方面，成为现代社会不可或缺的部分，同时也使运筹学和其他关联学科的边界日益模糊，特别是运筹学（OR）和管理科学（MS）日益融合，很多时候 OR/MS 总是一起使用。

在我国，运筹学最早在 20 世纪 50 年代由钱学森、许国志等人从西方引入[1]，1956 年，他们在中国科学院建立了第一个运筹研究机构，在多个领域开展运筹学研究和应用工作。后来，以华罗庚教授为代表的一批数学家加入运筹学的研究队伍，在生产、生活中广泛推广运筹学知识。1982 年，我国加入了国际运筹学联合会，成为这一国际组织的一员，其后随着我国运筹学界与国际交往的增多，我国有更多机会接触运筹学研究的前沿，使得我国在一些运筹学分支上很快达到了国际先进水平。

　　2000 年以后，随着我国社会经济的发展和信息技术的普及应用，运筹学在国民经济规划计划、工业供应链优化、物流网络建设甚至电子商务等方面有着前所未有的深度应用，读者可以从网络购物、快递配送、旅行计划等很多身边的事情发掘其中的运筹优化实例，并从中体会运筹优化对于生产、生活的广泛影响。这同时意味着社会对于运筹专业人才需求会日益旺盛，一个可以参考的事实是：1992—2005 年，美国对运筹学应用分析人员的需求从 5 万多人增长到 10 万人，增长率超过 70%。

1.2　定义与性质

　　运筹学作为近现代才诞生的一门应用性学科，至今还不存在被大家公认的统一定义。P. M. Moose 和 G. E. Kimball 在他们写成的第一本运筹学专著《运筹学方法》中将运筹学定义为：

> 　　运筹学是执行部门对其控制下的业务活动进行决策时，提供量化依据的科学方法。……首先，运筹学是一种科学方法，它是一种以或多或少确定的研究方法去研究新问题并寻求其确定答案的组织活动……其次，……运筹学是一门利用所有已知的科学技术作为工具去解决专门问题并且为执行部分提供决策依据的应用科学。

---

[1] Operational Research（美国使用 Operations Research，均简称为 OR）一词在刚引入中国时，曾短暂使用"运用研究"的译名，后统一使用"运筹学"一词（中国港澳台地区仍然使用"作业研究"或"运作研究"），其中运筹两字出自《史记》，原文为："……夫运筹策帷帐之中，决胜于千里之外。"

可见，这一定义首先强调的是科学方法，且不仅是某些方法的零散的或偶然的应用，而是有组织的、有意识的活动；其次，它强调了量化依据，当然这也就意味着必然使用数学。任何的决策活动都有定性和定量两个方面，所以定性定量相结合的分析是运筹学研究问题的一般方法，但如果仅是定性分析，没有量化研究，那么按照这一定义，不能称其为运筹学的研究活动。

20 世纪 90 年代出版的《中国大百科全书·数学卷》中将运筹学定义为：

运筹学是一门应用科学，它广泛应用现有的科学技术知识和数学方法，解决实际中提出的专门问题，为决策者优化决策提供定量依据。

这一定义除了说明运筹学是应用学科以及为决策者提供定量依据外，还强调了运筹学具有多学科交叉的特点。现实中的问题往往都是复杂多面的，单一学科都是人们为了研究方便而人为设置的特定视角，所以运筹学研究需要从多个学科综合地看待实际对象，从而得到更好的效果。

综合以上两类定义，将运筹学基本性质的三个要点（量化、决策优化和应用学科）综合在一起，可以简单地将"运筹学可以做什么"概括为一句话：

运筹学是"定量研究决策优化问题的应用学科"。

关于运筹学到底能做什么不能做什么，以顾基发教授为代表的我国学者提出一个有趣的角度——"物理—事理—人理"（简称 WSR）方法论。它把传统自然科学中诸如数学、化学、物理等学科的研究称为广义的"物理"学，特点是把人在实践中对自然界的作用撇开，单就实践对象的自然属性进行研究，核心是要回答"是什么"的问题，追求的是事实；与之相对应，人类活动还有另一大类对象，即所谓的"事"——事情或事务。凡人们从事的活动，不但有人对物的使用和改造等活动，还包括人与人的交往、合作、争斗，这些均可广义地称为"事"，而一切有关办事的道理、原则、规律和方法，可称为"事理"，其核心要回答"如何做"的问题，追求的是效率。此外，人类活动中往往还需要进行价值判断，涉及文化、信仰、宗教、情感等因素，对于一个组织而言，其和组织中成员的共同经历、价值认知和世界观等相关，考虑这一方面，需要回答"如何做最好、最能为别人所接受"的问题，这方面称为"人理"，追求的是和谐。根据这一思想，可将运筹学概括为"量化研究事理的学问"，当然，这一界定很难说是一个严谨的定义，但提供了一个新的视角，可供读者参考。

作为一门学科的运筹学区别于其他学科的特征是什么呢？可以归纳为以下三点。

一是**"选优求胜"**的观念。"把事情做得更好"是运筹学研究的主线，所有的运筹学分支最终都会有一个或多个优化的目标，如果一项研究不需要考虑诸如更低成本、更高效益的要求，那么就不会进入运筹学的研究范围。当然在实践中，"选优求胜"不一定是最多、最少、最大、最小之类的最优化，也可能是次优、满意、适中、达标之类的目标，甚至有些时候近似、可行也是可以接受的。但无论如何，运筹学研究者要有主动积极的进取意识，去寻求更好的解决方案。

【案例 1.2】　人们会积极主动地去"选优求胜"吗？——洗餐具的例子

　　不要认为"选优求胜"的观念是很自然的或人人皆有的，最早的运筹学专著《运筹学方法》（参考文献 [2]）中给出了一个生动的例子：在第二次世界大战中，一位学者在战地用餐处发现士兵们排着长队等待清洗餐具。学者很快注意到，所有餐具都要在共用的大洗盆和大涮盆中先洗后涮，洗盆前的排队人数明显比涮盆前的要多很多。经过观察，学者发现，洗餐具的时间平均是涮餐具时间的 3 倍，由此他提出把原来的 2 个洗盆和 2 个涮盆改为 3 个洗盆和 1 个涮盆（注意这里并没有增加盆的总量），排长队现象奇迹般地消失了，士兵们节约了不少时间。这件看起来再简单不过的事情，为什么在学者到来之前没有人发现呢？这说明，"选优求胜"的观念并不是天然的，而是需要有意识地培养并在实践中不断强化的。

　　二是**"整体研究"**的视角。由于运筹学研究的目的是为实践中的决策活动提供措施建议，那么研究必然要将研究对象作为一个有机整体，不但要理解各个组成部分的功能作用，还要对各部分之间的关联关系进行深入的分析，这样才可能提出恰当的优化目标和完整的约束条件，最终找出从系统整体利益出发的优化方案。这意味着研究中往往需要多学科的综合，需要吸收来自不同领域、具有不同知识背景和经验技能的专业人士，以便提高相关研究的针对性和实用性，关于这一点，第二次世界大战中的"布莱凯特马戏团"是一个很好的例子。

　　三是**"模型方法"**的应用。运筹学中基本的研究方法是定量化和模型化，这两者是密不可分的。不同于很多自然科学门类广泛使用实验的方法，运筹学的研究对象，无论是经济系统，还是社会系统或军事系统，往往都无法搬到实验室中，这就需要建立实际系统的模型。如果说决策优化是运筹学永恒的追求，那么构建定量模型则是运筹学核心的特征。学习运筹学最重要的就是提高定量分析、模型构建、模型求解及结论分析的能力，这一点将在第 2 章中详细说明。

1.3 主要分支简介

按照所使用模型的特征，可以将运筹学的主要内容分为不同的分支，当然运筹学也在不断形成新的分支，对于一些较新的、理论上还有待完善的分支，本书不做介绍。下面分别介绍理论较成熟的运筹学经典分支。

1. 数学规划（Mathematical Programming，MP）

各类决策活动中都会涉及资源的分配问题，往往要求在预定的目标下，寻求资源使用效益最大或总成本最低的方案。对这类问题进行量化分析和模型构建，会得到一个带有目标函数的不等式（或等式）方程组，一般称为数学规划模型。

当目标函数和所有约束方程都是线性表达式时，称为线性规划（Linear Programming，LP）。由于 LP 建模相对简单，理论成熟完善，有通用的求解算法和求解软件，其已经成为运筹学中应用最广泛的分支。其内容一般包括线性规划模型和单纯形算法、对偶理论、灵敏度分析、运输问题、线性目标规划等方面。

如果模型中存在非线性表达式，则相应的数学规划模型称为非线性规划（Nonlinear Programming，NLP）模型。NLP 问题广泛存在，对 NLP 模型的求解可以有效解决很多应用领域的复杂优化问题，但一般而言，NLP 模型的求解非常困难，目前只有部分 NLP 问题得到了很好的解决，如二次规划、凸规划等。实践中需要尽量构建线性规划模型，如果误差太大，也要积极考虑利用分段线性化等方法将模型的复杂性降低，直到其能够求解或能够近似求解。

特别地，当数学规划模型中要求全部或者部分变量取整数时，称为整数规划（Integer Programming），如果除了整数约束外，模型中的其他部分均为线性表达式，则称为线性整数规划，否则称为一般整数规划。由于变量的离散化，整数规划的求解往往比变量连续的规划问题求解更为困难。不同领域对整数规划有着不同的称呼，如离散优化问题、组合最优化问题等。

2. 图与网络分析（Graph Theory and Network Analysis，GT&NA）

生产生活中经常遇到有关最短路线选择或者网络布局优化这方面的问题，这一问题在运筹学中往往在"图与网络分析"这一分支中讨论。运筹学中把一些具体对象用"顶点"来表示，对象之间的关系用"边"来表示（根据需要，还可以在"边"上赋予一个或多个数字表示一定的定量关系，如距离、费用等，称之为网络图，简称网络），对象及对象之间的关系可用一个"图模型"来刻画，则研究图的结构和性质、对图中要素进行量化优化，就成为非常有实用价值的工作。

按照研究对象是否侧重于数量上的优化，可将这一分支大致分为"图"分析和"网络流"分析，前者更多考察图的结构和不同类型图的性质，也称为图论（Graph Theory）；后者更多强调图中宏观方面的定量优化，如最短路径、最大流量等。有趣的是，网络流的大部分问题可以转化为数学规划模型，甚至是线性规划模型。

3. 动态规划（Dynamic Programming，DP）

动态规划是运筹学中专门研究多阶段决策问题的分支，它针对的是这样的问题：一个大的决策可以由多个相互影响的决策阶段组成，每个阶段依次进行决策，上一阶段的输出就是下一阶段的输入，决策者需要在每个阶段都做出决策，使得大的决策全过程达成某种总体优化目标。其中决策变量可以是连续的也可以是离散的，目标可以用方程形式来表达，也可以不用，只要满足一定条件（主要是可分离性），就可以用动态规划的求解方法求解。现实生活中多阶段决策问题的普遍性决定了动态规划有着重要的应用价值，很多复杂的决策问题都需要使用动态规划来解决。

4. 排队论（Queuing Theory，QT）

人们生活中存在大量的排队现象（有形的或无形的），运筹学提供了一个专门研究排队问题的分支——排队论，它把排队区分为顾客、服务机构以及排队机制等要素，通过分析顾客到达的特征和概率分布、服务机构的串并联关系及服务时间的概率分布、不同排队规则等方面的具体情况来量化分析和优化增强系统的服务效率，为设计新的排队系统或改进现有系统的性能提供量化依据。

5. 存储论（Inventory Theory，IT）

在生产经营活动中，往往需要通过库存来协调生产和需求之间在时间与空间上的矛盾，这时就存在对何时订货、订多少货、以什么策略订货进行优化的问题。运筹学中专门研究库存优化问题的分支称为存储论，它通过订货时间、订货费用、是否允许缺货、需求是确定的还是随机的等要素的分类形成不同的存储模型，通过求解模型优化订货策略，使得包括订货、生产、库存、缺货等方面的费用总体最少，为订货策略的优化设计提供量化依据。

6. 决策论（Decision Theory，DT）

运筹学的研究目的是为决策优化提供量化依据，而作为一个分支的决策论则直接针对人们的决策活动，要对整个决策活动中涉及方案进行目标选取和度量、概率估计、效用计算，并形成优化方案，其核心问题是如何运用定性定量分析的相关方法，支持决策者实现由直观经验型决策到科学精细型决策的转变，包括科学决策所需遵循的原则、规则、程序、方法和技术等方面。由于社会发展的需要，实际上，这方面已经形成了一个庞大的科学门类，称为决策科学，其按照不同的维度可分为确定性决策和不确定性决策理论方法、单目标决策和多目标决策理论方法、单人决策和群决策理论方法等。作为运筹学分支的决策论一般侧重于决策中定量模型的研究和应用。

7. 对策论（Game Theory，GT）

对策论是专门研究具有竞争和对抗问题的运筹学分支。在对策模型中，参与对抗的各方常称为局中人，每个局中人均有若干策略可供选择，当各局中人采取一定的策略时，对应的每个局中人都会在对抗情况下获取一定的收益（或承担一定的损失）。对策论研究的核心问题是各局中人应该如何选取策略才能保证在竞争情况下个人利益最大化。竞争（有时同时伴有合作）现象的普遍性决定了对策论是具有重要意义的运筹学分支，其在军事、经济、社会甚至国际关系等领域都有广泛的应用。经济学中的对策研究也常称为博弈论，其已经成为经济学中的研究热点，已经有十多位学者因为博弈论及其在经济领域的应用获得了诺贝尔经济学奖。

作为基础性教材，本书主要介绍数学规划中的线性规划模型、整数规划模型以及图与网络分析，它们均为确定性优化模型。其中线性规划包括单纯形算法、对偶理论、灵敏度分析、运输问题和线性目标规划，整数规划介绍整数线性规划，图与网络分析介绍图的基本理论、树的理论和算法、最短路径问题、最大流量问题及最小费用流问题。另在其他分支选讲一章中概要介绍非线性规划、动态规划及启发式方法。

1.4 应用与展望

在前面的运筹学发展简史部分已经说明了运筹学的早期应用主要在军事领

域，第二次世界大战后，特别是 20 世纪 50 年代后，运筹学研究的主流转向了民用领域[1]，下面对一些典型应用场景进行概略说明。

（1）**生产计划**。主要用于确定原料、资本、劳动力等生产要素的优化配置以更好适应不确定的需求，包括计划制订、流程优化、合理下料、原料配比、物料管理以及新产品开发等问题，多使用数学规划模型，特别是线性规划模型。例如，三星电子在 2000 年后通过运筹优化（主要是线性规划模型）有效缩短了动态随机存储器产品的制造时间和库存量，使得生产周期从 80 天减少到 30 天，创造了每年约 2 亿美元的额外收益。

（2）**物流运输**。存在多类物流运输问题，如公路运输、铁路运输、管道运输、空运、水运等，在这些问题中，普遍需要对有限的运输资源进行优化分配和调度，如空运就涉及飞行航班、机组人员、可用航线等资源的统一安排。美军在海湾战争时期，通过空运系统的优化设计（主要使用了线性规划和动态规划），实现了史上最大规模的空中运输，从本土和欧洲各军事基地抽调了超过 50 万人的参战部队进入海湾地区，并向前线输送了 70 多万吨的保障物资，获得了巨大的军事效益。

【案例 1.3】　**如何规划史上最大规模的空运？——海湾战争中的难题**

1991 年海湾战争前，美军面临如何尽快将人员和物资运到波斯湾的问题。这一问题涉及多方面的复杂因素：一个典型的空中运输行动需要飞行 34 小时以上，需要 7 个不同地面机组和 4 个空中机组参与保障，消耗约 100 万磅的燃料，花费大约 28 万美元，平均每天要处理超过 100 个这类的空运任务。总体上，估计会涉及 50~100 个机场，使用数百架航空器，遂行几千次行动。美国军事运输司令部（MAC）和美国能源部下属的橡树岭国家实验室一起，基于运筹学模型，开发了一个空运部署分析系统，提供了一系列的决策支持工具来管理要运输的人员、物资及其他资源，同时作为任务规划工具生成调运计划，并将计划分配给 MAC 遍布全球的指控系统，最终顺利完成这次史上最大规模的空运任务，到 1991 年 8 月 7 日，实际完成超过 25000 次空运行动，实际运载了 966000 人次和 774000 吨物资在波斯湾地区进出（详见本章参考文献 [6]）。

（3）**市场销售**。主要用于销售计划的制订、广告投入的设计、产品价格的确定以及营销策略的选择等方面，通过对有限营销资源的优化分配实现预期效益的

---

[1]　运筹学发展过程中若干具有强烈军事色彩的分支仍然保留在军事领域，如搜索论、武器效能分析、Lanchester 方程等，这些内容称为军事运筹学（Military Operational Research，MOR）。

最大化，这类应用经常使用数学规划模型和模拟方法。例如，美国杜邦公司从 1950 年就开始应用运筹学来研究如何更好地进行广告宣传、产品定价和新产品引入等方面的工作，取得了数千万美元的巨大收益。

（4）**库存管理**。主要用于物资库存的优化管理，要解决的核心问题是订货和需求之间的时空协调问题。具体应用场景如水电站水库容量的优化设计、设备制造时间的优化安排、停车场所的规模设计等，当前发展的新趋势是将存储论的理论方法和模拟技术、物资管理信息系统结合起来，从而减少库存管理的成本。美国西电公司在 20 世纪 70 年代就研制了"西电物资管理系统"，为公司节省了大量的物资存储费用、运输费用和人力成本。

（5）**财务分析**。主要用于经济组织的成本核算、预算制订、投资组合、现金流管理等方面的活动，使用较多的方法是数学规划和决策论，一般还要结合统计分析实施。20 世纪 90 年代，美国美林证券为了应对收取极低交易费用的电子化企业的威胁，开启了一项大规模的运筹学研究，通过数据的统计分析和运筹优化，较好了解了客户对于不同类型金融服务的敏感程度，在相关结论支持下对过去大量金融产品进行了彻底的合并、过滤和清理，此举大大增强了公司的市场竞争力，并带来了近 8000 万美元的收益。

（6）**人事管理**。任何组织都涉及人力资源的统筹使用问题，运用运筹学的理论方法可以对人力资源的获取进行预测分析、对现有人力资源进行整体调配和有针对性的教育训练，也可以设计具有更好激励效果的评价机制和薪酬体系。常用的运筹学模型包括线性规划、预测方法、指派问题以及动态规划等。提供墨西哥式餐饮的美国连锁企业塔可钟（Tacobell，百胜集团下属品牌）在全美拥有超过 6500 家快餐门店，年销售额超过 50 亿美元，但由于一天中餐食需求非常不均（饭点时拥挤，而其他时候则很清闲），人力成本很高。20 世纪 90 年代，公司雇佣了一个运筹学研究团队，其利用整数规划、模拟仿真和预测分析技术开发了一套新的人力管理系统，为公司每年节省了超过 1000 万美元的账面人力成本。

（7）**医疗卫生**。优质的医疗卫生资源是任何社会得以持续发展的重要条件，运筹学的相关理论方法，包括数学规划、图与网络分析、排队论、仿真模拟等，可以对各类医疗资源进行优化分配，对医疗方案进行评估优化，也可以对国家卫生管理事业进行科学全面的综合设计。位于美国纽约的斯隆-凯瑟琳癌症中心与美国佐治亚理工学院的一个运筹研究团队紧密合作，在 2007 年前后开发了一套基于线性规划模型的放射治疗方案优化系统，可以对肿瘤区域实现更为精确高效的放射线照射（杀死恶性细胞的同时减少对健康组织的伤害），这一系统极大地减少了放射性治疗的副作用和 CT 扫描使用量（意味着成本），获得数以亿美元计的效益，该工作在 2007 年 Franz Edelman 奖（专门奖励运筹学创新性应用的奖项）全球竞争中胜出，获得令人瞩目的一等奖。

（8）**应急管理**。应急管理主要用于社会管理中各类应急服务系统的优化设计和高效运用，如城市中各类应急公共服务设施（如消防站、警巡点和救护车）的设立、公共服务部门的值班表编排、供水和污水处理系统的规划等，主要使用整数规划、排队论、动态规划、图与网络分析等运筹学分支。2001 年 "9·11" 事件后，美国航空业面临如何尽快恢复正常的运营秩序的问题，华人学者于刚领导开发的实时决策支持系统通过多类运筹学方法和信息系统的综合应用，对航班机组人员以最快的时间和最佳的组合来恢复正常工作起到了巨大的作用，仅 "9·11" 事件后就为美国大陆航空公司挽回了约 3000 万美元的损失，该项目获得了 2002 年度的 Franz Edelman 大奖。

值得注意的是，最新运筹学的应用呈现一些新的特征：一是结合仿真模拟方法，较好地解决了一些复杂场景下解析模型很难得到（即使能得到也很难计算）的问题；二是信息系统的深入融合，利用运筹优化方法解决现实问题时必须解决两个问题，即数据获得和结论展现，信息系统能够有效解决这两个问题；三是更多地使用一些近似算法，争取在有效的时间范围给出满意解或者可行解即可，不再强求最优解。

我国运筹学的应用从 20 世纪 50 年代开始，最早用在纺织业和建筑业，后来在交通运输、工业生产、农业规划、水利建设等方面都有成功的应用；20 世纪 60 年代后，根据实际需求，运筹学在钢铁和石油部门开展了较多较深入的应用，特别是以华罗庚为代表的一批学者在推广优选法上取得了很大成绩。近年来，运筹学的应用已趋向研究大规模复杂系统问题，如国民经济规划、区域经济规划、大型水系综合治理、公共服务交通优化等方面，为国家经济发展做出了重要贡献。同时，21 世纪以来，随着信息技术的普遍应用，运筹学在物流系统优化、供应链设计、电子商务（如订单预测、价格设计、快递分派等）方面的应用如火如荼，运筹学的发展和应用正在进入一个新的阶段。

习　题

1.1　判断下列说法是否正确。

（1）人类从事运筹优化的实践活动是从近代才开始的。

（2）现代运筹学的萌芽发生在经济领域。

（3）第二次世界大战中运筹研究小组"布莱凯特马戏团"的多学科背景是其成功的重要因素。

（4）运筹学是应用数学的分支，因而算法是其核心，不需要考虑其应用。

（5）运筹学广泛应用在经济管理领域，不在其他领域中使用。

1.2　请用自己的语言简述运筹学的定义。

1.3　从您的生活学习实践中，找 1～2 个需要运筹优化的例子，并说明要优化什么及有哪些限制条件。

参 考 文 献

[1]　J. J. 摩特，等. 运筹学手册（基础和基本原理）[M]. 上海：上海科学技术出版社，1987.

[2]　P. M. Morse，G. E. Kimball. 运筹学方法[M]. 北京：科学出版社，1988.

[3]　Hillier F. S.，Lieberman G. J. Introduction to Operations Research[M]. 8th edition. 北京：清华大学出版社，2006.

[4]　Saul I. Gass，Arjang A. Assad. An Annotated Time Line of Operations Research—An Informal History[M]. Springer Science+Business Media，Inc.，2005.

[5]　《运筹学》教材编写组. 运筹学[M]. 4 版. 北京：清华大学出版社，2012.

[6]　Michael R.，Hilliard, Rajendra S. Solanki, et al. Scheduling the Operation Desert Storm Airlift: An Advanced Automated Scheduling Support System[J]. Interfaces, 1992, 22(1):131-146.

第2章

运筹学研究方法

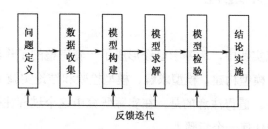

运筹学研究是不断明确问题、构建模型及求解反馈的过程，研究者需要在问题的空间、模型的空间和可行方案的空间之间，不断映射、转换和检验，以确保最终结果的可用和实用。

本书除第 1 章和本章外，都是按照运筹学的各分支来讲述的，包括各分支涉及的数学理论、算法流程、应用案例和应用软件的说明，相关的定量分析方法与模型、算法是运筹学的主体。但这并不代表运筹学的全部内容就是这些，更不能说运筹学的学习就是计算和证明。本章的目的是通过对运筹学研究过程和模型构建方法的一般说明，让读者对运筹学有更全面的认识。

2.1　一般研究过程

在长期的研究实践中，运筹学已经形成了一套完整的工作流程，可分为问题定义、数据收集、模型构建、模型求解、模型检验和结论实施 6 个步骤，每个步骤都有明确的任务。值得注意的是，在实际研究中这个过程往往需要反复进行，并随时可以跳转到任何一个步骤上。

下面结合例子进行说明。

2.1.1　问题定义

常见的教材给出的实际问题往往是示例性的，都很明确，很容易把它描述出来。现实研究，即使是相对简单的问题，最初也可能是模糊的、不精确的。研究者需要做的第一件事是，尝试将问题明确下来，即所谓的问题定义。具体工作包括确定研究目标、明确问题边界、列出问题约束、凝练问题要素及其关系等，研究周期很长的复杂问题还要明确研究时间限制、制订研究计划等。这一步至关重要，对研究结论的实用性有着重大影响，从"错误"的问题中，很难得出"正确"的答案。

Note

实际上，问题定义这一步要完成从"现实世界"到"问题世界"的转化。现实问题往往是因素众多、关系繁杂的综合体，如果要研究它，不能"眉毛胡子一把抓"，必须梳理清楚关注的方面、关注的目标和相关的要素，也就是所谓的"定义问题"。必要时，还需要进行必要的假设，以便更为清晰地界定问题本身。

确定研究目标可能是这一过程中最重要的事情。必要时，需要与相关人员交流，特别是研究要服务的决策者，弄清楚他们对于研究的期望，明确研究要实现的目标或者多个目标的优先顺序。当然，研究者同时也要努力争取相关人员的支持，以便在后续研究过程中获取数据、验证结论等。

特别需要注意的是，运筹学寻求的往往是整体性的最优解决方案，而不是只对问题中部分因素有效的局部方案。所以，在理想情况下，研究目标应该为研究对象的整体性目标，但有时因为各方面因素的限制，做不到这一点，或者整体性目标过于宽泛很难转化为可定量描述的目标函数，那么需要考虑研究目标和整体目标的一致性，至少不能够有冲突，在保障一致性前提下，尽量做到目标明确。

对于以经济效益最大化为主要目的的组织（如大部分企业和相当部分个人），在进行运筹优化时目标函数一般取收益最大化或成本最小化，即以经济效益为核心指标。大部分时候，这样的目标都是明确的，但是否和组织机构的整体性目标一致，有时需要认真考虑。现实中可能因为追求短期利益或者局部利益，而使企业整体利益受损，甚至破产倒闭的例子比比皆是。一个避免"局部陷阱"的可行办法是，使用长期收益最大化作为目标，这时那些短期收益看来不那么好但具有战略价值的决策就会被凸显出来，从而对组织机构的长远发展更为有利。但这个方法有一个操作上的问题，即如何定义长期收益。一般而言，时间越长，不确定性越大，收益的量化也就越困难。现实中，很多研究采取的是将长期收益转化为短期收益的办法，采用满意短期利润目标和其他目标结合来代替长期收益，其他目标包括收益稳定性、市场份额增速、产品知名度等方面。

显然，目标选择的不同会导致截然不同的研究结果，在确定研究目标的过程中，需要用批判性思维不断反思什么是决策者最为关心的目标。

【案例 2.1】 目标到底是什么？——商船上的高射炮

在第二次世界大战初期，英国商船在地中海上由于德军飞机的袭击损失惨重。有人提出，可以在商船上装备高射炮。一些商船试着采取这样的措施，但这样的做法在战时其实有点奢侈，因为船上光是安装高射炮还不行，还需要配备相关的作战人员，无论是高射炮本身还是人员，都是宝贵的作战资源，很多地方都需要；同时，一段时间的试用表明，单靠高射炮和训练水平一般的配备人员（分配给商船的只能如此），很难把来袭的敌机打下来，统计表明，一年左右只打下来了大约4%的来袭敌机，效率很低。这似乎表明，花费很多钱，投入了珍贵的作战资源，并没有得到与之匹配的效益！

这里核心的问题是，目标到底是什么？如果把商船装高射炮问题看成标准的作战行动，那么将研究目标定为"击落敌机的比例"就是合适的。但问题是，商船上安装高射炮是为了击落敌机吗？显然不是，装高射炮的初衷是保护商船和减少损失，那么合适的目标应该是使用高射炮对商船损失情况的影响。通过收集数据，表明在敌机威胁最大的低空轰炸中，商船装上高射炮后，被敌机击中的概率由13%下降到8%，被击沉的比例更是由原来的25%下降到10%，这一数据显示在商船上安装高射炮是相当划算的！

2.1.2　数据收集

在初步明确研究目标后，就需要花时间来收集问题的相关数据，数据既可以加深研究者对于问题的理解，也可以为下一阶段构建模型提供所需的输入。但数据收集可能比研究者预计的要困难，一方面，很多数据并没有被很好地保存，或者保存了，但已经是失效的陈旧数据，这时研究者需要重新追踪那些重要的数据，必要时需要其他人员的辅助；另一方面，虽然有相关数据，但保存的形式有问题，并不是研究者期望的形式，研究者需要进行转化或者重新按照所需形式来收集数据。即便这样的工作都做了，得到的很多数据也可能都是粗糙的、不准确的，研究者需要花费时间来提高数据的准确性和可用度。

实际上，数据收集的工作有可能贯穿于运筹学研究的全过程，因为模型的构建、求解和结论分析有可能需要不断返回，因为研究过程对问题加深了认识，极可能需要重新定义问题，从而需要进一步补充数据，或者对现有数据进行深加工。

对于当前信息时代的运筹学研究者而言，相比于信息匮乏，更烦恼的是数据太多了！随着近些年信息技术的进步，在生活生产实践中，出现了越来越多的传感器，收集的数据量也越来越大，各类数据库被广泛使用，数据量也爆炸式增长。在研究有些问题时，运筹学研究者可能会发现有太多的可用数据，但从海量的数据中如何找到关心的数据及数据之间的关联，是个重要的问题。在这方面，数据挖掘（Data Mining）、大数据分析等技术应运而生，这些技术在实际中也产生了巨大的应用价值，现在，相当部分运筹学者的研究都需要使用相关技术。

　　当然，数据的收集整理从来都是需要付出代价的，甚至要付出很大的代价，那么哪些数据是必须的，哪些数据是可选的，就至关重要。数据价值的判定最直接的依据是研究目标，案例 2.1 就给出了一个很好的说明。很多时候，问题定义和数据收集工作需要整体进行，既要从问题的界定中不断明确需要收集数据的类型，也要从数据收集整理过程中，进一步确认问题本身，特别是研究的目标。

【案例2.2】　数据能够用来干什么？——阿里巴巴的大数据分析

　　中国最大的电子商务公司阿里巴巴（淘宝网是其产品之一）已经在使用大数据技术来提高卖家的服务效率和买家的用户体验。每天数以万计的交易在淘宝网上进行，与此同时，商品价格、商品特征、交易时间、购买数量，以及买方和卖方的年龄、性别、地址、兴趣爱好等信息都会被记录下来（而作为实体存在的各类百货商场和超市很难做到这一点）。通过对这些数据进行处理、关联、分析和优化，淘宝网和其他商家可以了解作为一个生态系统存在的淘宝网的宏观情况、各类品牌或商品的受欢迎程度、消费者的购物行为及其变化、影响消费各类因素的重要性，甚至是快递服务的效率等，据此商家可以对商品的销量进行预测，也可以更好地安排订货和库存策略，甚至优化退货保险的保额和快递服务公司的选择等；网站可以根据买家的信息和商家的服务智能化、个性化地推荐商品，更高效地促进交易的达成，提升网站的用户体验；买家则能以更优惠的价格购买商品。

2.1.3　模型构建

　　在定义好问题并进行了初步的数据收集之后，就可以开始构建模型的工作了。

　　所谓模型是指研究对象的"抽象"，或者说是理想化的表示。在日常生活中，常见的例子包括航模飞机、玩具汽车或地球仪等；而在科学技术领域，几乎在所有的学科中，模型都起到了核心作用，如原子核的结构模型、DNA 双螺旋结构模型、牛顿运动定律或者树状结构的组织结构图等。这些模型的形式无论是图形、数学方程式或表格，都"抽象"地刻画了建模人员所关心的部分，而忽略了其他方面。模型在抽象问题本质、表达相互关系和促进分析与理解等方面具有不可替代的作用。

　　好的模型都是保真性、灵活性和成本之间的巧妙平衡，其中保真性是指模型与所要求反映的现实之间的误差，灵活性是指当条件改变时模型还能够适用或者需要改变的困难程度，成本是指维护、操作与运用模型的代价。

运筹学中的模型常见形式为数学表达式，但很多模型也表达为图、表（矩阵）或者其他形式。无论哪种形式，运筹学使用的模型中需要说明三类要素：一是**决策变量**（Decision Variables），它表示需要研究的问题中哪些因素是变量，是待优化的对象；二是**目标或目标函数**（Objective Function），它是改变决策变量需要达成目的的体现，一般要求最大化（收益类目标）或最小化（成本类）表达，有些时候也可要求满意、可行、非劣等；三是**约束或约束条件**（Constraints），它表示进行优化时受到的限制，包括资源条件、时间因素等方面。在表达这三类要素时，往往还有一些常数项参与表达，称为模型的参数（Parameters）。当决策变量、目标函数和约束条件三者均可以用数学等式或不等式表达时，称为数学规划模型，它是运筹学模型中的主流和最常见的形式，特别地，如果这些表达式都是线性的，则称为线性规划模型，它是求解最为成熟、实践应用中最广泛的运筹学模型形式。

当确定模型形式后，另一项重要的工作就是给模型中的参数赋值，与教材中参数值一般都预先给定不同，现实问题中的参数值往往需要收集数据后才能确定，必要时可能还要猜测一些数据的值，用估计出的值来完成这一过程。由此，参数真实值具有一定的不确定性，这就需要在求解时分析模型的解如何随着参数值的变化而变化，这一工作通常称为灵敏度分析（Sensitivity Analysis），应该说几乎所有的运筹学模型都存在这一问题，同时这也是研究中的难点问题，本书第 4 章中将讨论线性规划模型的灵敏度分析问题。

为什么要使用数学模型呢？与用文字描述问题相比，数学模型具有很多优势：一是数学模型描述问题更为准确，能够全面反映问题中的多个要素及其之间的关系，促进以整体方式解决问题；二是只有建立了明确的数学模型，计算机求解才变得可能，从而使得很复杂的、规模很大的问题也能得到求解。

但很多时候，构建出恰当的数学模型并不容易，建模时总是需要进行假设和近似简化。过于简化的模型反映不了问题本身的特征和要求，而过于复杂的模型则会在求解上遇到难于克服的困难，如何在模型复杂度和有效性之间取得理想的平衡呢？这取决于对问题理解的深度、对模型特征的把握，以及具体的建模技巧等多个方面，必要时，往往需要多次对初步建立的模型进行检验和调整。实际工作中，一个好的办法是先从一个简单的模型开始，然后逐步加入更复杂的因素来反映问题的更多方面。在此过程中，应始终确保模型本身是可求解的。

【案例2.3】　模型是否越复杂越好？——丘吉尔收回成命

　　1940 年 5 月，德国装甲部队绕过马其诺防线，穿越阿登森林，开始对法国等几个国家发动攻势，英国首相丘吉尔应法国一方的请求，动用了十几个中队的飞机与法国空军并肩作战，对抗德国。在其后一段时间内的空战中，英国飞机损失惨重，战争形势越来越严峻。这时，法国强烈要求继续增派 10 个中队的飞机，丘吉尔决定同意这一请求。英国内阁感觉不妙，找来数学家进行研究，数学家根据飞机战损数据建立了一个预测模型（其形式为一个简单的图表，横轴是时间，纵轴是战损飞机的数量），根据这一模型计算出飞机的损失率，从而得到一个很有说服力的结论：如果补充率和损失率不变，那么只需要两周时间，英国派往法国的"飓风"战斗机会一架不剩！数学家由此要求内阁努力阻止丘吉尔再派飞机到欧洲大陆的计划。当数学家的简明图表和有力结论摆在丘吉尔面前时，丘吉尔很快同意了这一请求，不但没有再派飞机到法国去，还把已经在法国的飞机大部分撤回英国。丘吉尔的这一决策保留了英国皇家空军的实力，为接下来的英伦保卫战奠定了基础条件。

　　在这一案例中，数学家使用的模型很简单，但很有效。在实践中，研究服务的决策者层次越高，阐明结论的时候需要使用的模型越简单[1]。

2.1.4　模型求解

　　构建数学模型之后，紧接着要考虑的就是求解问题（实际上，在建模过程中，就需要考虑模型是否可求解的问题）。如果模型规模小且为经典形式，可以尝试使用本书介绍的特定算法进行手工求解。但大部分时候，这样的求解都会花费大量的时间和精力，更可行的办法是寻求计算机软件的帮助。这类软件是很多的，常用的软件包括：Microsoft Office 系列的 Excel，MathWorks 公司的 MATLAB，LINDO System 公司的 LINDO/LINGO，ILog 公司的 CPLEX 等。具体选择哪一款软件，根据问题的规模、使用便利性和可得与否来确定。这些软件也有各种各样的限制，大部分只能求解较为成熟的模型，关于这些模型的类型和特征在本书后面会不断地进行讨论，这里就不细述。当然，这些软件不一定能满足要求，必要时研究者完全可以自己编制软件来完成模型求解的工作。

---

　　[1] 在实践中到底是用简单的模型还是用复杂的模型？大多数运筹学者认为，如果模型能够说明问题，那么一定是越简单越好！这也符合所谓"奥卡姆剃刀"（Occam's Razor）的原理，它是在 14 世纪由一位逻辑学家提出的，本义为"如无必要，勿增实体"。

无论哪类运筹学模型，其共同的主题都是"优化"，即寻找更好的解，甚至很多时候是寻找最好的解。对于传统的运筹学模型来说，对其求解一般都是找最优的解，目标函数要求最大化或者最小化，但现实中很多时候很难得到最优解（找不到或者需要付出的代价太大）；同时，由于模型本身只是现实问题一定程度的"抽象"，最优解本身可能也并不重要。由此，一些运筹学家提出在研究中用"满意解"来取代"最优解"，甚至使用更弱的"可行解"。考虑到模型本身问题、决策的时间性要求以及求解的难度，很多时候，求解出满意解可能更有现实价值。在这个意义上，研究者在求解模型时，可能不再使用严谨但代价巨大的精确求解算法，而是使用一些能快速找到解的启发式（Heuristic）方法，后者是一些基于直观或者经验构造出的算法，一般不能确保找到最优解，只是在可接受的时间或空间代价下给出复杂优化问题的可行解。近年来，启发式方法被大量提出和运用，对运筹学的发展起到了很大的促进作用，但这也意味着，往往需要研究者自己编制启发式方法的程序来解决问题。

面向实际问题构建的模型，求解后得到的解可能是唯一的，也可能是一组解，即使是唯一解，也可能与现实问题的理想解相距甚远（很多因素无法量化，并没有在模型中反映出来），所以很多时候还需要进行所谓的**优化后分析**（指找到模型解之后的分析），这类工作也称为**"what-if"分析**，核心是回答决策者关心的一类重要问题：如果模型的假设前提发生了改变，那么模型的解会有什么样的变化？一方面可以使用上面所说的灵敏度分析，考察模型中作为参数的变量如果发生变化，模型的解发生变化的程度。现实中还可能包括另一方面的内容——反向分析，即决策者希望模型最优解在一定的区间上时，各类变量应该处于什么范围内；各类参数之间的协调变化关系是怎样的（有时为了降低其中一些参数，需要同步地增加另一些参数）。

【案例2.4】　给出最优解就结束了？——荷兰水资源管理的策略分析

欧洲国家荷兰十分重视水资源的规划利用，为了节约成本并减少污染，20 世纪 80 年代荷兰负责用水控制的政府部门启动了一项大规模运筹学研究，用来支持国家水资源管理新政策的制定。该研究建成了 50 多个运筹学模型，并形成了一套融合模型计算和仿真模拟的集成系统。所用模型中的重要模型都区分了简单版本和复杂版本，简单版本支持快速计算，用来获取基本情况，并可以进行"what-if"分析；复杂版本则用于对若干关键的局部进行更加准确、详细的解算。这项研究并没有在得到"最优"的单一方案后结束，研究小组应用灵敏度分析技术，充分研究了环境标准、国际条约、气候条件等方面因素变化时，模型中解的变化情况，从而得到了大量富有弹性的可行方案，这些方案在进行充分的分析和比较后，均被提交给了决策部门。

事实表明，那些经过充分评估后的大量方案对于新政策的形成至关重要，为政策的有效执行节约了上千万美元，同时将每年的农业损失降低了约 1500 万美元[4]。

2.1.5 模型检验

即使对于专业的运筹学研究人员来说，构建复杂问题的大型数学模型也不可能一蹴而就，往往需要不断修正完善，直到最后达到满意的程度。这一过程和开发计算机程序类似，最初的代码写完之后，不可避免地会存在错误，必须经过不断检验、纠错和完善，以及若干轮的改进之后，当程序中主要的明显的错误被充分排除，并能给出合理有效的结果时（当然还可能存在一些隐藏较深的 Bug），程序员才能对其基本满意，程序才可以被使用。类似地，复杂的数学模型的最初版本一般都会包含很多不足，求解过程中需要不断地检验模型，尽最大可能地找出模型的缺陷，改进模型的结构，直到模型能够给出合理有效的结果为止。模型检验在逻辑上分为两个部分，一是检查模型是否得到正确的求解；二是模型的解是否正确反映了问题实际。大部分时候，当模型的求解结果有问题时，这两类的检验都是必要的。

为了增加模型的有效性而进行的检验和改进通常称为**模型验证**（Model Validation）。如何进行模型验证呢？其过程因研究问题和采用模型的不同而不同，下面介绍一些一般性建议供读者参考。一是"团队式筛查"，指将涉及模型使用、模型构建与模型分析等各类人组成一个团队，在集中的场所将模型展示出来，由一人负责讲解，团队中的其他人负责质疑提问，大家一起分析讨论模型各类细节的正确性，并用头脑风暴的方法查找模型中的可能遗漏之处。二是"冷脑袋审查"，指邀请对研究对象和运筹学建模有一定认识，但并未参与研究的人员作为"冷脑袋"对模型进行审查。由于实际研究人员已经在研究中花费了大量时间，熟悉模型中的所有细节，很容易"只见树木、不见森林"，"冷脑袋"则可以全新视角看待整个模型以检验出明显的疏忽，提出"出乎意料、情理之中"的好建议。三是"复现检验"，指将历史数据导入构建的模型中，将模型得到的结果和历史上真实发生的结果进行对比，通过比较和分析吻合程度来找出模型潜在的缺点，验证模型的有效性。当然，在这个过程中，要十分小心两种情况：一是过去的数据本身是否可靠；二是模型所要反映的逻辑是否与数据代表的过去逻辑一致。如果两种情况的答案都是肯定的，那么"复现检验"往往是很有用的。当然，如果有其中之一是否定的，就需要研究者认真考虑检验结果是否可用，或者在多大程度上可用。

> **【案例2.5】　模型检验从何时开始？——IBM 实施模型检验的实践**
>
> 　　20 世纪 80 年代后期，美国 IBM 公司为了提高效率、增强竞争力，实施了一项多层级库存管理系统的研究，这项研究最终催生了效率更高的跨国备件库存系统，为 IBM 公司每年节省了约 2000 万美元。这项研究中模型检验工作的核心是将库存系统的未来用户直接带入进来，组成一个用户小组作为该项研究的顾问，从模型（多层级库存模型）初步构建之处就开始试用，并鼓励它们用怀疑的态度尽可能在早期进行检验。最终，这一用户小组的反馈为系统建设带来了重大改进，实际效益超过了事前的预期[4]。
>
> 　　其实模型检验的工作是持续不断进行的（使用也是检验），但越是早期的检验越有价值，所以应该鼓励建模人员尽早将模型的初步雏形拿出来讨论甚至使用，这样不但可以加速研究过程，往往也能大大提高研究的效益。

2.1.6　结论实施

　　在确保模型本身可靠并求解后，就要考虑如何使用模型及相关结论了。这一阶段一般包括以下步骤。一是根据决策者的需要和决策的特点，形成模型求解与交互式决策服务的工具。这个工具可以在现有商业软件上集成形成，也可以根据需要自行开发。无论是哪一种，都需要研究者（或专门的工具开发人员）和工具的使用者密切配合，围绕决策者关心的问题及使用的方式来研制工具。二是为决策者提供工具使用和结论实施的相关解释，必要时，从使用者的角度编写说明文档和用户手册，并进行使用的相关培训。其中，一项工作至关重要：为决策者说明模型结论成立的前提条件，并对模型结果和实际运作之间的关系进行解释，为决策者正确使用研究结论提供必要条件。三是在使用过程中实施全周期管理，包括持续获得工具的运行状况，以及模型是否仍然适用、模型结论是否符合实际等方面的反馈信息，当发觉原有假设严重偏离时，应重新检验模型并更新工具。在此过程中，研究者可能还需要对相关数据和方法进行总结与记录，以备以后重复使用或者满足第三方检测的要求。

问题定义、数据收集、模型构建、模型求解、模型检验、结论实施这 6 个步骤有一定的先后关系，但并不是简单的线性关系。任何有经验的研究者都会发现，现实中的研究从来都存在多次的反复迭代，在 2.1.1～2.1.6 节中，任何一步都可能返回前面的某个步骤上去。读者需要将更多精力放在每个步骤的具体工作中，而不是步骤间的顺序上。

2.2　常用建模方法

　　在运筹学研究的一般过程中，模型处于核心地位，构建形式恰当、规模适中的运筹学模型是分析和解决问题的关键（见图 2-2-1）。实际中，需要按照研究对象的不同来构建不同的模型，运筹学中涉及的模型有 3 种基本形式：形象模型（外观形状相似的模型）、模拟模型（运行逻辑上相似的模型）、符号或数学模型（要素及其关系上相似的模型）。其中，符号或数学模型是运筹学模型的主要形式，本书中的数学表达式、矩阵、图表等形式都是这类模型。

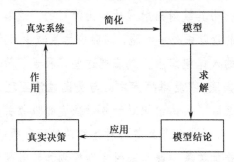

图 2-2-1　运筹学研究是构建、求解和应用模型的过程

　　模型在运筹学研究中十分重要，但如何构建模型却是不容易说清楚的事情。在运筹学发展历史上，以美国学者阿可夫（Russell L. Ackoff）为代表的不少研究者对此进行了研究，提出了一些思路方法。但这些方法只是一些原则，实际模型的构建是创造性很强的活动，成功的模型往往是科学和艺术完美结合的产物，很难用固定的步骤来说明，但存在一些常用的方法，下面结合例子做简要说明。

1. 直接分析法

　　直接分析法是指按照研究者对问题本身的认识，找出问题中和所关注目标密切相关的要素，分析要素之间的量化关系，基于要素间关系的认识直接构建模型。通过应用本方法，运筹学已经发展出种类繁多的模型，如线性规划模型、整数规划模型、图模型、排队模型等。这些模型一般都有成熟的解决方法和求解软件，但研究者在建模时，需要将注意力放在对实际问题的理解，以及寻找适合的模型上，避免生搬硬套，很多时候可能需要对多类模型进行综合应用。

直接分析法有时也称机理分析法，在其他学科中也经常使用，如物理学中通过分析力和加速度的影响关系得到牛顿第二运动定律（体现为数学模型 $F=ma$ 的形式）、化学中不同物质之间的化合关系（体现为化学方程式模型），以及社会科学中通过分析人口变化的影响因素之间的关系得到人口增长模型等。

本书中的大多数模型都是使用直接分析法来完成的，如利用线性规划方法解决工厂优化生产的例子，在建模时分析工厂生产所需要用到的设备或原料，明确生产每类产品所需的各类资源的数量，然后用等式或不等式来表达相应变量之间的关系，进一步给出工厂生产的优化目标——获利最多，这样一个刻画工厂优化生产问题的运筹学模型就完成了。

【案例2.6】　应该照射多少剂量？——癌症放射治疗方案的优化分析

放化疗是治疗很多癌症的常用方法，一种具体方法是在肿瘤区域放置很多放射性的"种子"物质，由其放射出射线达到治疗目的，这其中需要对恶性肿瘤区域给予足够的放射线剂量以杀死癌细胞，同时应尽量减少对附近健康细胞的危害。其中的困难：在三维的人体组织中，到底把这些"种子"放在哪里？照射剂量应该如何控制？美国的斯隆-凯瑟琳癌症中心与美国佐治亚理工学院的运筹研究团队通过仔细解剖分析获取了人体组织对于放射强度的吸收关系，量化表达出包括肿瘤组织、健康组织、关键人体组织等每种组织单位面积吸收放射剂量的平均值，以及不同方向放射的叠加关系，继而采用线性规划和整数规划模型构建这一问题的运筹优化模型，并开发出一套放射治疗方案的优化系统，基于模型求解的结论实现对肿瘤区域更为精确、高效的治疗。这一系统显著减少了放射性治疗的副作用，同时也减少了医疗机构会诊的次数及治疗后的 CT 扫描次数，据估计，每年可以节约近 5 亿美元的成本，这个成果已经从早期的前列腺癌治疗拓展到乳腺癌、子官癌、胰腺癌等癌症的治疗中[6]。

---

2. 数据分析法

很多时候，人们无法清楚了解研究对象的内在机理，但可以得到与之相关的大量数据，或者通过针对性的实验得到实际系统的大量数据，再通过对数据的分析来构建恰当的模型，这样的建模过程称为数据分析法。一般而言，其需要使用统计的方法实施。

　　很多排队系统（如图书馆、银行或食堂）中往往无法从机理上判断顾客到达的概率特征（如到达时间、方差等），但可以收集顾客流的相关数据，这样就可以用统计的办法推断顾客到达的概率分布（如泊松分布、正态分布或爱尔朗分布等），并通过统计检验来验证模型的合理性。

　　数据分析法也称统计分析法，实质是通过对数据的研究得出和实际系统随机性相一致的概率分布，在数理统计、随机过程等涉及概率的学科中普遍使用。对于运筹学中的随机性模型（如排队论、存储论等），很多建模需要使用数据分析法实施。

【案例2.7】　该不该紧急机动？——应对自杀式攻击的策略分析

　　在第二次世界大战后期的太平洋战争上，美军为了应对日军采取的自杀式攻击策略（"神风特攻队"），努力减少可能的损失，紧急实施了一项作战运筹分析，企图回答如下问题：当海军舰船看到自杀式飞机朝着己方俯冲攻击时，应该快速机动来规避撞击，还是应该继续平稳航行且靠自身高射炮火把敌机打下来？为此，美军收集了 477 例数据[3]（具体见表 2-2-1），发现其中被自杀式飞机击中 172 例，占比为 36%，在被击中的情况下，共 27 艘军舰被击沉，占被击中总数的 16% 左右。

表 2-2-1　美军收集的 477 例自杀式攻击的数据

	大型舰船			小型舰船				舰艇总数
	战列舰、重巡洋舰、轻巡洋舰	航空母舰	护航航母、轻航空母舰	驱逐舰、轻型布雷舰、快速扫雷舰、快速运输舰	运输舰、武装运输舰、武装货船、布网货船	机械化登陆舰、坦克登陆舰、车辆登陆舰	小艇	
攻击次数	48	44	37	241	21	49	37	477
击中比例	44%	41%	48%	36%	43%	22%	22%	36%

　　在收集的 477 次攻击中，只有 365 次的报告可以确定攻击时舰船是否进行了规避机动，以及是否成功用高射炮火重创或击毁飞机，数据如表 2-2-2 所示。

表 2-2-2　365 次攻击的具体情况统计

		大型舰船	小型舰船	舰艇总数
进行了规避机动	攻击次数	36	144	180
	击中比例	22%	36%	33%
未进行规避机动	攻击次数	61	124	185
	击中比例	49%	26%	34%

通过对以上数据的分析可知，战列舰、巡洋舰和航空母舰等大型舰船遇到自杀式飞机攻击时采取规避机动比不采取机动被击中的比例显著减小（由 49%降低到 22%），说明大型舰船应该进行规避机动；而驱逐舰、运输舰和小艇等小型舰船进行了规避机动反而比不进行规避机动被击中的比例提高了，表明小型舰船无法从其转向机动中获得任何好处。

究其原因，是因为大型舰船稳定性较好，在转向机动的过程中，其舰载火炮仍可以较为准确地攻击自杀式飞机，所以同时获得了机动和主动攻击的好处；而小型舰船由于自身所限，在满舵转向时稳定性变差，使得防空武器的攻击效果显著减小，综合来看机动的作战效果反而变差。由此，研究人员提出一项应对自杀式攻击的战术原则：大型舰船应该采取急转向的动作，同时实施火炮攻击；小型舰船应该缓慢转向或不转向（以不影响高射火炮精确度为限），专注于火炮打击。后期战报表明，采取这一优化战术的舰船和不采取的舰船相比，被击中比例降低了 18%。

3. 类比法

针对研究目的，有时可以将研究对象类比为另一类已经成功构建模型的系统，从而可以使用或在少量修改后使用现有模型。例如，在复杂的数学优化问题中，将寻找最优解的过程类比为生物种群的进化过程，从而在寻优机理并不清晰的情况下构建有效的求解模型，实现高效求解。在实际研究中，经常将经济系统和社会系统的某些方面类比为机理清晰的物理系统，通过类比构建模型、推进研究。

类比法的本质是利用相似原理实现不同系统间等效替换的建模方法，至于在哪个方面相似，是几何相似，还是物理相似或逻辑相似，完全看研究的需要而定。运筹学中不少分支需要使用随机数，通过伪随机数生成随机数的计算模型就是通过类比得到的。很多复杂问题需要使用模拟理论来研究（如排队模拟理论），其基础就是通过类比法构建相似模型。

4. 实验分析法

当研究对象的内在机理不清晰，也无法获取相关的大量数据时，可以通过实验分析的方法先获得数据，再利用统计分析的办法来建模，这种建模方法称为实验分析法，其可以采取整体实验，也可以采取局部实验的办法来进行，像社会系统、经济系统等复杂的无法进行整体实验的系统，可以采取分层次、分类别的办法，在局部就特定目的进行有条件的实验，在获取一定数据后，再将多个局部实验的数据进行综合分析，构建较为完整的模型。

【案例 2.8】 应该在多深处爆炸？——深水炸弹的实验分析

第二次世界大战期间，为了对抗德军潜艇，英国皇家空军经常派出轰炸机用深水炸弹对潜艇实施攻击，但作战效果一直不理想。后来英军请来一些数学家专门研究这一问题，他们通过实验和统计分析，建立了一个简单的计算模型，发现潜艇从发现飞机开始下潜到深水炸弹爆炸，其实际下潜深度远远小于炸弹引信设置的爆炸深度，从而能够炸到潜艇的概率很低。由此英军将爆炸深度由原来的约21 米调整为约 9.1 米，结果轰炸效果大大提高，在一段时间内，德军还误认为英军发明了新式武器。

5. 构造法

在有些情况下，人们不但对研究对象缺乏深入认识，也缺乏数据，还不具备进行实验的条件，如军事领域的很多问题，都是这样的情况。这时人们只能在已有的知识、经验和历史研究的基础上，对将来可能发生的情况给出合理的设定和描述，然后构建模型，并不断进行修改完善，直到认为模型较为满意为止，这种方法称为构造法。

也有些时候，虽然研究对象的相关数据或机理比较明确，但直接求解很困难或者很烦琐。通过构造的方法建立形式恰当的模型，可以将其转化为更容易求解的通用问题，这时构造法能够起到巧妙转化的作用。但无论哪种情况，需要注意的是，构造法的使用没有一定的规则，很多时候需要建模人员对各类经典模型的形式有深入的认识，并能够在问题和现有模型之间建立有效的连接。

【案例 2.9】 最短通过时间是多少？——一道智力测试题的通用解法

本书第 8 章例 8.1.2 描述了一个 4 人过桥问题，因为不同的人过桥的速度不同，导致不同的过桥方案的总过桥时间有很大差别，如何找出所有人都安全通过的最短总时间？这一问题如果用遍历的办法求解，非常烦琐。而通过构造的方法将其转化为状态空间上的最短路问题，则使得该问题的求解模型更为规范，解法更具普遍性。

2.3　基本结论

上面描述了运筹学研究的一般过程和建模的基本方法，给读者一个运筹学研究现实问题的基本思路，可以概况为 3 句话："定量化"描述问题，"模型化"分析问题，"优化"解决问题。

　　无论采取什么样的研究过程，采取哪些建模方法，是否解决问题才是最终的评判标准。而研究成果价值严重依赖于研究者对两个方面的深刻认知。一是对研究对象的认识。研究者需要将研究对象看作整体性存在，对它的背景、性质、特征、目标、要素、约束等有全面的认识，通过各种途径加深对问题的理解，只有成为至少半个"领域专家"才能正确地形成问题和构建模型。二是对运筹学模型本身的认识。任何模型都是针对特定类型问题发展起来的，都有着各自的适用条件，研究者需要对运筹学各分支中的典型模型有深入了解，包括模型的假设、特点和输入要求等，并在实际条件中灵活应用，做到"一把钥匙开一把锁"，避免"手里有把锤子，任何东西都是钉子"式的生搬硬套。

　　鉴于本书的定位，本书中的大部分内容都将集中在模型的构建与求解上，但本章内容对于实际研究来说是十分重要的，如果读者能够在学习后续章节时不时回顾本章中的内容，并将这里描述的研究过程和建模方法应用到后续内容上，一定会有更多体会和获益。

习　题

　　2.1　简述运筹学研究问题的一般过程。

　　2.2　请就运筹学建模的 5 类常用方法各举一个例子。

　　2.3　在本章参考文献 [4] ～ [7] 中，任选一个运筹学应用案例，阅读并向他人讲述案例中研究的问题、一般过程、建模方法及主要结论。

　　2.4　请就案例 2.4 中所选中的题目，拟定一个研究该问题的一般过程，并讨论其中模型的可能形式。

参 考 文 献

[1]　Hillier F. S., Lieberman G. J. Introduction to Operations Research[M]. 8th edition. 北京：清华大学出版社，2006.

[2]　J. J. 摩特，等. 运筹学手册（基础和基本原理）[M]. 上海：上海科学技术出版社，1987.

[3]　P. M. Morse，G. E. Kimball. 运筹学方法[M]. 北京：科学出版社，1988.

[4]　Goeller B. G. and the PAWN team. Planning the Netherlands "Water Resources"[J]. Interfaces, 1985, 15(1): 3-33.

[5]　Morris Cohen, Pasumarti V. Kamesam，et al. Optimizer: IBM's Multi-Echelon Inventory System for Managing Service Logistics[J]. Interfaces，1990，20(1): 65-82.

[6]　E. K. Lee and M. Zaider. Operations Research Advances Cancer Therapeutics[J]. Interfaces, 2008, 38(1): 5-25.

[7]　Michael R. Hilliard, Rajendra S Solanki, et al. Scheduling the Operation Desert Storm Airlift: An Advanced Automated Scheduling Support System[J]. Interfaces，1992，22(1): 131-146.

[8]　胡运权. 运筹学应用案例集[M]. 北京：清华大学出版社，1988.

第3章

线性规划与单纯形法

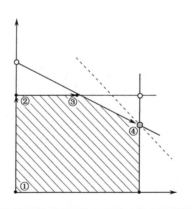

　　线性规划问题的解空间是一个凸多边形区域，其最优解一定可以在顶点上找到，而单纯形法实质是在相邻顶点间进行迭代、逐步求得顶点上最优解的过程。就像一个登山者在一座单峰的山上寻找最高点，其只需要沿着山脊线不断向高处攀爬，就一定能够到达山顶。

人们在生产生活中，经常遇到这类问题：如何使用有限的资源（人力、物力、财力或者时间等）达到一定的目标（具体目标视活动的不同而不同），很多时候还可能要求以最好的效果来达成目标。例如，工厂在一定的原材料约束下进行生产计划，要求获得最大的利润；在交通运输中要安排路线以使货物运输成本最低等。类似问题在军事领域也非常普遍，作战中武器编配方案的选定就是典型的例子，不同类型的武器对一定目标的杀伤效果不同，要合理配备作战单位的武器装备，使其达到最好的作战效果。

对于这样一类"资源使用优化"问题，1939 年，苏联数学家 L. B. 康托洛维奇出版了《生产组织与计划的数学方法》，首次对这类问题进行总结，提出了线性规划问题。1947 年，美国学者 G. B. 丹捷格博士[1]首次提出了现在被广泛使用的线性规划模型及其单纯形求解算法。在这之后，有关理论方法快速发展，在实际应用中日益广泛与深入，取得了巨大成效。特别在电子计算机普通应用之后，计算机已能处理规模庞大的线性规划问题，使得线性规划的适用领域更为广泛，应用范围从解决技术方面的最优化设计拓展到工业、农业、商业、交通运输业、军事、经济计划和管理决策等各领域。

3.1 线性规划的数学模型

3.1.1 线性规划问题示例

例 3.1.1【弹药使用优化问题】王强所在部队拟组织一次炮兵实弹训练，涉及

---

[1] 时任美国空军数学顾问的丹捷格（G. B. Dantzig，1914—2005 年）1947 年首次提出了本章使用的线性规划模型及其单纯形算法。在名词"线性规划"中，"线性"指模型中所有表达式均为线性等式或不等式；"规划"一词本身虽含有"计划"或"筹划"的意思，但在运筹学中更多地指"优化"，即寻找问题更好的答案。

两型炮弹的使用问题。已知负责运输炮弹的可用车辆共 8 台，每辆运输车在可用时间内只能运输 I 型炮弹 1 个基数[1]或 II 型炮弹 0.5 个基数；而每型弹药的可用总量有限，I 型炮弹可用总量为 4 个基数，II 型炮弹可用总量为 3 个基数（见表3-1-1）。已知两型炮弹的战斗力指数[2]分别为 2 和 3，演习首长要求发挥最大的军事效益，则应该如何安排使用两种型号炮弹的数量，才能使总的战斗力指数最大？

表 3-1-1　弹药使用优化问题中的数据

	I	II	资源限量
运输车辆	1	2	8
I 型炮弹	1	0	4
II 型炮弹	0	1	3
战斗力指数	2	3	

对这类问题可进行如下分析：演习需要就不同型号炮弹的使用数量（称为方案）进行决策，这种决策受到了运输车辆、总量等方面的限制（称为资源限量），而希望获取的战斗力最强（称为目标）。由此，这类问题需要对方案、资源限量和目标这 3 个方面进行分析并建模，表达出相关要素的数量和相互关系。首先，用定量化表达使用炮弹的不同决策方案，设 x_1、x_2 分别表示演习使用两型炮弹的数量，则(x_1，x_2)表示不同的方案；其次，对资源限制进行建模，考虑运输车辆的限制，用不等式表达为

$$x_1 + 2x_2 \leq 8$$

同理，考虑弹药总量的限制，得到不等式：

$$x_1 \leq 4$$

$$x_2 \leq 3$$

显然，所用炮弹基数必须为非负数，即有

$$x_1 \geq 0, \ x_2 \geq 0$$

最后，考虑目标是达成最大战斗力指数，用 z 表示战斗力指数，得到

$$z = 2x_1 + 3x_2$$

---

[1] 弹药基数是弹药供应的一种计算单位，如 1 个基数 120 发等，基数简单好记、便于保密，可以给军事实践活动带来很大方便，不同级别、不同用途时规定的基数不尽相同。

[2] 战斗力指数是对作战力量战斗能力的一种指数化度量，一般通过和某一规定标准进行比较获得。它是对作战单位完成任务能力的简化认识，可根据用途、层级和对象的不同选用不同的战斗力指数。

综合上述分析，弹药使用优化的问题可以用数学模型表达为

目标函数：　　　$\max z = 2x_1 + 3x_2$

约束条件：　　$\begin{cases} x_1 + 2x_2 \leqslant 8 \\ x_1 \quad\quad\ \leqslant 4 \\ \quad\quad\ x_2 \leqslant 3 \\ x_1, x_2 \geqslant 0 \end{cases}$

对经济活动来说，往往也是运用资源达到一定目的一类的问题，如工厂使用原材料、设备等资源制造不同类型的产品，通过出售产品获取利润。一般性的问题：如何安排生产不同的产品，使得在资源总量受限情况下获利最多？

例 3.1.2【工厂生产优化问题】 某工厂拟生产甲、乙两种产品，已知生产每吨产品所需的设备台时[1]及 A、B 两种原材料的消耗，如表 3-1-2 所示，则应该如何安排生产使工厂获利最多？

表 3-1-2　工厂生产优化问题中的数据

	甲	乙	资源限量
设备台时（台时）	1	2	8
原材料 A（吨）	4	0	16
原材料 B（吨）	0	4	12
单位利润（万元）	2	3	

类似上面的分析过程，首先，用定量表达出工厂的不同决策方案，可设 x_1、x_2 分别表示工厂安排生产时甲、乙两种产品的产量，则(x_1，x_2)表达不同的方案；其次，考虑目标（获利最多）和设备台时与原材料两类资源的限制，构建工厂优化生产的数学模型[2]为

目标函数：　$\max z = 2x_1 + 3x_2$

约束条件：　　$\begin{cases} x_1 + 2x_2 \leqslant 8 \\ 4x_1 \quad\quad\ \leqslant 16 \\ \quad\quad\ 4x_2 \leqslant 12 \\ x_1, x_2 \geqslant 0 \end{cases}$

这个模型和例 3.1.1 中的模型的形式一致，这也意味着，问题虽然来自不同的领域，但本质是一样的。

上面的例子考虑的都是如何获取最大的收益，要求目标函数最大化。有些时

---

[1] 台时指设备、特别多套设备在某一时间段内的工作总时间，如 5 台设备，每台工作 2 小时，计为 10 台时，多用于工业生产中。

[2] 请注意这里模型的形式，其中的符号和书写顺序不仅直观易读，也是一种表达惯例。

候目标函数可能是最小化的形式，表示完成任务的成本或代价最小。

例 3.1.3【装备编配造价优化问题】某部拟组建一个战斗机编队，按照使命任务要求，编队的总载弹量不能小于 32 个单位，挂载的空空导弹数不小于 48 个单位，现共有 3 种型号的战斗机可供选择，A 型、B 型与 C 型，它们具有的最大载弹量及最大可挂载空空导弹数如表 3-1-3 所示。已知 3 种飞机的造价分别为 9000 万元、6000 万元与 4500 万元，试求出造价最小且能满足任务要求的战斗机编队组建方案。

表 3-1-3 装备编配造价优化问题中的数据

	A 型	B 型	C 型	要求
载弹量	8	4	2	32
空空导弹数	8	5	4	48
造价（万元）	9000	6000	4500	

同上，对方案、资源限制和目标进行量化表达，设组建能够完成任务的战斗机 A 型、B 型、C 型分别为 x_1、x_2、x_3 架，考虑载弹量和空空导弹数两方面的限制及目标要求，该问题可用以下数学模型[1]来描述：

$$\min z = 9000x_1 + 6000x_2 + 4500x_3$$

$$\begin{cases} 8x_1 + 4x_2 + 2x_3 \geqslant 32 \\ 8x_1 + 5x_2 + 4x_3 \geqslant 48 \\ x_1, x_2, x_3 \geqslant 0 \end{cases}$$

3.1.2　线性规划模型的形式

对于上面的例子，无论是目标求最大化，还是求最小化，都属于同一类优化问题，它们具有共同的特征：首先，问题本身都需要进行决策，存在需要"优化"的变量；其次，有一定的资源约束，表现为"在哪些方面受到限制？"即有一个或多个方面受到制约；最后，决策本身有明确的目标，表现为"想达成什么目标？"并且目标能够明确地用数量表达出来。如果将一个问题的这几个方面的特征都弄清楚，就可以对问题进行量化，建立数学模型，进行求解、检验并实际应用，这

---

[1] 严格地说，本模型中变量表示战斗机的架数，应约束其为整数，则该模型将为整数规划模型，该类模型将在本书第 6 章中讨论，这里暂不考虑这一约束（实际上，本模型得到的确实是整数解）。

一过程也就是运筹学研究的工作步骤。模型特征总结如下。

（1）有可选方案，方案集合可用一组变量表示。允许在不同方案间进行选择，可用一组决策变量的所有可能取值表示全体方案集合，而其中一个具体取值就代表一个方案。

（2）存在一定的约束条件，且均可用线性表达式表达。在实际问题中总是存在各类资源约束，如时间、经费、原材料等方面。这里给出的模型要求这样的约束可以用线性等式或线性不等式表达出来。

（3）有一个可以线性表达的优化目标。问题有一个明确的目标，要求最大值或最小值，并且可用决策变量的线性函数（称为目标函数）表达出来。

将具有如上 3 个方面特征的数学模型称为**线性规划模型**。其一般形式为

$$\max(\min)z = c_1 x_1 + c_2 x_2 + \cdots + c_n x_n \qquad (3\text{-}1\text{-}1)$$

$$\begin{cases} a_{11}x_1 + a_{12}x_2 + \cdots + a_{1n}x_n \leqslant (=,\geqslant) \ b_1 \\ a_{21}x_1 + a_{22}x_2 + \cdots + a_{2n}x_n \leqslant (=,\geqslant) \ b_2 \\ \qquad\qquad\qquad \vdots \\ a_{m1}x_1 + a_{m2}x_2 + \cdots + a_{mn}x_n \leqslant (=,\geqslant) \ b_m \end{cases} \qquad (3\text{-}1\text{-}2)$$

$$x_1, x_2, \cdots, x_n \geqslant (\leqslant)0, \ \text{或无约束} \qquad (3\text{-}1\text{-}3)$$

在上面的线性规划模型中，式（3-1-1）称为**目标函数**，式（3-1-2）和式（3-1-3）统称为**约束条件**，其中式（3-1-3）中如果变量为大于等于 0 的，也称为变量的**非负约束条件**，有时方便起见，也将式（3-1-2）直接称为约束条件。

线性规划模型中所有表达式必须是线性的！这样的要求对于实际问题来说是否太强了？的确如此，在实际中很多问题可能无法用线性来表达，或者说强行用线性表达，失真太多，以至于求出的解没有实用价值。由此就有"非线性规划"模型的问题，可惜的是，非线性规划模型中除了少数特别的形式（如凸规划）得到了很好的解决，一般模型的求解非常困难，那么在根据实际问题建模的时候，就存在"模型"复杂性和实用性之间的平衡问题，需要研究者在两者之间寻求最好的平衡点，保证模型可以求解，又具有实用价值。

一个有意思的问题：既然线性规划模型求解相对简单，而一般非线性规划模型难以求解，那么能否将后者转化为前者进行求解？当然肯定不是所有的非线性模型都能转化，但若干特殊形式的确是可以转化的，如分式形式、最大值表达、分段线性、可分离乘积等。

Note

3.2 线性规划的图解法

3.2.1 图解法示例

如何求解线性规划问题的模型呢？下面介绍一种基于几何图形的求解方法——图解法，这种方法简单直观，下面举例说明。

例 3.1.1 中的数学模型为

$$\max z = 2x_1 + 3x_2$$

$$\begin{cases} x_1 + 2x_2 \leqslant 8 \\ x_1 \leqslant 4 \\ x_2 \leqslant 3 \\ x_1, x_2 \geqslant 0 \end{cases} \tag{3-2-1}$$

将所有约束条件放到以 x_1、x_2 为坐标轴的直角坐标系中考察，每个约束条件都代表一个"半平面"。所有约束条件限定的区域如图 3-2-1 中的阴影部分，其中每个点（包括边界点）都是这个问题的解（称为可行解），此区域是问题的"解集合"，称为**可行域**。

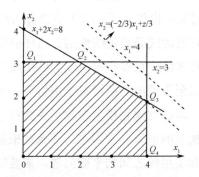

图 3-2-1 例 3.1.1 的图解法示意（唯一最优解在 Q_3 点）

目标函数 $z = 2x_1 + 3x_2$ 在坐标平面上可以表示为以 z 为参数、$-2/3$ 为斜率的一组平行线：$x_2 = (-2/3)x_1 + z/3$。位于同一直线上的点，具有相同的目标函数值，称它为"等线值"。当 z 值由小变大时，直线 $x_2 = (-2/3)x_1 + z/3$ 沿其法线方向向右上方移动。当移动到 Q_3 点时，z 值在可行域边界上实现了最大化，这就得到了例 3.1.1 的最优解 Q_3，其坐标为（4，2）[1]。于是可以计算出最优目标函数值 $z^*=14$。

　　由此，该线性规划问题有唯一的最优解，对应例 3.1.1，也就是说应安排使用 I 型炮弹 4 个基数、II 型炮弹 2 个基数，总的战斗力指数最大为 14。

3.2.2　解的 4 种情况

　　对于一般线性规划问题，求解结果可能出现以下几种情况：

　　（1）唯一的最优解，如例 3.1.1。

　　（2）无穷多最优解（多重解）[2]，将例 3.1.1 中目标函数变为 $\max z = 2x_1 + 4x_2$，则目标函数中以 z 为参数的这组平行直线与约束条件 $x_1 + 2x_2 \leqslant 18$ 的边界线平行。当 z 由小变大时，其将与线段 Q_2Q_3 重合。线段 Q_2Q_3 上的任意一点都使 z 取得相同的最大值，此时线性规划问题有无穷多最优解（也称为多重解，见图 3-2-2）。

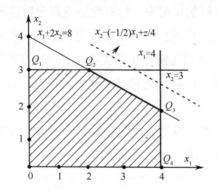

图 3-2-2　多重解示意：线段 Q_2Q_3 上所有点都是最优解

　　（3）无界解，指线性规划问题的目标函数可以趋向无穷大（求最大化）或者趋向无穷小（求最小化）的情况，如下述线性规划问题：

$$\max z = x_1 + x_2$$
$$\begin{cases} -2x_1 + x_2 \leqslant 2 \\ x_1 - 2x_2 \leqslant 1 \\ x_1, x_2 \geqslant 0 \end{cases}$$

　　用图解法求解如图 3-2-3 所示。可以看出，该问题可行域无界，目标函数值可以增大到无穷，称这种情况为无界解。

---

　　[1] 想一想，为什么最优解不在 Q_2 或 Q_4 点？

　　[2] 这里为什么没有说有超过 2 个以上的有限多个最优解呢？

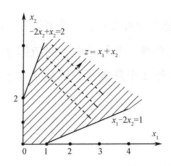

图 3-2-3　无界解示意：可行域是开放区域，且开口朝向目标函数优化的方向

（4）无可行解，如果在例 3.1.1 的数学模型中增加一个约束条件 $x_1 + 2x_2 \geqslant 9$，则该问题的可行域为空集，即无可行解，当然也不存在最优解。

当求解结果出现（3）和（4）两种情况时，一般说明线性规划问题数学模型有问题，要么是没有找到足够的约束条件，要么约束之间存在矛盾，这时需要建模者重新返回到问题分析的步骤中，针对性地重新分析建模。

从图解法中可以直观地看到，当线性规划问题的可行域非空时，它是有界或无界凸多边形；若线性规划问题存在最优解，它一定在可行域的某个顶点得到；若在两个顶点同时得到最优解，则它们连线上的任意一点都是最优解，即有无穷最优解。

图解法虽然直观简便，但是当变量数多于 3 个时，它就无能为力了。下面介绍线性规划的通用求解方法——单纯形法。

3.3　单纯形法的求解思路

3.2 节介绍的图解法显然不是求解线性规划的通用解法。1947 年，美国空军从事军队建设规划问题研究的学者丹捷格（G. B. Dantzig）提出了一种通用解法——单纯形法。这一方法建立在统一规定好的线性规划模型"标准形式"之上，并以线性代数中求解线性方程组的"主元消去法"为基础，通过"可行解"之间的不断迭代实现对线性规划问题的求解。下面先说明模型的标准形式，然后介绍单纯形法的基本过程。

本节暂不涉及单纯形法的理论分析（在 3.4 节讨论），也不需要读者有深入的线性代数知识，不过如果读者能够熟悉矩阵的基本概念及线性方程组的求解过程，并且能够跟着书中的例子自己演算，将会大大有助于理解。

3.3.1 数学模型的标准形式

根据 3.2 节的讨论，我们已经知道线性规划模型有各种不同形式。目标函数有的要求最大化，有的要求最小化；约束条件可以是"$\leqslant$"的不等式，也可以是"$\geqslant$"的不等式，还可以是等式；决策变量一般可以大于 0，也可以小于 0，甚至可以是无约束的。为便于讨论和寻求通用解法，需要将多种形式的数学模型统一变换为一种规范的形式（称为标准形式），本书中规定，满足以下 3 个条件的形式为线性规划数学模型的标准形式[1]。

（1）目标函数最大化。规定目标函数求最大值，若为其他形式，需要进行转化；

（2）约束条件等式化。需要将所有不等式转化为等式，且等式右端项必须为非负数；

（3）决策变量非负化。必须是大于或者等于 0，如果是其他形式，需要转化。

设线性规划模型中变量数为 n 个，非负约束条件共 m 个，标准形式可写为

$$\max z = c_1 x_1 + c_2 x_2 + \cdots + c_n x_n$$

$$\begin{cases} a_{11} x_1 + a_{12} x_2 + \cdots + a_{1n} x_n = b_1 \\ a_{21} x_1 + a_{22} x_2 + \cdots + a_{2n} x_n = b_2 \\ \qquad\qquad\qquad \vdots \\ a_{m1} x_1 + a_{m2} x_2 + \cdots + a_{mn} x_n = b_m \\ x_1, x_2, \cdots, x_n \geqslant 0 \end{cases}$$

可简写为

$$\max z = \sum_{j=1}^{n} c_j x_j$$

$$\begin{cases} \sum_{j=1}^{n} a_{ij} x_j = b_i & i = 1, 2, \cdots, m \\ x_j \geqslant 0 & j = 1, 2, \cdots, n \end{cases}$$

进一步地，可以用向量和矩阵符号表述为

---

[1] 可以用别的形式作为标准形式吗？答案是肯定的，标准形式只是一种规定，具体采取何种形式，可以根据使用者的习惯或需要而定，实际上不同的教材中也确实有不同的形式。本书中采取这一形式，此外另一种常见形式是目标函数取最小。不同的形式使求解过程中的若干细节有所不同，但逻辑上都是一致的。

$$\max z = \boldsymbol{CX}$$

$$\begin{cases} \sum_{j=1}^{n} \boldsymbol{P}_j x_j = \boldsymbol{b} \\ x_j \geqslant 0 \quad j = 1, 2, \cdots, n \end{cases} \tag{3-3-1}$$

或者

$$\max z = \boldsymbol{CX}$$

$$\begin{cases} \boldsymbol{AX} = \boldsymbol{b} \\ \boldsymbol{X} \geqslant \boldsymbol{0} \end{cases} \tag{3-3-2}$$

其中，$\boldsymbol{0}$ 为 n 维全 0 的列向量，其他字母含义为

$$\boldsymbol{C} = \begin{pmatrix} c_1 \\ c_2 \\ \vdots \\ c_n \end{pmatrix}^{\mathrm{T}} \quad \boldsymbol{X} = \begin{pmatrix} x_1 \\ x_2 \\ \vdots \\ x_n \end{pmatrix} \quad \boldsymbol{P}_j = \begin{pmatrix} a_{1j} \\ a_{2j} \\ \vdots \\ a_{mj} \end{pmatrix} \quad \boldsymbol{b} = \begin{pmatrix} b_1 \\ b_2 \\ \vdots \\ b_m \end{pmatrix}$$

$$\boldsymbol{A} = \boldsymbol{A}_{m \times n} = \begin{pmatrix} a_{11} & a_{12} & \cdots & a_{1n} \\ \vdots & & \ddots & \vdots \\ a_{m1} & a_{m2} & \cdots & a_{mn} \end{pmatrix} = (\boldsymbol{P}_1, \boldsymbol{P}_2, \cdots, \boldsymbol{P}_n)$$

其中，$\boldsymbol{A}$ 称为 $m \times n$ 维**系数矩阵**，一般 $m < n$ 且 m，$n > 0$；$\boldsymbol{b}$ 称为**资源向量**，$\boldsymbol{C}$ 称为**价值向量**，$\boldsymbol{X}$ 称为**决策变量向量**，$\boldsymbol{P}_j$ 称为**系数列向量**。

显然式（3-3-2）的形式更为简洁，书写也更为方便，本书中会大量使用这种形式，但读者需要注意模型中各符号代表向量的含义以及维度。

实际上，线性规划模型的任何一般形式和标准形式是内在统一的，所有一般形式都可以转化为标准形式[1]，具体通过如下 3 个步骤进行。

（1）决策变量非负化：若原模型存在取值为负的变量，通过取负转化为非负变量，若存在无约束的变量如 x_k，可令 $x_k = x_k' - x_k''$，其中 $x_k', x_k'' \geqslant 0$。

（2）约束条件等式化：若原模型约束方程为不等式，若为 " $\leqslant$ " 不等式，可在不等式的左端加入非负松弛变量；若约束方程为 " $\geqslant$ " 不等式，可在不等式的左端减去非负剩余变量（也可称松弛变量）。这样就可以把不等式等价地转化为等式。

（3）目标函数最大化：若原模型目标函数要求实现最小化，形式为 $\min z = \boldsymbol{CX}$，只需要通过两边 "取负" 变换为目标函数最大化，即令 $z' = -z$，于是 $\max z' = (-\boldsymbol{C})\boldsymbol{X}$。

下面举例说明这一过程。

---

[1] 这种转化是否完全等价，即线性规划的标准形式与一般形式是一一对应的吗？

例 3.3.1　将下述线性规划问题化为标准型。

$$\min z = -3x_1 + 2x_2$$

$$\begin{cases} 2x_1 - 4x_2 - x_3 \leqslant 5 \\ -x_1 - x_2 - x_3 \geqslant -1 \\ \quad\quad x_2 + x_3 \geqslant 1 \\ x_1 \geqslant 0,\ x_2 \leqslant 0,\ x_3 无约束 \end{cases}$$

解：按照上面的 3 个步骤实施。

（1）x_1 不需转化，令 $x_2 = -x_2'$，$x_3 = x_3' - x_3''$，其中 $x_2', x_3', x_3'' \geqslant 0$；

（2）检查所有约束条件的右端项是否存在负数，发现第二个约束条件右端为负，该项两边同乘以 "−1"，变换为 "≤"。在第一个约束不等式和变换后的第二个约束不等式左端加入松弛变量[1] x_4 和 x_5；在第三个约束不等式 ≥ 号的左端减去剩余变量 x_6；

（3）令 $z' = -z$，把求 $\min z$ 改为求 $\max z'$，得到该问题的标准形式如下：

$$\max z' = 3x_1 + 2x_2'$$

$$\begin{cases} 2x_1 + 4x_2' - (x_3' - x_3'') + x_4 = 5 \\ x_1 - x_2' + (x_3' - x_3'') \quad\quad + x_5 = 1 \\ \quad - x_2' + (x_3' - x_3'') \quad\quad\quad\quad - x_6 = 1 \\ x_1 \geqslant 0,\ x_2' \geqslant 0,\ x_3' \geqslant 0,\ x_3'' \geqslant 0 \end{cases}$$

在如上操作中，将所有不等式约束转化为等式约束是关键一步，本质是将线性规划的约束条件不等式组变为线性方程组，也就是将线性规划问题的求解转化为在相应的线性方程组的解集中找最优解。

3.3.2　代数法的基本思路

丹捷格给出的通用解法的基础是线性代数中求线性方程组的"主元消去法"，下面以例 3.1.1 中的数学模型为例来说明它的思路。

例 3.1.1 的数学模型为

---

[1] 在转化后得到的标准形式中，松弛变量的基本含义是原不等式约束两侧的差值，实际可用来标记解相对于可行域的位置，若松弛变量取值为 0，说明解在"边界"上；若松弛变量严格大于 0，说明解在"内部"；而松弛变量小于 0，说明解实际上在可行解集合的"外部"，即不是可行解。

$$\max z = 2x_1 + 3x_2$$
$$\begin{cases} x_1 + 2x_2 \leqslant 8 \\ x_1 \qquad \leqslant 4 \\ \qquad x_2 \leqslant 3 \\ x_1, x_2 \geqslant 0 \end{cases}$$

先将上面的模型转化所有约束为等式的标准形式，并写为式（3-3-3a）的形式，其中 x_3、x_4、x_5 实质上是不等式左边和右边的差值。

$$z = 0 + 2x_1 + 3x_2$$
$$\begin{cases} x_3 = 8 - x_1 - 2x_2 \\ x_4 = 4 - x_1 \\ x_5 = 3 - x_2 \\ x_1, x_2, x_3, x_4, x_5 \geqslant 0 \end{cases} \qquad (3\text{-}3\text{-}3a)$$

将 x_1、x_2 看作线性方程组中的自由变量，很自然想到坐标原点 $x_1 = x_2 = 0$，这时有 $(x_1, x_2, x_3, x_4, x_5)^T = (0, 0, 8, 4, 3)^T$，得到 x_3、x_4、x_5 的取值分别为 8、4、3，实际上就是全部的资源总量，意思是全部是剩余量，任何资源都没有使用，那么演习使用炮弹的数量实质上均为 0，战斗力指数 $z = 0$。

这自然不是我们想要的，观察目标函数表达式，我们只需要将 x_2 由 0 变为一个正数就可以得到更大的战斗力指数，而且显然 x_2 取值越大，战斗力指数增加越多，但 x_2 显然不能无限大，那么最大取多少呢？为此，我们将所有约束条件表达为 x_2 的表达式，其中第二个约束条件与 x_2 无关，不用考虑。得到

$$x_2 = \frac{8}{2} - \frac{1}{2}x_1 - \frac{1}{2}x_3 \qquad (3\text{-}3\text{-}3b)$$
$$x_2 = 3 - x_5$$

这里 $x_1, x_3, x_5 \geqslant 0$，那么 x_2 最大只能取：

$$\min\left\{\frac{8}{2}, 3\right\} = 3 \qquad (3\text{-}3\text{-}3c)$$

相应地有

$$x_2 = 3 - x_5$$

将它代入目标函数中，得到

$$z = 9 + 2x_1 - 3x_5$$

同时也将其代入第一个约束条件中，得到

$$x_3 = 2 - x_1 + 2x_5$$

实际上，这样得到了与式（3-3-3a）等价的模型表达形式，即

$$z = 9 + 2x_1 - 3x_5$$

$$\begin{cases} x_3 = 2 - x_1 + 2x_5 \\ x_4 = 4 - x_1 \\ x_2 = 3 - x_5 \\ x_1, x_2, x_3, x_4, x_5 \geq 0 \end{cases} \tag{3-3-4a}$$

在式（3-3-4a）中，取 $x_1 = x_5 = 0$，当 $(x_1, x_2, x_3, x_4, x_5)^{\mathrm{T}} = (0, 3, 2, 4, 0)^{\mathrm{T}}$ 时，战斗力指数变为 9。

对比式（3-3-4a）和式（3-3-3a）就会发现，在所有约束条件中，左端将原来的 x_5 换出了，而把 x_2 换入；右端恰好相反，把 x_2 换出，把 x_5 换入。变换操作实际是线性方程组求解中的"主元消去"过程，效果是用 x_2 取代了 x_5 的位置，其他未发生变化。

这时战斗力指数为 9，是否是最大值呢？显然不是，在表达式 $z = 9 + 2x_1 - 3x_5$ 中，如果 x_1 增大，由当前为 0 变成一个正数时，x_5 同时保持为 0，战斗力指数会变得更大。同样地，为了研究 x_1 最多能增大多少，将式（3-3-4a）中的约束条件写成 x_1 的表达式，其中第三个约束条件与 x_1 无关，不用考虑，得到

$$\begin{cases} x_1 = 2 - x_3 + 2x_5 \\ x_1 = 4 - x_4 \end{cases} \tag{3-3-4b}$$

同样，这里要求所有变量均大于等于 0，在 x_5 同时保持为 0 的条件下（x_5 不是要换入的变量，仍让其保持为 0），x_1 最大只能取

$$\min\{2, 4\} = 2 \tag{3-3-4c}$$

这时，有

$$x_1 = 2 - x_3 + 2x_5$$

将它代入目标函数 $z = 9 + 2x_1 - 3x_5$ 中，得到

$$z = 13 - 2x_3 + x_5$$

同时也将其代入第二个约束条件中，得到

$$x_4 = 2 + x_3 - 2x_5$$

同上得到了与式（3-3-4a）等价的模型表达形式，即

$$z = 13 - 2x_3 + x_5$$

$$\begin{cases} x_1 = 2 - x_3 + 2x_5 \\ x_4 = 2 + x_3 - 2x_5 \\ x_2 = 3 - x_5 \\ x_1, x_2, x_3, x_4, x_5 \geq 0 \end{cases} \tag{3-3-5a}$$

在式（3-3-5a）中，当 $(x_1, x_2, x_3, x_4, x_5)^{\mathrm{T}} = (2, 3, 0, 2, 0)^{\mathrm{T}}$ 时，战斗力指数变为 13。

对比式（3-3-5a）和式（3-3-4a）会发现，这里是用 x_1 取代 x_3 的位置，其他未发生改变。

这时战斗力指数为 13，是否仍存在更大的战斗力指数呢？答案是肯定的，在表达式 $z = 13 - 2x_3 + x_5$ 中，如果 x_5 增大，由当前为 0 变成一个正数时，战斗力指数会变得更大。和上面两步中操作一样，为了研究 x_5 最多能增大多少，将式（3-3-5a）中的约束条件写成 x_5 的表达式，得到

$$\begin{cases} x_5 = -1 + \dfrac{1}{2}x_3 + \dfrac{1}{2}x_1 \\ x_5 = 1 + \dfrac{1}{2}x_3 - \dfrac{1}{2}x_4 \\ x_5 = 3 - x_2 \end{cases} \tag{3-3-5b}$$

所有变量仍要求大于等于 0，在让约束等式右端的变量 x_3 同时保持为 0 的条件下，x_5 最大只能取

$$\min\{1,3\} = 1 \tag{3-3-5c}$$

注意这里没考虑第一个约束条件，因为该式中由于 x_1 的系数为正，意味着 x_5 只要大于 -1 即可，实际对其能取多大的正数没有构成约束，无须考虑。x_5 取最大值 1 时对应有

$$x_5 = 1 + \frac{1}{2}x_3 - \frac{1}{2}x_4$$

同上操作，得到与式（3-3-5a）等价的表达式为

$$z = 14 - \frac{5}{2}x_3 - \frac{1}{8}x_4$$

$$\begin{cases} x_1 = 4 - x_4 \\ x_5 = 1 + \dfrac{1}{2}x_3 - \dfrac{1}{2}x_4 \\ x_2 = 2 - \dfrac{1}{2}x_3 + \dfrac{1}{2}x_4 \\ x_1, x_2, x_3, x_4, x_5 \geq 0 \end{cases} \tag{3-3-6a}$$

在式（3-3-6a）中，当 $x_3 = x_4 = 0$，即 $(x_1, x_2, x_3, x_4, x_5)^\mathrm{T} = (4, 2, 0, 0, 1)^\mathrm{T}$ 时，战斗力指数变为 14。

对比式（3-3-6a）和式（3-3-5a）会发现，这里其实用 x_5 取代了 x_4 的位置，其他未发生改变。

这时目标函数值为 14，是否仍存在更大的目标值呢？显然不可能，因为目标函数表达式中，只要不是 $x_3 = x_4 = 0$ 的取值组合，必然使得目标函数值更小，所以

当前解就是线性规划问题的最优解，也就是说演习应使用 I 型炮弹 4 个基数，I 型炮弹 2 个基数，战斗力指数最大为 14。这与 3.2 节图解法的结论一致。

这样经历 3 步迭代和 4 次表达形式的变化，在式（3-3-6a）中，读者已经能够直接观察出最优解[1]。回顾以上求解过程，可以得到以下结论。

（1）这一过程开始时就将所有不等式约束条件转化为等式，从而可以将变量相互表达出来。

（2）利用变量在目标函数的系数判断目标函数是否可以增大，并利用约束条件给出相应变量的表达形式，计算出变量可以取的最大变化量。

（3）用变量的表达式更新所有约束条件及目标函数表达式，进而在新的表达式中判别目标函数是否可以继续增大，若是，则重复（2）中操作，直到无法使目标函数变大为止。

（4）在更新表示式时，实际上每次确定一个且只有一个新变量来代替一个旧变量，并确保新变量变成了一个正值，同时使得目标函数增大。

显然，这个过程具有通用性，任何线性规划问题都可以如此操作进行求解（尽管变量数或者约束条件很多时，过程很烦琐）。而部分读者可能已经想到，上面的过程非常固定，可以利用表格进行简化计算，更直观，更简洁。而在一个统一规定的表格上遂行如上计算的方法就是求解线性规划的通用代数解法——单纯形法。

3.3.3 单纯形法的基本过程

将上面示例的求解过程进行规范化，并用一个统一的表格表达相关数据和完成计算过程，即**"单纯形法"**（Simplex Method 或 Simplex Algorithm）[2]。总体来说，单纯形法是不同的解之间迭代计算的过程，一般分为 5 步：第 1 步寻找一个初始解，第 2 步构建单纯形表，第 3 步对解是否是最优解进行判别，第 4 步变

---

[1] 请读者自己验算上面的求解过程，并思考这一过程是如何发生的。可以更简便地实现这一计算过程吗？

[2] 单纯形法这个名称来源于"单纯形"的概念，它在拓扑学中指具有一定特征的凸多面体，可以大致看作一维空间中线段、二维空间中三角形、三维空间中四面体这类集合的自然拓展（一般表述为 n 维空间中 $n+1$ 个顶点围成的多面体）。虽然单纯形法并不直接使用这一概念，但线性规划有界的可行域可看作"单纯形"或多个"单纯形"的组合，由此丹捷格听从了一位同事的建议，将这一解法命名为"单纯形法"。

换到一个新解上去（如果第 3 步判别不是最优解），第 5 步在单纯形表中计算出新解的数值，然后返回到第 3 步，反复进行下去，直到得到最优解或达到其他终止条件。

这里用例 3.1.1 说明这个过程，也是重述 3.3.2 节的内容。对于单纯形法中更为复杂情况的处理将在 3.5 节介绍。

例 3.3.2　用单纯形法求解例 3.1.1 中的线性规划问题。

其数学模型为

$$\max z = 2x_1 + 3x_2$$

$$\begin{cases} x_1 + 2x_2 \leqslant 8 \\ x_1 \qquad\quad \leqslant 4 \\ \qquad x_2 \leqslant 3 \\ x_1, x_2 \geqslant 0 \end{cases}$$

第 1 步：找到一个初始解

这一步是通过将数学模型转化为标准形式完成的，对于上面的例子，添加 3 个松弛变量，得到如下的标准形式：

$$\max z = 2x_1 + 3x_2$$

$$\begin{cases} x_1 + 2x_2 + x_3 = 8 \\ x_1 \qquad\qquad + x_4 = 4 \\ \qquad x_2 \qquad\quad + x_5 = 3 \\ x_1, x_2, x_3, x_4, x_5 \geqslant 0 \end{cases}$$

注意 3 个新变量 x_3、x_4、x_5 的系数列向量为单位向量，按照"主元消去法"的过程，首先考虑这 3 个变量的表达式，在表达式中直接取其他变量 x_1、x_2 为零，这 3 个变量取值就是右端项，得到一个初始解，记为 $X^{(0)} = (x_1, x_2, x_3, x_4, x_5)^{\mathrm{T}} = (0, 0, 8, 4, 3)^{\mathrm{T}}$。

第 2 步：建立单纯形表

为便于计算，使用一种格式规范的计算表，称为单纯形表[1]。下面求解过程均在此表上进行。对于本例，构造初始单纯形表如表 3-3-1 所示。

---

[1] 这里给出的单纯形表形式可能和其他书中的并不完全一样，如在最后一行、最后一列或者 b 列有差异，读者可以完全无视这些差异，因为它们虽然形式不尽相同，但计算过程都是一致的。

Note

表 3-3-1 求解例 3.1.1 的第 1 张单纯形表，对应式（3-3-3a）

	c_j		2	3	0	0	0	θ_i
C_B	X_B	b	x_1	x_2	x_3	x_4	x_5	
0	x_3	8	1	2	1	0	0	4
0	x_4	4	1	0	0	1	0	—
0	x_5	3	0	[1]	0	0	1	3
$\sigma_j \rightarrow$			0	2	3	0	0	0

表中其他部分均为标准形式中的相关数据，下面解释最后一行和最后一列。

在最后一行中，b 列对应位置为当前目标函数值，计算方法为

$$z^{(0)} = \sum_{i=1}^{5} c_i x_i^{(0)} = c_1 \times 0 + c_2 \times 0 + c_3 \times b_1 + c_4 \times b_2 + c_5 \times b_3 = 0 \times 8 + 0 \times 4 + 0 \times 3 = 0$$

该行其他位置称为各变量的检验数，其中列入表中左侧 C_B 列的变量的检验数为 0（总是为 0），其他变量检验数的计算方法：

$$\sigma_1 = c_1 - (c_3 a_{11} + c_4 a_{21} + c_5 a_{31}) = 2 - (0 \times 1 + 0 \times 1 + 0 \times 0) = 2$$

$$\sigma_2 = c_2 - (c_3 a_{12} + c_4 a_{22} + c_5 a_{32}) = 3 - (0 \times 2 + 0 \times 0 + 0 \times 1) = 3$$

其实，这一步计算，包括"检验数"的计算和上面"主元消去法"过程中的式（3-3-3a）实质上是一样的，各检验数实际上就是式（3-3-3a）中目标函数各变量的系数。

根据计算结果，选取一个检验数为正（很多时候选其中最大的）的变量作为换入变量，如 x_2。

最后一列称为 θ **准则列**[1]，用来确定下一步需要换出的变量，计算方法是对于已经确定的换入变量 x_2 列的系数，进行如下计算：

$$\theta = \min\left\{\frac{b_1}{a_{12}}, -, \frac{b_3}{a_{32}}\right\} = \min\left\{\frac{8}{2}, -, \frac{3}{1}\right\} = 3$$

其中 x_2 列的系数中如果有负值或 0，则不用参与计算，直接用" – "表示即可。

一般地，表 3-3-1 中各行（列）的含义如表 3-3-2 所示。

表 3-3-2 单纯形表中各要素的说明

位 置	名 称	含 义
第 1 行	"价值系数"	填入决策变量在目标函数中的系数
第 2 行	"标识"行	实际的表头，依次填入当前选入变量在目标函数中的系数标识 C_B、相应变量标识 X_B、约束条件右端项标识 b 及所有变量符号

---

[1] 这里 θ 值的计算方法是确保下一步得到的新解仍是可行解，详见 3.4 节。

续表

位 置	名 称	含 义
第 3～m+2 行	变量取值及系数矩阵	左侧 3 列分别写入选入变量的价值系数、变量名及资源向量取值（实际也是当前基变量取值），并在变量对应位置填入所有约束条件中变量的系数（合称系数矩阵）
最后一行	检验数	计算检验数 σ，以此确定一个未选入变量作为换入变量；特别地，b 列对应的这一位置为目标函数当前数值
最后一列	θ 准则	计算 θ，以此确定哪个变量作为换出变量

观察上面的过程，可见这一步与式（3-3-3b）和式（3-3-3c）中的计算过程是相同的。

第 3 步：解的判别

判断当前的解是否使得目标函数已经达到最优。查看最后一行检验数的计算结果，如果发现所有检验数均小于等于 0，那么迭代终止（说明目标函数无法再增加）。如发现某个未选入变量检验数大于 0，说明当前解还不是最优解。这里：

$$\sigma_1 = 2 > 0, \quad \sigma_2 = 3 > 0$$

说明迭代还需要进行下去，转入下一步。

第 4 步：解变换

这一步的任务是确定一组新的选入变量，根据 3.3.2 节的思路，每次确定一个变量换入，同时换出一个变量。根据检验数行的计算结果，这里选取一个检验数大的变量作为换入变量，类似式（3-3-3a）中目标函数系数的判定，确定 x_2 为换入变量，进一步计算相应的 θ 值，得到 $\theta = 3$，由此确定 x_5 为换出变量，这样得到一组新变量为 x_3、x_4、x_2。

第 5 步：旋转运算

这一步的任务是计算新变量组的取值，并将变换后得到的新解反映到一个新的单纯形表中。具体做法如下。

首先，在上一步单纯形表的系数矩阵部分确定一个主元素（换入变量对应的系数列和换出变量对应的系数行交叉处的系数称为 **"主元素"**[1]），这里主元素为

---

[1] 这里"主元素"类似求解线性方程组或者用"初等行变换"计算矩阵逆中的"主元"，而旋转运算就是"主元消去法"（没有行交换操作）。读者可以对照线性代数中相应内容，找一找两者的区别和联系。

$a_{32}=1$，方便起见，在单纯形表中用"[ ]"把这一元素圈出。其次，围绕主元素进行"消去法"计算，单纯形称之为**旋转运算**，使得在主元素所在的列中，主元素位置变为 1，同列中的其他位置变为 0。通过两种运算来达成这一目的：第 1 种运算是将某一行同时乘以某一非零数值，第 2 种运算是将某一行乘以某一数值后加到另一行上去。借助旋转运算就可以等价地把主元素所在的新变量的系数列变为单位列向量，同时不改变其他原有选入变量的系数列向量（仍为单位列向量）。本例中第 3 行主元素位置系数本身就为 1，将该行数值同乘以（–2）然后加到第 1 行上去，得到如表 3-3-3 所示的最后结果。最后，在 X_B 列把新的变量写入（用 x_2 替代 x_5），相应地把 C_B 列价值系数更新，准备重新计算检验数。

得到新的单纯形表如表 3-3-3 所示。

表 3-3-3　求解例 3.1.1 的第 2 张单纯形表，对应于式（3-3-4a）

c_j			2	3	0	0	0	θ_i
C_B	X_B	b	x_1	x_2	x_3	x_4	x_5	
0	x_3	2	[1]	0	1	0	–2	2
0	x_4	4	1	0	0	1	0	4
3	x_2	3	0	1	0	0	1	—
$\sigma_j \rightarrow$		9	2	0	0	0	–3	

可以看到，该表实际上对应于式（3-3-4a）。这时得到新的变量为 $x_3=2$，$x_4=4$，$x_2=3$，记为 $X^{(1)}=(0,3,2,4,0)^T$，$z^{(1)}=9$。

对照表 3-3-3、表 3-3-1 和式（3-3-3a）就会发现，实际上新换入的变量 $x_2=3$ 取值就是表 3-3-1 中的 θ，换出变量 x_5 的取值变为 0；而仍留在 X_B 这一组的变量的取值经过一个旋转运算，取值更新了；其他仍为未选入的变量（这里是 x_1）取值保持为 0。

在这样变换完成后，目标函数由 0 变为 9，这一增加量实际上就是 $\theta\sigma=3\times3=9$。

对应于式（3-3-4a）、式（3-3-5a），下面重复第 3 步至第 5 步，直到目标函数再也无法增加为止，具体过程如下。

第 3 步，重新计算当前解 $X^{(1)}$ 的检验数，如表 3-3-3 所示，其中 $\sigma_1=2$，存在大于 0 的正数，说明当前解不是最优解，需要继续迭代。

第 4 步，选取检验数为正的变量 x_1 为新的换入变量，计算当前选入变量的 θ 值，即

$$\theta = \min\left\{\frac{2}{1}, \frac{4}{1}, -\right\} = 2$$

由此确定 x_3 作为换出变量,确定新的选入变量为 x_1、x_4、x_2,相应主元素为 a_{11}。

第 5 步,围绕主元素进行旋转运算,由于主元素已经为 1,不需要计算,将该行乘以-1 加到第 2 行上去,然后更新相关数值,得到第 3 张单纯形表,如表 3-3-4 所示。

表 3-3-4　求解例 3.1.1 的第 3 张单纯形表,对应于式（3-3-5a）

c_j			2	3	0	0	0	θ_i
C_B	X_B	b	x_1	x_2	x_3	x_4	x_5	
2	x_1	2	1	0	1	0	−2	—
0	x_4	2	0	0	−1	1	[2]	1
3	x_2	3	0	1	0	0	1	3
$\sigma_j \rightarrow$		13	0	0	−2	0	1	

这时得到新的可行解 $X^{(2)} = (2,3,0,2,0)^T$,目标函数值 $z^{(2)} = 13$。

再回到第 3 步中,重新计算 $X^{(2)}$ 的检验数,得到未选入变量 x_5 的检验数仍为正数,说明还未得到最优解,需要进一步迭代。下一步迭代请读者完成,计算结果如表 3-3-5 所示。

表 3-3-5　求解例 3.1.1 的第 4 张单纯形表,对应于式（3-3-6a）

c_j			2	3	0	0	0	θ_i
C_B	X_B	b	x_1	x_2	x_3	x_4	x_5	
2	x_1	4	1	0	0	1	0	
0	x_5	1	0	0	−1/2	1/2		
3	x_2	2	0	1	1/2	−1/2	0	
$\sigma_j \rightarrow$		14	0	0	−3/2	−1/2	0	

这样经过 4 张单纯形表的计算,发现最终单纯形表中所有变量检验数取值均为非正,说明找到了最优解,相应最优解为 $X^{(3)} = (4,2,0,0,1)^T$,目标函数值 $z^{(3)} = 14$。最终得到,在该问题中,实际应使用 I 型炮弹 4 个基数,II 型炮弹 2 个基数,战斗力指数最大为 14。

对照 3.2 节中图解法的计算过程,发现上面单纯形法的求解过程如图 3-3-1

所示[1]。

求解过程与结果如表 3-3-6 所示。

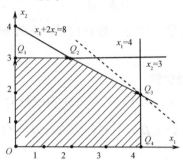

图 3-3-1　例 3.1.1 的单纯形法迭代过程是从 O 到 Q_1、Q_2、Q_3 的过程

表 3-3-6　求解例 3.1.1 的单纯形表求解过程与结果

	单纯形法求解结果		可行域中顶点
初始解	$\boldsymbol{X}^{(0)} = (0,0,8,4,3)^{\mathrm{T}}$,	$z^{(0)} = 0$	O (0, 0)
第 1 次迭代	$\boldsymbol{X}^{(1)} = (0,3,2,4,0)^{\mathrm{T}}$,	$z^{(1)} = 9$	Q_1 (0, 3)
第 2 次迭代	$\boldsymbol{X}^{(2)} = (2,3,0,2,0)^{\mathrm{T}}$,	$z^{(2)} = 13$	Q_2 (2, 3)
第 3 次迭代	$\boldsymbol{X}^{(3)} = (4,2,0,0,1)^{\mathrm{T}}$,	$z^{(3)} = 14$	Q_3 (4, 2)

读者会发现，上述求解过程具有普遍性，无论线性规划规模多大，均可以用类似的过程解决。

3.4　单纯形法的理论基础

本节集中说明单纯形法严谨完整的理论基础，主要涉及线性规划问题解的性质、解的分类及最优解的存在性等。本节有较多定义和定理，请读者注意，这些内容都是建立在线性规划问题的标准形式之上的。

考虑线性规划问题的标准形式：

---

[1] 观察图 3-3-1 中的求解过程，值得注意的是，这里最优解在 Q_3 点，如果第一迭代不是从 $O \rightarrow Q_1$，而是从 $O \rightarrow Q_4$，显然会使求解过程变简单，为什么会发生这种情况，同时怎么才能使得迭代第一步从 $O \rightarrow Q_4$ 呢？更一般地，这个过程为什么能得到最优解呢？能够多快得到最优解呢？

$$\max z = CX$$
$$\begin{cases} AX = b \\ X \geq 0 \end{cases}$$

这里，X 为 n 维列向量，C 为 n 维行向量，b 为 m 维列向量，A 为 $m \times n$ 维系数矩阵。

定义 3.1 可行解、最优解

记 $D = \left\{ X \in R^n \mid AX = b, X \geq 0 \right\}$，若某一决策变量向量 $X \in D$，则称 X 是线性规划问题的**可行解**。设有 $X^* \in D$，且对任意 $X \in D$，有 $CX \leq CX^*$，则称 X^* 为线性规划问题的**最优解**。

定义 3.2 基、基向量、基变量、非基变量

设系数矩阵 A 行满秩[1]，即 A 的秩为 m，等价于 A 的所有 n 个列向量中可以找出 m 个组成一个线性无关组。记 $A = (P_1, P_2, \cdots, P_n)$，取其中 m 个列向量 $(P_{j_1}, P_{j_2}, \cdots, P_{j_m})$ 为线性无关组，记为 B，则 B 是一个 $m \times m$ 维的可逆方阵，称 B 是线性规划问题的一个**基**。称其中每个向量 P_{j_k}（$1 \leq k \leq m$）为**基向量**，称下标相同的对应决策变量 x_{j_k}（$k = 1, 2, \cdots, m$）为相应于 P_{j_k} 的**基变量**，所有决策变量中除基变量外的其他变量称为**非基变量**。

定义 3.3 基解、基可行解、可行基

方便起见，不妨设 $B = (P_1, \cdots, P_m)$ 是一个基（若不然，可以通过调整变量的位置达到此目的），则 $N = (P_{m+1}, \cdots, P_n)$，有

$$A = (P_1, P_2, \cdots, P_m, P_{m+1}, \cdots, P_n) = (B, N)$$

相应地，将决策变量向量写为

$$X = (x_1, x_2, \cdots, x_m, x_{m+1}, \cdots, x_n)^{\mathrm{T}} = (X_B, X_N)^{\mathrm{T}} = \begin{pmatrix} X_B \\ X_N \end{pmatrix}$$

其中，$X_B = (x_1, \cdots, x_m)^{\mathrm{T}}$，$X_N = (x_{m+1}, \cdots, x_n)^{\mathrm{T}}$，则 $AX = b$ 可表示为

$$(B, N) \begin{pmatrix} X_B \\ X_N \end{pmatrix} = b$$

进一步，有

$$BX_B + NX_N = b$$
$$BX_B = b - NX_N$$

---

[1] 一般假设系数矩阵是行满秩的，如果不是，说明约束条件不是完全独立的，原则上可以通过对系数矩阵进行初等行变换消去部分约束条件，达成行满秩的条件。当然，如果约束条件间并不独立且没有消除，一般也不会影响求解，极小可能出现的例外将在 3.6 节讨论处理办法。

因为 B 是可逆矩阵，故上式两边可左乘 B^{-1} 得

$$X_B = B^{-1}b - B^{-1}NX_N \qquad (3\text{-}4\text{-}1)$$

在式（3-4-1）中令所有非基变量 $X_N = 0$ ，则基变量部分 $X_B = B^{-1}b$ 。显然 $X = \begin{pmatrix} B^{-1}b \\ 0 \end{pmatrix}$ 满足 $AX = b$ ，称之为**基解**。

此外，如果 $B^{-1}b \geqslant 0$ ，则 X 也满足 $X \geqslant 0$ 的条件，X 也是可行解，称为**基可行解**；相应地，称 B 是**可行基**。

有关线性规划问题的可行解、基解与基可行解的关系如图 3-4-1 所示。说明如下：满足所有约束条件的解称为可行解，只满足 $AX = b$ ，且对应了 A 中一个满秩子矩阵的解称为基解，如果基解同时也满足 $X \geqslant 0$ ，则是基可行解。显然，线性规划问题的可行解可能是无穷多个，但基解和基可行解只可能为有限多个。

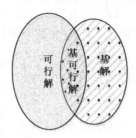

图 3-4-1　基可行解是可行解和基解的交集，一定是有限多个

当线性规划模型确定后，基解的取值仅仅取决于基 B 的选择，选定一个基，就会有一组基解，那么有多少这样的基解呢？

由于基本身是系数矩阵 A 的可逆子矩阵，且行数与 A 一致，故在 A 中 n 列里任取 m 列并不一定是基，那么基解的个数不确定，相应基可行解的个数也不确定。但无论如何，由于基的个数最多为组合数 C_n^m ，所以基解个数不超过 C_n^m 个，基可行解当然也不超过 C_n^m 个。

例 3.4.1　找出下面线性规划问题的所有基，说明相应的基向量、基变量和非基变量，求出基解的值，并指出哪些是基可行解。

$$\max z = -x_1 + x_2 - 2x_3$$

$$\begin{cases} 2x_1 + x_2 - 3x_3 = 3 \\ x_1 + x_2 - \dfrac{3}{2}x_3 = 2 \\ x_1, x_2 \geqslant 0 \end{cases}$$

解： 先验证模型形式是否为标准形式，即写出该线性规划问题的系数矩阵：

Note

$$A = \begin{pmatrix} 2 & 1 & -3 \\ 1 & 1 & -\dfrac{3}{2} \end{pmatrix} \triangleq (P_1, P_2, P_3)$$

（1）取 $B_1 = (P_1, P_2) = \begin{pmatrix} 2 & 1 \\ 1 & 1 \end{pmatrix}$ ，显然其为可逆矩阵，是该线性规划问题的一个基，则相应的基向量是 P_1、P_2，基变量是 x_1、x_2，非基变量是 x_3。计算基解的取值，有

$$X_{B_1} = (x_1, x_2)^{\mathrm{T}} = B_1^{-1} b = \begin{pmatrix} 2 & 1 \\ 1 & 1 \end{pmatrix}^{-1} \begin{pmatrix} 3 \\ 2 \end{pmatrix} = (1, 1)^{\mathrm{T}}$$

$$X^{(1)} = (x_1, x_2, x_3)^{\mathrm{T}} = (1, 1, 0)^{\mathrm{T}}$$

由于 $X^{(1)} \geqslant 0$ ，故 $X^{(1)}$ 不但是基解，还是基可行解，对应基 B_1 是可行基。

（2）取 $B_2 = (P_2, P_3) = \begin{pmatrix} 1 & -3 \\ 1 & -\dfrac{3}{2} \end{pmatrix}$ 非奇异，故其也是该线性规划问题的一个基，

相应的基向量是 P_2、P_3，基变量是 x_2、x_3，非基变量是 x_1。计算相应基解的取值：

$$X_{B_2} = (x_2, x_3)^{\mathrm{T}} = B_2^{-1} b = \begin{pmatrix} 1 & -3 \\ 1 & -\dfrac{3}{2} \end{pmatrix}^{-1} \begin{pmatrix} 3 \\ 2 \end{pmatrix} = (1, -\dfrac{2}{3})^{\mathrm{T}}$$

$$X^{(2)} = (x_1, x_2, x_3)^{\mathrm{T}} = (0, 1, -\dfrac{2}{3})^{\mathrm{T}}$$

由于 $X^{(2)}$ 存在负分量，故 $X^{(2)}$ 虽是基解，但不是可行解，当然也不是基可行解，对应基 B_2 不是可行基。

（3）取 $B_3 = (P_1, P_3) = \begin{pmatrix} 2 & -3 \\ 1 & -\dfrac{3}{2} \end{pmatrix}$ 奇异，说明它不是该线性规划问题的一个基，不

存在基变量、基向量等方面的问题。

所以这个线性规划模型所有列的 3 个组合中有 2 个可逆，故存在 2 个基解，但其中只有一个解 $X^{(1)} = (1, 1, 0)^{\mathrm{T}}$ 是基可行解[1]。

定义 3.4　权值、凸组合、凸集

设 $\alpha_1, \alpha_2, \cdots, \alpha_k$ 为一组非负实数，如果满足 $\sum\limits_{i=1}^{k} \alpha_i = 1$ ，且 $0 \leqslant \alpha_i \leqslant 1$（ $i = 1, 2, \cdots, k$ ），则称这样的一组数为**权值**。

进一步，设 $\alpha_1, \alpha_2, \cdots, \alpha_k$ 为一组权值，$X^{(1)}, X^{(2)}, \cdots, X^{(k)}$ 是 n 维欧氏空间 E^n 中

---

[1] 事实上，在例 3.4.1 中找到的基可行解 $X^{(1)}$ 就是它的最优解，为什么？实际上对于线性规划来说，在基可行解中找到最优解是必然的。

的 k 个点，若 E^n 中一点 X 可表示为

$$X = \alpha_1 X^{(1)} + \alpha_2 X^{(2)} + \cdots + \alpha_k X^{(k)} = \sum_{i=1}^{k} (\alpha_i X^{(i)})$$

则称 X 为 $X^{(1)}, X^{(2)}, \cdots, X^{(k)}$ 的一个**凸组合**，若其中每个权值 $0 < \alpha_i < 1$，则称其为一个**严格凸组合**。

考虑两个点的情况。设 D 是 n 维欧氏空间 E^n 中的一个点集，如果以 D 中任意两点 $X^{(1)}$、$X^{(2)}$ 为端点的凸组合，均有 $\alpha X^{(1)} + (1-\alpha) X^{(2)} \in D$（$0 \leqslant \alpha \leqslant 1$），则称 D 是一个**凸集**。

如图 3-4-2 所示，左侧两个是凸集，而右侧两个不是凸集。

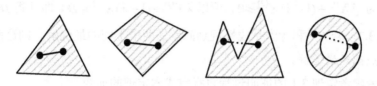

图 3-4-2　凸集和非凸集示意（右侧两个不是凸集）

凸集是对任意凸组合封闭的集合。1 个点的凸组合实际上用 1 个点自我表达；2 个点的凸组合表现为 2 个点之间的 1 条线段；3 个点的凸组合其实是 1 个三角形。

定义 3.5　顶点（极点）

设 D 是 n 维欧氏空间 E^n 中的一个点集，若其中一点 $X \in D$ 不能用不同的两个点 $X^{(1)} \in D$ 和 $X^{(2)} \in D$ 的严格凸组合 [不存在一个数 $0 < \alpha < 1$ 使得 $X = \alpha X^{(1)} + (1-\alpha) X^{(2)}$ 成立]，则称 X 是 D 的一个**顶点**，也称**极点**。

注意这里顶点的定义是用"否定"方式给出的，即不能用凸集中另外两点的严格线性组合表示，这和直接观察到的凸集顶点只能"自己表达自己"是一致的。

需要说明的是，上面的凸集、凸组合、顶点等概念是二维空间中相关概念的自然延伸，读者可以借助"几何"图形理解其含义。不过，当这些定义一旦在任意空间给定后，已经具有"代数"上的抽象意义，不再依赖于图形了。

基于上面给出的几组定义，有以下论断：线性规划问题的可行域如果非空，一定是凸集；进而，如果是有界凸集，由于线性规划问题目标函数的连续性，其一定可在可行域的有界凸集上取得极值，也就是存在最优解。最终可以知道，在有界可行域的顶点处，由于目标函数的线性性质（连续性和单调性），一定可以在某一顶点上找到至少一个最优解。

实际上这里完成了一个转化，即将在无限多个可行解中找最优解的过程转化

为在有限多个的可行域顶点中寻找。当然，这些论断需要严格的证明，下面给出几个定理。

定理 3.1 若线性规划问题的可行域 $\boldsymbol{D}$ 非空，则 $\boldsymbol{D}$ 是凸集。

证明： 按照凸集的定义来证明即可。

可行域可写为

$$\boldsymbol{D} = \left\{ \boldsymbol{X} \mid \boldsymbol{A}\boldsymbol{X} = \boldsymbol{b}, \boldsymbol{X} \geqslant 0 \right\}$$

对 $\forall \boldsymbol{X}^{(1)}, \boldsymbol{X}^{(2)} \in \boldsymbol{D}$，$\forall \lambda \in [0,1]$，有

$$\boldsymbol{A}[\lambda \boldsymbol{X}^{(1)} + (1-\lambda)\boldsymbol{X}^{(2)}] = \lambda \boldsymbol{A}\boldsymbol{X}^{(1)} + (1-\lambda)\boldsymbol{A}\boldsymbol{X}^{(2)}$$
$$= \lambda \boldsymbol{b} + (1-\lambda)\boldsymbol{b} = \boldsymbol{b}$$

又因为 $\lambda \boldsymbol{X}^{(1)} + (1-\lambda)\boldsymbol{X}^{(2)} \geqslant 0$，所以 $\lambda \boldsymbol{X}^{(1)} + (1-\lambda)\boldsymbol{X}^{(2)} \in \boldsymbol{D}$，即证得 $\boldsymbol{D}$ 是凸集。

定理 3.2 若 $\boldsymbol{X}^{(1)}$ 和 $\boldsymbol{X}^{(2)}$ 是线性规划问题的两个不同的最优解，则这两点连线上的所有点都是最优解。

请读者参考定理 3.1 的证明过程自行完成本定理的证明。

定理 3.3 线性规划问题的可行解 $\boldsymbol{X} = (x_1, \cdots, x_n)^{\mathrm{T}}$ 为基可行解的充要条件是 $\boldsymbol{X}$ 的正分量所对应的系数列向量是线性独立的[1]。

证明：（1）先证必要性。因为 $\boldsymbol{X}$ 是基可行解，自然也是基解，其基变量对应的系数列向量是线性独立的。而 $\boldsymbol{X}$ 的正分量一定都是基变量（非基变量在基可行解中取值均为0），所以 $\boldsymbol{X}$ 的正分量所对应的系数列向量也一定是线性独立的。

（2）再证充分性。通过调整变量顺序，可将所有正分量放在所有变量的前面部分。所以可设可行解 $\boldsymbol{X} = (x_1, \cdots, x_k, 0, \cdots, 0)^{\mathrm{T}}$，其中 $x_i > 0 \, (1 \leqslant i \leqslant k)$，由条件可知 $\boldsymbol{P}_1, \cdots, \boldsymbol{P}_k$ 线性无关，且一定有 $k \leqslant m$。

因为 $\boldsymbol{X}$ 是可行解，有 $\boldsymbol{A}\boldsymbol{X} = \boldsymbol{b}$，写成向量形式，即

$$(\boldsymbol{P}_1, \cdots, \boldsymbol{P}_k, \boldsymbol{P}_{k+1}, \cdots, \boldsymbol{P}_n)\begin{pmatrix} x_1 \\ \vdots \\ x_k \\ 0 \\ \vdots \\ 0 \end{pmatrix} = \boldsymbol{b}$$

① 如果 $k = m$，取 $\boldsymbol{B} \triangleq (\boldsymbol{P}_1, \cdots, \boldsymbol{P}_k)$ 非奇异是线性规划问题的一个基，则有

---

[1] 根据基可行解的定义，其中取值为正的分量必然都是基变量，从而对应的基向量自然是线性无关组。定理 3.3 表明，正分量对应的系数列向量线性无关不但是必要条件，还是充分条件。

$$B \begin{pmatrix} x_1 \\ \vdots \\ x_k \end{pmatrix} = b \Rightarrow \begin{pmatrix} x_1 \\ \vdots \\ x_k \end{pmatrix} = B^{-1}b$$

所以 $X = \begin{pmatrix} B^{-1}b \\ 0 \end{pmatrix}$ 是基可行解。

② 如果 $k < m$，因为 A 的秩为 m，一定存在另外 $m - k$ 个列向量，不妨设为 $P_{k+1}, \cdots, P_m$，使得 $(P_1, \cdots, P_k, P_{k+1}, \cdots, P_m) \triangleq B$ 非奇异，则有

$$B \begin{pmatrix} x_1 \\ \vdots \\ x_k \\ 0 \\ \vdots \\ 0 \end{pmatrix} = b \Rightarrow \begin{pmatrix} x_1 \\ \vdots \\ x_k \\ 0 \\ \vdots \\ 0 \end{pmatrix} = B^{-1}b$$

所以 $X = \begin{pmatrix} B^{-1}b \\ 0 \end{pmatrix}$ 是基可行解。

基于定理 3.2，下面给出单纯形法理论基础中最为重要的论断。

定理 3.4 线性规划问题的基可行解 X 对应于可行域 D 的顶点[1]。

证明：（1）先证必要性。设 $X = (x_1, \cdots, x_k, 0, \cdots, 0)^{\mathrm{T}}$ 是线性规划的基可行解，不妨设 $x_1, \cdots, x_k > 0$。应用反证法，假若 X 不是 D 的顶点，根据顶点定义，一定存在 D 中的两个不同的点 $X^{(1)}$、$X^{(2)}$ 及 $0 < \lambda < 1$，有

$$X = \lambda X^{(1)} + (1 - \lambda) X^{(2)}$$

$$\begin{pmatrix} x_1 \\ \vdots \\ x_k \\ 0 \\ \vdots \\ 0 \end{pmatrix} = \lambda \begin{pmatrix} x_1^{(1)} \\ \vdots \\ x_k^{(1)} \\ x_{k+1}^{(1)} \\ \vdots \\ x_n^{(1)} \end{pmatrix} + (1 - \lambda) \begin{pmatrix} x_1^{(2)} \\ \vdots \\ x_k^{(2)} \\ x_{k+1}^{(2)} \\ \vdots \\ x_n^{(2)} \end{pmatrix}$$

有

$$\lambda x_j^{(1)} + (1 - \lambda) x_j^{(2)} = 0 \quad (j = k+1, \cdots, n)$$

---

[1] 定理 3.4 实际上做了这样的判断：从代数角度定义的"基可行解"和几何角度定义的"顶点"两者本质上是一回事，可以相互替代。而基可行解总可以用基表达出来，这也就提供了将顶点表达出来的方式。同时，由于基可行解有限多，那么线性规划可行解顶点的个数也是有限多的，这一事实奠定了单纯形法的基础。

因为 $\boldsymbol{X}^{(1)}$ 和 $\boldsymbol{X}^{(2)}$ 均为可行解，所以 $x_j^{(1)}, x_j^{(2)} \geqslant 0$ 。同时，考虑 λ 的取值，有

$$x_j^{(1)} = x_j^{(2)} = 0 \ (j = k+1, \cdots, n)$$

又因为

$$\boldsymbol{A}\boldsymbol{X}^{(1)} = \boldsymbol{A}\boldsymbol{X}^{(2)} = \boldsymbol{b}$$

所以有

$$\sum_{j=1}^{k} x_j^{(1)} \boldsymbol{P}_j = \boldsymbol{b}, \quad \sum_{j=1}^{k} x_j^{(2)} \boldsymbol{P}_j = \boldsymbol{b}$$

有 $\displaystyle\sum_{j=1}^{k} \left(x_j^{(1)} - x_j^{(2)} \right) \boldsymbol{P}_j = 0$ ，又 $\boldsymbol{X}^{(1)} \neq \boldsymbol{X}^{(2)}$ ，则 $x_1^{(1)} - x_1^{(2)}, \cdots, x_k^{(1)} - x_k^{(2)}$ 中至少有一个取值非零，所以 $\boldsymbol{P}_1, \cdots, \boldsymbol{P}_k$ 线性相关，

由定理 3.3 知，$\boldsymbol{P}_1, \cdots, \boldsymbol{P}_k$ 线性无关，矛盾！所以 $\boldsymbol{X}$ 一定是 $\boldsymbol{D}$ 的顶点。

（2）再证充分性。设 $\boldsymbol{X} = (x_1, \cdots, x_k, 0, \cdots, 0)^{\mathrm{T}}$ 是 $\boldsymbol{D}$ 的顶点，同上设 $x_1, \cdots, x_k > 0$ 。这里 $\boldsymbol{X}$ 为可行解，要证其为基可行解，使用如上必要性证明过程中的反证法，假若其不是基可行解，由定理 3.3 可知，其正分量对应的系数列向量 $\boldsymbol{P}_1, \cdots, \boldsymbol{P}_k$ 一定线性相关，故存在不全为 0 的 $\alpha_1, \cdots, \alpha_k$ ，使

$$\alpha_1 \boldsymbol{P}_1 + \cdots + \alpha_k \boldsymbol{P}_k = 0$$

又因为 $\boldsymbol{A}\boldsymbol{X} = \boldsymbol{b}$ ，即 $x_1 \boldsymbol{P}_1 + \cdots + x_k \boldsymbol{P}_k = \boldsymbol{b}$ ，则对任意的正数 $\mu > 0$ ，有

$$(x_1 + \mu\alpha_1) \boldsymbol{P}_1 + \cdots + (x_k + \mu\alpha_k) \boldsymbol{P}_k = \boldsymbol{b}$$
$$(x_1 - \mu\alpha_1) \boldsymbol{P}_1 + \cdots + (x_k - \mu\alpha_k) \boldsymbol{P}_k = \boldsymbol{b}$$

可令 μ 足够小，满足 $0 < \mu < \min\left\{ \left. \dfrac{x_j}{|\alpha_j|} \right| \alpha_j \neq 0 \right\}$（ $1 \leqslant j \leqslant k$ ），这样可使上述两式中所有的系数 $x_j \pm \mu\alpha_j \geqslant 0$（ $j = 1, \cdots, k$ ）。

令

$$\boldsymbol{X}^{(1)} = (x_1 + \mu\alpha_1, \cdots, x_k + \mu\alpha_k, 0, \cdots, 0)^{\mathrm{T}}$$
$$\boldsymbol{X}^{(2)} = (x_1 - \mu\alpha_1, \cdots, x_k - \mu\alpha_k, 0, \cdots, 0)^{\mathrm{T}}$$

则有 $\boldsymbol{A}\boldsymbol{X}^{(1)} = \boldsymbol{b}$，$\boldsymbol{A}\boldsymbol{X}^{(2)} = \boldsymbol{b}$，$\boldsymbol{X}^{(1)} \geqslant 0$，$\boldsymbol{X}^{(2)} \geqslant 0$ ，这样我们就构造出线性规划问题的两个可行解 $\boldsymbol{X}^{(1)}$ 和 $\boldsymbol{X}^{(2)}$ ，且由于 $\mu > 0$，$\alpha_1, \cdots, \alpha_k$ 不全为 0，一定有 $\boldsymbol{X}^{(1)} \neq \boldsymbol{X}^{(2)}$ ，同时有

$$\boldsymbol{X} = \frac{1}{2} \boldsymbol{X}^{(1)} + \frac{1}{2} \boldsymbol{X}^{(2)}$$

也即 $\boldsymbol{X}$ 可用两个不同的可行解线性表示，这与 $\boldsymbol{X}$ 是 $\boldsymbol{D}$ 的顶点矛盾。故假设不成立，$\boldsymbol{X}$ 一定是线性规划问题的基可行解。

定理 3.5　若线性规划问题有可行解，则必有基可行解[1]。

证明：分情况讨论。

（1）若 $\boldsymbol{b}=\boldsymbol{0}$，则任取一个基，$\boldsymbol{0}=\begin{pmatrix}\boldsymbol{B}^{-1}\boldsymbol{b}\\0\end{pmatrix}$ 就是基可行解。

（2）若 $\boldsymbol{b}\neq\boldsymbol{0}$，则 $\boldsymbol{0}$ 不是可行解。

任取一个可行解 $\boldsymbol{X}=\left(x_1,\cdots,x_k,0,\cdots 0\right)^{\mathrm{T}}$，$x_1,\cdots,x_k>0$，如果正分量相应的列向量 $\boldsymbol{P}_1,\cdots,\boldsymbol{P}_k$ 线性无关，根据定理 3.3 得 $\boldsymbol{X}$ 是基可行解，得证。

否则，$\boldsymbol{P}_1,\cdots,\boldsymbol{P}_k$ 线性相关，即一定存在不全为 0 的数 $\alpha_1,\cdots,\alpha_k$，使得

$$\alpha_1\boldsymbol{P}_1+\cdots+\alpha_k\boldsymbol{P}_k=0$$

成立，又 $\boldsymbol{X}$ 是可行解，有 $\boldsymbol{AX}=\boldsymbol{b}$，即

$$x_1\boldsymbol{P}_1+\cdots+x_k\boldsymbol{P}_k=\boldsymbol{b}$$

考虑上面两个等式，则对于任意 μ 有

$$\left(x_1+\mu\alpha_1\right)\boldsymbol{P}_1+\cdots+\left(x_k+\mu\alpha_k\right)\boldsymbol{P}_k=\boldsymbol{b} \tag{3-4-2a}$$

$$\left(x_1-\mu\alpha_1\right)\boldsymbol{P}_1+\cdots+\left(x_k-\mu\alpha_k\right)\boldsymbol{P}_k=\boldsymbol{b} \tag{3-4-2b}$$

令

$$\boldsymbol{X}^{(1)}=\left(x_1+\mu\alpha_1,\cdots,x_k+\mu\alpha_k,0,\cdots,0\right)^{\mathrm{T}} \tag{3-4-3a}$$

$$\boldsymbol{X}^{(2)}=\left(x_1-\mu\alpha_1,\cdots,x_k-\mu\alpha_k,0,\cdots,0\right)^{\mathrm{T}} \tag{3-4-3b}$$

则

$$\boldsymbol{AX}^{(1)}=\boldsymbol{b},\ \boldsymbol{AX}^{(2)}=\boldsymbol{b}$$

同时，只要取

$$\mu=\min\left\{\left.\frac{x_j}{|\alpha_j|}\right|\alpha_j\neq 0\right\}=\frac{x_{j_0}}{|\alpha_{j_0}|}$$

就有 $\boldsymbol{X}^{(1)}\geq 0$，$\boldsymbol{X}^{(2)}\geq 0$，说明这时 $\boldsymbol{X}^{(1)}$ 和 $\boldsymbol{X}^{(2)}$ 都是可行解，且满足

$$\boldsymbol{X}=\frac{1}{2}\boldsymbol{X}^{(1)}+\frac{1}{2}\boldsymbol{X}^{(2)}$$

若 $\boldsymbol{X}^{(1)}$ 和 $\boldsymbol{X}^{(2)}$ 中有一个为基可行解，即找到了基可行解，命题得证。否则设两者都不是基可行解，观察两者的表达形式，由于 μ 的取法，可知在 $\boldsymbol{X}^{(1)}$ 和 $\boldsymbol{X}^{(2)}$ 的所有分量 $x_i\pm\mu\alpha_i\,(1\leq i\leq k)$ 中，至少有一个为 0，说明 $\boldsymbol{X}^{(1)}$ 和 $\boldsymbol{X}^{(2)}$ 中至少有一个的非 0 分量个数比 $\boldsymbol{X}$ 少，不妨设为 $\boldsymbol{X}^{(1)}$［如取 $\boldsymbol{X}^{(2)}$，以下过程类似］，对 $\boldsymbol{X}^{(1)}$ 实施如上作用在 $\boldsymbol{X}$ 上的过程，它不是基可行解，则非 0 分量对应系数列向量线性相关，进一

---

[1] 定理 3.5 提供了单纯形法在基可行解上寻优的基本保障，即基可行解（顶点）的存在性，说明只要线性规划问题可行域非空，那么一定可以找到基可行解（顶点）。

步对 $X^{(1)}$ 各分量存在类似式（3-4-3a）和式（3-4-3b）的表达式，对应地找到两个新的可行解，记作 $X^{(1)}$ 和 $X^{(2)}$，两者是由 $X^{(1)}$ 延伸出来的，如果两者中有一个是基可行解，证明停止。否则同上分析，得知两者中至少有一个的非 0 分量个数比 $X^{(1)}$ 少，对其再进行如上作用于 X 和 $X^{(1)}$ 的操作，会得到两个新的可行解，如果这两个可行解中仍然没有基可行解，那么其中只要有一个非 0 分量个数少于 $X^{(1)}$，选取其作为新的点，反复下去，可以得到，由于分量总数有限，且 0 不是可行解，最终一定会终止于某一步，使得延伸出来的可行解为基可行解（顶点），得证。

引理 3.1　若函数 $f(x_1,\cdots,x_n)$ 在有界闭域 D 上连续，则 $f(x_1,\cdots,x_n)$ 在 D 上有界，且取得最大值与最小值。

这是多元连续函数的基本性质，证明从略，读者可以参阅高等数学相关书籍。由于线性规划问题的目标函数是所有决策变量的线性函数，当然是连续的，同时线性规划问题可行域是有界闭凸集，说明线性规划问题只要可行域非空有界，则目标函数极值一定可以找到。

引理 3.2　若 D 是任意有界凸集，则 D 中任何一点 X 都可以表示为 D 的顶点的凸组合。

这是有界凸集的重要性质。实际上，对于有界凸集而言，其中任何一点不但可以为其顶点的凸组合，而且凸组合表示还具有唯一性。读者可以从顶点数较少的情况进行理解，如两个点围成的有限凸集为线段，线段上任何一点可以表示为线段两个端点的唯一凸组合；3 个点围成的有限凸集为一个三角形及其内部，其中任何一点可表示为 3 个顶点的唯一凸组合。

这里不给出这个引理的证明，感兴趣的读者可参考文献 [4]。

定理 3.6　若线性规划问题的可行域有界非空，则该问题目标函数一定可以在其可行域的顶点上达到最优[1]。

证明：线性规划问题的可行域有界，其目标函数是线性函数，显然在其可行域上连续。

由引理 3.1 可知，线性规划问题的目标函数在其可行域上有界，能够取得最大值，即线性规划问题的最优解存在。同时，根据定理 3.4，其一定也有基可行解（顶点），下面说明，其一定可以在顶点上找到最优解。

不妨任取一个最优解 $X^{(0)}$ 考虑，若其就是顶点，那么定理得证；若其不是顶点，那么根据引理 3.2，其可以用顶点的凸组合表示，设共有 k 个顶点，为

---

[1] "在顶点上达成最优解"和"最优解一定在顶点上"这两种说法有何区别？

$X^{(i)}(i=1,\cdots,k)$，则有

$$X^{(0)} = \sum_{i=1}^{k} \alpha_i X^{(i)}, \quad \alpha_i \geq 0, \quad \sum_{i=1}^{k} \alpha_i = 1$$

代入目标函数中，有

$$CX^{(0)} = C \cdot \sum_{i=1}^{k} \alpha_i X^{(i)} = \sum_{i=1}^{k} \alpha_i \cdot (CX^{(i)})$$

考虑所有 $CX^{(i)}$ 的值，共有 k 个数值，故一定存在最大值，设为 $CX^{(m)}$，有

$$CX^{(0)} = \sum_{i=1}^{k} \alpha_i \cdot (CX^{(i)}) \leq \sum_{i=1}^{k} \alpha_i \cdot (CX^{(m)}) = CX^{(m)} \cdot \sum_{i=1}^{k} \alpha_i = CX^{(m)}$$

即顶点 $X^{(m)}$ 使得目标函数的取值不小于最优解 $X^{(0)}$ 处的目标函数取值，而 $X^{(0)}$ 已经是最优解，那么一定有

$$CX^{(0)} = CX^{(m)}$$

这说明顶点 $X^{(m)}$ 也是最优解，即目标函数在顶点上达到了最优。

回顾例 3.4.1，在该例中通过遍历所有的基，找到了该问题的唯一基可行解 $X = (1,1,0)^{\mathrm{T}}$，由定理 3.6 知道，该问题的最优解必然可以在基可行解中找到，而基可行解是唯一的，因而可以断定：$X = (1,1,0)^{\mathrm{T}}$ 必然是该问题的最优解。

需要注意的是，定理 3.6 只证明了线性规划问题可行域有界非空时，一定可以在基可行解（顶点）上找到最优解，而线性规划问题可行域有可能为无界区域，那么会怎么样？

区分为两种情况：第一是可行域无界且问题本身为无界解（目标函数无穷大），那么问题本身无最优解；第二是可行域无界但目标函数存在最优解，这时只需要将可行域朝向无穷的方向做一个裁剪即可，这时不会影响目标函数最优，同时可行域变为有界，符合定理 3.6 的要求。

3.5 单纯形法的一般步骤

3.4 节说明，线形规划问题如果有最优解，一定可以在基可行解（可行域的顶点）上达到，而基可行解的个数有限，于是就可以在有限的基可行解之间求解。单纯形法就是这样的过程：先找一个初始基可行解，按照某种法则判别它是否为最优解，如果不是，再换一个基可行解，并使目标函数值持续改善，不断迭代下去，有限步后必能得到最优基可行解（或者达到终止条件）。实际上这个过程我们已经在 3.3.3 节中做过一次，这里使用 3.2 节建立的规范术语重述，也请读者体会

3.4 节中相关定义和定理在本节中是如何应用的。

对于例 3.1.1 中的数学模型，第一步先给出一个初始的"基可行解"，也就是进行模型标准化的工作，引入松弛变量 x_3、x_4、x_5，得到

$$\max z = 2x_1 + 3x_2$$

$$\begin{cases} x_1 + 2x_2 + x_3 & = 8 \\ x_1 & + x_4 & = 4 \\ x_2 & + x_5 = 3 \\ x_1, x_2, x_3, x_4, x_5 \geqslant 0 \end{cases}$$

这时系数矩阵为 3×5 矩阵，其中变量 x_3、x_4、x_5 的系数部分显然是一个 3×3 的单位矩阵[1]，自然是可逆的，可以很方便地将其作为一个基看待，这时初始基、基变量、非基变量为

$$\boldsymbol{B}_0 = \boldsymbol{I}_{3 \times 3}$$
$$\boldsymbol{X}_{\boldsymbol{B}} = (x_3, x_4, x_5)^{\mathrm{T}}$$
$$\boldsymbol{X}_{\boldsymbol{N}} = (x_1, x_2)^{\mathrm{T}}$$

由于单位矩阵的逆就是自身，容易得到

$$\boldsymbol{X}_{\boldsymbol{B}} = (x_3, x_4, x_5)^{\mathrm{T}} = \boldsymbol{I}^{-1}\boldsymbol{b} = \boldsymbol{b} = (8, 4, 3)^{\mathrm{T}}$$

这样就方便地找到了一个基可行解，即

$$\boldsymbol{X} = (x_1, x_2, x_3, x_4, x_5)^{\mathrm{T}} = (0, 0, 8, 4, 3)^{\mathrm{T}}, \quad z = 0$$

显然这个解需要改进，要换一个"好"一点的基可行解。根据目标函数表达式可知，x_2 每增加 1 个单位，目标函数增加 3 个单位，因而希望优先取 x_2 换入作为基变量。同时，基变量的总数要保持不变（始终是约束条件的总数），那么就要把 x_3、x_4、x_5 中的一个基变量变为非基变量，按照 3.3 节的 θ 最小值计算方法取 x_5 作为换出变量。

经过这样一番操作，用 x_2 换入，取代 x_5 的位置，新的基变量为 x_3、x_4、x_2（这里注意顺序不可颠倒，请读者思考原因），新的非基变量为 x_1、x_5。同时，注意新的基为 x_3、x_4、x_2 对应的系数列向量组合：

$$\begin{array}{ccc} \boldsymbol{P}_3 & \boldsymbol{P}_4 & \boldsymbol{P}_2 \end{array}$$
$$\boldsymbol{B}_1 = \begin{pmatrix} 1 & 0 & 2 \\ 0 & 1 & 0 \\ 0 & 0 & 1 \end{pmatrix}$$

---

[1] "基"是单位矩阵会带来巨大的便利！如果每次计算都是这样就好了。实际上，单纯形法中通过第 1 步"化标准形式"和第 5 步"旋转运算"来保证开始和中间任何一步中的基都是单位矩阵的形式，从而简化计算。

新的基变量取值为
$$X_{B_1} = (x_3, x_4, x_2)^{\mathrm{T}} = (B_1)^{-1} b = (2, 4, 3)^{\mathrm{T}}$$

这样就找到了一个新的基可行解和新的目标函数值，即
$$X^{(1)} = (x_1, x_2, x_3, x_4, x_5)^{\mathrm{T}} = (0, 3, 2, 4, 0)^{\mathrm{T}}, \ z = 9$$

这里目标函数由上一步的 0 增长到 9。

这里涉及新基 B_1 的逆矩阵计算，一般的矩阵求逆往往费时费力，但由于单纯形法中基的形式特殊，求逆可以更方便进行[1]。这里对换入变量 x_2 对应的列向量 P_2 实施，考虑"$a_\cdot = 1$"，只需要将该行乘以"-2"加到第一行，让"$a_\cdot = 2$"变为 0 即可。值得注意的是，这里 P_3 和 P_4 列是单位列向量，实际没有参与计算。

下一步，考虑新的基可行解 B_1 对应的检验数，继续进行迭代运算，最终就会得到最优解。

到这里，细心的读者可能已经发现一些问题，比如第 1 步中正好有一个单位矩阵存在，后面计算变得简单，这也是得到初始基可行解的基础，如果没有这一单位矩阵存在呢？同时，线性规划问题的解也可以有其他情况，如无可行解、无界解等，如果是那样，在判别时会出现什么情况？下面用一个例子说明更一般的实施过程，并解释其中的原理。

例 3.5.1　用单纯形法求解以下线性规划问题。
$$\min z = -3x_1 - 2x_2$$
$$\begin{cases} 2x_1 + 4x_2 - x_3 \leqslant 5 \\ -x_1 + x_2 - x_3 \geqslant -1 \\ \quad\ - x_2 + x_3 = 1 \\ x_1, x_2, x_3 \geqslant 0 \end{cases}$$

第 1 步：确定初始基可行解

对于这个例子来说，读者会发现，利用前面化标准形式的步骤，并不能自然地得到一个单位子矩阵，下面说明更一般的做法。

首先，考虑具有如下特殊标准形式的线性规划模型（如果仅是具有单位列向量的变量位置不同，可以通过调整变量的位置来实现，其中 $b_i \geqslant 0$），其中自然地出现了一个单位子矩阵。

---

[1] 对照线性代数中使用初等行变换求逆矩阵的过程，读者就会明白这里运算的实质，对于基 B_1，用初等行变换求解逆矩阵的过程中实际上只变换了一列。

$$\max z = c_1 x_1 + \cdots + c_n x_n$$

$$\begin{cases} x_1 + a_{1,m+1} x_{m+1} + \cdots + a_{1,n} x_n = b_1 \\ x_2 + a_{2,m+1} x_{m+1} + \cdots + a_{2,n} x_n = b_2 \\ \qquad\qquad\qquad \vdots \\ x_m + a_{m,m+1} x_{m+1} + \cdots + a_{m,n} x_n = b_m \\ x_j \geqslant 0, \, j = 1, \cdots, n \end{cases} \qquad (3\text{-}5\text{-}1)$$

显然从其系数矩阵可直接观察得到一个 $m \times m$ 的单位矩阵：

$$\boldsymbol{B} = (\boldsymbol{P}_1, \boldsymbol{P}_2, \cdots, \boldsymbol{P}_m) = \begin{pmatrix} 1 & 0 & \cdots & 0 \\ 0 & 1 & \cdots & 0 \\ \vdots & \vdots & \vdots & \vdots \\ 0 & 0 & \cdots & 1 \end{pmatrix}$$

以 $\boldsymbol{B}$ 作 为 一 个 基，令 $x_{m+1} = x_{m+2} = \cdots = x_n = 0$，得 到 一 个 基 可 行 解 $\boldsymbol{X} = (x_1, \cdots, x_m, 0, \cdots, 0)^{\mathrm{T}} = (b_1, \cdots, b_m, 0, \cdots, 0)^{\mathrm{T}}$，$\boldsymbol{B}$ 为可行基，将 $\boldsymbol{X}$ 作为初始基可行解。

那么如何得到满足上述要求的标准形式呢？只需要在 3.3 节中的标准形式转化过程中加入以下两条即可。

（1）若约束条件为"≤"不等式，在不等式左端加入一个非负松弛变量；若约束条件为等式，在等式左端加入一个非负人工变量（Artificial Variable）[1]；若约束条件为"≥"不等式，在不等式左端减去一个非负剩余变量，再加入一个非负人工变量。

（2）在已经实现最大化的目标函数中，加入的松弛变量和剩余变量在目标函数中的系数为 0，而令人为加入的人工变量系数为 $-M$（其中 M 为任意大的正数，也称惩罚性系数）[2]。

按照以上方法，将例 3.5.1 中线性规划的一般形式模型变换为如下含单位系数子矩阵的标准形式：

---

[1] 人工变量的基本含义是在已经为等式的条件下，为了"凑得"单位子矩阵而人为强行加入的新变量，如果其取值不为 0，说明相应约束条件没有得到满足。所以，最终得到的解中必须保证所有人工变量均取 0。

[2] 惩罚性系数"$-M$"将"人工变量必须取 0"的要求转化到目标函数中，如果相应变量不为 0，则必须导致目标函数无法得到有界的数值！这是通过对目标函数进行"惩罚"实现的，类似技巧在运筹学建模中很常用。

Note

$$\max z = 3x_1 + 2x_2 - Mx_6$$

$$\begin{cases} 2x_1 + 4x_2 - x_3 + x_4 & = 5 \\ x_1 - x_2 + x_3 \quad + x_5 & = 1 \\ \quad - x_2 + x_3 \qquad + x_6 & = 1 \\ x_1, x_2, x_3, x_4, x_5, x_6 \geqslant 0 \end{cases}$$

显然，x_4、x_5、x_6 的系数列向量构成一个 3×3 的单位矩阵 $\boldsymbol{B}$。以 $\boldsymbol{B}$ 作为一个基，令 $x_1 = x_2 = x_3 = 0$，可得到 $x_4 = 5$，$x_5 = 1$，$x_6 = 1$。则基解 $\boldsymbol{X}^{(0)} = (0, 0, 0, 5, 1, 1)^{\mathrm{T}}$ 为基可行解，$\boldsymbol{B}$ 为初始可行基。我们可以将 $\boldsymbol{X}^{(0)}$ 作为初始基可行解。转入第 2 步，建立单纯形表。

第 2 步：建立单纯形表

根据 3.3.3 节中单纯形表的形式，对例 3.5.1 建立其单纯形表，如表 3-5-1 所示。

表 3-5-1　求解例 3.5.1 的初始单纯形表

c_j			2	3	0	0	0	$-M$	θ_i
C_B	X_B	b	x_1	x_2	x_3	x_4	x_5	x_6	
0	x_4	5	2	4	-1	1	0	0	4
0	x_5	1	1	-1	1	0	1	0	—
$-M$	x_6	1	0	-1	1	0	0	1	3
$\sigma_j \rightarrow$			0	2	3	0	0	0	0

此计算表为初始单纯形表，以后每迭代一次构造一个新的单纯形表。转入第 3 步，对所得基可行解进行判别。

第 3 步：解的判别

3.3 节中已经演示用"当前非基变量的检验数中是否还有大于 0 的数"这一点来判别当前解是否是最优解。实际上这样的判断方法只是单纯形法中解的判别准则的一部分，这里说明其完整内容。

不失一般性，设 $\boldsymbol{X} = \left(b_1', b_2', \cdots, b_m', 0, \cdots, 0\right)^{\mathrm{T}}$ 为迭代过程中所得的任意一个基可行解。对应的基 $\boldsymbol{B}$ 为单位矩阵 $\boldsymbol{I}_{m \times m}$。

根据式（3-5-1），约束条件方程组可写为

$$x_i + \sum_{j=m+1}^{n} a_{ij}' x_j = b_i'$$

$$x_i = b_i' - \sum_{j=m+1}^{n} a_{ij}' x_j \quad (i = 1, 2, \cdots, m)$$

把这些解的表达式代入目标函数 $z = \sum_{j=1}^{n} c_j x_j$，整理后得到

$$z = \sum_{i=1}^{m} c_i b_i' + \sum_{j=m+1}^{n} \left(c_j - \sum_{i=1}^{m} c_i a_{ij}' \right) x_j$$

令

$$z_0 = \sum_{i=1}^{m} c_i b_i' , \quad \sigma_j = c_j - \sum_{i=1}^{m} c_i a_{ij}' \quad (j = m+1, \cdots, n)$$

有

$$\begin{cases} z = z_0 + \sum_{j=m+1}^{n} \sigma_j x_j \\ \dfrac{\partial z}{\partial x_j} = \sigma_j \quad (j = m+1, \cdots, n) \end{cases} \tag{3-5-2}$$

在式（3-5-2）中，z_0 是当前解对应的目标函数值，σ_j 表示对于非基变量来说，每改变单位数量导致目标函数数值的变化量，如果 σ_j 为正值，那么将相应非基变量作为换入变量，下一步成为基变量时目标函数就会增长；反之，如果其为负值，说明相应变量增加，目标函数将减小。也就是说，σ_j 的正负和大小表征了目标函数的变化趋势，这也是其被称为检验数的原因。

更进一步，如果选取 $\sigma_j > 0$ 中的最大值，在增加同等数量的变量值的情况下，目标函数在这一步的增长就最快，我们可以把这种确定换入变量的办法称为 **σ 最大值规则**。

由此给出线性规划问题解的 **判别准则**（或称为终止条件）。读者已经知道，线性规划问题解可能有 4 种情况：唯一最优解、无穷多最优解、无界解和无可行解。下面分别针对这 4 种情况说明。

(1)唯一最优解判别。 设解 $X = (b_1', b_2', \cdots, b_m', 0, \cdots, 0)^{\mathrm{T}}$ 为对应于基 B 的基可行解，若对于所有非基变量，检验数都有 $\sigma_j < 0$（$j = m+1, \cdots, n$），则 X 为唯一最优解。

这个结论是比较直观的。由式（3-5-2）可以看出，目标函数值由两部分组成，第 1 部分 $z_0 = \sum_{i=1}^{m} c_i b_i'$ 为定值，第 2 部分 $\sum_{j=m+1}^{n} \sigma_j x_j$ 取决于检验数 σ_j 与非基变量的取值，而由于所有变量取值必须为非负数，那么目标函数的增长与否取决于检验数 σ_j 的数值，显然当所有的 $\sigma_j < 0$ 时，目标函数无法再增长，任意的变量取值改变都将导致目标函数降低，说明线性规划问题的当前解已经是最优解，而且是唯一最优解。

(2) 无穷多最优解判别。 若解 $X = (b_1', b_2', \cdots, b_m', 0, \cdots, 0)^{\mathrm{T}}$ 为一个基可行解，对于一切非基变量的检验数有 $\sigma_j \leqslant 0$，且存在某个非基变量的检验数 $\sigma_{m+k} = 0$，则线

性规划有无穷多最优解。

如果存在某个非基变量的检验数为 0，可以得到这个非基变量对目标函数没有影响，那么意味着在保证是可行解的条件下，这个变量可以任意取值，即线性规划问题有无穷多最优解。实际上，如果某个非基变量检验数 $\sigma_{m+k}=0$，则可以构造出一个新的解 $\boldsymbol{X}^{\wedge}$ [1]：

$$
\begin{cases}
x_i^{\wedge} = x_i b_i' - \theta a_{i,m+k}' & (i=1,2,\cdots,m) \\
x_{m+k}^{\wedge} = \theta \\
x_j^{\wedge} = 0 & (j=m+1,m+2,\cdots,n;\ j \ne m+k)
\end{cases}
\tag{3-5-3}
$$

可以验证（请读者自行完成），这样得到的 $\boldsymbol{X}^{\wedge}$ 满足 $\boldsymbol{AX}^{\wedge}=\boldsymbol{b}$，若对于所有 $i=1,2,\cdots,m$，均有 $a_{i,m+k}' \le 0$（不可能全部为 0），那么任取 $\theta>0$ 即可保证 $\boldsymbol{X}^{\wedge} \ge 0$，从而 $\boldsymbol{X}^{\wedge}$ 是可行解，否则只要取

$$
\theta = \min_i \left\{ \left. \frac{b_i'}{a_{i,m+k}'} \right| a_{i,m+k}' > 0 \right\}
$$

同样，保证 $\boldsymbol{X}^{\wedge}$ 是可行解。将 $\boldsymbol{X}^{\wedge}$ 代入目标函数得到

$$
z^{\wedge} = \sum_{i=1}^m c_i b_i' + \theta \left(c_{m+k} - \sum_{i=1}^m c_i a_{i,m+k}' \right) = z_0 + \theta \sigma_{m+k} = z_0
\tag{3-5-4}
$$

由于 $\theta>0$，$\boldsymbol{X}^{\wedge}$ 一定不同于当前解 $\boldsymbol{X}$，即 $\boldsymbol{X}^{\wedge}$ 是线性规划问题的另一个最优解。由定理 3.2 可知，$\boldsymbol{X}$ 与 $\boldsymbol{X}^{\wedge}$ 两点连线上的所有点都是最优解，即线性规划问题具有无穷多最优解。

（3）无界解判别。 若当前解 $\boldsymbol{X}=(b_1',b_2',\cdots,b_m',0,\cdots,0)^{\mathrm{T}}$ 为一个基可行解，有一个非基变量的检验数 $\sigma_{m+k}>0$，且对所有 $i=1,2,\cdots,m$，变量 x_{m+k} 对应的系数 $a_{i,m+k}' \le 0$，则线性规划问题具有无界解。

实际上，和无穷多最优解判别准则中进行同样操作，可以构造出一个新的解 $\boldsymbol{X}^*$，其中

$$
\begin{cases}
x_i^* = b_i' - \theta a_{i,m+k}' & (i=1,2,\cdots,m) \\
x_{m+k}^* = \theta \\
x_j^* = 0 & (j=m+1,m+2,\cdots,n;\ j \ne m+k)
\end{cases}
\tag{3-5-5}
$$

---

[1] 式（3-5-3）也是单纯形法中每步迭代时基可行解变换的一般形式，即如上一步得到的是 $\boldsymbol{X}$ 的形式，则下一步就是 $\boldsymbol{X}^{\wedge}$ 的形式，其中的 θ 就是最小值准则中的 θ，为什么？同时，另一类很有意义的问题：如果有无穷多最优解，如何找出多个，甚至所有最优解？这里的式（3-5-3）实际上指明：取检验数为 0 的非基变量为换入变量强行迭代一次，可以找出一个新的最优解。

同上可以验证，满足 $AX^* = b$ 且对于任意 $\theta > 0$ 有 $X^* \geq 0$，即 X^* 是可行解。进一步，将 X^* 代入目标函数得到

$$z^* = \sum_{i=1}^{m} c_i b_i' + \theta\left(c_{m+k} - \sum_{i=1}^{m} c_i a_{i,m+k}'\right) = z_0 + \theta\sigma_{m+k} \tag{3-5-6}$$

由于 $\sigma_{m+k} > 0$ 及 θ 的任意性，有

$$\theta \to +\infty, \; z^* \to +\infty$$

因而线性规划问题为无界解。

（4）无可行解判别。如果在单纯形法求解过程中，已经满足上述（1）（2）（3）中的迭代终止条件，但存在某一人工变量取非零值，这时线性规划问题无可行解。

根据人工变量的含义（它是在原约束条件已经为等式条件时人为强行加入的变量），其逻辑上最终必须为 0，否则不是可行解。如果在求解过程中已经满足了（1）（2）（3）中的终止条件，而同时有人工变量取非零值，则意味着迭代无法找到可行解，说明线性规划本身不存在可行解。

对于例 3.5.1 在迭代过程中所得的基可行解 $X^{(0)}$，计算其各决策变量的检验数 σ_j，填入单纯形表中，如表 3-5-2 所示。

表 3-5-2　例 3.5.1 初始单纯形表中检验数计算结果

c_j			3	2	0	0	0	$-M$	θ_i
C_B	X_B	b	x_1	x_2	x_3	x_4	x_5	x_6	
0	x_4	5	2	4	-1	1	0	0	
0	x_5	1	1	-1	1	0	1	0	
$-M$	x_6	1	0	-1	1	0	0	1	
$\sigma_j \to$			$-M$	3	$2-M$	M	0	0	0

利用判别准则进行判别，发现 $X^{(0)}$ 不是最优解，并且不满足迭代终止条件的任何一项。转入第 4 步，进行基变换，寻找新的基可行解。

第 4 步：基变换

若迭代过程中解不满足任何一条终止条件，则需要继续迭代——找一个新的基可行解。具体的做法是从非基变量中换入一个变量，同时从当前基变量中换出一个变量，得到一个新的基可行解，这一过程称为**基变换**。由于只涉及一个变量的替换，这一过程也称为**相邻顶点**（基可行解）间的变换。实际过程包括了确定换入变量和确定换出变量两个小步骤。

1）确定换入变量

选取了非基变量中检验数值最大的那个变量作为换入变量，其意义是保证了在当前解的"局部"，目标函数增长较快。实际上只要选取检验数大于等于 0 的非基变量，都是可行的，据此运筹学者们给出很多选取方法，下面 3 种比较常见，可供读者选用。

（1）选取所有检验数大于 0 的非基变量中的**检验数值最大者**。如在表 3-5-2 中，我们应选取检验数值大的 x_3 作为换入变量。

（2）选取检验数大于 0 的非基变量中的**下标最小者**。如在表 3-5-2 中，下一步不选取检验数值大的 x_3 而选取同样检验数为正数，且下标更小的 x_1 作为换入变量。

（3）选取大于 0 的检验数 σ 与相应 θ 最小值**乘积中数值最大**的。实际上每次迭代后，目标函数的实际增量为 $\theta\sigma$，那么这两者乘积最大才是实际上的"局部最优"，由此这样的选取方法具有实际意义。但需要注意的是，这样做意味着对所有的检验数为正的非基变量，要计算相应的 θ 值及 $\theta\sigma$ 的数值，并从中选取最大的值，这样就比单纯取检验数最大值的方法增加了不少计算量。

需要说明的是，单纯形法迭代中的每步无法保证是全局最优的，在这个意义上，取检验数最大值的方法不一定"差"，同时由于该方法简便易用，所以教材中经常使用这种方法。

2）确定换出变量

换出变量用所谓的"θ 最小值"来确定，为什么可以这样做？这里说明其中的原理。

不妨设 $X = (b'_1, b'_2, \cdots, b'_m, 0, \cdots, 0)^{\mathrm{T}}$ 为当前基可行解，其中前 m 个变量为基变量。已经确定非基变量 x_{m+k} 作为换入变量，对应的系数为 $a'_{i,m+k}(i=1,2,\cdots,m)$，则换出变量按以下方法确定：

$$\theta = \min_i \left\{ \frac{b'_i}{a'_{i,m+k}} \middle| a'_{i,m+k} > 0 \right\} = \frac{b'_l}{a'_{l,m+k}} \tag{3-5-7}$$

由此确定 $x_l (1 \leq l \leq m)$ 为换出变量。此方法称为 θ **最小值规则**[1]。

首先，说明这样的 θ 值一定可以取到。否则对于所有的 j 均不存在 $a'_{j,m+k} > 0$，那么根据上面的无界解判别准则，可以知道线性规划问题无最优解，迭代终止。

其次，还要说明这样确定的新解必然是基可行解，且使目标函数值至少不会减少。

---

[1] θ 最小值规则实际操作中有可能出现 $\theta = 0$ 吗？为什么？

实际上，如上基变换得到的新解 $\hat{\boldsymbol{X}}$ 的形式与解的判别准则式（3-5-3）中的形式一致［可参见式（3-5-14）］，为[1]

$$\begin{cases} \hat{x_i} = b_i' - \theta a_{i,m+k}' \ (i=1,2,\cdots,m) \\ \hat{x_{m+k}} = \theta \\ \hat{x_j} = 0 \ (j=m+1,m+2,\cdots,n;\ j \neq m+k) \end{cases} \tag{3-5-8}$$

很容易验证 $\hat{\boldsymbol{X}}$ 是可行解，且相应目标函数表达式同式（3-5-4），则有

$$\hat{z} = z_0 + \theta \sigma_{m+k}$$

比第3步中目标函数值 z_0 相差 $\theta \sigma_{m+k}$，由于 θ 和 σ_{m+k} 均大于等于0，说明该值必然不会减小。

下面说明这样得到的新解必然是基解。根据定理3.3，只要证明对应系数列向量 $\boldsymbol{P}_1', \boldsymbol{P}_2', \cdots, \boldsymbol{P}_{l-1}', \boldsymbol{P}_{m+k}', \boldsymbol{P}_{l+1}', \cdots, \boldsymbol{P}_m'$ 线性无关即可。用反证法，假设对应系数向量线性相关，注意这里 $\boldsymbol{P}_1', \boldsymbol{P}_2', \cdots, \boldsymbol{P}_{l-1}', \boldsymbol{P}_l', \boldsymbol{P}_{l+1}', \cdots, \boldsymbol{P}_m'$ 是第3步中基可行解的系数列向量，必然是线性无关组，所以必然存在一组不全为0的数 $\alpha_j (j=1,2,\cdots,m;\ j \neq l)$，使得下式成立：

$$\boldsymbol{P}_{m+k}' = \sum_{j=1, j\neq l}^{m} \alpha_j P_j' \tag{3-5-9}$$

而由于 $\boldsymbol{P}_1', \boldsymbol{P}_2', \cdots, \boldsymbol{P}_{l-1}', \boldsymbol{P}_{l+1}', \cdots, \boldsymbol{P}_m'$ 是第3步中基可行解的系数列向量，均为单位向量，有

$$\boldsymbol{P}_{m+k}' = \sum_{j=1}^{m} a_{j,m+k}' \boldsymbol{P}_j' \tag{3-5-10}$$

式（3-5-9）和式（3-5-7）两式相减，得到

$$\sum_{j=1, j\neq l}^{m} (a_{j,m+k}' - \alpha_j) \boldsymbol{P}_j' + a_{l,m+k}' \boldsymbol{P}_l' = 0 \tag{3-5-11}$$

由于式（3-5-11）中所有系数至少有一个不为0（主元素 $a_{l,m+k}' > 0$），说明与 $\boldsymbol{P}_1', \boldsymbol{P}_2', \cdots, \boldsymbol{P}_{l-1}', \boldsymbol{P}_l', \boldsymbol{P}_{l+1}', \cdots, \boldsymbol{P}_m'$ 线性相关！假设不成立，说明 $\boldsymbol{P}_1', \boldsymbol{P}_2', \cdots, \boldsymbol{P}_{l-1}', \boldsymbol{P}_l', \boldsymbol{P}_{l+1}', \cdots, \boldsymbol{P}_m'$ 线性无关，因而新的可行解 $\hat{\boldsymbol{X}}$ 也就基解，即 $\hat{\boldsymbol{X}}$ 是基可行解。

继续求解例3.5.1，在单纯形表3-5-2中，根据检验数确定非基变量 x_3 为换入变量，计算 θ 的值，确定基变量 x_5 为换出变量，如表3-5-3所示。

---

[1] 实际上，式（3-5-8）也是单纯形法中每一步迭代时基可行解变换的一般形式，即如上一步得到的是 $\boldsymbol{X}$ 的形式，则下一步就是 $\hat{\boldsymbol{X}}$ 的形式，其中的 θ 就是 θ 最小值准则中的 θ，为什么？

表 3-5-3 例 3.5.1 初始单纯形表中 θ 最小值计算结果

	c_j		3	2	0	0	0	$-M$	θ_i
C_B	X_B	b	x_1	x_2	x_3	x_4	x_5	x_6	
0	x_4	5	2	4	-1	1	0	0	—
0	x_5	1	1	-1	[1]	0	1	0	1
$-M$	x_6	1	0	-1	1	0	0	1	1
$\sigma_j \rightarrow$			$-M$	3	$2-M$	M	0	0	0	

第 5 步：旋转运算

为了保证每次变换后的新基可行解中所有基变量的系数列向量仍为单位向量，需要在完成基变换后，对新换入变量的系数列向量进行运算，使其变为单位列向量，过程类似于求解线性方程组的高斯消元法，称为**旋转运算**。设 x_{m+k} 为换入变量，x_l 为换出变量后，x_{m+k}、x_l 对应的系数列向量为

$$\boldsymbol{P}'_{m+k} = \begin{pmatrix} a'_{1,m+k} \\ \vdots \\ a'_{l-1,m+k} \\ a'_{l,m+k} \\ a'_{l+1,m+k} \\ \vdots \\ a'_{m,m+k} \end{pmatrix} \qquad \boldsymbol{P}'_l = \begin{pmatrix} 0 \\ \vdots \\ 0 \\ 1 \\ 0 \\ \vdots \\ 0 \end{pmatrix} \leftarrow 第 l 个分量$$

要把 x_{m+k} 的系数列向量 $\boldsymbol{P}'_{m+k}$ 变为单位向量，首先在单纯形表中把第 $m+k$ 列和第 l 行的交叉元素 $a'_{l,m+k}$ 用 "[ ]" 标记出来，称为**主元素**，其次以此主元素 $a'_{l,m+k}$ 为中心，进行如下初等行变换[1]：

（1）将单纯形表中 x_l 对应的行乘以 $a'_{l,m+k}$ 的倒数，将 $a'_{l,m+k}$ 变为 1；

（2）将单纯形表中 x_{m+k} 对应的列中除 $a'_{l,m+k}$ 外的各元素均利用高斯消元法，变换为 0。

考虑到变换中 6 列均参与运算，变换后单纯形表中 b 列系数为

$$b''_i = \begin{cases} b'_i - \dfrac{b'_l}{a'_{l,m+k}} a'_{l,m+k} & (i=1,2,\cdots,m;\ i \neq l) \\[2mm] \dfrac{b'}{a'_{l,m+k}} & (i=l) \end{cases} \qquad (3\text{-}5\text{-}12)$$

对照式（3-5-7）中 θ 的表达式，有

---

[1] 这里的变换有可能因为主元素为 0 而无法进行吗？

$$b_i'' = \begin{cases} b_i' - \theta a_{i,m+k}' & (i \neq l) \\ \theta & (i = l) \end{cases} \tag{3-5-13}$$

当用 x_{m+k} 换入替换 x_l 的位置后，x_l 变为非基变量取 0，x_{m+k} 取值为 θ，新的基可行解可表示为

$$\begin{cases} x_i = b_i' - \theta a_{i,m+k}' & (i=1,2,\cdots,m; \ \text{当} \ i=l \ \text{时，} \ x_l = 0) \\ x_{m+k} = \theta \\ x_j = 0 & (j = m+1, m+2, \cdots, n; \ j \neq m+k) \end{cases} \tag{3-5-14}$$

写为

$$(b_1' - \theta a_{1,m+k}', \ \cdots, \ b_{l-1}' - \theta a_{l-1,m+k}', \ 0, \ b_{l+1}' - \theta a_{l+1,m+k}', \ \cdots, \ b_m' - \theta a_{m,m+k}', \ 0, \ \cdots, \ 0, \ \theta, \ 0, \ \cdots, \ 0)^{\mathrm{T}}$$
$$\qquad\qquad\qquad\qquad\qquad\quad \uparrow \qquad\qquad\qquad\qquad\qquad\qquad\qquad\qquad\qquad\qquad\qquad\qquad\qquad\qquad \uparrow$$
$$\qquad\qquad\qquad\qquad\qquad\text{第 } l \text{ 个分量} \qquad\qquad\qquad\qquad\qquad\qquad\qquad\qquad\qquad \text{第 } m+k \text{ 个分量}$$

可见，基变换只是在原基可行解中更换一个基变量，变换后非零分量的位置仍然不会超过 m 个。

继续例 3.5.1 的求解，在表 3-5-3 中，确定非基变量 x_3 为换入变量，基变量 x_5 为换出变量，则以主元素为中心进行旋转运算，得到表 3-5-4。

表 3-5-4　例 3.5.1 中进行一次基变换后得到的单纯形表

C_B	X_B	b	c_j 3 x_1	2 x_2	0 x_3	0 x_4	0 x_5	$-M$ x_6	θ_i
0	x_4	6	3	3	0	1	1	0	
0	x_3	1	1	-1	1	0	1	0	
$-M$	x_6	0	-1	0	0	0	-1	1	
$\sigma_j \rightarrow$									

由表 3-5-4 得到一个新的基可行解 $X^{(1)} = (0,0,1,6,0,0)^{\mathrm{T}}$。

继续下去，重复第 3 步到第 5 步，直到达到迭代的终止条件为止。

这里介绍一种联立的单纯形表形式，每次迭代只需要绘制一次表头，可以简化求解过程。对于例 3.5.1，联立单纯形表如表 3-5-5 所示。

表 3-5-5　用联立单纯形表求解例 3.5.1

C_B	X_B	b	c_j 3 x_1	2 x_2	0 x_3	0 x_4	0 x_5	$-M$ x_6	θ_i
0	x_4	5	2	4	-1	1	0	0	—
0	x_5	1	1	-1	[1]	0	1	0	1
$-M$	x_6	1	0	-1	1	0	0	1	1

续表

C_B	X_B	b	x_1	x_2	x_3	x_4	x_5	x_6	θ_i
c_j			3	2	0	0	0	$-M$	
$\sigma_j \rightarrow$		$-M$	3	$2-M$	M	0	0	0	
0	x_4	6	3	[3]	0	1	1	0	2
0	x_3	1	1	-1	1	0	1	0	—
$-M$	x_6	0	-1	0	0	0	-1	1	
$\sigma_j \rightarrow$		0	$3-M$	2	0	0	$-M$	0	
2	x_2	2	1	[1]	0	1/3	1/3	0	
0	x_3	3	2	0	1	1/3	4/3	0	
$-M$	x_6	0	-1	0	0	0	-1	1	
$\sigma_j \rightarrow$		4	$3-M$	0	0	$-2/3$	$-M-2/3$	0	

根据判别法则，在表 3-5-5 最终单纯形表中，所有检验数均小于等于 0，且所有人工变量（x_6 是人工变量）均取 0，迭代终止，得到 $X^{(2)} = (0, 2, 3, 0, 0, 0)^T$ 为最优解。

因此，经过两步迭代，原问题得到最优解为 $X = (0, 2, 3)^T$，目标函数最优值为 $z^* = 4$。

对照本章中例 3.3.2，本例的模型形式要复杂一些，但实际上，前者迭代了 3 次，而本例只迭代了 2 次。

本节中使用两个例子较为系统地说明了单纯形法的迭代过程及基本原理，这里进行一些总结。

（1）单纯形法是一个迭代算法，是不断重复"判别－变换－判别"的过程，透彻理解和应用判别准则和基变换方法是掌握单纯形法的两个重点，图 3-5-1 给出了单纯形法计算框图。

（2）单纯形法关心的核心问题是找到最优解（或满足其他终止条件），一旦找到一个最优解，就会停止迭代过程，即使问题本身有很多最优解。

（3）理论上单纯形法会在有限步内得到最优解或达到其他终止条件，这是因为迭代是在基可行解之间进行变换的，而线性规划问题的基可行解数总是有限的。

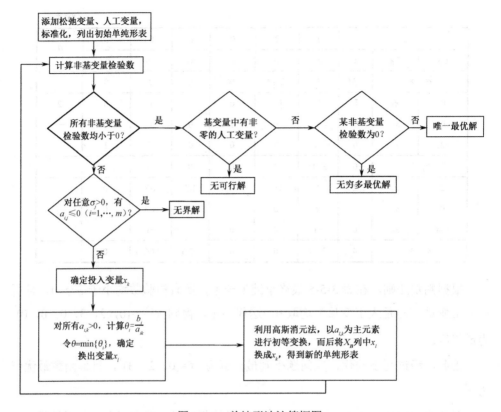

图 3-5-1 单纯形法计算框图

3.6 单纯形法的拓展讨论

本节对几个问题进一步讨论，帮助读者加深对单纯形法的理解。

3.6.1 单纯形法的矩阵表示

3.5 节介绍了单纯形法的一般过程，这个过程如果用矩阵形式进行描述，不但更简洁、清晰，也可以为第 3 章中对偶理论的讨论提供便利。

考虑线性模型的标准形式

$$\max z = CX$$
$$\begin{cases} AX = b \\ X \geqslant 0 \end{cases} \tag{3-6-1}$$

假设该线性规划问题可行域非空，系数矩阵 A 行满秩。任取一个基 B，有基

变量取值 $X_B = B^{-1}b$ ，非基变量为 X_N ，则价值向量、决策变量向量和系数矩阵均可相应地分为两个部分，在适当调整变量顺序的情况下，有

$$(B \quad N)\begin{pmatrix} X_B \\ X_N \end{pmatrix} = b$$

$$BX_B + NX_N = b$$

$$X_B = B^{-1}b - B^{-1}NX_N$$

将其代入目标函数中，得

$$z = CX = C_B X_B + C_N X_N$$
$$= C_B(B^{-1}b - B^{-1}NX_N) + C_N X_N$$
$$= C_B B^{-1}b + (C_N - C_B B^{-1}N)X_N$$

因此，线性规划问题可写为

$$\max z = C_B B^{-1}b + (C_N - C_B B^{-1}N)X_N$$
$$\begin{cases} X_B = B^{-1}b - B^{-1}NX_N \\ X_B, X_N \geqslant 0 \end{cases} \tag{3-6-2}$$

进一步，设非基变量的下标集合为 J_N ，写为向量形式，有

$$\max z = C_B B^{-1}b + \sum_{j \in J_N}(c_j - C_B B^{-1}P_j)x_j$$
$$\begin{cases} X_B = B^{-1}b - \sum_{j \in J_N}B^{-1}P_j x_j \\ X_B, X_N \geqslant 0 \end{cases} \tag{3-6-3}$$

在单纯形法迭代过程中每次都变换了式（3-6-3）中可行基 B 的形式，其他没有改变，因此这个形式具有"通用性"，适用于迭代中任何一步，可用它来表达单纯形法的各要素[1]。

1. 检验数的矩阵表示

观察式（3-6-3），可以看到非基变量 X_N 的检验数可表示为

$$X_N : \sigma_N = C_N - C_B B^{-1}N \tag{3-6-4}$$

其中，每个非基变量分量 x_j 的检验数为

$$x_j : \sigma_j = c_j - C_B B^{-1}P_j$$

根据式（3-6-3）中目标函数的表达式，实际上有

$$\sigma_j = \frac{\partial z}{\partial x_j} = c_j - C_B B^{-1}P_j \tag{3-6-5}$$

---

[1] 式（3-6-2）或式（3-6-3）也称为线性规划模型的"正则"（Regular）表达形式。

也就表明 σ_j 的基本含义是目标函数相对于非基变量的变化率，这与分量形式表达的检验数含义一致。

特别地，当基变量 X_B 对应线性规划问题的最优解时，有

$$\sigma_N = C_N - C_B B^{-1} N \leqslant 0$$

考虑基变量的检验数，有恒等式

$$\sigma_B = C_B - C_B B^{-1} B = 0$$

综合考虑基变量和非基变量检验数的表达式，在取得最优解时有

$$\begin{aligned}
\sigma = (\sigma_B, \sigma_N) &= (C_B - C_B B^{-1} B, C_N - C_B B^{-1} N) \\
&= (C_B, C_N) - C_B B^{-1}(B, N) \\
&= C - C_B B^{-1} A \leqslant 0
\end{aligned} \tag{3-6-6}$$

在式（3-6-6）中，$C - C_B B^{-1} A$ 是所有变量检验数的表达形式，不光对最优基可行解是适用的，对于单纯形法迭代中的每步，单纯形表中的检验数行都是这一形式。

特别地，对于线性规划模型中的松弛变量 x_s，有 $c_s = 0$，$P_s = I_s$，其中 I_s 为单位列向量，有

$$\begin{aligned}
\sigma_s &= (C - C_B B^{-1} A)_s \\
&= 0 - C_B B^{-1} I_s \\
&= -C_B B^{-1}
\end{aligned}$$

式中，$C_B B^{-1}$ 称为**单纯形乘子**[1]，如果将资源量看作可变量，有

$$\frac{\partial z^*}{\partial \boldsymbol{b}_i} = \frac{\partial (C_B B^{-1} \boldsymbol{b})}{\partial \boldsymbol{b}_i} = (C_B B^{-1})_i \tag{3-6-7}$$

即单纯形乘子表征最优目标函数的取值相对于资源向量的变化率。

2. 基变换准则的矩阵表示

若非基变量的检验数中存在正值，可取其中检验数最大值对应的变量（也可任取一个正值）作为换入变量，设为 x_k，用矩阵形式表示为

$$x_k : \sigma_k = \max\{\sigma_j \,|\, \sigma_j = c_j - C_B B^{-1}\} \tag{3-6-8}$$

在确定了换入变量为 x_k 后，用 θ 最小比值准则来确定换出变量，设最优确定的变量为 x_l，用矩阵形式表达有

---

[1] 式（3-6-7）中 $C_B B^{-1}$ 的单纯形乘子对于线性规划来说有着重要意义，它是资源的"影子价格"，这点将在第4章中详述。

$$x_l : \theta = \min\left\{\frac{(\boldsymbol{B}^{-1}\boldsymbol{b})_i}{(\boldsymbol{B}^{-1}\boldsymbol{p}_k)_i} \mid (\boldsymbol{B}^{-1}\boldsymbol{p}_k)_i > 0\right\} = \frac{(\boldsymbol{B}^{-1}\boldsymbol{b})_l}{(\boldsymbol{B}^{-1}\boldsymbol{p}_k)_l} \tag{3-6-9}$$

3. 迭代过程的矩阵表示

单纯形法是在不同的基可行解之间进行变换的过程，也是在目标函数和等式约束条件上不断左乘 $\boldsymbol{B}^{-1}$ 的过程，可以将此过程表达为矩阵形式。

为此，可将式（3-6-1）转化为

$$\begin{cases} \boldsymbol{b} = \boldsymbol{B}\boldsymbol{X}_B + \boldsymbol{N}\boldsymbol{X}_N \\ 0 = \boldsymbol{C}_B\boldsymbol{X}_B + \boldsymbol{C}_N\boldsymbol{X}_N - z \end{cases} \tag{3-6-10}$$

用表格表示如表 3-6-1 所示。

表 3-6-1　用矩阵形式表达的初始单纯形表

	资源向量	基变量 $\boldsymbol{X}_B$	非基变量 $\boldsymbol{X}_N$
系数矩阵	$\boldsymbol{b}$	$\boldsymbol{B}$	$\boldsymbol{N}$
检验数行	0	$\boldsymbol{C}_B$	$\boldsymbol{C}_N$

迭代过程是不断左乘 $\boldsymbol{B}^{-1}$ 的过程，确定一个基后得到 $\boldsymbol{X}_B = \boldsymbol{B}^{-1}\boldsymbol{b}$，$\boldsymbol{X}_N = 0$，目标函数为

$$z = \boldsymbol{C}_B\boldsymbol{B}^{-1}\boldsymbol{b} + (\boldsymbol{C}_N - \boldsymbol{C}_B\boldsymbol{B}^{-1}\boldsymbol{N})\boldsymbol{X}_N = \boldsymbol{C}_B\boldsymbol{B}^{-1}\boldsymbol{b}$$

得到

$$\begin{cases} \boldsymbol{B}^{-1}\boldsymbol{b} = \boldsymbol{I}\boldsymbol{X}_B + \boldsymbol{B}^{-1}\boldsymbol{N}\boldsymbol{X}_N \\ -\boldsymbol{C}_B\boldsymbol{B}^{-1}\boldsymbol{b} = \boldsymbol{0}\,\boldsymbol{X}_B + \left(\boldsymbol{C}_N - \boldsymbol{C}_B\boldsymbol{B}^{-1}\boldsymbol{N}\right)\boldsymbol{X}_N \end{cases} \tag{3-6-11}$$

用表格表示如表 3-6-2 所示。

表 3-6-2　用矩阵形式表达的单纯形表

	资源向量	基变量 $\boldsymbol{X}_B$	非基变量 $\boldsymbol{X}_N$
系数矩阵	$\boldsymbol{B}^{-1}\boldsymbol{b}$	$\boldsymbol{B}^{-1}\boldsymbol{B} = \boldsymbol{I}$	$\boldsymbol{B}^{-1}\boldsymbol{N}$
检验数行	$-\boldsymbol{C}_B\boldsymbol{B}^{-1}\boldsymbol{b}$	$\boldsymbol{C}_B - \boldsymbol{C}_B\boldsymbol{B}^{-1}\boldsymbol{B} = 0$	$\boldsymbol{C}_N - \boldsymbol{C}_B\boldsymbol{B}^{-1}\boldsymbol{N}$

表 3-6-2 实际上是单纯形法迭代过程中任何一步的单纯形表形式。过程中唯一的区别就是基 $\boldsymbol{B}$ 的形式不同。

3.6.2　处理人工变量的"两阶段"法

在例 3.5.1 中，通过添加人工变量得到一个初始基解，但因为人工变量是人为

强行加入的变量，单纯形法要求最终将它们从基变量中逐个替换出来或基变量中的人工变量取值为0，为了在模型中体现"人工变量取值必须为0"的要求，在目标函数中将人工变量的系数设置为惩罚性的"$-M$"，用惩罚性系数来处理人工变量的方法称为**"大M法"**。

在大M法计算过程中，M要全程参加计算，这给计算带来了很多不便。此外，在利用计算机进行求解时，由于不存在所谓的"任意大的正数"，很多时候只能用很大的数来近似代替，这会造成计算上的累计误差。由此，如果能够避免使用大M，就会带来方便。**"两阶段法"**就是在这样的背景下提出的，顾名思义，它用两个阶段的办法来处理人工变量，使得在计算过程中不出现大M。

第1阶段：判断是否存在可行解

不考虑原问题是否存在可行解，给原线性规划问题加入松弛变量和人工变量将其标准化，构造仅含人工变量的目标函数并要求实现最小化。用单纯形法求解上述模型，若最终求解结果中目标函数值为0，这说明原问题存在可行解，转入第2阶段；否则原问题无可行解，停止计算。

第2阶段：求解原问题的最优解

对第1阶段得到的最终单纯形表进行两个操作：一是去掉其中的人工变量，二是将目标函数行的系数换成原问题的目标函数系数，将修改后的单纯形表作为第2阶段计算的初始表，继续迭代求解，直到满足迭代终止条件。

下面用一个例子说明这个过程。

例3.6.1 用两阶段法求解如下线性规划问题。

$$\max z = -4x_1 - x_2 + 2x_3$$

$$\begin{cases} x_1 - 2x_2 + x_3 \leqslant 11 \\ -4x_1 + x_2 + 2x_3 \geqslant 3 \\ -2x_1 + x_3 = 1 \\ x_1, x_2, x_3 \geqslant 0 \end{cases}$$

对于本题，如用大M法求解，需要在上述问题的约束条件中加入两个人工变量，并在目标函数中带有两个"$-M$"，求解过程会比较烦琐，下面我们用两阶段法求解。

第1阶段： 在原线性规划问题的约束条件中加入松弛变量、剩余变量和人工变量，构建第1阶段的数学模型，即

$$\min w' = x_6 + x_7$$

$$\begin{cases} x_1 - 2x_2 + x_3 + x_4 & = 11 \\ -4x_1 + x_2 + 2x_3 - x_5 + x_6 & = 3 \\ -2x_1 + x_3 + x_7 & = 1 \\ x_1, x_2, x_3, x_4, x_5, x_6, x_7 \geqslant 0 \end{cases}$$

这里 x_6 和 x_7 为人工变量。将以上线性规划问题转换为标准形式，有

$$\max w' = -x_6 - x_7$$

$$\begin{cases} x_1 - 2x_2 + x_3 + x_4 & = 11 \\ -4x_1 + x_2 + 2x_3 - x_5 + x_6 & = 3 \\ -2x_1 + x_3 + x_7 & = 1 \\ x_1, x_2, x_3, x_4, x_5, x_6, x_7 \geqslant 0 \end{cases}$$

使用单纯形法求解此问题如表 3-6-3 所示（注意：和原问题相比，只是目标函数不同）。

表 3-6-3　用两阶段法求解线性规划——第一阶段：判断是否存在可行解

	c_j		0	0	0	0	0	−1	−1	θ_i
C_B	X_B	b	x_1	x_2	x_3	x_4	x_5	x_6	x_7	
0	x_4	11	1	−2	1	1	0	0	0	11
−1	x_6	3	−4	1	2	0	−1	1	0	3/2
−1	x_7	1	−2	0	[1]	0	0	0	1	1
$\sigma_j \rightarrow$			−4	−6	3		−1	0	0	
0	x_4	12	3	0	0	1	−2	2	−5	
0	x_2	1	0	1	0	0	−1	1	−2	
0	x_3	1	−2	0	1	0	0	0	0	
$\sigma_j \rightarrow$			0	0	0	0	0	−1	−1	

由最终表可知第 1 阶段的数学模型最优解是：$x_1 = 0$，$x_2 = 1$，$x_3 = 1$，$x_4 = 12$，$x_5 = 0$。

最优目标函数值为 0，人工变量 $x_6 = 0$，$x_7 = 0$，说明原问题存在可行解（这里 $x_1 = 0$，$x_2 = 1$，$x_3 = 1$ 就是一个原问题的可行解），转入第 2 阶段。

第 2 阶段：在第 1 阶段的最终单纯形表的基础上，删除其中的人工变量，并填入原问题目标函数系数，继续迭代计算，如表 3-6-4 所示。

表 3-6-4　用两阶段法求解线性规划——第二阶段：求解原问题的最优解

c_j			-4	-1	2	0	0	θ_i
C_B	X_B	b	x_1	x_2	x_3	x_4	x_5	
0	x_4	12	[3]	0	0	1	-2	4
-1	x_2	1	0	1	0	0	-1	—
2	x_3	1	-2	0	1	0	0	—
$\sigma_j \to$			1	0	0	0	0	-1

从表 3-6-4 中得到本问题的最优解为 $\boldsymbol{X}^{(1)} = (x_1, x_2, x_3)^{\mathrm{T}} = (0,1,1)^{\mathrm{T}}$，目标函数值为 $z^* = 1$。

同时，本问题为无穷多最优解，可以通过强行继续迭代得到另一个最优解，在表 3-6-4 中选取检验数为 0 的非基变量作为换入变量，迭代一次得到表 3-6-5，新的最优解为 $\boldsymbol{X}^{(2)} = (x_1, x_2, x_3)^{\mathrm{T}} = (4,1,9)^{\mathrm{T}}$。取一个数 $\alpha\,(0 \leqslant \alpha \leqslant 1)$，则线段 $\alpha \boldsymbol{X}^{(1)} + (1-\alpha)\boldsymbol{X}^{(2)} = (4-4\alpha, 1, 9-8\alpha)^{\mathrm{T}}$ 上的所有解均为最优解，目标函数等于 1。

表 3-6-5　选取检验数为 0 的非基变量再迭代一次得到另一个最优可行解

c_j			-4	-1	2	0	0	θ_i
C_B	X_B	b	x_1	x_2	x_3	x_4	x_5	
-4	x_1	4	1	0	0	1/3	-2/3	
-1	x_2	1	0	1	0	0	-1	
2	x_3	9	0	0	1	2/3	-4/3	
$\sigma_j \to$			1	0	0	0	0	-7/3

3.6.3　退化问题及其解决办法

单纯形法使用"θ 最小值规则"确定换出变量，但实际中有一个问题，即 θ 有可能取 0。当初始基变量出现零值或者在某次迭代中基变量出现零值，而当换入变量所在系数在该行的元素为正值时，相应 θ 就是零值，称这时的解是**退化**的。如例 3.6.2 所示，在第一次迭代后，在新的基变量 x_2 和 x_4 中 $x_4 = 0$，迭代中出现了退化解[1]。

---

[1] 退化的另一种解释：由 θ 的取法可知，$\theta = 0$ 的原因是在初始或迭代过程中相应的 $b_i = 0$，这说明对应的约束条件中各变量可相互线性表达（实际上是约束条件中存在冗余），就可以把某一变量的等式表达式代入其他约束条件和目标函数中去，从而消去了一个变量，问题的维度变小了。

例 3.6.2 用单纯形法求解如下线性规划问题

$$\max z = 2x_1 + 3x_2$$

$$\begin{cases} x_1 + 2x_2 \leqslant 4 \\ x_1 + x_2 \leqslant 2 \\ x_1, x_2 \geqslant 0 \end{cases}$$

解：将原问题转化为标准形式，即

$$\max z = 2x_1 + 3x_2$$

$$\begin{cases} x_1 + 2x_2 + x_3 = 4 \\ x_1 + x_2 + x_4 = 2 \\ x_1, x_2, x_3, x_4 \geqslant 0 \end{cases}$$

用单纯形法求解，如表 3-6-6 所示。

观察例 3.6.2 的求解过程，会发现在初始单纯形表中，当选定 x_2 为换入变量后，在计算 θ 值时出现了两个相同的最小值，这时原则上可以任取一个，但无论取哪一个，下一步都会出现基变量取 0 的情况。本例中实际上这一次迭代后的基可行解（x_2 和 x_4 为基变量）和下一次迭代的基可行解（x_2 和 x_1 为基变量）取值是一样的，目标函数的数值并没有增长，这说明对于该问题而言，两个不同的基实际上是可行域的同一个顶点，即迭代虽然在进行，但无论是解本身，还是目标函数都在"原地踏步"，这个"原地"已经是最优解，当然这是理想的，即"退化"没有影响到求解过程。

表 3-6-6 在求解例 3.6.2 的过程中出现了退化解

c_j			2	3	0	0	θ_i
C_B	X_B	b	x_1	x_2	x_3	x_4	
0	x_3	4	1	[2]	1	0	2
0	x_4	2	1	1	0	1	2
$\sigma_j \rightarrow$		0	2	3	0	0	
3	x_2	2	1/2	1	1/2	0	4
0	x_4	0	[1/2]	0	-1/2	1	0
$\sigma_j \rightarrow$		6	1/2	0	-3/2	0	
3	x_2	2	0	1	1	-1	
2	x_1	0	1	0	-1	2	
$\sigma_j \rightarrow$		6	0	0	-1	-1	

一般地，是否可能因为退化导致找不到最优解？这的确是可能的，即迭代有可能在一个局部出现循环，而最优解不在其中。20 世纪 50 年代，英国学者 E. M.

Beale 构造了下面的例子，对其进行迭代求解，会发现很快就会出现退化。

例 3.6.3 求解如下线性规划问题

$$\max z = \frac{3}{4}x_4 - 20x_5 + \frac{1}{2}x_6 - 6x_7$$

$$\begin{cases} x_1 & + \frac{1}{4}x_4 - 8x_5 - x_6 - 9x_7 = 0 \\ & x_2 & + \frac{1}{2}x_4 - 12x_5 + \frac{1}{2}x_6 + 3x_7 = 0 \\ & x_3 & + x_6 = 1 \\ x_1, x_2, x_3, x_4, x_5, x_6, x_7 \geqslant 0 \end{cases}$$

经过一系列迭代后，会发现第 7 张单纯形表和第 1 张单纯形表完全一致，目标函数在此过程中没得到任何改进，如果还是按照原来的规则进行迭代的话，那么只能重复，并且永远得不到最优解。而此问题的最优解是存在的，为

$$\boldsymbol{X} = \left(\frac{3}{4}, 0, 0, 1, 0, 1, 0\right)^{\mathrm{T}}。$$

在运筹学发展历史上，当出现此类问题时，学者们提出各种办法来解决它，其中最广为人知的方法是"勃兰特"法则，它是由美国运筹学家 Robert G. Bland 在 20 世纪 70 年代提出的。它包括以下两条准则：

（1）换入变量不用检验数最大的那个，而选取 $\sigma_j > 0$ 中下标最小的那个；

（2）换出变量依然使用 θ 最小值规则，但当出现两个以上最小值时，选取下标最小的那个最小值所对应的基变量作为换出变量。

同时遵循以上两条准则就可有效地避免出现循环，从而保证最终能够达到解的终止条件。

3.6.4　单纯形法的效率分析

读者已经了解到，单纯形法（必要时加上防止循环的办法）能够在有限步内解决任意线性规划问题，但"有限步"过于笼统，其迭代求解到底有多快（或者说有多慢）？有没有可能因为迭代次数过多导致问题实际上很难在能够忍受的时间范围内得到求解（即使对于计算机来说）？这里大致介绍相关研究成果，帮助读者加深对单纯形法的理解[1]。

---

[1] 更一般地，评价一种算法好坏的理论称为计算复杂性理论，这里讨论的单纯形法有多快的问题本质是其中的算法时间复杂性的估计。

要评价一个算法的好坏，大致上需要了解其在两种情况下的表现，一是在最坏情况下，是指在给定问题"规模"时，到底需要付出多大代价才能求解出问题；二是在平均情况下，是指针对给定规模的所有问题，平均需要付出多大代价才能找到最优解。前者一般来说要比后者容易，因为最坏情况往往只需要给出一个"特例"说明可能达到的"上限"即可，而在平均情况下的分析不仅必须要对"所有可能问题构成的空间"进行合理的抽样，而且要能对样本空间中所有问题的求解难度进行准则估计。

无论哪种情况，都需要做两件事：度量问题的规模（寻找刻画"多快"函数的自变量），估计求解的计算量（因变量）。

首先要做的是对问题的规模进行度量。在线性规划问题中涉及约束条件的个数 m 和变量的个数 n，很自然地，读者会想到用 $m+n$ 或者 $m×n$ 来表述问题的"规模"。这样当前没有问题，实际上，很多研究者就用这样的方法，不过这样做有些缺点，例如，这里涉及两个量，人们总期望用一个量，那样更简单。此外，在实践中有很多问题具有"稀疏"特性（在面向实际问题构建的线性规划模型中，模型中大多数系数都是 0，只有少部分系数不是 0），那么用 $m×n$ 这类的度量方法就不能充分刻画这种特性。所以，可以用模型数据中非零元素的个数，用在计算机中存储具有稀疏性的模型所需要的"比特"数量作为度量问题规模的变量，看起来这样做更为精确，但也使问题更复杂了。简单起见，这里只简单地用 m 和 n 来刻画问题的规模，包括 $m+n$、$\min(m,n)$ 或者简单地用其中一个量。

其次要度量求解问题本身所需要的计算量。在使用计算机时，最好的量就是计算机求解问题到底花费了多长时间（CPU 时间）。可惜的是，不同的人使用的计算机由于硬件、软件等诸多因素情况不同，这个时间并不一致，不存在特别用于评估各类算法的所谓"标准"计算机，所以求解问题所需要的时间这个标准虽然理想，但在实践中很难运用。实际上，对于迭代类型的算法来说，求解问题的时间可以分解为迭代次数乘以单次迭代所需时间。迭代次数并不依赖于计算机，所以常用作实际求解时间的合理替代。这里，我们就用迭代次数来刻画求解线性规划问题不同算法所需要的计算量。

1. 对最坏情况的分析

对于单纯形法来说，最坏情况到底有多坏？答案是可能永远找不到最优解，这种情况出现在迭代循环的时候。当然，我们知道使用一些特定基变换规则（如"勃兰特"法则）能够避免这种极端情况，那么在不出现循环时，最坏的情况是什么呢？下面来估计一下。

单纯形法从一个基可行解到另一个可行解进行变换，因此，在迭代不出现循环时，迭代的最大可能次数就是基可行解的数量，即

$$C_n^m = \frac{m!(n-m)!}{n!}$$

这里，n 是决策变量的个数，m 是约束条件的个数。迭代的最大可能次数随着 m 和 n 的增大增长很快，在 n 固定的情况下，当 $n = 2m$ 时取得最大值，且有如下上界和下界的估计：

$$\frac{1}{n} 2^n \leqslant \frac{\frac{n}{2}! \frac{n}{2}!}{n!} \leqslant 2^n$$

即使 n 不大，2^n 也会非常庞大[1]。但单纯形法的迭代次数理论上是可能达到这个级别的，真的可能发生这样的情况吗？是的，美国运筹学家 V. Klee 和 G. J. Minty 在 1972 年给出了这样的例子，后来也称其为 Klee-Minty 问题，在这个问题中，实际决策变量为 n 个，单纯形法需要迭代 $2^n - 1$ 次才能找到最优解，当 n 较大的时候，这样的代价是不可承受的。

这说明单纯形法迭代次数可能是问题规模的指数次，意味着即使问题规模不太大，迭代次数也可能无法承受。在算法理论上这样的算法不能称作一个"好"的算法（反之，若在最坏情况下，能够在不超过问题规模为自变量的一个多项式所限定的迭代次数内求解出来，那么称其为一个多项式算法，或称为"好"算法），即单纯形法不是线性规划的"好"算法。

2. 对平均情况的分析

既然单纯形法不是求解线性规划的好算法，那么有没有求解线性规划的多项式算法存在呢？在 V. Klee 和 G. J. Minty 提出反例说明单纯形法不是多项式算法后，不少人致力于找到多项式算法。1979 年，苏联数学家哈奇扬（П. Г. Хчиаян）第一个给出一种多项式算法——椭球算法，计算复杂度为 $O(n^6 L^2)$（其中，n 是决策变量维数，L 是将问题输入计算机需要的长度，"O"表示同阶）。1984 年，当时在美国贝尔实验室工作的印度裔数学家卡马卡（N. Karmarkdar）给出另一种求解线性规划问题的多项式算法——内点法（也称为射影变换法），其计算复杂度为 $O(n^{3.5} L^2)$。那么，单纯形法是否可以被这些多项式算法完全替代呢？

---

[1] 当 $n=200$ 时（现实中一个线性规划模型有 200 个变量只能算一个小规模的问题），有 $2^{200} \approx 1.6 \times 10^{60}$，而这是一个天文数字（作为对比，据估计地球上原子总数约 1.3×10^{50} 个）。

实际情况却不是这样，人们发现，对于生产生活中提出的现实问题，单纯形法求解往往非常快，特别是比椭球算法要快得多，只有在超大规模的线性规划问题中，当顶点数是个天文数字（至少百万量级）时，内点法才有可能比单纯形法好一些，而现在主流的线性规划问题求解软件，也都将单纯形法作为主要算法。

后来学者们经过大量实例验证发现，平均意义上单纯形法的计算速度在 $O(n)$ 和 $O(n^3)$ 之间，这实际上比第一种多项式算法（椭球算法）快得多，在规模不是特别庞大时，也比内点法有优势。加上单纯形法本身理论成熟、算法简洁，所以在一般的运筹学教科书中，都会以单纯形法作为线性规划问题求解的主要方法。

3.7　线性规划的 LINGO 求解

线性规划问题的求解算法已经非常成熟，自然可以利用计算机的强大计算能力进行求解，从而免除复杂、烦琐的人工计算。基于前面几节的基础，读者可以自行尝试编写这一程序[1]。当然，由于线性规划本身的重大现实意义，已经存在不少商业化软件供读者选用。常用的包括：Microsoft Office 系列的 Excel，MathWorks 公司的 MATLAB，Lindo System 公司的 LINDO/LINGO，ILog 公司的 CPLEX 等。前两者是通用软件，均具有线性规划问题求解功能：Excel 本身具有强大的数据处理能力，借助其规划求解宏工具可以给出线性规划问题的解；MATLAB 的数据处理和绘图功能均十分强大，其中的优化工具箱支持线性规划及部分非线性规划的求解。后两者为优化问题求解的专用软件，LINDO/LINGO 入手简单，建模表达十分接近一般教科书中的数学形式，直观易用；而 CPLEX 对于求解难度较高或者规模很大的规划问题有优势。此外，还有一些使用体验也不错但应用范围不太广的求解软件（如 WinQSB），读者可以根据自己的需要和软件的可得与否来选用。

本教材使用 Lindo System 公司的产品（主要是 LINGO，LINDO 是早期的简易求解工具，现在已经不再更新，所有 LINDO 模型都在 LINGO 中兼容）来介绍如何在软件中表达、求解和分析线性规划问题。

下面以例 3.1.1 为例，说明 LINGO 求解线性规划的一般过程。

---

[1] 作者强烈建议有一定计算机编程基础的读者自行编写这一程序，一是能够利用学习的计算机编程知识尝试解决这个很有实际意义的工作，增强动手能力和解决问题的信心；二是可以加深对算法本身的理解，可以修改自己的代码，方便、快捷地探索算法中进基出基的规则、计算的速度等较为深入的问题。

例 3.1.1 的数学模型为

$$\max z = 2x_1 + 3x_2$$

$$\begin{cases} x_1 + 2x_2 \leqslant 8 \\ x_1 \qquad \leqslant 4 \\ \qquad x_2 \leqslant 3 \\ x_1, x_2 \geqslant 0 \end{cases}$$

打开已经安装好的 LINGO 软件（其安装过程和界面介绍请参见本书附录 B），在模型窗口输入如下代码（框中代码称为 LINGO 模型，它是数学表达式的 LINGO 代码表达形式）。

```
MODEL:
  max=2*x1+3*x2;  !目标函数;
    x1+2*x2<8;  !约束条件1;
    x1<4;        !约束条件2;
    x2<3;        !约束条件3;
  !LINGO中默认所有变量取非负值，故非负约束条件可以省略不写;
END
```

对这段代码（称作 LINGO 模型）说明如下。

（1）使用 "Model…End" 的结构，告诉 LINGO 软件模型从哪里开始，并在哪里结束。

（2）"max=" 表达了目标函数，以 ";" 结束，如果目标函数取最小，则用 "min=" 表达，注意需要明确写出 "*" 来告诉 LINGO 是数乘关系。

（3）类似目标函数表达形式，在中间部分表达了 3 个约束条件，每行均以 ";" 结束，注意这里用的是严格不等式，LINGO 对 "<" 与 "≤"，以及 ">" 与 "≥" 不进行区分。

（4）因为 LINGO 中默认所有变量取非负值，故非负约束条件可以省略不写。

（5）"!" 后面是解释性语句，可以输入任何文字，不影响模型求解，但需要注意其他位置的符号均需要在英文状态下输入，否则 LINGO 无法理解。

（6）LINGO 中不区分字母大小写，如 max 和 MAX 是一样的。

在输入完成并检查无误后，单击工具栏上的 ◎ 按钮或者用菜单栏 LINGO 菜单下的【Solve】求解这个模型。

如果模型有语法错误，则弹出一个标题为 "LINGO Error Message" 的窗口，从该窗口中可以知道哪一行出错，是什么错。如果语法检查通过，则会弹出一个如图 3-7-1 所示标题为 "LINGO Solver Status" 的窗口，该窗口中列出了变量的个数、约束条件个数、优化状态、非零变量个数、内存、时间等信息，包括当前模型类型为线性规划模型（LP），求解状态为全局最优，得到的最优目标函数值为14，迭代次数为 1。

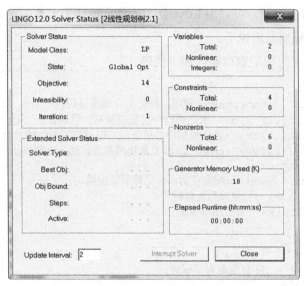

图 3-7-1 LINGO 求解器状态窗口解读

拖开或者关闭 "LINGO Solver Status" 窗口，可以看到另一个标题为 "Solution Report" 的信息窗口，内容如下。

```
       Global optimal solution found.
         Objective value:                       14.00000
         Infeasibilities:                       0.000000
         Total solver iterations:               1
         Model Class:                           LP
         Total variables:                       2
         Nonlinear variables:                   0
         Integer variables:
         Total constraints:                     4
         Nonlinear constraints:                 0
         Total nonzeros:                        6
         Nonlinear nonzeros:                    0
       Variable         Value        Reduced Cost
         X1           4.000000        0.000000
         X2           2.000000        0.000000
```

可从中得到目标函数最优值为 14（Objective Value），而最优解为 X1=4，X2=2（Variable 和 Value 部分），求解完成。

在求解结果中，关于"Reduced Cost"及其他部分，实际上是指相应系数不再是固定数值，而是在一定范围变化时的一些情况，相关内容将在第 4 章中说明。

再次观察例 3.1.1 的 LINGO 模型表达，会发现当变量数或者约束条件数很多时，这样表达很不方便，可以用 LINGO 中的集合概念更为高效地表达出来。同样以例 3.1.1 中的模型为例说明。

在 LINGO 中的模型窗口输入如下代码。

```
MODEL:
  sets: !与endsets配合使用，标记集合定义模块;
   var/1..2/:x,c; !表达模型中决策变量和价值系数2个向量的集合;
   res/1..3/:b; !表达模型中约束条件右端项资源向量的集合;
   para(res,var):pMatrix;!系数矩阵部分，用var和res两个集合生成;
  endsets
  data: !与endata配合使用，标记数据赋值模块;
   c= 2 3; !价值系数向量赋值;
   pMatrix= !系数矩阵赋值;
    1 2
    1 0
    0 1;
   b= 8 4 3; !资源向量赋值;
  enddata
  max = @sum(var:c*x);!用向量乘积表示的目标函数;
  @for(res(i): @sum(var(j): pMatrix(i,j)*x(j))<b(i));
                      !用@for函数表达出所有约束条件;
END
```

（1）LINGO 可使用集合定义一组具有共同特征的对象，类似于很多高级编程语言的数组，LINGO 中有两种类型的集合：基本集（Primitive Set）和派生集（Derived Set）。后者是前者组合定义出来的，如上面代码中 var 和 res 都是基本集，而 para 是派生集。

（2）LINGO 中集合的名称必须严格符合标准命名规则：以字母或下画线为首字符，其后由字母（A~Z）、下画线（_）、阿拉伯数字（0，1，…，9）组成的总长度不超过 32 个字符的字符串，且不区分大小写，集合的成员名称（如上面的 x、c、b 等）也要符合同样的规则。

（3）基本集合中成员列表可使用类似 /1..3/ 的形式罗列（称为**隐式罗列**），也可以完整写出，如 /1,2,3/ 的形式（称为**显式罗列**）。此外，也可使用字母形式进行罗列，如 /Mon..Fri/；或者采用混合形式，如 /Oct2001..Jan2002/（相当于

/Oct2001,Nov2001,Dec2001,Jan2002/）。

（4）在定义派生集合时可使用 2 个基本集（如上 para），也可以使用 3 个或 3 个以上的基本集来派生。当派生集成员由父集成员所有的组合构成时，这样的派生集称为稠密集。如果限制派生集的成员，使它成为父集成员所有组合构成的集合的一个子集，这样的派生集称为稀疏集。

（5）LINGO 中可通过"data:/enddata"组合对变量进行初始化赋值，在实际赋值时，可以完全赋值，也可以部分赋值（对集合的部分元素赋值，而对其余元素不赋值）。

（6）为了使程序更加简明，LINGO 中提供了前面带有@函数的命令集，如上面的@sum 求和函数和@for 循环函数，类似的常用函数还有@if、@max、@min、@bnd、@gin、@bin、@free、@wrap 等，基本涵盖常用的数学表达、集合操作、变量界定、概率统计等方面的函数形式，读者在需要时可通过帮助进行查询使用。

在输入上述代码后，若想要检查模型表达形式是否正确，可以通过菜单栏【LINGO】→【Generate】→【Display model】观察 LINGO 自动生成的一般模型。

输入完成，确认语法正确，单击工具栏上的⊚按钮求解这个模型，得到和图 3-7-1 一致的求解结果。

集合形式表达的 LINGO 模型具有很好的重用性，当需要求解另一个不同的线性规划问题时，只需要相应修改变量的维数及赋值就可以了，这样更为方便。

3.8　应用举例

由于线性规划模型结构简单、求解成熟，其在经济、管理、社会、军事等诸多领域都有广泛的应用。甚至很多时候，一些看似不是线性的问题也可以通过转化使用线性规划建模求解，下面举几个典型应用例子供读者体会线性规划的应用。

3.8.1　下料问题

下料问题（Cutting Stock Problem）是指把相同形状的一些原材料分割加

工成若干个不同规格大小的零件的问题，此类问题在工程技术和工业生产中有着重要和广泛的应用[1]。如果只考虑原材料一个维度上的加工（若只考虑长度上的分割，而不考虑宽度和厚度），称为**一维下料问题**，其可用线性规划来求解。

例 3.8.1 某武器装备维修车间，需要在一次任务中提供 3 种规格（2.9m、2.1m 和 1.5m）的钢管各 100 套，现只有 1 种原料钢材可供使用，长度为 7.4m，问如何截取可使得原材料最省。

解： 显然存在多种截取方法，每种方法所产生的料头都不同，可能的截取方案共 8 种，如表 3-8-1 所示。

表 3-8-1 可能的截取方案

	2.9m	2.1m	1.5m	使用料长（m）	剩余料头（m）
方案 1	2	0	1	7.3	0.1
方案 2	1	2	0	7.1	0.3
方案 3	1	1	1	6.9	0.9
方案 4	1	0	3	7.4	0
方案 5	0	3	0	6.3	1.1
方案 6	0	2	2	7.2	0.2
方案 7	0	1	3	6.6	0.8
方案 8	0	0	4	6.0	1.4

设采取方案 i 进行截取的原材料根数为 x_i，可构建如下线性规划数学模型：

$$\min z = \boldsymbol{1} \cdot \boldsymbol{X}$$

$$\begin{cases} \boldsymbol{A} \cdot \boldsymbol{X} \geqslant \boldsymbol{b} \\ \boldsymbol{X} \geqslant 0 \end{cases}$$

其中，$\boldsymbol{1} = (1,1,\cdots,1)$，$\boldsymbol{X} = (x_1, x_2, \cdots, x_8)^{\mathrm{T}}$，$\boldsymbol{b} = (100,100,100)^{\mathrm{T}}$，$\boldsymbol{A}$ 为表 3-8-1 中第 2 列、第 3 列和第 4 列对应的系数矩阵（转化为 3 行 8 列的矩阵）。根据 3.7 节的 LINGO 建模方法，形成如下代码。

---

[1] 下料问题的更一般叫法为"装箱问题"（Bin-Packing Problem）。一般表述为：把一定数量的物品放入容量相同的一些箱子中，使箱子中物品大小不超过箱子容量，并使所有箱子数目最少。作为一类经典的离散组合最优化问题，装箱问题广泛存在于面料裁剪、型材下料、印刷排版、物品装包、货物装载，以及计算资源分配、计算机内存管理、大规模集成电路设计等领域。

```
MODEL:
 TITLE  下料问题;
    sets: !集合定义模块;
     var/1..8/:x,c; !变量与变量系数;
     res/1..3/:b;     !资源向量,表达所需不同规格的钢管数量;
     para(res,var):pMatrix;!系数矩阵;
    endsets
    data: !数据赋值模块;
     c= 1 1 1 1 1 1 1 1;
     pMatrix=
       2 1 1 1 0 0 0 0
       0 2 1 0 3 2 1 0
       1 0 1 3 0 2 3 4;
     b= 100 100 100; !各需要100根;
    enddata
    min = @sum(var:c*x);!用料总数最少;
    @for(res(i): @sum(var(j): pMatrix(i,j)*x(j))>=b(i));
                           ! 均不少于100根;
END
```

在 LINGO 中求解此模型,得到:按照方案 1 下料 40 根,按照方案 2 下料 20 根,按照方案 6 下料 30 根,共下料 90 根即可满足条件。

值得注意的是,可能有读者对本例的理解不同,比如是否应该取剩余的料头总量最少?在 8 种方案中是否可以只取剩余料头较少的几种?在约束条件中应该取"大于等于"还是"等于"?借助计算软件,读者不妨尝试改变模型,来探索各种可能情况的解有何不同,并思考背后的原因。

3.8.2　排班问题

排班问题(Shift Scheduling Problem)是指把一定数量的人员分配到不同时段的值班岗位上,在保障需求的同时使得使用人员总数最少。这一问题有着广泛的应用,尤其结合班次的多样化要求及人员的不同要求,问题可能变得很复杂,甚至很难通过手工方式完成排班任务。已经存在一些专门化的排班软件来辅助完成这项工作。

例 3.8.2　在一次演训任务中,战备中心需要一批人员 24 小时在位值班,不同时间需要的值班人员数量如表 3-8-2 所示。值班人员需要在每个时段开始时上岗,并连续在岗 8 小时,战备中心每天至少要配备多少名值班人员?

Note

表 3-8-2　不同班次需要的值班人员数量

班 次	时 段	需要值班人员数量（名）
1	8:00—12:00	7
2	12:00—16:00	6
3	16:00—20:00	6
4	20:00—0:00	4
5	0:00—4:00	3
6	4:00—8:00	4

解：选取每个时段开始值班的人数作为决策变量，则每个时段值班的人数为相邻两个时段对应决策变量的和，构建如下线性规划模型：

$$\min z = \boldsymbol{1} \cdot \boldsymbol{X}$$

$$\begin{cases} \boldsymbol{A} \cdot \boldsymbol{X} \geqslant \boldsymbol{b} \\ \boldsymbol{X} \geqslant 0 \end{cases}$$

其中，$\boldsymbol{1} = (1,1,\cdots,1)$，$\boldsymbol{X} = (x_1, x_2, \cdots, x_6)^{\mathrm{T}}$，$\boldsymbol{b} = (6,6,4,3,4,7)^{\mathrm{T}}$，$\boldsymbol{A}$ 为一个稀疏的系数矩阵，为

$$\boldsymbol{A} = \begin{pmatrix} 1 & 1 & & & & \\ & 1 & 1 & & & \\ & & 1 & 1 & & \\ & & & 1 & 1 & \\ & & & & 1 & 1 \\ 1 & & & & & 1 \end{pmatrix}$$

用 LINGO 表达如下。

```
MODEL:
  TITLE 排班问题;
    sets: !集合定义模块;
     var/1..6/:x; !决策变量,每时段开始值班的人数;
     res/1..6/:b; !资源向量,每时段要求的值班人数;
    endsets
    data: !数据赋值模块;
     b= 6 6 4 3 4 7; !各时段人数,注意第一时段需要值班人数移至最后;
    enddata
     min = @sum(var:x);!总值班人数最少;
     @for(res(i): @sum(var(j) | ! 相应时段值班人数的要求;
      ((j#eq#@wrap(i+1,6))#or#(j#eq#i)): x(j))>=b(i));
END
```

注意约束条件的表达使用了过滤表达式，(j#eq# @wrap(i+1,6))#or#(j#eq#i)

表达了上面的稀疏系数矩阵中的所有的"1",其中用到了逻辑运算符#eq#(等于)和#or#(或)及一个索引回卷函数@wrap(当第 1 个参数超过第 2 个参数时,返回值回到开始值)。

用 LINGO 求解得到 6 个时段开始值班的人数应分别安排 3 人、5 人、1 人、3 人、0 人和 4 人,使得一天中总值班人数最少为 16 人。

3.8.3 配料问题

配料问题(Blending Problem)又称混合配料问题或配餐问题,是指若干种原料配置多种成品,如何在原料总量受限和配方组成相关约束下求解总成本或总利润最优的问题,这个问题在食品加工、营养卫生等领域有广泛应用。

例 3.8.3 某食品加工厂用面粉、糖和辅料 3 种原料生产 A、B、C 共 3 种糕点,已知每种糕点中各种原料的含量、成本、月可用总量、糕点单位加工成本及预期利润如表 3-8-3 所示。问该厂每月应生产 3 种糕点各多少,才能使该厂预期净利润最大?

表 3-8-3 配料问题相关数据

原 料	A	B	C	原料成本(元/千克)	月可用总量(千克)
面粉	≤60%	≤40%	≤50%	4.0	2000
糖	5%	3%	10%	4.5	500
辅料	≥20%	—	≥15%	15.0	1500
加工费(元/千克)	2	2	3		
售价(元/千克)	22	20	24		

解:本例中如果设 3 种糕点的数量为决策变量,会发现很难表达出各种糕点中原料比例要求,而将糕点数量和各种糕点的原料占比均作为决策变量会大大方便建模。

设 3 种糕点数量分别为 x_1、x_2 和 x_3,对应 3 种糕点中 3 种原料的构成分别为 x_4, x_5, x_6, x_7, x_8, x_9 和 x_{10}, x_{11}, x_{12},考虑 3 种糕点中面粉的比例要求和总量约束,得到

$$\frac{x_4}{x_1} \leq 60\%, \quad \frac{x_7}{x_2} \leq 40\%, \quad \frac{x_{10}}{x_3} \leq 50\%$$

$$x_4 + x_7 + x_{10} \leq 2000$$

同样,考虑各种糕点中糖的比例要求与总量约束,有

$$\frac{x_5}{x_1} = 5\%, \quad \frac{x_8}{x_2} = 3\%, \quad \frac{x_{11}}{x_3} = 10\%$$

$$x_5 + x_8 + x_{11} \leq 500$$

考虑辅料总量约束，有

$$\frac{x_6}{x_1} \geqslant 20\%, \quad \frac{x_{12}}{x_3} \geqslant 15\%$$

$$x_6 + x_9 + x_{12} \leqslant 1500$$

对于各类糕点，应有

$$x_1 = x_4 + x_5 + x_6$$
$$x_2 = x_7 + x_8 + x_9 \qquad\qquad (3\text{-}8\text{-}1)$$
$$x_3 = x_{10} + x_{11} + x_{12}$$

考虑目标函数，净利润等于售价减去加工费及成本，有

$$\max z = (22-2)x_1 + (20-2)x_2 + (24-3)x_3 -$$
$$4.0(x_4 + x_7 + x_{10}) - 4.5(x_5 + x_8 + x_{11}) - 15(x_6 + x_9 + x_{12})$$

整理上述模型，特别地，将式（3-8-1）代入其他表达式中，得到如下模型：

$$\max z = 16x_4 + 15.5x_5 + 5x_6 + 14x_7 + 13.5x_8 + 3x_9 + 17x_{10} + 16.5x_{11} + 6x_{12}$$

$$\begin{cases}
0.4x_4 - 0.6x_5 - 0.6x_6 \leqslant 0 \\
0.6x_7 - 0.4x_8 - 0.4x_9 \leqslant 0 \\
0.5x_{10} - 0.5x_{11} - 0.5x_{12} \leqslant 0 \\
0.2x_4 + 0.2x_5 - 0.8x_6 \leqslant 0 \\
0.15x_{10} + 0.15x_{11} - 0.85x_{12} \leqslant 0 \\
x_4 + x_7 + x_{10} \leqslant 2000 \\
x_5 + x_8 + x_{11} \leqslant 500 \\
x_6 + x_9 + x_{12} \leqslant 1500 \\
0.05x_4 - 0.95x_5 + 0.05x_6 = 0 \\
0.03x_7 - 0.97x_8 + 0.03x_9 = 0 \\
0.10x_{10} - 0.90x_{11} + 0.10x_{12} = 0 \\
x_i \geqslant 0 \ (i = 4, 5, \cdots, 12)
\end{cases}$$

使用 LINGO 求解此模型（请读者自行完成），得到问题的解为使用面粉 1875 千克、糖 375 千克、辅料 1500 千克生产，且只生产 C 糕点，可得到利润最大为 47062 元。

3.8.4 兵力使用规划问题

这里的兵力使用规划，是指在可用总兵力及相关条件限制下，求取完成作战任务可能性最大或者在完成任务前提下代价最小的规划优化问题，它在军事领域作战任务中经常出现，是一类典型的军事应用问题，可以通过建立数学规划模型求解，在部分情况下可直接建立或者转化为线性规划问题。

例 3.8.4　某轰炸机群奉命完成一次重要轰炸任务，任务中有 4 个待打击目标，且根据要求只要摧毁其中任何一个目标都可达到目的。为完成此项任务可用 A 型轰炸机 6 架、B 型轰炸机 5 架。本次任务总的可用油料消耗量为 5000 升，且已知 A 型轰炸机在携弹时每升油料可飞行 2 千米，B 型轰炸机在携弹时每升油料可飞行 3 千米，两型轰炸机在空载时每升油料均可飞行 4 千米，又知每出发轰炸一次除来回路程油料消耗外，起飞和降落每次各消耗 200 升。有关目标距离，两型轰炸机摧毁不同目标的预计成功率等数据如表 3-8-4 所示。

为了使摧毁目标的预计成功率最大，应如何确定飞机轰炸的方案？

表 3-8-4　轰炸问题相关数据

任务不同目标	离机场距离（千米）	摧毁成功率（概率）	
		A 型轰炸机	B 型轰炸机
1	450	0.45	0.16
2	480	0.40	0.32
3	540	0.45	0.30
4	600	0.50	0.25

解：本例中有两种类型的轰炸机、4 个不同目标，两两组合形成 8 种可能，构成所有可能的轰炸方案。设使用 A 型轰炸机对 4 个目标打击的数量分别为 x_{11}、x_{21}、x_{31} 和 x_{41}，而使用 B 型轰炸机对 4 个目标打击的数量分别为 x_{12}、x_{22}、x_{32} 和 x_{42}。

考虑两种类型的轰炸机的总量限制，有

$$x_{11} + x_{21} + x_{31} + x_{41} \leqslant 6$$
$$x_{12} + x_{22} + x_{32} + x_{42} \leqslant 5$$

考虑油料消耗，包括如下 3 个部分。

（1）飞往目标的去程段：

$$\frac{450}{2}x_{11} + \frac{450}{3}x_{12} + \frac{480}{2}x_{21} + \frac{480}{3}x_{22} + \frac{540}{2}x_{31} + \frac{540}{3}x_{32} + \frac{600}{2}x_{41} + \frac{600}{3}x_{42}$$
$$= 225x_{11} + 150x_{12} + 240x_{21} + 160x_{22} + 270x_{31} + 180x_{32} + 300x_{41} + 200x_{42}$$

（2）轰炸完成后的空载段：

$$\frac{450}{4}(x_{11} + x_{12}) + \frac{480}{4}(x_{21} + x_{22}) + \frac{540}{4}(x_{31} + x_{32}) + \frac{640}{4}(x_{41} + x_{42})$$
$$= 112.5x_{11} + 112.5x_{12} + 120x_{21} + 120x_{22} + 135x_{31} + 135x_{32} + 150x_{41} + 150x_{42}$$

（3）在起降时的消耗为

$$\sum_{i=1}^{4}\sum_{j=1}^{2}200x_{ij}$$

综合而言，油料约束为

$$537.5x_{11} + 462.5x_{12} + 560x_{21} + 480x_{22} + 605x_{31} + 515x_{32} + 650x_{41} + 550x_{42} \leqslant 5000$$

考虑目标函数，则完成任务的内涵实际上为任意轰炸机摧毁任何一个目标即可，最大可能性可表达为全概率 1 减去所有轰炸机均未摧毁任何目标的概率，即

$$\max z = 1 - (1-0.45)^{x_{11}} (1-0.16)^{x_{12}} (1-0.4)^{x_{21}} (1-0.32)^{x_{22}}$$
$$(1-0.45)^{x_{31}} (1-0.3)^{x_{32}} (1-0.5)^{x_{41}} (1-0.25)^{x_{42}}$$

这个表达式可以通过最小化和对数运算转化为如下线性表达式[1]：

$$\min w = x_{11}\ln 0.55 + x_{12}\ln 0.84 + x_{21}\ln 0.6 + x_{22}\ln 0.68 + x_{31}\ln 0.55 + x_{32}\ln 0.7 + x_{41}\ln 0.5 + x_{42}\ln 0.75$$

式中 $z = 1 - e^w$。

因此，本问题的完整模型为

$$\min w = x_{11}\ln 0.55 + x_{12}\ln 0.84 + x_{21}\ln 0.6 + x_{22}\ln 0.68 + x_{31}\ln 0.55 + x_{32}\ln 0.7 + x_{41}\ln 0.5 + x_{42}\ln 0.75$$

$$\begin{cases} 537.5x_{11} + 462.5x_{12} + 560x_{21} + 480x_{22} + 605x_{31} + 515x_{32} + 650x_{41} + 550x_{42} \leqslant 5000 \\ x_{11} + x_{21} + x_{31} + x_{41} \leqslant 6 \\ x_{12} + x_{22} + x_{32} + x_{42} \leqslant 5 \\ x_{ij} \geqslant 0 \ 且均为整数（ i = 1,2,3,4; \ j = 1,2） \end{cases}$$

使用 LINGO 建模如下。

```
MODEL:
    Title 兵力使用规划;
    sets:
    bombs/1..2/:bNum;  !两型弹或者两种轰炸机;
    target/1..4/:parts; !目标的4个部位;
    var(target,bombs):x,desPr,c,oil;
        !分别表示变量、摧毁概率、转化后概率及耗油数据;
    endsets

    data:
     desPr= 0.45 0.16
            0.4  0.32
            0.45 0.30
            0.50 0.25;
     Oil = 537.5    462.5
           560      480
           605      515
```

---

[1] 这里通过取对数使目标函数线性化是线性规划问题建模中常用的技巧，其中可以线性化的还有分式形式、多值取小、多值取大等。值得注意的是，LINGO 中已经实现了将这些可转化的函数自动线性化的功能，也就是说，读者只要知道此类模型可以线性化，就可以直接写出，而不用手工转化。

```
          650        550;
     bNum= 6 5;
   enddata

   calc:
    @for(var:c = @log(1-desPr));!转化概率;
   endcalc

   max = 1-@exp(@sum(var:c*x));
   @sum(var: oil*x)<=5000;!油料约束;
   @for(bombs(i): @sum(target(j): x(j,i))<bNum(i));
                         !炸弹总量限制;
   @for(var: @gin(x));!整数约束;
   END
```

注意，需要用@gin 函数限定所有决策变量必须取整数。

求解得到 $x_{11}=4$，$x_{22}=3$，$x_{41}=2$，其他决策变量取值为 0，即应派遣 A 型轰炸机 4 架和 2 架，分别去轰炸 1 号目标和 4 号目标，同时应派 3 架 B 型轰炸机去轰炸 2 号目标，可使得作战任务完成可能性最大为 99.28%。

习　题

3.1　判断下列说法是否正确。

（1）线性规划问题最早是由美国学者丹捷格提出的。

（2）线性规划的数学模型中一定存在一个求最大或最小的目标函数。

（3）线性规划问题有可能只有有限多个最优解。

（4）线性规划问题的可行域如果不是有界集合，则一定为无界解。

（5）如果线性规划有两个不同的可行解，则其一定有无穷多个可行解。

（6）线性规划问题如果有可行解，则一定有基可行解。

（7）线性规划可行域的顶点就是它的基可行解。

（8）线性规划模型如果有唯一最优解，则其一定在可行域的顶点上。

（9）单纯形法求解是不断变换基解的过程。

（10）求解线性规划问题的"大 M 法"中初始解可能是原模型的非可行解。

3.2　某后勤保障队有 A、B 两种类型的运输卡车来保障一次物资运输任务，已知本次任务中 A 型卡车每次能运输 30 吨物资，需要耗油 5 升；B 型卡车每次能运输 20 吨物资，需要耗油 4 升。现总共有 50 升油料可用，且该队共有 A 型卡车 6

辆，B 型卡车 10 辆，问如何派遣才能运输尽可能多的物资到预定地区？建立该问题的线性规划模型并使用图解法求解。

3.3 试将如下形式的数学模型转化为线性规划模型（不需要求解）。

（1） $\min z = 3 + 2x + 2xy + x^2 + x^3$

$$\begin{cases} x + xy \geqslant 4 \\ 3x + x^2 \geqslant 10 \\ x \geqslant 0 \end{cases}$$

（2） $\min z = |x_1| + 2|x_2| + |x_3|$

$$\begin{cases} x_1 + 2x_2 + x_3 \geqslant 12 \\ x_1 + x_2 - x_3 \geqslant 8 \\ x_1, x_2, x_3 为任意实数 \end{cases}$$

（3） $\max z = r$

$$\begin{cases} r = \dfrac{x_1 + x_2}{3y_1 + y_2} \\ x_1 / x_2 \leqslant 3 \\ y_1 + y_2 \geqslant 5 \\ x_1, x_2, y_1, y_2 \geqslant 0 \end{cases}$$

（4） $\min\limits_{x_i} \max\limits_{y_i} |\varepsilon_i|$

其中，$\varepsilon_i = x_i - y_i (i = 1, 2, \cdots, n)$

3.4 用图解法求解下面线性规划模型。

（1） $\min z = 2x_1 + 3x_2$

$$\begin{cases} x_1 + 3x_2 \geqslant 6 \\ 2x_1 + 2x_2 \geqslant 5 \\ x_1, x_2 \geqslant 0 \end{cases}$$

（2） $\max z = x_1 + 2x_2$

$$\begin{cases} 2x_1 + 4x_2 \leqslant 13 \\ x_1 + x_2 \geqslant 2 \\ x_2 \leqslant 3 \\ x_1, x_2 \geqslant 0 \end{cases}$$

（3） $\max z = x_1 + x_2$

$$\begin{cases} 2x_1 - x_2 \geqslant 2 \\ -x_1 + x_2 \leqslant 1 \\ x_1, x_2 \geqslant 0 \end{cases}$$

（4） $\min z = 2x_1 + 3x_2$

$$\begin{cases} x_1 + 3x_2 \geqslant 7 \\ x_1 + x_2 \leqslant 2 \\ x_1, x_2 \geqslant 0 \end{cases}$$

3.5 将下列线性规划模型转化为标准形式，并写出初始单纯形表。

（1） $\min z = x_1 + 2x_2 - 3x_3$

$$\begin{cases} x_1 - x_2 + x_3 \leqslant 7 \\ 2x_1 + x_2 + x_3 \geqslant -2 \\ -3x_1 - x_2 + 2x_3 = 5 \\ x_1 \geqslant 0, \ x_2 \leqslant 0, x_3 无约束 \end{cases}$$

（2） $\min z = \sum\limits_{i=1}^{m} \sum\limits_{j=1}^{n} c_{ij} x_{ij}$

$$\begin{cases} \sum\limits_{j=1}^{n} x_{ij} \leqslant a_i \ (i = 1, 2, \cdots, m) \\ \sum\limits_{i=1}^{m} x_{ij} = b_j (j = 1, 2, \cdots, n) \\ x_{ij} \geqslant 0 \end{cases}$$

3.6 在下列线性规划问题中找出满足约束条件的所有基解，并指出哪些是基可行解，并通过图解或者代入目标函数验算等办法，找出最优的基可行解。

（1）$\max z = -x_1 + x_2 + x_3$

$$\begin{cases} x_1 + x_2 + 2x_3 = 2 \\ 2x_1 + 2x_2 + 3x_3 = 6 \\ x_1, x_2 \geq 0, x_3 \leq 0 \end{cases}$$

（2）$\max z = 5x_1 - 2x_2 + 3x_3 - 6x_4$

$$\begin{cases} x_1 + 2x_2 + 3x_3 + 4x_4 = 7 \\ 2x_1 + x_2 + x_3 + 2x_4 = 3 \\ x_1, x_2, x_3, x_4 \geq 0 \end{cases}$$

3.7　用单纯形法求解习题 3.4 中的线性规划问题，并说明迭代过程中每步单纯形对应图解法中的哪个顶点，并用最终单纯形表应用判别准则来判断解的类型。

3.8　分别用大 M 法和两阶段法求解下列线性规划问题，并分别给出至少 3 个最优解。

（1）$\min z = 2x_1 + 2x_2$

$$\begin{cases} x_1 + 3x_2 \geq 3 \\ x_1 + x_2 \geq 2 \\ x_1, x_2 \geq 0 \end{cases}$$

（2）$\min z = 2x_1 + 3x_2 + x_3$

$$\begin{cases} x_1 + 4x_2 + 2x_3 \geq 8 \\ 3x_1 + 2x_2 \geq 6 \\ x_1, x_2, x_3 \geq 0 \end{cases}$$

3.9　在例 3.1.2 工厂生产优化问题中，设两种产品的售价随着市场变化，则单位产品的利润值 c_1 和 c_2 也在发生变化，试分析 c_1 和 c_2 在什么范围内变化时，使得可行域的顶点（4,0）、（4,2）、（2,3）、（0,3）分别成为最优解？

3.10　设某工厂拟用两种原料（可用总量为 b_1 和 b_2）生产两种产品（产品利润为 c_1 和 c_2），表征工厂生产工艺水平的原料消耗的系数分别为 a_{11}、a_{12} 及 a_{21}、a_{22}，得到求解工厂利润最大化的线性规划模型为

$$\max z = c_1 x_1 + c_2 x_2$$

$$\begin{cases} a_{11}x_1 + a_{12}x_2 \leq b_1 \\ a_{21}x_1 + a_{22}x_2 \leq b_2 \\ x_1, x_2 \geq 0 \end{cases}$$

据估计，这些参数的变化范围为 $2 \leq c_1 \leq 3$，$2 \leq c_2 \leq 6$，$8 \leq b_1 \leq 10$，$10 \leq b_2 \leq 14$，$2 \leq a_{11} \leq 3$，$4 \leq a_{12} \leq 5$，$3 \leq a_{21} \leq 4$，$5 \leq a_{22} \leq 6$，试分析工厂生产能够获得的最大可能利润和最小可能利润。

3.11　下表是某求极大化线性规划问题计算得到的单纯形表。表中无人工变量，a_1、a_2、a_3、d、c_1、c_2 为待定常数。

C_B	b	x_1	x_2	x_3	x_4	x_5	x_6
x_3	d	4	a_1	1	0	a_2	0
x_4	2	-1	-3	0	1	-1	0
x_6	3	a_3	-5	0	0	-4	1
σ_j		c_1	c_2	0	0	-3	0

试说明这些待定常数在分别取何值时，以下结论成立：

（1）表中解为唯一最优解；

（2）表中解为最优解，但存在无穷多最优解；

（3）该线性规划问题具有无界解；

（4）表中解非最优，对解改进，换入变量为 x_1，换出变量为 x_6。

3.12 试证明：线性规划问题若有最优解，一定可以存在最优的基可行解（参考定理 3.5）。

3.13 试证明：对求最大化的线性规划问题来说，若存在一个基可行解，其中所有的非基变量的检验数均小于等于 0，且其中存在一个非基变量检验数等于 0，则该问题有无穷多最优解。

3.14 试证明：在采用单纯形法求解线性规划问题时，每次迭代的检验数为 σ_k，x_k 为换入变量，θ_l 为根据 θ 最小值准则确定的数值，x_l 为换出变量，则该次基变换后目标函数值增加了 $\sigma_k\theta_l$。

3.15 下表为单纯形法计算某线性规划问题得到的某两步的单纯形表，试将空白处数字填上。

c_j			3	5	4	0	0	0
C_B	X_B	b	x_1	x_2	x_3	x_4	x_5	x_6
5	x_2	8/3	2/3	1	0	1/3	0	0
0	x_5	14/3	-4/3	0	5	-2/3	1	0
0	x_6	20/3	5/3	0	4	-2/3	0	1
	σ_j		-1/3	0	4	-5/3	0	0
			...					
	x_2					15/41	8/41	-10/41
	x_3					-6/41	5/41	4/41
	x_1					-2/41	-12/41	15/41
	σ_j							

3.16 已知线性规划问题

$$\max z = c_1 x_1 + c_2 x_2 + c_3 x_3$$

$$\begin{pmatrix} a_{11} \\ a_{21} \end{pmatrix} x_1 + \begin{pmatrix} a_{12} \\ a_{22} \end{pmatrix} x_2 + \begin{pmatrix} a_{13} \\ a_{23} \end{pmatrix} x_3 + \begin{pmatrix} 1 \\ 0 \end{pmatrix} x_4 + \begin{pmatrix} 0 \\ 1 \end{pmatrix} x_5 = \begin{pmatrix} b_1 \\ b_2 \end{pmatrix}$$

$$x_j \geqslant 0 \, (j = 1, \cdots, 5)$$

用单纯形法求解，得到最终单纯形表如下所示。

X_B	b	x_1	x_2	x_3	x_4	x_5
x_3	3/2	1	0	1	1/2	−1/2
x_2	2	1/2	1	0	−1	2
$c_j - z_j$		−3	0	0	0	−4

试求 a_{11}、a_{12}、a_{13}、a_{21}、a_{22}、a_{23}、b_1、b_2、c_1、c_2、c_3 的值。

3.17　在一次施工任务中，需要使用一批长度为 10 米的钢管下料，要制作长度为 3 米的钢管 100 根和长度为 4 米的钢管 60 根，问怎样下料所用总钢管数量最少？试建立该问题的数学模型并求解。

3.18　某单位提供一周 7 天不间断的固定班车服务，每天所需工作人员的数量如下表所示。

时　间	星期一	星期二	星期三	星期四	星期五	星期六	星期日
需要人员数量（名）	20	16	13	16	19	14	12

设工作人员可以在任意一天开始上班，并连续工作 5 天，其后休息 2 天，问每周至少配备多少名工作人员才能满足要求。建立该问题的线性规划模型并求解。

3.19　某部队因战备训练任务需要，在今后半年内租用一个仓库来存放军事物资。已知每个月所需仓库的面积依次为 15 平方米、10 平方米、20 平方米、15 平方米、18 平方米、25 平方米。根据租用条件要求，仓库租用费用随合同期限而定，时间越长折扣越大，具体时段整租的租金数量如下表所示。租用仓库合同每月初都可办理，每份合同具体规定租用面积数量和期限，因此该部队可以根据实际需要在任何一个月的月初办理租用合同，在每次办理时都可签一份合同，也可签若干份租用面积和期限不同的合同，试问该部队在保障训练任务需求的情况下，如何办理仓库的租用合同可使得总租金最少？

整租时间	1 个月	2 个月	3 个月	4 个月	5 个月	6 个月
租金（元/100 平方米）	2800	4500	6000	7300	8400	9300

3.20　某厂生产 3 种产品 I、II、III。每种产品都需要经过 A、B 两道加工程序，该厂有两种设备能完成 A 工序，分别以 A_1、A_2 表示；有 3 种设备完成 B 工序，分别以 B_1、B_2、B_3 表示；产品 I 可以在 A 和 B 任何一种设备上加工，产品 II 可以在任何规格的 A 设备上加工，但在完成 B 工序时，只能在 B_1 设备上加工；产品 III 只能在 A_2 和 B_2 上加工。已知条件如下表，要求安排最优生产计划，

使该厂利润最大化。

设　备	生产单位产品所需设备台时			可用设备 台时总数	单位设备台时的 使用费（万元）
	I	II	III		
A_1	5	10		6000	0.0500
A_2	7	9	12	10000	0.0321
B_1	6	8		4000	0.0603
B_2	4		11	7000	0.0112
B_3	7			4000	0.0500
原料费（万元）	0.25	0.35	0.50		
单价（万元）	1.25	2.00	2.80		

3.21 某运输舰船分为前、中、后 3 个舱位，相应的容积分别为 4000 立方米、5400 立方米、1500 立方米，相应最大准载重量为 2000 吨、3000 吨、1500 吨，现有甲、乙、丙 3 种物资需要运输，相关数据如下表所示。

物　资	数量（件）	体积（立方米/件）	重量（吨/件）	价值（元/件）
A	600	10	8	1000
B	1000	5	6	700
C	800	7	5	600

为了确保航运安全，要求前、中、后 3 个舱位在实际载重量上应大体保持各船舱最大准载量的比例关系，具体要求为：前舱、后舱与中舱之间载重量比例上偏差不超过 15%，前舱、后舱之间载重量比例不超过 10%。在确保安全条件下，请确定该舰船应装载甲、乙、丙 3 种物资各多少件，使得总的装载物资价值最大。

3.22　请读者任选以下主题完成一项线性规划建模求解的实际研究（要求完整体现问题分析、问题建模、模型求解与解的实施全过程）

（1）制订一周的学习时间安排计划，使得学习效果最好；

（2）制订一天的饮食计划，保障营养需求并使得总花费最低；

（3）制订一个月的训练计划，使得身体力量快速增强；

（4）其他你感兴趣的主题。

参 考 文 献

[1] 《运筹学》教材编写组. 运筹学[M]. 4 版. 北京：清华大学出版社，2012.

[2] Hillier. F. S，Lieberman. G. J. Introduction to Operations Research[M]. 8th ed. 北京：清华大学出版社，2006.

[3] 张野鹏，等. 军事运筹基础[M]. 北京：高等教育出版社，2006.

[4] 冯德兴. 凸分析基础[M]. 北京：科学出版社，1995.

[5] 韩中庚. 运筹学及其工程应用[M]. 北京：清华大学出版社，2014.

[6] 朱德通. 最优化模型和实验[M]. 上海：同济大学出版社，2003.

[7] Saul I. Gass, Arjang A. Assad. An Annotated Time Line of Operations Research—An Informal History[M]. Springer Science+Business Media，Inc., 2005.

[8] Robert J Vanderbei. Linear programming-foundations and extensions. Springer, US, 2014.

[9] ［美］J. J. 摩特，等. 运筹学手册（基础和基本原理）[M]. 上海：上海科学技术出版社，1987.

[10] 胡运权，等. 运筹学基础及应用[M]. 北京：高等教育出版社，2004.

[11] Jarble, Michael Hardy, et al. Linearal Programming[G/OL]. WIKIPEDIA，[2018-05-10]. link:en.m.wikipedia.org/wiki/Linear_programming.

第4章

对偶理论与灵敏度分析

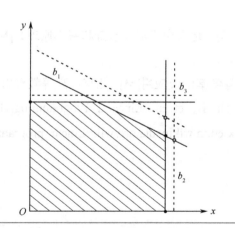

线性规划问题中价值系数表示不同变量对目标函数的贡献，而对偶理论阐明了线性规划的另一面：资源向量在变化时对于目标函数的影响问题。一定意义上，这两个问题就像站在装有镜子的天花板下的你及镜子中你的影像，当你把手向上触到镜子时，你的影像也触到了你。

随着线性规划的发展，人们发现一个有趣的现象：每个线性规划问题都存在另一个线性规划问题与之对应，好像"影子"一样。如果其中一个线性规划问题称为原问题，则另一个线性规划问题称为对偶问题，两者之间的关系与性质在运筹学界称为对偶理论（Dual Theory）。它是在丹捷格提出线性规划模型后不久，由冯·诺依曼[1]发现的。对偶理论是线性规划的重要成果，充分体现了线性规划理论逻辑上的严谨性与结构上的对称性，不仅具有重要的理论价值，也有普遍的实践应用价值，在经济学、管理学、数据分析等领域都有广泛的应用。

本章从对偶问题的实际背景出发，介绍对偶问题的模型及对偶理论，并进一步对各类系数变化情况下的灵敏度分析问题进行讨论，为读者呈现线性规划理论这饶有兴趣的一面。

4.1　对偶问题的提出

对偶理论中的"对偶"是指对同一事物从不同角度观察得出的不同表述，可以看成对称概念在运筹学领域的具体体现[2]。下面通过两个例子说明对偶问题的背景。

---

[1] 约翰·冯·诺依曼（John.Von Neumann，1903—1957 年）是著名的现代科学全才，在现代计算机、应用数学、物理学等领域都有卓越的贡献，被誉为"计算机体系结构之父"和"博弈论之父"，在第一颗原子弹的研制中也做出了重要贡献。1947 年，在丹捷格提出线性规划及单纯形算法不久，冯·诺依曼敏锐地提出了对偶的概念，并发现了线性规划及对偶问题与他之前提出的两人零和对策模型之间的内在一致性。

[2] 不只是线性规划存在对偶问题，非线性规划也存在对偶形式，甚至有多个不同含义的对偶形式，研究对偶理论是几乎所有运筹优化分支中的重要问题，读者可参考本书 9.1.3 节。

4.1.1 对偶问题的案例

例 4.1.1 在第 3 章例 3.1.2 中讨论的工厂生产优化问题中，使用 3 种资源安排生产 2 种产品，求获利最大化的线性规划问题为

$$\max z = 2x_1 + 3x_2$$

$$\begin{cases} x_1 + 2x_2 \leqslant 8 \\ 4x_1 \qquad \leqslant 16 \\ \qquad 4x_2 \leqslant 12 \\ x_1, x_2 \geqslant 0 \end{cases} \tag{4-1-1a}$$

现考虑另一种情况，如果工厂不进行生产，而将其所有资源出租或出售（注意出售是"永远出租"，两者实质上是一回事）。这时工厂就要考虑给每种资源定价的问题。显然有两个基本原则：第一，每种资源能得到的市场价不应低于生产可获得的利润；第二，定价不能太高，要让潜在的卖家可以接受。

设 y_1、y_2、y_3 分别表示出租单位设备台时的租金及出让原材料 A、B 的附加额。考虑第一个原则，若用 1 个单位设备台时和 4 个单位原材料 A 可以生产 1 件产品 I，获利 2 元，那么生产每件产品 I 的设备台时及原材料出租和出让的所有收入应不低于生产 1 件产品 I 的利润，故有

$$y_1 + 4y_2 \geqslant 2$$

同理，生产 1 件产品 II 的设备台时及原材料出租和出让的所有收入应不低于生产 1 件产品 II 的利润，有

$$2y_1 + 4y_3 \geqslant 3$$

把工厂所有设备台时与原材料都出租或出让，其总收入为

$$w = 8y_1 + 16y_2 + 12y_3$$

考虑第二个原则，工厂希望 w 越大越好，而接受者则希望 w 越小越好。因此为了实现成交，考虑的基本目标应是工厂在满足自己利润要求的条件下的总售出价尽可能小（实际上不一定这样成交，但这是工厂的底线）。为此对应如下的线性规划问题：

$$\min w = 8y_1 + 16y_2 + 12y_3$$

$$\begin{cases} y_1 + 4y_2 \geqslant 2 \\ 2y_1 \qquad + 4y_3 \geqslant 3 \\ y_1, y_2, y_3 \geqslant 0 \end{cases} \tag{4-1-1b}$$

由此我们得到两个线性规划模型：一个是工厂优化生产的总利润最大化问题，另一个是可用资源出让的总售价最小化问题。区分起见，称式（4-1-1a）为**原问题**（Primal Problem 或 Original Problem），而式（4-1-1b）则称为式（4-1-1a）的**对偶问题**（Dual Problem），其中 y_j 称为**对偶变量**。

同样地，也可以这样考虑例 3.1.1 中的弹药使用优化问题。

例 4.1.2 在第 3 章例 3.1.1 中，表达优选炮弹使用方案的线性规划数学模型为

$$\max z = 2x_1 + 3x_2$$

$$\begin{cases} x_1 + 2x_2 \leqslant 8 \\ x_1 \quad\quad\quad \leqslant 4 \\ \quad\quad\quad x_2 \leqslant 3 \\ x_1, x_2 \geqslant 0 \end{cases} \tag{4-1-2a}$$

最优解为 $x_1^* = 4$，$x_2^* = 2$，$z^* = 14$，即训练应安排使用 I 型炮弹 4 个基数，II 型炮弹 2 个基数，战斗力指数最大为 14。

现从另一个角度考虑弹药使用的优化问题。假设近期还将组织实弹演习，也需要使用 I 型、II 型炮弹，现在需要做出决策，是将炮弹用到这次训练还是下次演习中去？那么决策者关心的问题是，这些炮弹是用在这次训练中对战斗力的贡献大还是用到演习中的贡献大？

考虑这个问题，首先看涉及哪些要素，如果炮弹不在本次训练中使用，那么保障运输的车辆自然不再需要，也可调用到演习中。设 y_1、y_2、y_3 分别表示单位车辆、单位 I 型炮弹、单位 II 型炮弹对战斗力的贡献值。类似例 4.1.1 中的分析，应该有以下原则：演习中这些资源的军事效益不应低于本次训练，否则炮弹仍用于本次训练，故应有

$$y_1 + y_2 \geqslant 2$$

同理，将使用 II 型炮弹的情况在本次训练和下次演习中的军事效益进行对比，也应有

$$2y_1 + y_3 \geqslant 3$$

进一步，如果把所有车辆和炮弹库存均用于下次演习任务，其总战斗力指数为

$$w = 8y_1 + 4y_2 + 3y_3$$

考虑军事效益的对比，当然希望 w 越大越好，但实际中不可能无限大，但至少应有一个下限：这些资源对于下次演习中战斗力的贡献不应低于本次实弹训练。为此，这些资源在演习中的贡献多少的问题对应如下的线性规划问题：

Note

$$\min w = 8y_1 + 4y_2 + 3y_3$$

$$\begin{cases} y_1 + y_2 \quad\quad \geq 2 \\ 2y_1 \quad\quad + y_3 \geq 3 \\ y_1, y_2, y_3 \geq 0 \end{cases} \qquad (4\text{-}1\text{-}2b)$$

式（4-1-2a）和式（4-1-2b）也是一对线性规划问题，称式（4-1-2a）为**原问题**，式（4-1-2b）称为式（4-1-2a）的**对偶问题**。

考虑上面两个例子中的原问题和对偶问题，会发现它们之间是"对称"的，原问题中所有信息（价值系数、资源向量、决策变量个数等）在对偶问题中均已存在，反之亦然。

因此不管问题的实际背景，任何一个线性规划问题都可以形式地写出其对偶问题；反过来，给出对偶问题，也可以形式地写出其原问题。本章下面的叙述将不管实际背景，将这样的"成对"线性规划问题，一个称为**原问题**，另一个称为**对偶问题**。

原问题与对偶问题之间存在 3 种常见的关系形式，说明如下。

4.1.2 对称形式数学模型

考察例 4.1.1 中的原问题表达式（4-1-1a），形式可写为

$$\max z = (2,3)\begin{pmatrix} x_1 \\ x_2 \end{pmatrix}$$

$$\begin{cases} \begin{pmatrix} 1 & 2 \\ 4 & 0 \\ 0 & 3 \end{pmatrix}\begin{pmatrix} x_1 \\ x_2 \end{pmatrix} \leq \begin{pmatrix} 8 \\ 16 \\ 12 \end{pmatrix} \\ \begin{pmatrix} x_1 \\ x_2 \end{pmatrix} \geq 0 \end{cases}$$

记作

$$\max z = \boldsymbol{CX}$$

$$\begin{cases} \boldsymbol{AX} \leq \boldsymbol{b} \\ \boldsymbol{X} \geq \boldsymbol{0} \end{cases} \qquad (4\text{-}1\text{-}3)$$

其对偶问题式（4-1-1b）可写为

$$\min w = (y_1, y_2, y_3)\begin{pmatrix} 8 \\ 16 \\ 12 \end{pmatrix}$$

$$\begin{cases}(y_1,y_2,y_3)\begin{pmatrix}1 & 2\\ 4 & 0\\ 0 & 3\end{pmatrix}\geqslant(2,3)\\[6pt](y_1,y_2,y_3)\geqslant(0,0,0)\end{cases}$$

记 $\boldsymbol{Y}\triangleq(y_1,y_2,y_3)$，表示所有对偶变量组成的行向量，其他字母含义和第 3 章中的定义一致，则上式可记为

$$\min w=\boldsymbol{Y}\boldsymbol{b}$$
$$\begin{cases}\boldsymbol{Y}\boldsymbol{A}\geqslant\boldsymbol{C}\\ \boldsymbol{Y}\geqslant\boldsymbol{0}\end{cases}\tag{4-1-4}$$

对照式（4-1-3）和式（4-1-4），可以看出：

（1）原问题求极大化，对偶问题求极小化；

（2）原问题的约束条件为"$\leqslant$"，对偶问题的约束条件为"$\geqslant$"；

（3）原问题的价值系数 $\boldsymbol{C}$，在对偶问题中成为约束右端项 $\boldsymbol{b}$，同时原问题的约束右端项 $\boldsymbol{b}$，在对偶问题中恰好成了价值系数 $\boldsymbol{C}$；

（4）在原问题中，所有约束条件写为 $\boldsymbol{A}\boldsymbol{X}\leqslant\boldsymbol{b}$，而在对偶问题中，约束条件写为 $\boldsymbol{Y}\boldsymbol{A}\geqslant\boldsymbol{C}$（实际上是将系数矩阵进行转置，等价于 $\boldsymbol{A}^{\mathrm{T}}\cdot\boldsymbol{Y}^{\mathrm{T}}\geqslant\boldsymbol{C}^{\mathrm{T}}$）；

（5）无论原问题还是对偶问题，决策变量都是非负的。

将上面的线性规划模型式（4-1-3）和式（4-1-4）统称为线性规划模型的**对称形式**。观察会发现，除变量的符号表达不同外，式（4-1-4）中所有信息均在式（4-1-3）中有体现。也就是说，不管模型的实际背景，只要将一个线性规划问题写为任意一种形式，就可以对应地以另一种形式写出来。

例 4.1.3　写出下面线性规划问题的对偶形式
$$\min\ z=4x_1+12x_2+18x_3$$
$$\begin{cases}x_1 & +3x_3\geqslant2\\ & 2x_2+2x_3\geqslant5\\ x_1,x_2,x_3\geqslant0\end{cases}$$

解：这里为式（4-1-4）的形式，对应地写出式（4-1-3）的模型形式，即
$$\max w=2y_1+5y_2$$
$$\begin{cases}y_1 & \leqslant4\\ & 2y_2\leqslant12\\ 3y_1 & +2y_2\leqslant18\\ y_1,y_2\geqslant0\end{cases}$$

一般地，原问题和对偶问题的转化关系如表 4-1-1 所示。

表 4-1-1 对称形式线性规划原问题和对偶问题的转化关系

	原问题（对偶问题）	对偶问题（原问题）
$A(m \times n)$	约束系数矩阵	约束系数矩阵
b	资源向量（列向量）	价值向量（行向量）
C	价值向量（行向量）	资源向量（列向量）
目标函数	$\max z = CX$	$\min w = Yb$
约束条件	$AX \leqslant b$	$YA \geqslant C$
决策变量	$X \geqslant 0$（列向量，n 个）	$Y \geqslant 0$（行向量，m 个）

值得注意的是，对称形式模型中 b 和 C 的取值没有任何限制，可以取负值，这与第 3 章标准形式模型中 $b \geqslant 0$ 的要求不同。

4.1.3 标准形式数学模型

上面讨论了对称形式的线性规划模型的转化，很多模型并不是这样的形式，那么如何转化呢？

先考虑标准形式的线性规划模型，即

$$\max z = CX$$
$$\begin{cases} AX = b \\ X \geqslant 0 \end{cases} \tag{4-1-5}$$

可将其写为

$$\max z = CX$$
$$\begin{cases} AX \leqslant b \\ (-A)X \leqslant -b \\ X \geqslant 0 \end{cases}$$

这样就将标准形式转化为对称形式，进而写出其对偶问题：

$$\min w = (Y^+, Y^-)\begin{pmatrix} b \\ -b \end{pmatrix}$$
$$\begin{cases} (Y^+, Y^-)\begin{pmatrix} A \\ -A \end{pmatrix} \geqslant C \\ Y^+, Y^- \geqslant 0 \end{cases} \tag{4-1-6}$$

在式（4-1-6）中，Y^+ 是 "$\leqslant b$" 类约束条件的对偶问题变量组，Y^- 是 "$\leqslant -b$" 类约束条件的对偶问题变量组。进一步可整理为

$$\min w = (Y^+ - Y^-)b$$

$$\begin{cases} (Y^+ - Y^-)A \geqslant C \\ Y^+, Y^- \geqslant 0 \end{cases} \tag{4-1-7}$$

令 $Y = Y^+ - Y^-$，由于 $Y^+, Y^- \geqslant 0$，显然 Y 可以为正、负或零，那么式（4-1-7）转化为

$$\min w = Yb$$

$$\begin{cases} YA \geqslant C \\ Y无约束 \end{cases} \tag{4-1-8}$$

式（4-1-8）是标准形式的线性规划问题对应的对偶形式，特别需要注意的是：原问题中约束条件均为等式，则其对偶问题中所有变量均为自由变量。

4.1.4　一般形式数学模型

上面明确了对称形式和标准形式数学模型的转化关系，如果数学模型是更为复杂的一般形式，怎么办呢？第一种办法是用第 3 章中的方法将一般形式转化为标准形式，然后可写出其对偶问题；第二种办法则要简单些，可以将一般形式转化为表 4-1-1 中的对称形式，然后直接写出其对偶问题。当转化完成后，需要将替换后的相关变量再还原回去。

例 4.1.4　写出下面线性规划的对偶问题

$$\max z = x_1 + 4x_2 + 3x_3$$

$$\begin{cases} 2x_1 + 3x_2 - 5x_3 \leqslant 2 \\ 3x_1 - x_2 + 6x_3 \geqslant 1 \\ x_1 + x_2 + x_3 = 4 \\ x_1 \geqslant 0, \ x_2 \leqslant 0, \ x_3无约束 \end{cases}$$

首先，将此模型转化为对称形式，令 $x_2' = -x_2$, $x_3 = x_3' - x_3''$，有

$$\max z = x_1 - 4x_2' + 3(x_3' - x_3'')$$

$$\begin{cases} 2x_1 - 3x_2' - 5(x_3' - x_3'') \leqslant 2 \\ -3x_1 - x_2' - 6(x_3' - x_3'') \leqslant -1 \\ x_1 - x_2' + (x_3' - x_3'') \leqslant 4 \\ -x_1 + x_2' - (x_3' - x_3'') \leqslant -4 \\ x_1 \geqslant 0, \ x_2' \geqslant 0, \ x_3' \geqslant 0, \ x_3'' \geqslant 0 \end{cases}$$

其次，根据表 4-1-1 中的对称关系，写出其对偶问题：

$$\min w = 2y_1 - y_2' + 4(y_3' - y_3'')$$

$$\begin{cases} 2y_1 - 3y_2' + (y_3' - y_3'') \geqslant 1 \\ -3y_1 - 3y_2' - (y_3' - y_3'') \geqslant -4 \\ -5y_1 - 6y_2 + (y_3' - y_3'') \geqslant 3 \\ 5y_1 + 6y_2 - (y_3' - y_3'') \geqslant -3 \\ y_1 \geqslant 0, \ y_2' \geqslant 0, \ y_3' \geqslant 0, \ y_3'' \geqslant 0 \end{cases}$$

再次，令 $y_2 = -y_2'$，$y_3 = y_3' - y_3''$ 代入上式中，并将第 1 个约束条件两边乘以负号，第 3 个和第 4 个约束条件合并，得到

$$\min w = 2y_1 + y_2 + 4y_3$$

$$\begin{cases} 2y_1 + 3y_2 + y_3 \geqslant 1 \\ 3y_1 - y_2 + y_3 \leqslant 4 \\ -5y_1 + 6y_2 + y_3 = 3 \\ y_1 \geqslant 0, \ y_2 \leqslant 0, \ y_3 \text{无约束} \end{cases}$$

基于此就可以得到上面模型的对偶问题形式。观察这一过程，会发现其具有通用性，所有一般形式的模型均可以这样转化为其对偶问题，综合这样的转化过程，就可以将所有情况下的转化关系弄清楚，这里不再赘述。将一般形式的转化关系列出，如表 4-1-2 所示。

表 4-1-2 一般形式线性规划原问题和对偶问题转化关系

原问题（或对偶问题）			对偶问题（或原问题）	
目标函数 max $z=CX$			目标函数 min $w=Yb$	
决策变量	n 个		约束条件	n 个
	$\geqslant 0$			$\geqslant$
	$\leqslant 0$			$\leqslant$
	无约束			$=$
约束条件	m 个		决策变量	m 个
	$\leqslant$			$\geqslant 0$
	$\geqslant$			$\leqslant 0$
	$=$			无约束
资源向量			价值向量	
价值向量			资源向量	

例 4.1.5 写出下面线性规划的对偶问题。

$$\min z = 2x_1 + 3x_2 - 5x_3 + x_4$$

$$\begin{cases} x_1 + x_2 - 3x_3 + x_4 \geqslant 5 \\ 2x_1 \quad + 2x_3 - x_4 \leqslant 4 \\ \quad x_2 \ + x_3 + x_4 = 6 \\ x_1 \leqslant 0 ；x_2 \geqslant 0 ；x_3 \geqslant 0 ；x_4 无约束 \end{cases}$$

对照表 4-1-2，注意这里的模型对应表中的右边列（目标函数求最小的那个），应用表中的转化关系，直接写出其对偶问题，有

$$\max w = 5y_1 + 4y_2 + 6y_3$$

$$\begin{cases} y_1 + 2y_2 \geqslant 2 \\ y_1 \quad + y_3 \leqslant 3 \\ -3y_1 + 2y_2 + y_3 \leqslant -5 \\ y_1 - \ y_2 + y_3 = 1 \\ y_1 \geqslant 0, \ y_2 \leqslant 0, \ y_3 无约束 \end{cases}$$

读者会发现，这里并没有严格遵守前面的定义，也就是说把目标函数求最大的那个问题称为原问题，相应地把目标函数最小化的那个问题称为对偶问题，而只把其中的一个模型称为原问题（或对偶问题），则对应的另一个模型就称为对偶问题（原问题），这样做很多时候非常方便。

4.2 对偶理论

4.1 节说明线性规划原问题与对偶问题之间的关系，本节从理论上讨论线性规划对偶问题的性质。

叙述方便起见，在不进行特殊说明时，本节的讨论都设定原问题为目标函数求最大化的模型形式，而对偶问题为目标函数求最小化的模型形式，使用式（4-1-3）和式（4-1-4）中的对称形式或者式（4-1-5）和式（4-1-8）中的标准形式，如表 4-2-1 所示。

表 4-2-1　线性规划的原问题和对偶问题的对应关系

	原 问 题	对偶问题
对称形式	$\max z = \boldsymbol{CX}$ $\begin{cases} \boldsymbol{AX} \leqslant \boldsymbol{b} \\ \boldsymbol{X} \geqslant 0 \end{cases}$	$\min w = \boldsymbol{Yb}$ $\begin{cases} \boldsymbol{YA} \geqslant \boldsymbol{C} \\ \boldsymbol{Y} \geqslant 0 \end{cases}$

续表

	原 问 题	对偶问题
标准形式	$\max z = CX$ $\begin{cases} AX = b \\ X \geqslant 0 \end{cases}$	$\min w = Yb$ $\begin{cases} YA \geqslant C \\ Y\text{无约束} \end{cases}$

实际上，对于任何线性规划，都可转化为这两种形式。

4.2.1 对偶问题的基本性质

定理 4.1（对称性） 对偶问题的对偶是原问题。

证明： 使用表 4-2-1 中的对称形式，首先写出原问题的对偶形式，其次把对偶形式等价地写为原问题形式，再次给出其对偶形式，最后观察进行了两次转化后的模型是否和原问题模型一致，过程如下所示。

$$\max z = CX \quad\xrightarrow[\text{对偶}]{}\quad \min w = Yb \quad\xrightarrow[\text{转化}]{}\quad \max(-w) = (-b)^{\mathrm{T}}Y^{\mathrm{T}}$$
$$\begin{cases} AX \leqslant b \\ X \geqslant 0 \end{cases} \Rightarrow \begin{cases} YA \geqslant C \\ Y \geqslant 0 \end{cases} \Rightarrow \begin{cases} (-A)^{\mathrm{T}}Y^{\mathrm{T}} \leqslant (-C)^{\mathrm{T}} \\ Y^{\mathrm{T}} \geqslant 0 \end{cases}$$

$$\xrightarrow[\text{替换}]{\text{变量}} \quad \min \psi = U(-C)^{\mathrm{T}} \quad\xrightarrow[\text{转化}]{}\quad \max \varphi = CU^{\mathrm{T}} \quad\xrightarrow[\text{替换}]{\text{变量}}\quad \max z = CX$$
$$\Rightarrow \begin{cases} U(-A)^{\mathrm{T}} \geqslant (-b)^{\mathrm{T}} \\ U \geqslant 0 \end{cases} \Rightarrow \begin{cases} AU^{\mathrm{T}} \leqslant b \\ U^{\mathrm{T}} \geqslant 0 \end{cases} \Rightarrow \begin{cases} AX \leqslant b \\ X \geqslant 0 \end{cases}$$

对于标准形式来说，过程类似。

根据对称性，原问题和对偶问题的称呼是相对的，完全可以把其中任何一个称为原问题（或对偶问题），则另一个就是其对偶问题（或原问题）。在实际使用时，习惯上把求最大化的问题称为原问题，把求最小化的问题称为对偶问题。

定理 4.2（弱对偶性） 设 $\bar{X}$ 是原问题的任意可行解，$\bar{Y}$ 是对偶问题的任意可行解，则必有 $\bar{Y}b \geqslant C\bar{X}$。

证明： 观察表 4-2-1 中目标函数表达式及约束条件表达式，在使用对称形式时，因为 $\bar{X} \geqslant 0$，$\bar{Y} \geqslant 0$，有

$$\bar{Y}b \geqslant \bar{Y}(A\bar{X}) = (\bar{Y}A)\bar{X} \geqslant C\bar{X}$$

在使用标准形式时，因为 $\bar{X} \geqslant 0$，有

$$\bar{Y}b = \bar{Y}(A\bar{X}) = (\bar{Y}A)\bar{X} \geqslant C\bar{X}$$

也就是说，无论哪种形式，虽然表 4-2-1 中原问题目标函数求最大，对偶问题目标函数求最小，但原问题目标函数值却是对偶问题目标函数值的下界，对偶问题目标函数值是原问题目标函数值的上界[1]。这个结论对于任意可行解均成立，根据这个性质，有如下推论。

推论 4.1 如果原问题和对偶问题中有一个为无界解，则另一个无可行解。

先考虑原问题为无界解，即目标函数取正无穷大，因为它是对偶问题的下界，那么求最小化的对偶问题一定无可行解；反之，如果对偶问题为无界解（目标函数取负无穷大），那么原问题一定也无可行解。

根据推论 4.1，若在原问题和对偶问题中，有一个问题有可行解而另一个问题无可行解，则有可行解的那个问题目标函数取值一定无界。

推论 4.2 如果原问题和对偶问题都有可行解，则它们都有最优解。

先考虑原问题，其对偶问题有可行解，可以任取其一，这时对偶问题目标函数值为一个确定的数值，且这个数值是原问题目标函数值的上界。也就是说，原问题目标函数虽然求最大，但有一个明确的上界，由于其可行解也存在，那么它一定有（有界）最优解。反之亦然，对偶问题也一定有（有界）最优解。

结合这两个推论，考虑推论 4.1 的逆命题，即当原问题和对偶问题两个问题中有一个问题无可行解，那么另一个问题是否一定为无界解？这个命题并不成立，因为还存在一种可能，那就是两者均无可行解，例子 4.2.1 展示了这种可能。

例 4.2.1 设线性规划模型为如下形式，说明这个问题和其对偶问题均没有可行解。

$$\min w = -x_1 - x_2$$
$$\begin{cases} x_1 - x_2 \geq 1 \\ -x_1 + x_2 \geq 1 \\ x_1, x_2 \geq 0 \end{cases}$$

观察这个模型的约束条件，发现相互矛盾，说明不存在可行解。而其对偶问题为

$$\max z = y_1 + y_2$$
$$\begin{cases} y_1 - y_2 \leq -1 \\ -y_1 + y_2 \leq -1 \\ y_1, y_2 \geq 0 \end{cases}$$

---

[1] 考虑本章开始所做的比喻，原问题和对偶问题像站在装有镜子的天花板下的你及镜子中你的影像，那么当你无穷高时，影像无法存在；反之，当天花板无穷低时，你也无处可去！

容易看出，其约束条件也是互斥的，不存在可行解。

定理 4.3（最优性） 设 $\hat{X}$ 是原问题的可行解，$\hat{Y}$ 是原对偶问题的可行解。则 $\hat{X}$ 和 $\hat{Y}$ 分别是原问题和对偶问题的最优解的充要条件是 $C\hat{X} = \hat{Y}b$。

根据弱对偶性，这个命题显然成立。

结合推论 4.2，这个性质表明当原问题和对偶问题的最优解存在时，它们的目标函数值必然相等[1]。

定理 4.4（强对偶性，也称对偶定理） 原问题和对偶问题中有一个问题有最优解，那么另一个问题也必然有最优解，且目标函数值相等。

证明： 先证明当原问题有最优解时，对偶问题也有最优解。

考虑标准形式的线性规划模型，原问题和对偶问题分别为

原问题   对偶问题

$$\max z = CX \qquad\qquad \min w = Yb$$

$$\begin{cases} AX = b \\ X \geqslant 0 \end{cases} \qquad\qquad \begin{cases} YA \geqslant C \\ Y无约束 \end{cases}$$

因为原问题有最优解，则一定存在一个最优的基可行解（见第 3 章课后习题 3.12），设为 X^*，对应的基矩阵为 B。

根据 3.6.1 节中式（3-6-6），最优的基可行解 X^* 中所有变量的检验数为

$$C - C_B B^{-1} A \leqslant 0 \tag{4-2-1}$$

令 $Y^* = C_B B^{-1}$，有

$$Y^* A \geqslant C$$

考虑 $C_B B^{-1}$ 的维数与原问题的约束条件个数相等，也就是和对偶问题决策变量维数一致，同时满足对偶问题的所有约束条件，说明 Y^* 就是对偶问题的可行解。

进一步，这时原问题的目标函数值为

$$z^* = CX^* = C_B B^{-1} b$$

对偶问题的目标函数值为

$$w^* = Y^* b = C_B B^{-1} b$$

两者的目标函数值相同，根据定理 4.3，Y^* 就是对偶问题的最优解，说明对偶问题的最优解存在，两者的目标函数值相同。

由于对称性，原问题可成为对偶问题的对偶问题，那么当对偶问题有最优解

---

[1] 考虑在本章开始所做的比喻，原问题和对偶问题像站在装有镜子的天花板下的你及镜子中你的影像，那么当你的手触及镜子时，镜子中影像的最低点同时也和你的最高点重合。

时，原问题也有最优解，且目标函数值相等。

强对偶性说明了原问题和对偶问题最优解的共存特性。结合弱对偶性，可以看出原问题和对偶问题的解之间只可能有以下 3 种关系：一是两个问题都有可行解，从而都有最优解，且目标函数最优值相等；二是其中一个问题为无界解，另一个问题必无可行解；三是两个问题都无可行解。

定理 4.5（最优解对称性，也称单纯形乘子定理）　如果原问题有最优解，最优基为 B，则 $Y^* = C_B B^{-1}$ 就是对偶问题的一个最优解。

从定理 4.4 的证明过程得证。

这个结论说明，在找到原问题最优基可行解的同时，也找到了对偶问题的最优解，即 $Y^* = C_B B^{-1}$，其中 B 为原问题的最优基。在这个意义上，$C_B B^{-1}$ 称为**单纯形乘子**，本推论也称为**单纯形乘子定理。**

如果使用单纯形法求解原问题，在求解完成后，是否需要重新计算 $C_B B^{-1}$ 来找对偶问题的解呢？实际上并不需要！结合单纯形法的矩阵描述，会发现根据最终单纯形表的检验数就可以直接写出对偶问题的最优解。

推论 4.3　在求解原问题的最终单纯形表中，检验数行对应对偶问题的最优解。

考虑标准形式的线性规划模型，设 I 为初始可行基（单位矩阵），对应的初始基变量为 X_I，相应变量在目标函数中的系数向量为 C_I。设最终单纯形表对应的最优基为 B，根据式（4-2-1），最终单纯形表中检验数行可表达为

$$\sigma = C - C_B B^{-1} A$$

对应初始基变量 X_I，相应检验数为

$$\sigma_I = C_I - C_B B^{-1} I = C_I - C_B B^{-1}$$

那么对偶问题最优解可表达为

$$Y^* = C_B B^{-1} = C_I - \sigma_I \qquad\qquad (4\text{-}2\text{-}2)$$

也就是说，对偶问题最优解对应于最终单纯形表的检验数行，等于初始基变量对应的目标函数系数减去相应变量的检验数。

进一步，如果原问题所有约束条件等式化过程中均存在松弛变量，这时初始基变量均为松弛变量，有 $C_I = 0$，那么 $Y^* = -\sigma_I$，对偶问题最优解也就完全等于**最终单纯形表中相应变量检验数的相反数**。这个结论很重要，它为我们方便地找到对偶问题的最优解提供了依据。

如果在约束条件等式化过程中，存在某些行没有松弛变量，那么对偶问题最优解相应分量就要按照式（4-2-2）进行计算。特别地，对于初始单纯形表中的剩

余变量来说，由于相应系数为负单位向量，价值系数为 $\mathbf{0}$，对偶问题最优解相应分量取值就是剩余变量对应的检验数本身。

推论 4.4 对偶问题最优解中各分量为相应资源限额发生变化时目标函数的相对变化率。

进一步观察原问题和对偶问题中目标函数最优值表示形式，即

$$z^* \triangleq CX^* = C_B B^{-1} b = Y^* b \triangleq w^*$$

可以看到，原问题和对偶问题的求解是同时完成的，关键在于找到最优基 $\mathbf{B}$。一旦明确了 $\mathbf{B}$，那么原问题的最优解就是 $\mathbf{B}^{-1}$ 右乘 $\mathbf{b}$，而对偶问题的最优解为 $\mathbf{B}^{-1}$ 左乘 C_B，目标函数最优值则是 $\mathbf{B}^{-1}$ 右乘 $\mathbf{b}$ 同时左乘 C_B。

将目标函数看成关于 C 或者关于 $\mathbf{b}$ 的多元线性函数，得到

$$x_j^* = \frac{\partial z^*}{\partial c_j}, \; y_i^* = \frac{\partial w^*}{\partial b_i} \tag{4-2-3}$$

由式（4-2-3）可以清晰地看出，原问题最优解表达的是价值向量对于最优目标函数值的影响，最优解 X^* 中各分量含义为相应价值系数（如优化生产案例中产品的价格）发生变化时目标函数（最大利润）的相对变化率；而对偶问题的最优解表达的是资源限量对于最优目标函数值的影响，对偶问题 Y^* 中各分量含义为相应资源限额（如优化生产案例中资源总量）发生变化时目标函数（售出获利）的相对变化率。

推论 4.3 还给出了 $C_B B^{-1}$ 的位置，下面的推论则指明 $\mathbf{B}^{-1}$ 在单纯形表中的位置。

推论 4.5 原问题最优基的逆在最终单纯形表中初始基对应的位置。

设 I 为初始的单位可行基，对应的基变量为 X_I，基变量在目标函数中的价值向量为 C_I；同样设最终单纯形表对应的最优基为 B^*，对应的基变量为 X_{B^*}，基变量在目标函数中的价值向量为 C_{B^*}；在系数矩阵、变量和价值向量中的非基变量对应部分表示为 N、X_N 和 C_N，则初始单纯形表的矩阵表示如表 4-2-2 所示。

表 4-2-2　初始单纯形表的矩阵表示

$c_j \rightarrow$			C_{B^*}	C_N	C_I
C_B	X_B	b	X_{B^*}	X_N	X_I
C_I	X_I	b	B^*	N	I
$\sigma_j \rightarrow$			σ_{B^*}	σ_N	0

表中如果初始基变量均为松弛变量，那么 $C_I = 0$，初始单纯形表中检验数行

有 $\sigma_{B^*} = -C_{B^*}$ ，　$\sigma_N = -C_N$ 。

经过若干次迭代，每次都对约束增广矩阵进行初等行变换，最终得到最优基的基变量为 X_{B^*} ，同时将 X_{B^*} 对应的系数矩阵变成单位子矩阵（相当于在表中进行一次左乘 B^{*-1} 操作），得到最终单纯形表如表 4-2-3 所示。

表 4-2-3　最终单纯形表

	$c_j \rightarrow$		C_{B^*}	C_N	C_I
C_B	X_B	b	X_{B^*}	X_N	X_I
C_{B^*}	X_B	$B^{*-1}b$	$B^{*-1}B^* = I$	$B^{*-1}N$	$B^{*-1}I = B^{*-1}$
	$\sigma_j \rightarrow$		0	$C_N - C_B B^{-1}N$	$C_I - C_B B^{-1}$

可以看出，最优基的逆 B^{*-1} 就在初始基所在的位置。

表 4-2-3 中的左乘 B^{*-1} 操作是作用在所有约束条件等式上的，如果从系数矩阵列向量的角度去看，最初单纯形表某一变量 x_j 的系数列向量为 P_j ，迭代到最终单纯形表中该列变为 P_j' ，则有

$$P_j' = B^{*-1}P_j$$

定理 4.6（互补松弛性，也称互补松弛定理）　设 X^* 和 Y^* 分别是线性规划原问题和对偶问题的可行解，则它们分别是相应问题最优解的充要条件是 $Y^*(b - AX^*) = 0$ 和 $(Y^*A - C)X^* = 0$ 同时成立。

考虑对称形式数学模型，并在约束条件中添加松弛变量（或剩余变量），将所有约束条件转化为等式，得到

原问题

$$\max z = CX$$
$$\begin{cases} AX + X_s = b \\ X, X_s \geqslant 0 \end{cases}$$

对偶问题

$$\min w = Yb$$
$$\begin{cases} YA - Y_s = C \\ Y, Y_s \geqslant 0 \end{cases}$$

则有

$$X_s = b - AX, \quad Y_s = YA - C \tag{4-2-4}$$

将其代入 $Y^*(b - AX^*) = 0$ 和 $(Y^*A - C)X^* = 0$ 中，有

$$YX_s = 0, \quad\quad Y_sX = 0$$

写成分量形式为

$$y_1 x_{s_1} + y_2 x_{s_2} + \cdots + y_m x_{s_m} = 0$$

$$x_1 y_{s_1} + x_2 y_{s_2} + \cdots + x_n y_{s_n} = 0$$

考虑到两个表达式中所有变量均为非负值，即有

$$y_i x_{s_i} = x_j y_{s_j} = 0 \quad (i=1,2,\cdots,m；\ j=1,2,\cdots,n) \tag{4-2-5}$$

也就是说，对于线性规划的最优解来说，在原问题和对偶问题两种模型形式中，每个决策变量和对应的另一个问题约束条件中松弛变量的乘积总为 0，即两者中有任何一个不为 0，另一个必须为 0。

证明： 将式（4-2-4）写为

$$\boldsymbol{b} = \boldsymbol{AX} + \boldsymbol{X}_s，\quad \boldsymbol{C} = \boldsymbol{YA} - \boldsymbol{Y}_s$$

代入原问题目标函数中，有

$$z = \boldsymbol{CX} = (\boldsymbol{YA} - \boldsymbol{Y}_s)\boldsymbol{X} = \boldsymbol{YAX} - \boldsymbol{Y}_s\boldsymbol{X} \tag{4-2-6a}$$

同时，代入对偶问题目标函数中，有

$$w = \boldsymbol{Yb} = \boldsymbol{Y}(\boldsymbol{AX} + \boldsymbol{X}_s) = \boldsymbol{YAX} + \boldsymbol{YX}_s \tag{4-2-6b}$$

先证充分性，若 $\boldsymbol{Y}^*(\boldsymbol{b} - \boldsymbol{AX}^*) = 0$ 和 $(\boldsymbol{Y}^*\boldsymbol{A} - \boldsymbol{C})\boldsymbol{X}^* = 0$ 同时成立，有

$$\boldsymbol{Y}^*\boldsymbol{X}_s = 0$$

$$\boldsymbol{Y}_s\boldsymbol{X}^* = 0$$

对比式（4-2-6a）和式（4-2-6b），得

$$z^* = \boldsymbol{CX}^* = \boldsymbol{Y}^*\boldsymbol{AX}^* = \boldsymbol{Y}^*\boldsymbol{b} = w^* \tag{4-2-7}$$

根据定理 4.3 中的最优性条件，得到可行解 $\boldsymbol{X}^*$ 和 $\boldsymbol{Y}^*$ 分别是线性规划原问题和对偶问题的最优解。

再证必要性，如果可行解 $\boldsymbol{X}^*$ 和 $\boldsymbol{Y}^*$ 分别是线性规划原问题和对偶问题的最优解，同样根据最优性条件，两者目标函数相等，则有

$$z^* = \boldsymbol{Y}^*\boldsymbol{AX}^* - \boldsymbol{Y}_s\boldsymbol{X}^* = \boldsymbol{Y}^*\boldsymbol{AX}^* + \boldsymbol{Y}^*\boldsymbol{X}_s = w^*$$

得到

$$\boldsymbol{Y}^*\boldsymbol{X}_s + \boldsymbol{Y}_s\boldsymbol{X}^* = 0$$

考虑 $\boldsymbol{X}^*, \boldsymbol{X}_s, \boldsymbol{Y}^*, \boldsymbol{Y}_s \geqslant \boldsymbol{0}$，必有

$$\boldsymbol{Y}^*\boldsymbol{X}_s = \boldsymbol{Y}_s\boldsymbol{X}^* = 0$$

即 $\boldsymbol{Y}^*(\boldsymbol{b} - \boldsymbol{AX}^*) = 0$ 和 $(\boldsymbol{Y}^*\boldsymbol{A} - \boldsymbol{C})\boldsymbol{X}^* = 0$ 同时成立。

互补松弛定理的形式非常优美，很好地诠释了线性规划原问题和对偶问题之间的对称性，在很多方面也有重要的应用，下面的例子为读者说明这一点。

4.2.2　对偶理论的应用

上面说明了线性规划原问题和对偶问题之间的关系，具有对称性、弱对偶性、

最优性、强对偶性、最优解对称性、互补松弛性 6 个方面的良好性质。在实践中，这些性质有很多应用。例如，根据最优解对称性，在两个问题中，求解其中一个问题的最优解同时意味着找到了另一个问题的最优解，那么就可以从求解两个问题中模型相对简单的一个问题来判断另一个问题解的情况。

例 4.2.2　已知线性规划问题

$$\max z = x_1 + x_2$$

$$\begin{cases} -x_1 + x_2 + x_3 \leqslant 2 \\ -2x_1 + x_2 - x_3 \leqslant 1 \\ x_1, x_2, x_3 \geqslant 0 \end{cases}$$

试证明上述线性规划问题无最优解。

证明：该问题有 2 类约束条件、3 个决策变量，如果不去求解它，而要判定其没有最优解，并不容易。下面用其对偶问题来说明，写出对偶问题为

$$\min w = 2y_1 + y_2$$

$$\begin{cases} -y_1 - 2y_2 \geqslant 1 \\ y_1 + y_2 \geqslant 1 \\ y_1 - y_2 \geqslant 0 \\ y_1, y_2 \geqslant 0 \end{cases}$$

根据第一个约束条件可知，对偶问题无可行解，则原问题无最优解。

进一步，该问题是无可行解还是无界解呢？易知该问题存在可行解，如取 $X = (0,0,0)^{\mathrm{T}}$ 就是它的可行解，那么该问题是无界解。

在上面的求解中，读者可以看到，对于对偶问题的判断要比直接求解原问题简单，但需要注意这是有前提的：原问题中约束条件的数量要小于决策变量的数量（特别地，当约束条件只有两个时，甚至可以让最优解的求解变得非常简单）。

例 4.2.3　已知线性规划问题：

$$\max z = 5x_1 + 2x_2 + 4x_3$$

$$\begin{cases} x_1 + 2x_2 + 2x_3 \leqslant 20 \\ 3x_1 + x_2 + 3x_3 \leqslant 30 \\ x_1, x_2, x_3 \geqslant 0 \end{cases}$$

试给出对偶问题的最优解。

解：用单纯形法求解，首先将此问题转化为标准形式，即

$$\max z = 5x_1 + 2x_2 + 4x_3$$

$$\begin{cases} x_1 + 2x_2 + 2x_3 + x_4 = 20 \\ 3x_1 + x_2 + 3x_3 + x_5 = 30 \\ x_1, x_2, x_3, x_4, x_5 \geqslant 0 \end{cases}$$

然后进行迭代求解，如表 4-2-4（只含初始和最终单纯形表）所示。

表 4-2-4　用单纯形法求解例 4.2.3

C_B	X_B	b	c_j 5 x_1	2 x_2	4 x_3	0 x_4	0 x_5	θ_i
0	x_4	20	1	2	3	1	0	20
0	x_5	30	[3]	1	3	0	1	10
$\sigma_j \rightarrow$		0	5	2	4	0	0	
2	x_2	6	0	1	6/5	3/5	-1/5	
5	x_1	8	1	0	3/5	-1/5	2/5	
$\sigma_j \rightarrow$		52	0	0	-7/5	-1/5	-8/5	

得到最优解为 $x_1^* = 8$，$x_2^* = 6$，目标函数最大值取 52。

同时，根据定理 4.5 和推论 4.3，对偶问题最优解就是松弛变量在最终单纯形表中检验数的相反数，这里松弛变量为 x_4 和 x_5，对应检验数为 -1/5 和 -8/5，即对偶问题最优解为 $y_1^* = 1/5$，$y_2^* = 8/5$。

例 4.2.4　试用对偶理论直接给出例 4.2.3 中问题的最优解。

解： 例 4.2.3 中线性规划原问题为

$$\max z = 5x_1 + 2x_2 + 4x_3$$

$$\begin{cases} x_1 + 2x_2 + 2x_3 \leqslant 20 & \text{(4-2-8a)} \\ 3x_1 + x_2 + 3x_3 \leqslant 30 & \text{(4-2-8b)} \\ x_1, x_2, x_3 \geqslant 0 \end{cases}$$

写出对应的对偶问题，有

$$\min w = 20y_1 + 30y_2$$

$$\begin{cases} y_1 + 3y_2 \geqslant 5 & \text{(4-2-9a)} \\ 2y_1 + y_2 \geqslant 2 & \text{(4-2-9b)} \\ 2y_1 + 3y_2 \geqslant 4 & \text{(4-2-9c)} \\ y_1, y_2 \geqslant 0 \end{cases}$$

观察对偶问题模型形式，发现决策变量只有 2 个，从而可以用图解法求解（过程从略），得到对偶问题最优解为 $y_1^* = 1/5$，$y_2^* = 8/5$，$w^* = 52$。

将 y_1^* 和 y_2^* 代入约束条件，得第 3 个约束条件式（4-2-9c）为严格不等式，说明相应的松弛变量取值非零，由互补松弛性得原问题最优解中一定有 $x_3^* = 0$。又因 $y_1^*, y_2^* > 0$，同样根据互补松弛性，说明原问题模型中两个约束条件式（4-2-8a）和式（4-2-8b）均应取等式，故有

$$\begin{cases} x_1^* + 2x_2^* = 20 \\ 3x_1^* + x_2^* = 30 \end{cases}$$

解得 $x_1^* = 8$，$x_2^* = 6$，故原问题最优解为 $\boldsymbol{X}^* = (8, 6, 0)^{\mathrm{T}}$，$z^* = 52$。

综合例 4.2.3 和例 4.2.4，我们就有了两种求解线性规划问题最优解的办法：一种是利用单纯形表进行求解，在最终单纯形表中可以找到其对偶问题的最优解；另一种是利用互补松弛定理求原问题和对偶问题最优解。其中，第一种办法是普适的，第二种办法是否可行及是否简便取决于模型中约束条件和决策变量的个数。如果原问题是求解一个有 n 个决策变量、m 个约束条件的问题，其对偶问题就有 n 个约束条件、m 个决策变量的问题，因此在求解一个线性规划问题时，可以首先考虑一下，究竟是原问题求解更简单还是对偶问题求解更简单，选取更简单的着手。

一般来说，线性规划的计算量与问题所含约束条件个数密切相关，因为约束条件个数越多，基可行解中可选基的个数随之增多，相应地基变换迭代的计算量也就越大。实践经验表明，单纯形法迭代次数大致是约束条件个数的 1～1.5 倍。所以，当约束条件的数量小于决策变量的数量时，从原问题开始求解较好；反之，从对偶问题求解较好。特别地，当原问题的约束条件为 2 个时，因为对偶问题可用图解法求解，可大大简化求解。

4.3　影子价格——对偶变量的实践解释

根据定理 4.5，若线性规划原问题的最优基为 $\boldsymbol{B}$，则单纯形乘子 $\boldsymbol{Y}^* = \boldsymbol{C}_B \boldsymbol{B}^{-1}$ 就是对偶问题的最优解，那么 $\boldsymbol{Y}^*$ 的实际含义是什么呢？

在观察线性规划得到最优解时，原问题和对偶问题的目标函数表示为

$$z^* \triangleq \boldsymbol{C}\boldsymbol{X}^* = \boldsymbol{C}_B \boldsymbol{B}^{-1} \boldsymbol{b} = \boldsymbol{Y}^* \boldsymbol{b} \triangleq w^*$$

写为分量形式，有

$$z^* = \sum_{j=1}^{n} c_j x_j^* = \sum_{i=1}^{m} b_i y_i^* = w^* \tag{4-3-1}$$

将目标函数看作关于 $\boldsymbol{b}$ 的多元线性函数，有

$$y_i^* = \frac{\partial z^*}{\partial b_i} \tag{4-3-2}$$

式中，b_i 代表第 i 种资源的拥有量，y_i^* 的值相当于在资源得到最优利用条件下，b_i 每增加 1 个单位时目标函数 z^* 的增量，所以对偶变量是一种"边际贡献"，意义是在资源最优利用条件下对单位资源的估值。它并不是资源的实际使用价值或市场价格，而是根据资源在生产中做出的实际贡献而得到的价值估计，经济学上称为**影子价格**，也称为影子利润、边际价格等。

下面根据 4.1 节中的两个例子，具体说明影子价格的含义。

4.3.1 影子价格的经济意义解释

在经济领域中，各类资源的市场价格是确定的，而它的影子价格不是市场价格，而依赖于资源转化为经济效益（生产和销售）的实际利用情况，随生产计划、生产工艺、售出利润等情况而发生改变。在某种程度上，影子价格和市场价格分别反映了资源在企业和市场内外两种经济环境下的使用效益，所以即使相同的资源，市场价格相同，其影子价格也因为企业具体情况或者不同时期相关因素的变化而不同。

1. 影子价格是资源在最优应用下的价值估计，是"边际贡献"的度量

在例 4.1.1 中讨论的工厂优化生产问题的数学模型为

$$\max z = 2x_1 + 3x_2$$

$$\begin{cases} x_1 + 2x_2 \leqslant 8 \\ 4x_1 \qquad \leqslant 16 \\ \qquad 4x_2 \leqslant 12 \\ x_1, x_2 \geqslant 0 \end{cases}$$

利用单纯形法求解，在表 4-3-1 的最终单纯形表中，得到最优解为 $x_1^* = 4$，$x_2^* = 2$，$z^* = 14$。

表 4-3-1　求解例 4.1.1 的最终单纯形表

$c_j \rightarrow$			2	3	0	0	0
C_B	X_B	b	x_1	x_2	x_3	x_4	x_5
2	x_1	4	1	0	0	1/4	0
0	x_5	4	0	0	−2	1/2	1
3	x_2	2	0	1	1/2	−1/8	0
$\sigma_j \rightarrow$		14	0	0	−3/2	−1/8	0

由于 x_3、x_4、x_5 均为松弛变量，故对偶问题的最优解为松弛变量检验数的相反数，即 $y_1^* = 3/2$，$y_2^* = 1/8$，$y_3^* = 0$，按照式（4-3-2）中对偶变量最优解的含义，说明在其他条件不变的情况下，若工厂增加 1 台时的设备，该厂按照最优计划生产将多获得利润 3/2=1.5 万元；原材料 A 若增加 1 个单位，工厂相应多获取利润 1/8=0.125 万元；而原材料 B 增加，对获利没有贡献。

在图 4-3-1 中，设备增加 1 台时，代表相应约束条件边界直线向上移动了 1 个单位至虚线位置（方程为 $x_1 + 2x_2 = 8+1$），那么最优解由原来的 C（4,2）移至 E（4,5/2），目标函数增加量为 1.5 万元；如果原材料 A 增加 1 个单位，意味着原约束条件 $4x_1 \leqslant 16$ 变为 $4x_1 \leqslant 16+1$，那么相应直线 $x_1 = 4$ 右移到了 $x_1 = 4 + \dfrac{1}{4}$，这时最优解由原来的 C（4,2）移至 D（17/4,7/4），目标函数增加量为 0.125 万元；又若原材料 B 增加，即约束条件相应直线 $x_2 = 3$ 向上平移，可以看出这时最优解还是 C 点，目标函数最优值没有改变，这就是 $y_3^* = 0$ 的实际含义。

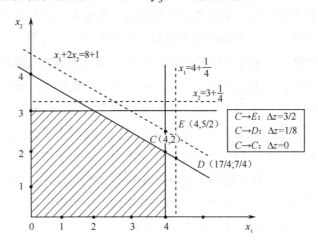

图 4-3-1　例 4.1.1 中影子价格的含义

也就是说，资源的影子价格不同，意味着其对目标函数最优值的"边际贡献"就不同。正数代表有贡献，并且值越大，单位贡献率越高；而取值为 0，代表没有贡献，相应资源量的局部调整，不影响目标函数。这就为经济主体（工厂）实施增产或者减产提供了量化依据，若要添加工厂总利润，在当前最优生产计划基础上，需要增加设备台时或原材料 *A*，而只增加原材料 *B* 是没有作用的。

此外，值得注意的是，这里都是对当前最优解的局部分析，如果资源量的增加超过一定的量，其影响脱离了"边际范围"，那么影子价格就需要重新计算，这个问题将在 4.5 节和 4.6 节讨论。

2. 影子价格的取值和大小反映了资源在系统内的相对稀缺程度

这里影子价格取值分别为 $y_1^* = 3/2$，$y_2^* = 1/8$，$y_3^* = 0$，对应 3 种资源的剩余量，也就是原问题模型中的松弛变量取值 $x_3^* = 0$，$x_4^* = 0$，$x_5^* = 4$（读者可验证其符合互补松弛性）。这里前两种资源的影子价格均大于 0，那么对于原问题中松弛变量取 0，意味着相应资源对于工厂优化生产来说是"稀缺的"、没有"余量"的，决策者应优先考虑影子价格高的资源增加问题；而第 3 种资源的影子价格为 0，相应原问题中松弛变量取值为 4，说明这类资源对于工厂优化生产来说有剩余，并不"短缺"，这也正是影子价格取值为 0 的实际含义。

3. 通过影子价格与市场价格的比较可以调节资源的市场分配

影子价格反映的是资源在企业内部的使用价值，与资源的市场价格并无直接关系，但对于决策者来说，这两者的比较却有重要意义。如果某类资源的影子价格高于其市场价格，意味着购进该类资源，扩大生产有利可图；反之，如果影子价格低于市场价格（特别是当影子价格为 0 时），意味着减少资源的内部使用，实施减产则有利可图。当然这都是基于工厂的"局部"优化生产计划而言的。从市场"整体"来说，工厂扩大生产会带来商品供应量的增大，利润水平会下降；而如果很多工厂实施减产，那么商品供应量会减少，利润水平会上升。这两者最终又都会被对市场敏感的决策者察觉到，从而改变其原有生产计划。从这个角度来看，影子价格实质上起到了经济生活中价格围绕价值波动中的那只"看不见的手"的作用，从而隐形地影响企业的生产和经营策略，调节资源在不同经济活动主体间的流动，促使经济生活的效率提升和整体有序。

4.3.2 影子价格的军事意义解释

在其他领域中，影子价格也有重要的意义，其基本用途是通过资源在多处配置时其使用价值之间的比较，来刻画资源使用的成本。同样地，无论是使用价值还是使用成本，都与资源具体使用情况密切相关，包括使用目标、使用约束及可用总量等。所以即使相同的资源，使用场景不同，其影子价格也因为具体情况或者时间的变化而不同。

例 4.1.2 中如果两型弹药用于本次实弹训练，对于用弹量优化的线性规划数学模型为

$$\max z = 2x_1 + 3x_2$$
$$\begin{cases} x_1 + 2x_2 \leqslant 8 \\ x_1 \quad\quad\ \leqslant 4 \\ \quad\quad\ x_2 \leqslant 3 \\ x_1, x_2 \geqslant 0 \end{cases}$$

其最优解为 $x_1^* = 4$，$x_2^* = 2$，$z^* = 14$，即训练应安排使用 I 型炮弹 4 个基数，II 型炮弹 2 个基数，战斗力指数最大为 14。

而如果将所有资源（运输车辆、弹药库存量）用于下次的演习任务，考虑这些资源的实际贡献的线性规划模型为

$$\min w = 8y_1 + 4y_2 + 3y_3$$
$$\begin{cases} y_1 + y_2 \quad\quad \geqslant 2 \\ 2y_1 \quad\quad + y_3 \geqslant 3 \\ y_1, y_2, y_3 \geqslant 0 \end{cases}$$

这个对偶问题的最优解为 $y_1^* = 3/2$，$y_2^* = 1/2$，$y_3^* = 0$，其基本含义为运输车辆和两型弹药对于演习任务战斗力的边际贡献值为 1.5 个单位、0.5 个单位和 0 个单位，即在其他条件不变的情况下，每增加 1 辆运输车，对战斗力贡献增加 1.5 个单位；每增 I 型炮弹 1 个基数，战斗力贡献为 0.5 个单位；而增加 II 型炮弹，对战斗力没有更多贡献（在原问题最优解中，这类资源尚剩余 1 个单位）。这也说明，运输车辆和 I 型炮弹对于训练来说是"稀缺的"、没有"余量"的，而 II 型炮弹是不稀缺的，存在余量的。

对比两型弹药在实弹训练任务和演习任务中不同的贡献（$x_1^* = 4$，$x_2^* = 2$ 和 $y_2^* = 1/2$，$y_3^* = 0$），会发现它们有很大不同，基本含义有明显差别，前者实际是两型弹药在训练任务中战斗力的直接贡献，而后者是考虑不同用途时的"增益"贡献。进而，如果考虑这些资源的更多军事用途，甚至所有典型的军事任务，那么每类任

务都会有其影子价格，评估这些资源在相应任务下的价值，将这些影子价格进行综合，得到的实际上就是这些资源对于"军事力量体系"的贡献度，研究这个问题对于分析研究国防建设问题，特别是各类资源的优先发展问题具有重要的意义。

4.4 对偶单纯形法

本节介绍一种特殊形式的单纯形算法——**对偶单纯形法**，它是根据对偶原理设计出来的特殊单纯形算法[1]。相对而言，把前面介绍的单纯形法称为**原始单纯形法**。

4.4.1 基本思路

从理论上说，第 3 章中的原始单纯形法可以解决一切线性规划问题，但正因为它适用范围广泛，针对问题的特殊性考虑不足，导致有时候虽然最终能够求解，但计算量较大。

在线性规划问题模型中，如果某约束条件大于等于某一正数，那么按照原始单纯形法转化标准形式的方法，需要在添加松弛变量的同时增加人工变量。这通过大 M 法或两阶段法进行计算，就显得很不方便。对偶单纯形法试图用更简便的方法来解决类似问题。

回顾原始单纯形法的基本思路，其过程为从某一基可行解出发，逐步迭代，在保持每步仍为基可行解的前提下最终使所有检验数非正，从而得到问题的最优解，同时从最终单纯形表检验数行找到对偶问题的最优解。对比这一过程，可以设想另一种求解思路：在迭代过程中，始终保持对偶问题解的可行性（保证所有检验数均非正），而原问题的解由不可行逐渐向可行性转化，一旦原问题的解也满足了可行性条件，就达到了最优解，这正是对偶单纯形法的思路。它不需要把原问题转化为对偶问题，利用原问题与对偶问题信息完全一致的特点，直接在原问题单纯形表上进行迭代即可。

---

[1] 注意：对偶单纯形法并不是专用于求解对偶问题的单纯形法，只要满足其使用条件，可用来求解任何形式的线性规划问题。

4.4.2 计算步骤

考虑线性规划问题：

$$\max z = \boldsymbol{CX}$$
$$\begin{cases} \boldsymbol{AX} = \boldsymbol{b} \\ \boldsymbol{X} \geqslant \boldsymbol{0} \end{cases}$$

式中 $\boldsymbol{b}$ 的取值没有限制，可以为负。对偶单纯形法求解步骤如下。

第 1 步：确定对偶问题的可行基，并判断解的情况

根据线性规划问题找到对偶问题的可行基，列出初始单纯形表（检验数需要均为非正）。若 $\boldsymbol{b}$ 的数字都为非负，检验数都为非正，则已得到最优解；若 $\boldsymbol{b}$ 的数字至少还有一个非正，检验数保持非正，则进入第 2 步。

第 2 步：确定换出变量

在单纯形表中的 $\boldsymbol{b}$ 中找到最小数字（负值），确定对应的基变量为换出变量，设为 x_l ，即

$$\min_{1 \leqslant i \leqslant m} \left\{ b_i' \middle| b_i' = \left(\boldsymbol{B}^{-1} \boldsymbol{b} \right)_i < 0 \right\} = b_l' \quad \Rightarrow x_l$$

第 3 步：判断是否有可行解

进一步在单纯形表中检查换出变量 x_l 所在行的各系数 $a_{lj}'(j=1,\cdots,n)$ 。若所有 $a_{lj}' \geqslant 0$ ，则无可行解（请读者思考为什么）。若有可行解，那么一定存在某一 $a_{lj}' < 0$ ，进入下一步。

第 4 步：确定换入变量

按照下面的 θ 最小值规则，确定一个换入变量，设为 x_k 。

$$\theta \triangleq \min_{1 \leqslant j \leqslant n} \left\{ \frac{\sigma_j}{a_{lj}'} \middle| a_{lj}' < 0 \right\} = \frac{\sigma_k}{a_{lk}'} \quad \Rightarrow x_k$$

形式上这个规则与原始单纯形法中的规则不同，但目的一致。原始单纯形法 θ 最小值规则保证每步迭代得到的新解一定是基可行解，而这里的 θ 最小值规则保证如果上一步检验数行对应的是对偶问题的基可行解（所有检验数非正），按此规则确定的新解一定也是对偶问题的基可行解（所有检验数非正）。

第5步：旋转运算，确定新解

根据上面第2步到第4步，确定了 x_l 为换出变量， x_k 为换入变量，则以系数矩阵中交叉位置元素 a'_{lk} 为主元素，按照原始单纯形法中的办法进行迭代运算，得到新的计算表。

回到第1步中进行解的判定，在新的单纯形表中检查 b 的数字，若都为非负，迭代停止，如果不是，重复进行第2步至第5步，直到找到最优解或判断无可行解。

例4.4.1 用对偶单纯形法求解下面的线性规划问题。

$$\min w = 2x_1 + 3x_2 + 4x_3$$

$$\begin{cases} x_1 + 2x_2 + x_3 \geq 3 \\ 2x_1 - x_2 + 3x_3 \geq 4 \\ x_1, x_2, x_2 \geq 0 \end{cases}$$

解： 先将问题转化为如下标准形式（b_i值可以为负，不添加人工变量），观察是否可得到对偶问题的初始可行基。

$$\max z = -2x_1 - 3x_2 - 4x_3$$

$$\begin{cases} -x_1 - 2x_2 - x_3 + x_4 = -3 \\ -2x_1 + x_2 - 3x_3 + x_5 = -4 \\ x_1, x_2, x_3, x_4, x_5 \geq 0 \end{cases}$$

建立初始单纯形表（见表4-4-1）（这里不需要最后一列），并在其中计算检验数。

表4-4-1 求解例4.4.1的初始单纯形表

C_B	X_B	$c_j \to$	-2	-3	-4	0	0
		b	x_1	x_2	x_3	x_4	x_5
0	x_4	-3	-1	-2	-1	1	0
0	x_5	-4	$[-2]$	1	-3	0	1
$\sigma_j \to$		0	-2	-3	-4	0	0

从表4-4-1中可以看到，检验数均为非正数，且初始基变量均为松弛变量，那么对偶问题的解是可行解，满足对偶单纯形法的条件。

首先，根据 b 中数字判断当前解的情况，存在负值，故需要继续进行迭代。

其次，确定换出变量。由于

$$\min(-3, -4) = -4$$

选定 x_5 为换出变量，进而观察 x_5 对应的系数行，存在小于 0 的数，进入下一步。

再次，确定换入变量。由于

$$\theta = \min_{1 \leqslant j \leqslant 5} \left\{ \frac{\sigma_j}{a'_{lj}} \middle| a'_{lj} < 0 \right\} = \min \left\{ \frac{-2}{-2}, \frac{-4}{-3} \right\} = 1$$

选定 x_1 为换入变量。

最后，以 "-2" 为主元素，进行旋转运算，计算新解，如表 4-4-2 所示。

表 4-4-2　求解例 4.4.1 的第 2 张单纯形表

C_B	X_B	b	$c_j \rightarrow$ x_1	-3 x_2	-4 x_3	0 x_4	0 x_5
0	x_4	-1	0	$[-5/2]$	$1/2$	1	$-1/2$
-2	x_1	2	1	$-1/2$	$3/2$	0	$-1/2$
$\sigma_j \rightarrow$		-4	0	-4	-1	0	-1

回到第 1 步中，判断新解的情况，由表 4-4-2 可以看出，$b_1 = -1$ 仍为负分量，而检验数行仍保持非正，即对偶问题仍是可行解。继续迭代，如表 4-4-3 所示。

表 4-4-3　求解例 4.4.1 的第 3 张单纯形表

C_B	X_B	b	$c_j \rightarrow$ x_1	-3 x_2	-4 x_3	0 x_4	0 x_5
-3	x_2	$2/5$	0	1	$-1/5$	$-2/5$	$1/5$
-2	x_1	$11/5$	1	0	$7/5$	$-1/5$	$-2/5$
$\sigma_j \rightarrow$		$-28/5$	0	0	$-3/5$	$\boxed{-8/5}$	$\boxed{-1/5}$

表中 b 数字全为非负，检验数全为非正，故问题的最优解为 $X^* = (11/5, 2/5, 0)$，$z^* = 28/5$。

当然，最终单纯形表 4-4-3 中也得到对偶问题的最优解，观察最终单纯形表中的松弛变量检验数的相反数，得到对偶问题的最优解为 $Y^* = (y_1^*, y_2^*) = (8/5, 1/5)$。

4.4.3　优缺点分析

回顾原始单纯形法和对偶单纯形法的求解过程，读者就能体会到这两种单纯形法本质上是一致的，都在基解中进行变换，通过迭代计算，最终得到最优解。但这两种办法具体操作起来，又有诸多不同，这里对其进行比较，如表 4-4-4 所示。

表 4-4-4　原始单纯形法和对偶单纯形法的比较

	原始单纯形法	对偶单纯形法
前提条件	所有 $b_i \geqslant 0$	所有 $\sigma_j \leqslant 0$
最优解判定	所有 $\sigma_j \leqslant 0$	所有 $b_i \geqslant 0$
换基的顺序	先确定换入变量，后确定换出变量	先确定换出变量，后确定换入变量
解的迭代进化	可行解到最优解	非可行解到可行解（最优）

相对于原始单纯形法，对偶单纯形法有以下优点。

（1）允许 b 中数字为负，即初始解可以是非可行解，只要检验数均为非正，即可进行基变换，更为灵活。

（2）因为 b 中数字可正可负，在转化为标准形式时不需要加入人工变量，自然也不会有"M"的问题，相对原始单纯形法来说，计算可以简化。

（3）迭代过程逐步让 b 中数字由存在负值变为没有负值，因此最多迭代次数为约束条件的个数。所以，当线性规划模型中变量多于约束条件时，用对偶单纯形法计算可以减少计算工作量。同时，对于变量数小于约束条件个数的问题，可以先将它变换成对偶问题，然后用对偶单纯形法求解。

但需要注意的是，这些优点变为现实的前提是初始单纯形表需要满足"检验数行对应一个对偶问题的可行解"这个硬性条件，这也正是对偶单纯形法的缺点和硬伤。实际上，对大多数线性规划问题而言，这个条件都不满足，那就意味着对偶单纯形法无法成为像原始单纯形法那样的通用解法，一般也很少单独使用。

但是，对偶单纯形法有重要的应用价值，体现在如下方面。

（1）对偶单纯形法虽然无法单独解决大多数线性规划问题，但它和原始单纯形法配合使用，往往可以大大减少计算量。这样的配合使用办法称为"交替单纯形法"，感兴趣的读者可自行查询了解。

（2）在一些场合下，如灵敏度分析或者求解整数线性规划问题等，使用对偶单纯形法能够让相关问题的处理变得更简便。

4.5　灵敏度分析

前面研究的线性规划问题均假定模型中的系数，如 a_{ij}、b_i、c_j 都是常数。但在实践中这些数据往往是估计值或预测值，会有一定的误差，同时随着外在条件的变化，这些数据也会随时发生变化。例如，市场行情的变化会引起价值系数 c_j 的变化，工艺条件的改变会引起消耗系数 a_{ij} 的变化，资源数量 b_i 也会根据经济效益的变化而进行调整，增加新产品会引起决策变量的增加从而引发更多变化等，这些问题是应用线性规划解决实际问题过程中常见的。

因此有这样的问题：①当这些参数中的一个或几个发生变化时，问题的最优解会有什么变化；②这些参数在多大范围内变化时，问题的最优基不变。这就是"灵敏度分析"所要研究解决的问题。所谓**灵敏度分析**（Sensitivity Analysis），就是研究线性规划模型各参数的取值在发生变化时，相应最优解或最优基的变化。其中，问题①称为狭义的灵敏度分析，问题②称为**参数线性规划**。

当然，当线性规划问题中的一个或几个参数变化时，原则上可以用单纯形法重新计算，确定最优解有无变化，但这样做很麻烦，很多时候甚至不可行（如关心某个参数连续变化的影响），同时也没有必要。由单纯形法的迭代过程可知，每次运算是换基的过程，一旦基变量的系数矩阵 **B** 确定，其他数据均可计算出来。因此，只需要把发生变化的个别系数经过一定的计算，并直接填入最终计算表中，判断数据变化后，是否仍满足可行解或最优解的条件，如果不满足的话，再从最终单纯形表开始进行迭代计算，最终求得最优解。

在已经反映出变化的最终单纯形表中进行检查和分析，包括原问题解对应的 **b** 及对偶问题解对应的检验数行 σ，如表 4-5-1 中的 4 种情况，可分情况进行处理。

表 4-5-1 相应参数变化后判断最终单纯形表情况的不同分别进行处理

B 值	原问题解的情况判断	检验数行	对偶问题解的情况判断	结论与处理方法
均非负	可行解	均非正	可行解	表中仍为最优解，只需要更新数值
均非负	可行解	存在正值	非可行解	用原始单纯形法继续迭代求解
存在负值	非可行解	均非正	可行解	用对偶单纯形法继续迭代求解
存在负值	非可行解	存在正值	非可行解	引进人工变量，编制新的单纯形法继续求解

下面以例 4.1.1 的工厂优化生产问题为背景，讨论当各类参数发生变化时，利用灵敏度分析的方法来调整最优生产计划，读者在理解后很容易将其推广到一般情况。

在例 4.1.1 中，工厂生产甲、乙两种产品，消耗设备台时及 A、B 两种原材料，要求确定产品生产计划使得总获利最多。设 x_1、x_2 表示工厂安排生产时甲、乙两

种产品的产量，构建线性规划数学模型为

$$\max z = 2x_1 + 3x_2$$

$$\begin{cases} x_1 + 2x_2 \leqslant 8 \\ 4x_1 \qquad \leqslant 16 \\ \qquad 4x_2 \leqslant 12 \\ x_1, x_2 \geqslant 0 \end{cases}$$

用单纯形法求解，最优解 $x_1^* = 4$，$x_2^* = 2$，$z^* = 14$，即工厂应安排生产甲产品 4 个单位，乙产品 2 个单位，可获得最大利润为 14 万元。

最终单纯形表如表 4-5-2 所示[1]。

表 4-5-2　求解例 4.1.1 的最终单纯形表

c_j			2	3	0	0	0	θ_i
C_B	X_B	b	x_1	x_2	x_3	x_4	x_5	
2	x_1	4	1	0	0	0.25	0	
0	x_5	4	0	0	-2	0.5	1	
3	x_2	2	0	1	0.5	-0.125	0	
$\sigma_j \rightarrow$		14	0	0	-1.5	-0.125	0	

按照 4.2 节中的推论 4.5，最优基的逆在最终单纯形表中初始基对应的位置，即

$$\boldsymbol{B}^{-1} = \begin{pmatrix} 0 & 0.25 & 0 \\ -2 & 0.5 & 1 \\ 0.5 & -0.125 & 0 \end{pmatrix}$$

现工厂面临一些新情况，需要分析在新情况下工厂优化生产方案的变化。

4.5.1　约束条件中资源数量变化的分析

资源数量变化是指系数 b_i 发生了变化，这时需要将变化反映到最终单纯形表中。只要问题中的其他系数不变，这个变化只会改变 $\boldsymbol{b}$，检验数不会发生变化，如果变化带来的影响使得所有 $b_i' \geqslant 0$，最优基就不发生变化，只需要更新最优解的值即可，下面用两个例子说明这一过程。

---

[1] 为方便计算起见，这里统一用小数表示。

问题 1：假设工厂原材料 A 的供应发生了问题，实际供应量有变。对于工厂决策者来说，一个现实的问题是：变化在多大范围内，仍可以按照当前最优方案安排生产？

解：设原材料 A 的供应量变化了 Δb_2，其他两类资源数量未变，则有

$$\Delta \boldsymbol{b} = \begin{pmatrix} 0 \\ \Delta b_2 \\ 0 \end{pmatrix}$$

考虑单纯形表中的迭代过程等价于左乘最优基的逆，则变化后的资源向量列应为

$$\boldsymbol{b}' = \boldsymbol{B}^{-1}(\boldsymbol{b} + \Delta \boldsymbol{b}) = \boldsymbol{B}^{-1}\boldsymbol{b} + \boldsymbol{B}^{-1}\begin{pmatrix} 0 \\ \Delta b_2 \\ 0 \end{pmatrix}$$

$$= \begin{pmatrix} 4 \\ 4 \\ 2 \end{pmatrix} + \begin{pmatrix} 0 & 0.25 & 0 \\ -2 & 0.5 & 1 \\ 0.5 & -0.125 & 0 \end{pmatrix}\begin{pmatrix} 0 \\ \Delta b_2 \\ 0 \end{pmatrix} = \begin{pmatrix} 4 \\ 4 \\ 2 \end{pmatrix} + \begin{pmatrix} 0.25 \\ 0.5 \\ -0.125 \end{pmatrix}\Delta b_2$$

要求最优基不变[1]，也就是要求：

$$\boldsymbol{b}' = \begin{pmatrix} 4 \\ 4 \\ 2 \end{pmatrix} + \begin{pmatrix} 0.25 \\ 0.5 \\ -0.125 \end{pmatrix}\Delta b_2 \geqslant 0$$

可得 $-8 \leqslant \Delta b_2 \leqslant 16$，所以当 b_2 的变化范围为 $[8, 32]$ 时，最优基不变。

问题 2：假设工厂决定扩大生产，新调进一批设备，可增加 4 个设备台时，那么最优生产方案应该调整为多少？

解：实际上，设备台时这类资源的影子价格为 1.5，说明调进设备可以增加工厂利润。

和问题 1 的求解类似，将资源的变化左乘 $\boldsymbol{B}^{-1}$ 反映到最终单纯形表，即

$$\boldsymbol{B}^{-1}\Delta \boldsymbol{b} = \begin{pmatrix} 0 & 0.25 & 0 \\ -2 & 0.5 & 1 \\ 0.5 & -0.125 & 0 \end{pmatrix}\begin{pmatrix} 4 \\ 0 \\ 0 \end{pmatrix} = \begin{pmatrix} 0 \\ -8 \\ 2 \end{pmatrix}$$

将上述结果反映到表 4-5-2 中，得到表 4-5-3。

---

[1] 最优基不变是指在最终单纯形表中仍为最优解，无须迭代，但最优解的值一般会发生变化，需要更新 $\boldsymbol{b}$ 的数值以得到最优生产方案。

表 4-5-3　体现资源数量变化后的最终单纯形表

	c_j		2	3	0	0	0
C_B	X_B	b	x_1	x_2	x_3	x_4	x_5
2	x_1	4+0	1	0	0	0.25	0
0	x_5	4−8	0	0	[−2]	0.5	1
3	x_2	2+2	0	1	0.5	−0.125	0
$\sigma_j \rightarrow$		14	0	0	−1.5	−0.125	0

观察表 4-5-3，发现检验数行为非正的同时，b 中有负数，故可用对偶单纯形法继续迭代求解，得到表 4-5-4。

表 4-5-4　用对偶单纯形法迭代后的最终单纯形表

	c_j		2	3	0	0	0
C_B	X_B	b	x_1	x_2	x_3	x_4	x_5
2	x_1	4	1	0	0	0.25	0
0	x_3	2	0	0	1	−0.25	−0.5
3	x_2	3	0	1	0	0	0.5
$\sigma_j \rightarrow$		17	0	0	0	−0.5	−0.75

也就是说，该厂的最优生产方案应改为生产甲产品 4 个单位、乙产品 3 个单位，最大可获利 $z^* = 17$ 万元。

4.5.2　目标函数中价值系数变化的分析

目标函数中价值系数 c_j 的变化会引起检验数的变化，从而影响当前最优基的判别，但变化的是非基变量系数还是基变量系数两种情况有所不同。但无论哪种情况，均需要将相应变化反映到最终单纯形表的检验数部分，如果变化的是基变量系数，还需要更新 C_B 的值并反映到计算中。

问题 3： 如果产品的市场售价发生变化，甲产品的利润降至 1 万元/单位，而乙产品的利润增至 4 万元/单位，则最优生产计划有何变化？

解： 将两种产品的获利变化反映到最终单纯形表中，并重新计算检验数，得到表 4-5-5。

表 4-5-5 体现获利变化的最终单纯形表

	c_j		1	4	0	0	0	θ_i
C_B	X_B	b	x_1	x_2	x_3	x_4	x_5	
1	x_1	4	1	0	0	0.25	0	
0	x_5	4	0	0	−2	[0.5]	1	
4	x_2	2	0	1	0.5	−0.125	0	
$\sigma_j \rightarrow$		12	0	0	−2	0.25	0	

非基变量检验数出现正数，用原始单纯形法继续迭代，得到表 4-5-6。

表 4-5-6 用原始单纯形法计算得到单纯形表

	c_j		1	4	0	0	0	θ_i
C_B	X_B	b	x_1	x_2	x_3	x_4	x_5	
1	x_1	2	1	0	1	0	−0.5	
0	x_5	8	0	0	−4	1	2	
4	x_2	3	0	1	0	0	0.25	
$\sigma_j \rightarrow$		14	0	0	−1	0	−0.5	

也就是说，工厂应安排生产甲产品 2 个单位，乙产品 3 个单位，最大获利仍为 14 万元。但如果按照旧的生产方案，获利将下降为 $1 \times 4 + 4 \times 2 = 12$ 万元。注意：在表 4-5-6 中 $x_5 = 8$，这说明在新的情况下原材料 B 有大量剩余，而原来有剩余的设备台时得到了充分利用。

问题 4：如果甲产品的情况未发生变化，但乙产品将会调价，问乙产品的利润在什么范围变化时，工厂的最优生产计划可以不发生变化？

解：已知乙产品对应基变量 x_2，设其系数 c_2 变化了 Δc_2，将变化反映到最终单纯形表中，得表 4-5-7。注意：所有非基变量检验数均需要重新计算。

表 4-5-7 反映乙产品获利变化的最终单纯形表

	c_j		2	$3 + \Delta c_2$	0	0	0
C_B	X_B	b	x_1	x_2	x_3	x_4	x_5
2	x_1	4	1	0	0	0.25	0
0	x_5	4	0	0	−2	0.5	1
$3 + \Delta c_2$	x_2	2	0	1	0.5	−0.125	0
$\sigma_j \rightarrow$		14	0	0	$-1.5 - 0.5\Delta c_2$	$(\Delta c_2 - 1)/8$	0

要保持原最优解不变，需要所有检验数均保持非正，有

$$\begin{cases} -1.5 - 0.5\Delta c_2 \leqslant 0 \\ (\Delta c_2 - 1)/8 \leqslant 0 \end{cases}$$

解得 Δc_2 的变化范围：$-3 \leqslant \Delta c_2 \leqslant 1$，也就是说乙产品的获利在 $[0,4]$ 变化时不影响最优解。

另外，请读者思考：在上面的结论中，当乙产品的获利为 0 时（$\Delta c_2 = -3$），生产乙产品 2 个单位的方案仍为工厂优化生产方案，为什么？

4.5.3 系数矩阵中技术系数变化的分析[*]

系数矩阵中技术系数 a_{ij} 的变化，一般是由生产工艺的变化引起的，这时相应系数列发生了改变，检验数需要重新计算。同时需要注意，因为相应系数列已经不同，意味着产品也不是原来的那类产品，需要将变化后的相应变量作为新变量看待，进行换基操作，继续迭代，直到得到最优解。在这个过程中，有可能发生原问题和对偶问题均为非可行解的情况，这时需要引入新的人工变量继续求解。

问题 5：工厂革新了产品生产的工艺，生产单位甲产品的所需设备台时为 2 个单位，原材料 A 为 5 个单位，原材料 B 为 2 个单位，且售价提高，单位获利增至 4 万元，问这个变化对工厂最优生产计划有什么影响？

解：把改进工艺后生产的甲产品看作"甲改"，设其产量为 x_1'，对应的系数列向量 $\boldsymbol{P}_1' = (2 \ 5 \ 2)^{\mathrm{T}}$，在最终单纯形表中用 x_1' 代替 x_1，并将相应列向量左乘 $\boldsymbol{B}^{-1}$，更新列向量数值。

$$\boldsymbol{B}^{-1}\boldsymbol{P}_1' = \begin{pmatrix} 0 & 0.25 & 0 \\ -2 & 0.5 & 1 \\ 0.5 & -0.125 & 0 \end{pmatrix} \begin{pmatrix} 2 \\ 5 \\ 2 \end{pmatrix} = \begin{pmatrix} 1.25 \\ 0.5 \\ 0.375 \end{pmatrix}$$

同时，重新计算 x_1' 的检验数，有

$$\sigma_1' = C_1' - C_B \boldsymbol{B}^{-1} \boldsymbol{P}_1' = 4 - (1.5, 0.125, 0) \begin{pmatrix} 2 \\ 5 \\ 2 \end{pmatrix} = 0.375$$

将结果及目标函数系数的变化更新到最终单纯形表中，得到表 4-5-8。

表 4-5-8　体现技术系数变化后的原最终单纯形表

C_B	X_B	c_j	4	3	0	0	0
		b	x_1'	x_2	x_3	x_4	x_5
2	x_1	4	[1.25]	0	0	0.25	0
0	x_5	4	0.5	0	−2	0.5	1
3	x_2	2	0.375	1	0.5	−0.125	0
	$\sigma_j \to$	14	0.375	0	−1.5	−0.125	0

表 4-5-8 满足用原始单纯形法迭代的条件，将 x_1' 作为换入变量，将 x_1 作为换出变量，继续迭代得到表 4-5-9。

表 4-5-9　技术系数变化后继续迭代得到的单纯形表

C_B	X_B	c_j	4	3	0	0	0
		b	x_1'	x_2	x_3	x_4	x_5
4	x_1'	3.2	1	0	0	0.2	0
0	x_5	2.4	0	0	−2	0.4	1
3	x_2	0.8	0	1	0.5	−0.2	0
	$\sigma_j \to$	15.2	0	0	−1.5	−0.2	0

已经得到最优解，即工厂应调整生产计划为生产"甲改"产品为 3.2 个单位，生产乙产品为 0.8 个单位，可获利最大为 15.2 万元。同时，在表 4-5-9 中，相对于老工艺，工厂的工艺革新增加了 1.2 万元的获利，如果在一个生产周期内工艺革新的成本低于增加的获利，意味着工厂进行革新有利。

问题 6： 如果工艺革新造成生产单位甲产品所需设备台时为 4 个单位，原材料 A 为 5 个单位，原材料 B 为 2 个单位，单位获利仍为 4 万元，试问工厂最优生产计划应如何变化？

解： 和问题 5 类似，设改进工艺后生产的产品产量为 x_1'，则相应系数列向量发生了变化，$\boldsymbol{P}_1' = (4\ 6\ 2)^{\mathrm{T}}$ 将相应列向量左乘 $\boldsymbol{B}^{-1}$，更新列向量数值。

$$\boldsymbol{B}^{-1}\boldsymbol{P}_1' = \begin{pmatrix} 0 & 0.25 & 0 \\ -2 & 0.5 & 1 \\ 0.5 & -0.125 & 0 \end{pmatrix}\begin{pmatrix} 4 \\ 5 \\ 2 \end{pmatrix} = \begin{pmatrix} 1.25 \\ -3.5 \\ 1.375 \end{pmatrix}$$

重新计算 x_1' 的检验数：

$$\sigma_1' = \boldsymbol{C}_1' - \boldsymbol{C}_B\boldsymbol{B}^{-1}\boldsymbol{P}_1' = 4 - (1.5, 0.125, 0)\begin{pmatrix} 4 \\ 5 \\ 2 \end{pmatrix} = -2.625$$

将结果更新到最终单纯形表中，得到表 4-5-10。

表 4-5-10　体现技术革新变化后的原最终单纯形表

c_j			4	3	0	0	0
C_B	X_B	b	x_1'	x_2	x_3	x_4	x_5
2	x_1	4	[1.25]	0	0	0.25	0
0	x_5	4	-3.5	0	-2	0.5	1
3	x_2	2	1.375	1	0.5	-0.125	0
$\sigma_j \rightarrow$			-2.625	0	-1.5	-0.125	0

由于必须用 x_1' 替换掉 x_1（因为 x_1 对应的产品已经不存在），进行一次换基操作，得到表 4-5-11。

表 4-5-11　强行换基后得到的单纯形表

c_j			4	3	0	0	0
C_B	X_B	b	x_1'	x_2	x_3	x_4	x_5
4	x_1'	3.2	1	0	0	0.2	0
0	x_5	15.2	0	0	-2	1.2	1
3	x_2	-2.4	0	1	0.5	-0.4	0
$\sigma_j \rightarrow$			15.2	0	0	-1.5	0.4	0

表 4-5-11 中原问题和对偶问题均为非可行解，原始单纯形法和对偶单纯形法均无法使用。这时需要将 b 中出现负值的行进行处理，引入新的人工变量，使表中出现原问题的可行解。

对于表中 x_2 行，有

$$0x_1' + x_2 + 0.5x_3 - 0.4x_4 + 0x_5 = -2.4$$

引入人工变量 x_6 后，得到

$$0x_1' - x_2 - 0.5x_3 + 0.4x_4 + 0x_5 + x_6 = 2.4$$

显然 x_6 可以作为新的基变量替代 x_2，并重新计算检验数，更新到单纯形表（见表 4-5-11）中，得到表 4-5-12。

表 4-5-12　加入新的人工变量后的单纯形表

c_j			4	3	0	0	0	$-M$
C_B	X_B	b	x_1'	x_2	x_3	x_4	x_5	x_6
4	x_1'	3.2	1	0	0	0.2	0	0
0	x_5	15.2	0	0	-2	1.2	1	0
$-M$	x_6	2.4	0	-1	-0.5	[0.4]	0	1
$\sigma_j \rightarrow$			0	$3-M$	$-0.5M$	$-0.8+0.4M$	0	0

得到 b 均为非负数，可以使用原始单纯形法进行迭代，两步后得到表 4-5-13。

表 4-5-13　加入人工变量后迭代得到的最终单纯形表

c_j			4	3	0	0	0	$-M$
C_B	X_B	b	x_1'	x_2	x_3	x_4	x_5	x_6
4	x_1'	0.667	1	0	0.330	0	-0.165	0
3	x_2	2.667	0	0	-0.167	0	0.330	0
0	x_4	12.667	0	1	1.667	1	0.833	1
$\sigma_j \rightarrow$		10.669	0	0	-0.83	0	-0.33	$3-M$

得到最优解，确定最优生产方案变为：应生产甲产品 0.667 个单位，乙产品 2.667 个单位，可获最大利润为 10.669 万元，相比于例 4.1.1（获利 14 万元），问题 6 中的产品工艺变化导致总获利减少。

4.5.4　增加一类新产品的分析[*]

增加新产品意味着原问题增加了新的决策变量，在系数矩阵中也增加了新的列向量，这时基变量取值和原有变量的检验数均不受影响，但需要计算新变量的检验数，并在检验数取正的条件下继续迭代求解。

问题 7：工厂拟安排生产一种新产品丙，已知这种产品每单位会消耗 2 个设备台时、6 个单位原材料 A、3 个单位原材料 B，售出后每单位可获利 5 万元，问该厂是否应生产该产品，如果要生产，应生产多少？

解：利用检验数来确定是否应该生产。设生产新产品的数量为 x_+，对于系数列向量 $P_+ = (2,6,3)^T$，价值系数 $c_+ = 5$，计算最终单纯形表中的检验数：

$$\sigma_+ = c_+ - C_B B^{-1} P_+ = 5 - (1.5, 0.125, 0) \begin{pmatrix} 2 \\ 6 \\ 3 \end{pmatrix} = 1.25 > 0$$

也就是说，如果把 x_+ 作为换入变量，使得取值大于 0，能够使目标函数增长，说明工厂安排生产这类产品是合算的。

通过左乘 B^{-1} 更新该决策变量对应的列向量取值，有

$$B^{-1} P_+ = \begin{pmatrix} 0 & 0.25 & 0 \\ -2 & 0.5 & 1 \\ 0.5 & -0.125 & 0 \end{pmatrix} \begin{pmatrix} 2 \\ 6 \\ 3 \end{pmatrix} = \begin{pmatrix} 1.5 \\ 2 \\ 0.25 \end{pmatrix}$$

将相关数据更新到最终单纯形表中，得到表 4-5-14。

表 4-5-14　添加新变量后的最终单纯形表

	c_j		2	3	0	0	0	5
C_B	X_B	b	x_1	x_2	x_3	x_4	x_5	x_+
2	x_1	4	1	0	0	0.25	0	1.5
0	x_5	4	0	0	-2	0.5	1	[2]
3	x_2	2	0	1	0.5	-0.125	0	0.25
	$\sigma_j \rightarrow$	14	0	0	-1.5	-0.125	0	1.25

b 中数字没有变化，但检验数行出现了正的检验数，说明解还可以改善，使用原始单纯形法迭代，计算得到表 4-5-15。

表 4-5-15　添加新变量后迭代的最终单纯形表

	c_j		2	3	0	0	0	5
C_B	X_B	B	x_1	x_2	x_3	x_4	x_5	x_+
2	x_1	1	1	0	1.5	-0.125	-0.75	0
5	x_+	2	0	0	-1	0.25	0.5	1
3	x_2	1.5	0	1	0.75	-0.1875	-0.125	0
	$\sigma_j \rightarrow$	16.5	0	0	-0.25	-0.4375	-0.625	0

从表 4-5-15 可以看出，工厂这时应该调整生产计划，安排生产甲产品、乙产品和丙产品的数量分别为 1 个单位、1.5 个单位和 2 个单位，工厂总获利最多为 16.5 万元。

对比分析，问题 7 中工厂在各类资源均没有改变的条件下，生产新产品增加了 2.5 万元利润，说明工厂投产新产品有利可图。

4.5.5　增加一类新约束的分析[*]

增加新约束条件在实际问题中相当于增添一道新工序，相应的系数矩阵中增加了新的行，意味着可行域可能变小（也可能不变）。如果原有最优解满足新约束条件，则原最优解仍为新问题的最优解；如果不满足，需要将新增加的约束条件直接反映到最终单纯形表中再进一步分析。

问题 8：工厂为提高产品质量，决定在甲产品和乙产品产出后增加一道额外的质检工序，已知甲产品每单位需要检测 3 个小时，乙产品每单位需要检测 4 个小时，每个生产周期内可用总检测时间为 16 个小时，问增加该工序后工厂的最优生产计划是否需要改变？

解：质检工序意味着增加新约束条件 $3x_1 + 4x_2 \leqslant 16$，将原问题最优解 $x_1^* = 4$，$x_2^* = 2$ 代入得 $3 \times 4 + 4 \times 2 = 20 > 16$，说明原最优解在增加新约束后不再适用。

在质检工序的约束条件中加入松弛变量，得

$$3x_1 + 4x_2 + x_6 = 16$$

将 x_6 作为新的基变量反映到最终单纯形表中，得到表 4-5-16。

表 4-5-16　添加新约束条件后的最终单纯形表

C_B	X_B	b	c_j	2	3	0	0	0	0
				x_1	x_2	x_3	x_4	x_5	x_6
2	x_1	4		1	0	0	0.25	0	0
0	x_5	4		0	0	-2	0.5	1	0
3	x_2	2		0	1	0.5	-0.125	0	0
0	x_6	16		3	4	0	0	0	1
$\sigma_j \rightarrow$		14		0	0	-1.5	-0.125	0	0

因表 4-5-16 中 x_1 和 x_2 不是单位变量，对其行变换得到表 4-5-17。

表 4-5-17　进行初等行变换后的单纯形表

C_B	X_B	b	c_j	2	3	0	0	0	0
				x_1	x_2	x_3	x_4	x_5	x_6
2	x_1	4		1	0	0	0.25	0	0
0	x_5	4		0	0	-2	0.5	1	0
3	x_2	2		0	1	0.5	-0.125	0	0
0	x_6	-4		0	0	-2	-0.25	0	1
$\sigma_j \rightarrow$		14		0	0	-1.5	-0.125	0	0

从表 4-5-17 可以看出，这时对偶问题为可行解，原问题为非可行解，用对偶单纯形法，经迭代计算得表 4-5-18，从中看到 b 中仍存在负数，继续迭代直到得到最优解。

表 4-5-18　进行初等行变换后迭代的单纯形表

c_j			2	3	0	0	0	0
C_B	X_B	b	x_1	x_2	x_3	x_4	x_5	x_6
2	x_1	0	1	0	-2	0	0	1
0	x_5	-4	0	0	[-6]	0	1	2
3	x_2	4	0	1	1.5	0	0	-0.5
0	x_4	16	0	0	8	1	0	-4
$\sigma_j \rightarrow$		14	0	0	-0.5	0	0	-0.5
2	x_1	1.333	1	0	0	0	-1/3	1/3
0	x_3	0.667	0	0	1	0	-1/6	-1/3
3	x_2	3	0	1	0	0	1/4	0
0	x_4	10.667	0	0	0	1	4/3	-4/3
$\sigma_j \rightarrow$		11.667	0	0	0	0	-1/12	-2/3

从最终单纯形表中可看出，在添加质检工序后，工厂的最优生产计划应调整为生产甲产品 1.333 个单位，乙产品 3 个单位，最多可获利 11.667 万元。这说明在工厂增加工序后，总利润减少，这是意料之中的，但考虑到产品可能因此提高质量，从而可卖更高的价格，增加工序不一定不合算，当然这也意味着要求解一个新的灵敏度分析问题。

4.6　参数线性规划*

在 4.5 节中，灵敏度分析侧重于讨论在线性规划问题最优基不变情况下，各类系数的变化范围。有些时候决策者可能更为关心，当某一参数连续变化时，问题最优解发生变化的各临界点在哪里？这时需要把系数作为参变量，把目标函数看作参变量的函数，约束条件则为含有参变量的线性等式或不等式，这类问题称为**参数线性规划问题**。

参数线性规划问题原则上仍可用单纯形法或对偶单纯形法求解，不过需要注意对参变量的取值进行讨论和分析。求解的一般步骤如下。

第 1 步：对含有某参变量 t 的参数线性规划问题，先令 $t=0$，用单纯形法求出最优解。

第 2 步：用灵敏度分析法将参变量 t 直接反映到最终单纯形表中。

第 3 步：当参变量 t 连续变大或变小时，观察 b 和检验数行各数字的变化，分情况用不同方法进行迭代。

如果 b 中某基变量首先出现负值，则以相应变量为换出变量，用对偶单纯形法迭代。若在检验数行某位置首先出现正值，则将它相应的变量作为换入变量，用原始单纯形法迭代。

第 4 步：在迭代一步后的新表上，令参变量 t 继续变大或变小。重复第 3 步，直到 b 中不再出现负值，且检验数行不能再出现正值为止。

下面用两个例子来说明过程，更一般的情况可类似分析。

4.6.1　价值系数作为参数的变化分析

例 4.6.1　在例 4.1.1 中，试分析甲产品获利连续变化时工厂最优生产方案的变化。

解：设甲产品单位获利的变化量为 t，则 t 作为参变量的参数线性规划问题为

$$\max z(t) = (2+t)x_1 + 3x_2$$

$$\begin{cases} x_1 + 2x_2 \leqslant 8 \\ 4x_1 \quad\quad\ \leqslant 16 \\ \quad\quad 4x_2 \leqslant 12 \\ x_1, x_2 \geqslant 0 \end{cases}$$

第 1 步，令 $t=0$，转化为标准形式，利用单纯形法求解，得到表 4-6-1，即工厂应安排生产甲产品 4 个单位，乙产品 2 个单位，可获得最多利润为 14 万元。

表 4-6-1　求解例 4.1.1 的最终单纯形表

c_j			2	3	0	0	0
C_B	X_B	b	x_1	x_2	x_3	x_4	x_5
2	x_1	4	1	0	0	1/4	0
0	x_5	4	0	0	-2	1/2	1
3	x_2	2	0	1	1/2	$-1/8$	0
$\sigma_j \rightarrow$		14	0	0	$-3/2$	$-1/8$	0

第 2 步，将参变量 t 直接反映到最终单纯形表中，得到表 4-6-2。

表 4-6-2　加入参变量后的最终单纯形表

c_j			$2+t$	3	0	0	0
C_B	X_B	b	x_1	x_2	x_3	x_4	x_5
$2+t$	x_1	4	1	0	0	1/4	0
0	x_5	4	0	0	-2	[1/2]	1
3	x_2	2	0	1	1/2	-1/8	0
$\sigma_j \rightarrow$		$14+4t$	0	0	-3/2	$(-1-2t)/8$	0

第 3 步，观察表 4-6-2，让 t 减少，当 $t<-1/2$ 时，检验数开始出现正数，即当 $t \geqslant -1/2$ 时，单位产品利润超过 1.5 万元，线性规划问题的最优解为 $x_1^* = 4$，$x_2^* = 2$，$z^* = 14 + 4t$，那么 $t = -1/2$ 为第 1 个临界点。设 $t < -1/2$，这时 x_4 的检验数大于 0，将其作为换入变量，将 x_5 作为换出变量，迭代一步，得到表 4-6-3。

表 4-6-3　加入参变量并迭代一步后的单纯形表

c_j			$2+t$	3	0	0	0
C_B	X_B	b	x_1	x_2	x_3	x_4	x_5
$2+t$	x_1	2	1	0	1	0	-1/2
0	x_4	8	0	0	-4	1	2
3	x_2	3	0	1	0	0	1/4
$\sigma_j \rightarrow$		$13+2t$	0	0	$-2-t$	0	$(1+2t)/4$

从表 4-6-3 看出，当参变量 t 继续减小，即当 $t<-2$ 时，变量 x_3 的检验数开始出现正数，即当 $-2 \leqslant t \leqslant -1/2$ 时，单位产品利润为 $0 \sim 1.5$ 万元，线性规划问题的最优解为 $x_1^* = 2$，$x_2^* = 3$，$z^* = 13 + 2t$，那么 $t = -2$ 为第 2 个临界点。考虑 t 再减小，会使甲产品的利润小于 0，没有实际含义，不再讨论下去。

用这样的思路，同样可以讨论乙产品的售价变化带来的影响，或者两者均变化时工厂最优生产方案的一系列临界点。

4.6.2　资源限量作为参数的变化分析

例 4.6.2　在例 4.1.1 中，试分析可用设备台时连续变化时工厂最优生产方案的变化。

Note

解： 假设设备台时的变化量为 t，则 t 作为参变量的参数线性规划为

$$\max z = 2x_1 + 3x_2$$

$$\begin{cases} x_1 + 2x_2 \leqslant 8+t \\ 4x_1 \leqslant 16 \\ 4x_2 \leqslant 12 \\ x_1, x_2 \geqslant 0 \end{cases}$$

和上面一样，第 1 步，令 $t=0$，转化为标准形式，利用单纯形法求解得到：工厂应安排生产甲产品 4 个单位，乙产品 2 个单位，可获得最大利润为 14 万元。

第 2 步，将参变量 t 直接反映到最终单纯形表中，得到

$$\boldsymbol{B}^{-1}\Delta\boldsymbol{b} = \begin{pmatrix} 0 & 0.25 & 0 \\ -2 & 0.5 & 1 \\ 0.5 & -0.125 & 0 \end{pmatrix}\begin{pmatrix} t \\ 0 \\ 0 \end{pmatrix} = \begin{pmatrix} 0 \\ -2t \\ 0.5t \end{pmatrix}$$

代入单纯形表中，得到表 4-6-4。

表 4-6-4　加入参变量后的最终单纯形表

	c_j		2	3	0	0	0
C_B	X_B	b	x_1	x_2	x_3	x_4	x_5
2	x_1	4+0	1	0	0	1/4	0
0	x_5	4-2t	0	0	-2	1/2	1
3	x_2	2+t/2	0	1	1/2	-1/8	0
	$\sigma_j \rightarrow$	14+3t/2	0	0	-3/2	-1/8	0

第 3 步，观察表 4-6-4，让 t 变化，当 $t < -4$ 时，即当设备台时低于 4 个单位时，b_3 开始出现负数，用对偶单纯形法进行迭代，得到表 4-6-5。

表 4-6-5　参变量小于-4 并迭代一次后的最终单纯形表

	c_j		2	3	0	0	0
C_B	X_B	b	x_1	x_2	x_3	x_4	x_5
2	x_1	8+t	1	2	1	0	0
0	x_5	12	0	4	0	0	1
0	x_4	-16-4t	0	-8	-4	1	0
	$\sigma_j \rightarrow$	14+3t/2	0	-1	-2	0	0

从表 4-6-5 中可以看出，当 $t < -8$ 时，解将再次变化，考虑设备台时不可能小于 0，这种情况不再讨论。也就是说，当 $-8 \leqslant t \leqslant -4$ 时，设备台时为 0～4 个单位，工厂的优化生产方案为生产甲产品 8+t 个单位，不生产乙产品，可获得最大利润为 14+3t/2 万元。

进一步观察表 4-6-5，会发现当 t 增加到 2 之后，即当设备台时高于 10 个单位

时，b_2 开始出现负数，用对偶单纯形法进行迭代，得到表 4-6-6。

表 4-6-6　参变量大于 2 并迭代一次后的最终单纯形表

	c_j		2	3	0	0	0
C_B	X_B	b	x_1	x_2	x_3	x_4	x_5
2	x_1	4	1	0	0	1/4	0
0	x_3	$t-2$	0	0	1	-1/4	-1/2
3	x_2	3	0	1	0	0	1/4
	$\sigma_j \rightarrow$	17	0	0	0	-1/2	-3/4

也就是说，当 $t \geqslant 2$ 时，设备台时在 10 个单位以上，工厂的优化生产方案为生产甲产品 4 个单位，生产乙产品 3 个单位，可获得最大利润为 17 万元。读者会发现，在只有设备台时增长，其他资源不变的情况下，其超过 10 个单位后，目标函数将不会发生变化，其影子价格为 0，对工厂获取更多利润将没有贡献。

综合上面的分析，对于设备台时的变化 t，有以下结论：当设备台时为 0～4 个单位时，工厂的优化生产方案为生产甲产品 $8+t$ 个单位，不生产乙产品；当设备台时为 4～10 个单位时，工厂应生产甲产品 4 个单位，乙产品 $2+t/2$ 个单位；而当设备台时在 10 个单位以上时，工厂的优化生产方案为生产甲产品 4 个单位，生产乙产品 3 个单位，这样可获利最多。

4.7　对偶问题的 LINGO 求解

由于对偶问题本身也是线性规划模型，所以对偶变量的求解当然可以使用 LINGO 软件，而且不需要写出对偶问题的具体形式，因为 LINGO 软件在求解任意一个线性规划问题时，总是把对偶变量的解同时求解出来。进一步地，如果用户选择灵敏度分析的命令，LINGO 还可以给出更多分析结果。

4.7.1　对偶变量的 LINGO 求解

以例 4.1.1 中的工厂生产优化问题为例。

例 4.7.1　用 LINGO 求解式（4-1-1a）中的线性规划模型。

解：根据模型表达形式，在 LINGO 中输入该模型如下。

```
MODEL:
  max=2*x1+3*x2;  !目标函数;
    x1+2*x2<8;    !约束条件1;
    4*x1<16;      !约束条件2;
    4*x2<12;      !约束条件3;
    !LINGO中默认所有变量取非负值，故非负约束条件可以省略不写;
END
```

在 LINGO 软件界面的菜单栏【LINGO|Generate】选取 "Display Model" 命令得到一个 LINGO 自动生成的模型表达式用来检查模型表达的正确性。同时，在【LINGO|Generate】下选取 "Dual Model"，LINGO 会自动生成当前模型的对偶形式。对于本例，这两条命令会依次得到如图 4-7-1 中的两种表达形式。

```
■ Generated Model Report - LINGO1
MODEL:
[_1] MAX= 2 * X1 + 3 * X2;
[_2] X1 + 2 * X2 <= 8;
[_3] 4 * X1 <= 16;
[_4] 4 * X2 <= 12;
END
```

```
■ Generated Dual Model Report - LINGO1
MODEL:
MIN= 8 * _2 + 16 * _3 + 12 * _4;
[X1] _2 + 4 * _3 >= 2;
[X2] 2 * _2 + 4 * _4 >= 3;
END
```

图 4-7-1　选取 "Display Model" 和 "Dual Model" 命令可以得到原问题和对偶问题形式

点击工具栏中的 ◎ 按钮，得到如下结果。

Variable	Value	Reduced Cost
X1	4.000000	0.000000
X2	2.000000	0.000000

Row	Slack or Surplus	Dual Price
1	14.00000	1.000000
2	0.000000	1.500000
3	0.000000	0.1250000
4	4.000000	0.000000

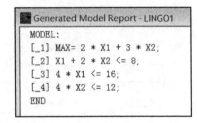

对偶问题的最优解

其中，Dual Price 部分对应的就是对偶变量的最优解，第 1 行对应的是目标函数表达式，14 为当前目标函数值，Dual Price 部分为 1 表示目标函数求最大（如果求最小，则会出现-1），第 2~4 行对应原问题中的 3 个非负约束条件，其中，Slack or Surplus 表示相应的松弛变量取值，Dual Price 为对偶变量取值，即 $(y_1, y_2, y_3) = (1.5, 0.125, 0)$，这与 4.3 节中求解结果一致。

4.7.2　使用 LINGO 进行灵敏度分析

LINGO 实际上对线性规划问题自动进行灵敏度分析，当用户完成模型构建后，如果需要实施灵敏度分析，可通过选取菜单【LINGO|Range】产生当前模型的灵敏性分析报告。

当然，用户也可以在求解模型最优解时默认进行灵敏度分析，方法是激活灵敏性分析功能：选取【LINGO|Options…】，点击"General Solver"选项卡，在 Dual Computations 列表框中，选定 Prices and Ranges 选项。当然，用户需要注意，灵敏性分析需要更多求解时间，当模型规模较大时，可能会计算得很慢，所以，在不需要时，可以不激活这一功能。

以例 4.7.1 中 LINGO 求解为例，激活灵敏度分析选项，然后选取【LINGO|Range】命令，得到如下结果。

```
Objective Coefficient Ranges:
                    Current        Allowable      Allowable
      Variable      Coefficient    Increase       Decrease
        X1          2.000000       INFINITY       0.500000
        X2          3.000000       1.000000       3.000000
Righthand Side Ranges:
                    Current        Allowable      Allowable
      Row           RHS            Increase       Decrease
        2           8.000000       2.000000       4.000000
        3           16.00000       16.00000       8.000000
        4           12.00000       INFINITY       4.000000
```

其中，目标函数系数变化范围（Objective Coefficient Ranges）部分，变量 X1 和 X2 是甲、乙两种产品的生产量，其在目标函数中的系数（Coefficient）为 2 和 3，相应系数允许增加量（Allowable Increase）分别为无限（INFINITY）和 1，允许减少量（Allowable Decrease）分别为 0.5 和 3，说明当价值系数 c_1 在 $[2-0.5,2+\infty]$ 变化、c_2 在 $[3-3,3+1]$ 变化时，最优基保持不变，只需要更新最优值即可。

而在右端项变量范围（Righthand Side Ranges）分析部分，3 类约束条件（对应 Row=2,3,4）对应的资源总量（RHS）取值为 8、16 和 12，允许增加量（Allowable Increase）分别为 2、16 和 INFINITY，允许减少量（Allowable Decrease）分别为 4、8 和 4，即当原模型中资源量 b_1 在 $[8-4,8+2]$ 变化、b_2 在 $[16-8,16+16]$ 变化、b_3 在 $[12-4,12+\infty]$ 变化时，最优基保持不变，只需要更新最优解和最优值即可。

习　题

4.1　判断下列说法是否正确。

（1）线性规划对偶问题的对偶形式等价于原问题。

（2）存在有些形式的线性规划数学模型，无法转化为对称形式。

（3）线性规划原问题为无界解，则对偶问题也为无界解。

（4）线性规划的对偶问题无可行解，其原问题一定无可行解。

（5）在线性规划原问题和对偶问题中，求最大化问题的目标函数值一定不大于求最小问题的目标函数值。

（6）在线性规划原问题和对偶问题中，如果有一个问题有最优解，则另一个问题也有最优解。

（7）线性规划的原问题和对偶问题的目标函数值一定相等。

（8）如果线性规划对偶问题的最优基为 B，则 $C_B B^{-1}$ 就是原问题的最优解。

（9）线性规划问题的影子价格的基本含义是价值系数在变化时目标函数的变化量。

（10）对偶单纯形法是求解线性规划对偶问题的专用方法。

4.2　学校计划为适龄学生提供套餐，考虑该年龄段学生的生长发育需要，要求每份套餐中含有蛋白质不少于 50 克，脂肪不少于 40 克，维生素不少于 30 毫克，现共有 5 种食品供选用，各种食品每百克营养成分含量和单价如下表所示，要求在满足学生身体要求的基础上，使总成本最低，试构建本问题的线性规划模型，并写出其对偶问题，解释对偶问题的实际含义。

	蛋白质（克）	脂肪（克）	维生素（毫克）	单价（元）
食品 1	15	8	10	1.5
食品 2	2	1	15	0.8
食品 3	30	10	2	2
食品 4	10	2	4	1
食品 5	8	1	6	0.6

4.3　写出下列线性规划的对偶问题。

Note

（1） $\max z = 3x_1 + 2x_2 + x_3$

$$\begin{cases} 2x_1 + x_2 + 2x_3 \leqslant 10 \\ 4x_1 \qquad + x_3 \leqslant 20 \\ x_1, x_2, x_3 \geqslant 0 \end{cases}$$

（2） $\max z = x_1 + 2x_2 + x_3$

$$\begin{cases} x_1 + 3x_2 - 4x_3 \leqslant 3 \\ 3x_1 - x_2 + x_3 \geqslant 2 \\ x_1 + x_2 + x_3 = 5 \\ x_1 \geqslant 0, \ x_2 \leqslant 0, \ x_3 \text{无约束} \end{cases}$$

（3） $\min z = x_1 + x_2 - 2x_3 + x_4$

$$\begin{cases} x_1 + 2x_2 - 2x_3 + x_4 \geqslant 5 \\ 2x_1 \qquad + x_3 - 2x_4 \leqslant 6 \\ \qquad x_2 + 2x_3 + x_4 = 7 \\ x_1 \leqslant 0, \ x_2 \geqslant 0, \ x_3 \geqslant 0, \ x_4 \text{无约束} \end{cases}$$

（4） $\min z = \sum\limits_{i=1}^{m} \sum\limits_{j=1}^{n} c_{ij} x_{ij}$

$$\begin{cases} \sum\limits_{j=1}^{n} x_{ij} = a_i \quad (i = 1, 2, \cdots, m) \\ \sum\limits_{i=1}^{m} x_{ij} = b_j \quad (j = 1, 2, \cdots, n) \\ x_{ij} \geqslant 0 \quad (i = 1, 2, \cdots, m; \ j = 1, 2, \cdots, n) \end{cases}$$

4.4 已知线性规划问题：

$$\min z = 8x_1 + 6x_2 + 3x_3 + 6x_4$$

$$\begin{cases} x_1 + 2x_2 \qquad + x_4 \geqslant 3 \\ 3x_1 + x_2 + x_3 + x_4 \geqslant 6 \\ \qquad \qquad x_3 + x_4 \geqslant 2 \\ x_1 \qquad + x_3 \qquad \geqslant 2 \\ x_j \geqslant 0 \ (j = 1, 2, 3, 4) \end{cases}$$

（1）写出其对偶问题；

（2）已知原问题的最优解为 $X^* = (1, 1, 2, 0)$，试根据对偶理论，直接求出对偶问题的最优解。

4.5 设两个线性规划问题模型分别如下。

问题 1： $\max z_1 = CX$

$$\begin{cases} AX \leqslant b \\ X \geqslant 0 \end{cases}$$

问题 2： $\max z_2 = CX$

$$\begin{cases} AX \leqslant b + k \\ X \geqslant 0 \end{cases}$$

其中，决策变量都是 n 个，约束条件为 m 个，k 为与 b 同维的 m 个给定常数，且每个分量均相同，设为 t。设 Y^* 是问题 1 的对偶问题的最优解，试证：

$$\max z_2 \leqslant \max z_1 + kY^*$$

4.6 已知线性规划原问题为 $\{X \mid \max z = CX, \ AX = b, \ X \geqslant 0\}$，分别说明在下列情况下，对偶变量 Y 发生的变化。

（1）第 k 个约束条件乘以非零常数 λ；

（2）第 k 个约束条件乘以非零常数 λ 后加到第 r 个约束条件上；

（3）目标函数乘以非零常数 t；

（4）模型中决策变量 x_1 用 $3x_1'$ 代替，其他变量不变。

4.7　已知两个线性规划模型如下。

问题 1：$\max z = \sum_{j=1}^{n} c_j x_j$　对偶变量　　　问题 2：$\max z = \sum_{j=1}^{n} c_j x_j$　　　　　　对偶变量

$$
\begin{cases}
\sum_{j=1}^{n} a_{1j} x_j \leqslant b_1 & y_1 \\
\sum_{j=1}^{n} a_{2j} x_j \leqslant b_2 & y_2 \\
\sum_{j=1}^{n} a_{3j} x_j \leqslant b_3 & y_3 \\
x_j \geqslant 0 \ (j=1,2,\cdots,n)
\end{cases}
\qquad
\begin{cases}
\sum_{j=1}^{n} 5a_{1j} x_j \leqslant 5b_1 & \hat{y}_1 \\
\sum_{j=1}^{n} \frac{1}{5} a_{2j} x_j \leqslant \frac{1}{5} b_2 & \hat{y}_2 \\
\sum_{j=1}^{n} (a_{3j}+3a_{1j}) x_j \leqslant b_3 + 3b_1 & \hat{y}_3 \\
x_j \geqslant 0 \ (j=1,2,\cdots,n)
\end{cases}
$$

要求写出 y_i 和 $\hat{y}_1$ 之间的关系表达式（用 y_i 表达出 $\hat{y}_1$）。

4.8　试用对偶单纯形法求解下面的线性规划问题。

（1）$\min z = x_1 + 2x_2$

$$
\begin{cases}
2x_1 + x_2 \geqslant 4 \\
x_1 + 5x_2 \geqslant 8 \\
x_1, x_2 \geqslant 0
\end{cases}
$$

（2）$\max z = -3x_1 - 2x_2 - x_3 - 4x_4$

$$
\begin{cases}
2x_1 + 4x_2 + 5x_3 + x_4 \geqslant 0 \\
3x_1 - x_2 + 5x_3 - 2x_4 \geqslant 2 \\
5x_1 + 2x_2 + x_3 + 6x_4 \geqslant 15 \\
x_1, x_2, x_3, x_3 \geqslant 0
\end{cases}
$$

4.9　某厂拟生产 A、B、C 共 3 种产品，都需要消耗劳动力和原料两种资源，有关数据如下表所示。

	A	B	C	资源总量
劳动力	6	3	5	45
原料	3	4	5	30
单位利润（万元）	3	1	5	

（1）如何安排生产，使工厂的总利润最大？

（2）为了提高产量，以 0.9 万元的单价购买原料，问是否合算？

（3）若劳动力因故必须减少，问最大能够减少多少而工厂总利润可以保持不变？

4.10　在如下图所示的道路网络中，顶点是路与路之间的交叉点，边上的数字为相应道路每天最大可通过的车辆数（单位：万辆），现需要知道从出发点（V_s）

Note

到目的地（V_t）之间，每天可通过的最大总车流量，并考虑当总车流量不足 12 万辆时，扩大此道路网络的通行能力，在可用修路经费有限的情况下，应该优先修哪些路。

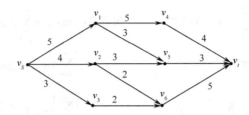

（1）构建求从出发点 v_s 到目的地 v_t 之间通过最大总车流量的线性规划模型；

（2）写出（1）中线性规划模型的对偶问题，并解释对偶问题的实际含义；

（3）分别求出（1）和（2）中数学模型的解，并分析解的实际意义。

4.11 现有线性规划问题

$$\max z = -5x_1 + 5x_2 + 13x_3$$

$$\begin{cases} -x_1 + x_2 + 3x_3 \leqslant 20 \\ 12x_1 + 4x_2 + 10x_3 \leqslant 90 \\ x_1, x_2, x_3 \geqslant 0 \end{cases}$$

先用单纯形法求出最优解，然后分析在下列各种条件下，最优解分别有什么变化？

（1）约束条件 1 的右端常数 20 变为 30；

（2）约束条件 2 的右端常数 90 变为 70；

（3）目标函数中 x_3 的系数变为 8；

（4）x_1 的系数向量变为 $\begin{pmatrix} 0 \\ 5 \end{pmatrix}$；

（5）增加一个约束条件 $2x_1 + 3x_2 + 5x_3 \leqslant 50$；

（6）将约束条件 2 变为 $10x_1 + 5x_2 + 10x_3 \leqslant 100$。

4.12 已知某工厂计划生产 I、II、III 共 3 种产品，各产品在 A、B、C 设备上加工，数据如下表。

设备代号	I	II	III	每月设备有效台时
A	8	2	10	300
B	10	5	8	400
C	2	13	10	420
单位产品利润（千元）	3	2	2.9	

（1）如何充分发挥设备能力，使生产利润最大？

（2）如果为了增加产量，可借用其他工厂的设备 B，每月可借用 60 台时，租金为 1.8 万元，问借用是否合算？

（3）若另有两种新产品Ⅳ和Ⅴ，其中，新产品Ⅳ需要设备 10 台时，单位产品利润为 2.1 千元；新产品Ⅴ需用 A 设备 4 台时，B 设备 4 台时，C 设备 12 台时，单位产品利润为 1.87 千元。如果 A、B、C 设备台时不增加，分别回答这两种新产品投产在经济上是否划算？

（4）对产品工艺重新进行设计，改进结构，改进后生产每件产品 Ⅰ 需要 A 设备 9 台时，需要 B 设备 12 台时，需要 C 设备 4 台时，单位产品利润为 4500 元，问这对原计划有何影响？

4.13　在例 3.1.2 的工厂优化生产问题中，试分析产品乙单位获利在连续变化时工厂最优生产方案的变化。

4.14　分析在下列参数线性规划中当参数 t 变化时问题最优解的变化情况。

（1）$\max z(t) = (3-6t)x_1 + (2-2t)x_2 + (5-5t)x_3$
$$\begin{cases} x_1 + 2x_2 + x_3 \leqslant 430 \\ 3x_1 \quad\quad + 2x_3 \leqslant 460 \\ x_1 + 4x_2 \quad\quad \leqslant 420 \\ x_1, x_2, x_3 \geqslant 0 \ (t \geqslant 0) \end{cases}$$

（2）$\max z(t) = 2x_1 + x_2$
$$\begin{cases} x_1 \leqslant 10 + 2t \\ x_1 + x_2 \leqslant 25 - t \\ \quad\quad x_2 \leqslant 10 + 2t \\ x_1, x_2 \geqslant 0 \ (0 \leqslant t \leqslant 25) \end{cases}$$

（3）$\max z(t) = (7+2t)x_1 + (12+t)x_2 + (10-t)x_3$
$$\begin{cases} x_1 + x_2 + x_3 \leqslant 20 \\ 2x_1 + 2x_2 + x_3 \leqslant 30 \\ x_1, x_2, x_3 \geqslant 0 \ (t \geqslant 0) \end{cases}$$

（4）$\max z(t) = 21x_1 + 12x_2 + 18x_3 + 15x_4$
$$\begin{cases} 6x_1 + 3x_2 + 6x_3 + 3x_4 \leqslant 30 + t \\ 6x_1 - 3x_2 + 12x_3 + 6x_4 \leqslant 78 - t \\ 9x_1 + 3x_2 - 6x_3 + 9x_4 \leqslant 135 - 2t \\ x_1, x_2, x_3, x_4 \geqslant 0 \ (59 \geqslant t \geqslant 0) \end{cases}$$

4.15　根据对习题 3.2.2 的实际研究，考虑当模型中参数发生变化时其灵敏度分析问题。

参 考 文 献

[1]　《运筹学》教材编写组. 运筹学[M]. 4 版. 北京：清华大学出版社，2012.

[2]　Hillier F. S., Lieberman G. J. Introduction to Operations Research[M]. 8th ed. 北京：清华大学出版社，2006.

[3] 傅家良. 运筹学方法与模型[M]. 上海：复旦大学出版社，2014.

[4] Saul I. Gass, Arjang A. Assad. An Annotated Time Line of Operations Research-An Informal History[M]. Springer Science+Business Media，Inc., 2005.

[5] Robert J Vanderbei. Linear programming-foundations and extensions[M]. Springer, US, 2014.

[6] Jarble, Michael Hardy, et al. Linearal Programming[G/OL]. WIKIPEDIA，[2018-05-10]. link:en.m.wikipedia.org/wiki/Linear_programming.

第5章

运输问题

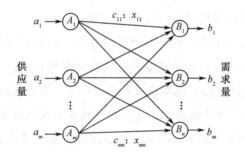

运输问题研究如何把物资从若干供应地运送到若干需求地的问题，本质上是一类二元分配关系优化的线性规划模型，对其建模、分析和求解既有线性规划的共性，也有自身的特性。

生产生活中，经常会出现这样一类问题：需要将物资从多个来源地运送到不同的使用地，由于不同地点间的运输费用不同，那么如何设计运输方案使得总代价最小？运筹学中把该问题称为**运输问题**（Transportation Problem），其名称的获得是因为这类模型首先在物资运输规划中形成并运用，但后来发现，这个方法可以解决的问题比物资运输规划问题本身要广得多，包括库存控制、招聘计划、生产周期优化等方面。但无论应用到哪个领域，习惯上，仍称具有相应特征的运筹学模型为运输问题。

运输问题很早就被提出，但对其求解的突破性成果是由苏联学者康托洛维奇[1]（L.V. Kantorovich）做出的，而现在普通使用的模型表达形式则是由美国学者希区柯克（F. L. Hitchcock）和库普曼（Tjalling Koopmans）提出的，所以本问题又被称为 Hitchcock-Koopmans 运输问题，简称 H 型运输问题。

运输问题实际上是线性规划问题的特殊形式，求解它当然可以使用线性规划的通用解法，但运输问题的数学模型本身具有特定的形式，特殊的模型结构意味着可以找到高效的特殊解法。本章正是基于这一点，来讨论运输问题的特殊模型、特殊解法及特定应用，但应该看到，这些特殊性基于线性规划模型及其解法之上，很多方面的内在实质是一致的。如果读者在阅读时能注意体会这层关系，一定会有更多收获。

5.1 运输问题的数学模型

5.1.1 运输问题数学模型的表达形式

运输问题最早用于研究不同地点间物资调运的方案优化问题，下面通过一个

---

[1] 康托洛维奇（L.V. Kantorovich，1912—1986 年），苏联犹太裔学者，1939 年最早提出了求解线性规划的"解乘数法"，1939 年后开始任圣彼得堡军事工程技术学院教授，其后给出了运输问题研究的突破性成果。因在资源优化配置方面的开创性贡献，他获得了 1975 年诺贝尔经济学奖。

例子说明。

例 5.1.1【物资调运问题】某军事活动需要，现需要将一批军需物资从分布在全国的 3 个加工厂运送到 4 个军事基地，加工厂记为 A_1、A_2、A_3，在允许时间段内的产量分别为 7 吨、4 吨、9 吨（记为 a_1、a_2、a_3）；军事基地记为 B_1、B_2、B_3、B_4，需求量分别为 3 吨、6 吨、5 吨、6 吨（记为 b_1、b_2、b_3、b_4）；且从各工厂到各销售点运输单位产品的运价如表 5-1-1 所示，问应如何调运产品，可在满足各销售点需求量的前提下，使总运费最少。

表 5-1-1　物资调运问题的单位运价

产地		销　　地			
		B_1	B_2	B_3	B_4
产地	A_1	3	11	3	10
	A_2	1	9	2	8
	A_3	7	4	10	5

不难看出，这是个线性规划问题。用 x_{ij} 表示从 $A_i(i=1,2,3)$ 到 $B_j(j=1,2,3,4)$ 的运量，即决策变量，用 c_{ij} 表示单位运价，则相应两地的实际运费为 $c_{ij}x_{ij}$，而目标函数应为所有可能运费的和，并求最小。考虑约束条件，显然应有 $x_{ij} \geqslant 0$，对于任意产地来说，其总运出量不能超过产量；同样地，对于销地来说，总运入量应满足实际的用量。由此，可以构建如下形式的数学模型。

$$\min z = 3x_{11}+11x_{12}+3x_{13}+10x_{14}+1x_{21}+9x_{22}+2x_{23}+8x_{24}+7x_{31}+4x_{32}+10x_{33}+5x_{34}$$

$$\begin{cases} x_{11}+x_{12}+x_{13}+x_{14}=7 & \text{（所有从}A_1\text{运出的量}a_1=7）\\ x_{21}+x_{22}+x_{23}+x_{24}=4 & \text{（所有从}A_2\text{运出的量}a_2=4）\\ x_{31}+x_{32}+x_{33}+x_{34}=9 & \text{（所有从}A_3\text{运出的量}a_3=9）\\ x_{11}+x_{21}+x_{31}=3 & \text{（所有运到}B_1\text{的量}b_1=3）\\ x_{12}+x_{22}+x_{32}=6 & \text{（所有运到}B_2\text{的量}b_2=6）\\ x_{13}+x_{23}+x_{33}=5 & \text{（所有运到}B_3\text{的量}b_3=5）\\ x_{14}+x_{24}+x_{34}=6 & \text{（所有运到}B_4\text{的量}b_4=6）\\ x_{ij} \geqslant 0 & (i=1,2,3;\ j=1,2,3,4) \end{cases}$$ (5-1-1)

值得注意的是，式（5-1-1）中决策变量和约束条件的个数比较多，本例中 3 个运出地、4 个运入地，那么决策变量共 3×4=12 个，而约束条件中除非负条件外，共有 3+4=7 个。

一般地，设某物资共有 m 个生产地（统称为**产地**），用 $A_i(i=1,2,\cdots,m)$ 表示，每个产地的最大供应量（统称为**产量**）用 $a_i(i=1,2,\cdots,m)$ 表示；相应地，物资的需求地（统称为**销地**），用 $B_j(j=1,2,\cdots,n)$ 表示，每个销地的需求量（统称为**销量**）用 $b_j(j=1,2,\cdots,n)$ 表示；而从产地 A_i 到销地 B_j 运输单位物资的成本（统称为**单位运价**）设为 c_{ij}，相应地把实际运输数量（统称为**运量**）设为 x_{ij}，把所有 x_{ij} 的集合 $(x_{ij})_{mn}$ 称为**运输方案**，把任何一个运输方案带来的总花费称为**总运价**，显然要求此目标函数求最小化。可以把这些数据汇总于一个表格中，如表 5-1-2 所示，称其为**产销量与单位运价表**。

表 5-1-2 产销量与单位运价表

		销 地				产 量
		1	2	$\cdots$	n	
产地	1	c_{11}	c_{12}	$\cdots$	c_{1n}	a_1
	2	c_{21}	c_{22}	$\cdots$	c_{2n}	a_2
	$\vdots$	$\vdots$	$\vdots$	$\vdots$	$\vdots$	$\vdots$
	m	c_{m1}	c_{m2}	$\cdots$	c_{mn}	a_m
销量		b_1	b_2	$\cdots$	b_n	

考虑理想情况：认为每个产地所有产量均运出，而每个销地的销量也恰好等于运入量，那么相应的数学模型可表达为

$$\min z = \sum_{i=1}^{m} \sum_{j=1}^{n} c_{ij} x_{ij}$$

$$\begin{cases} \sum_{j=1}^{n} x_{ij} = a_i & (i=1,2,\cdots,m) \\ \sum_{i=1}^{m} x_{ij} = b_j & (j=1,2,\cdots,n) \\ x_{ij} \geqslant 0 & (i=1,2,\cdots,m;\ j=1,2,\cdots,n) \end{cases} \tag{5-1-2}$$

这个模型称为运输问题的标准形式，有以下 3 个特点。

（1）目标函数最小化，这与本书第 3 章中线性规划模型的标准形式有所不同。

（2）约束条件均取等式，共 $m+n$ 个，且所有右端项均不小于 0，同时有

$$\sum_{j=1}^{n} b_j = \sum_{j=1}^{n} \left(\sum_{i=1}^{m} x_{ij} \right) = \sum_{i=1}^{m} \left(\sum_{j=1}^{n} x_{ij} \right) = \sum_{i=1}^{m} a_i$$

即总产量等于总销量，因此这个模型也称为**产销平衡运输问题的模型**。当然，现实不一定如此，如果不满足这个条件，则称为**产销不平衡**，5.3 节中会讨论到。如未特别说明，下面的叙述中均使用产销平衡模型。

（3）决策变量表示从不同产地到不同销地的实际运量，共用 mn 个分量，$(x_{ij})_{mn}$ 的不同取值代表不同的运输方案。一般来说，当 m、n 较大时，变量数很多，为方便起见，经常把运输问题决策变量表示为表格的形式（实际上是矩阵，称为**解矩阵**），如表 5-1-3 所示。

表 5-1-3　带有产销量的"解矩阵"形式

		销　地				产　　量
		1	2	$\cdots$	n	
产地	1	x_{11}	x_{12}	$\cdots$	x_{1n}	a_1
	2	x_{21}	x_{22}	$\cdots$	x_{2n}	a_2
	$\vdots$	$\vdots$	$\vdots$	$\vdots$	$\vdots$	$\vdots$
	m	x_{m1}	x_{m2}	$\cdots$	x_{mn}	a_m
销量		b_1	b_2	$\cdots$	b_n	

5.1.2　运输问题数学模型的特点

式（5-1-2）的数学模型具有鲜明特点，这些特点是由运输问题本身的特殊性决定的，下面用 3 个定理来说明。

定理 5.1　式（5-1-2）中的运输问题数学模型总存在最优解。

证明：实际上，可以方便地找出标准形式运输问题的一个可行解，设 $Q = \sum_{i=1}^{m} a_i = \sum_{j=1}^{n} b_j$ 为总产量（总销量），令

$$x_{ij} = \frac{a_i b_j}{Q} (i = 1, 2, \cdots, m; \ j = 1, 2, \cdots, n)$$

显然有 $0 \leqslant x_{ij} \leqslant \min\{a_i, b_j\}$，可以代入式（5-1-2）验证它是运输问题的可行解。另外，注意运输问题的目标函数有下界（不会小于 0），说明目标函数不会无界，即证明了运输问题必存在最优解。

同时，定理 5.1 表明运输问题的解只有两种情况：唯一最优解和无穷多最优解。

定理 5.2　式（5-1-2）中系数矩阵是 0-1 稀疏矩阵，且秩为 $m+n-1$。

按照所有变量的字典顺序可将系数矩阵写为

$$x_{11}\ x_{12}\ \cdots\ x_{1n}\ x_{21}\ x_{22}\ \cdots\ x_{2n}\ \cdots\ x_{m1}x_{m2}\cdots x_{mn}$$

前m行 $\left\{\ \begin{pmatrix} 1 & 1 & \cdots & 1 & & & & & & & & & \\ & & & & 1 & 1 & \cdots & 1 & & & & & \\ & & & & & & & & \ddots & & & & \\ & & & & & & & & & 1 & 1 & \cdots & 1 \\ 1 & & & & 1 & & & & 1 & & & & \\ & 1 & & & & 1 & & & & 1 & & & \\ & & \ddots & & & & \ddots & & & & \ddots & & \\ & & & 1 & & & & 1 & & & & & 1 \end{pmatrix}\right.$

后n行

$\triangleq\left(P_{11}\ \ P_{12}\cdots P_{1n}\ \ P_{21}\cdots P_{mn}\right)$

可以看到，系数矩阵共 $m+n$ 行、mn 列，其中所有元素非 0 即 1，是个结构松散的稀疏矩阵，大部分元素为 0。实际上，由于每个决策变量 x_{ij} 都在前 m 行式（5-1-2）中第一类约束与后 n 行式（5-1-2）中第二类约束各出现一次，所以系数矩阵中 x_{ij} 对应的系数列 P_{ij} 有且只有两个非零元素，位置分别为第 i 行和第 $m+j$ 行，即

$$x_{ij}\Leftrightarrow P_{ij}=\left(0,\cdots0,1,0\cdots0,1,0\cdots,0\right)^{\mathrm{T}}=e_i+e_{m+j} \tag{5-1-3}$$

$$\underset{\text{第}i\text{行}}{\Uparrow}\qquad\underset{\text{第}m+j\text{行}}{\Uparrow}$$

其中，e_i 表示第 i 个位置为 1 的单位列向量，e_{m+j} 表示第 $m+j$ 个位置为 1 的单位列向量。

考虑式（5-1-3）系数矩阵的秩。观察其结构，会发现前 m 行相加必然等于后 n 行相加（每行都有一个 1，其他均为 0，从产销量平衡等式也可以得到）。这说明约束条件之间并不是独立的，即系数矩阵不是行满秩的[1]，其秩不大于 $m+n-1$，有可能小于吗？

实际上可以找到一个 $m+n-1$ 维的可逆子矩阵，说明其秩不可能小于这个数字。

先在系数矩阵中删去最后一行，然后在删去后的子矩阵中取 $x_{11},x_{12},x_{13},\cdots,x_{1n}$ 及 $x_{2n},x_{3n},\cdots,x_{mn}$ 对应的共 $m+n-1$ 个系数列向量，如图 5-1-1 所示。

---

[1] 运输问题是退化的线性规划。对于一般的线性规划问题，总是假设其系数矩阵为行满秩的，则基可行解中基变量个数和系数矩阵的行数（也是约束条件个数）是一样的。而对于运输问题来说，它其实是有退化特征的线性规划，由于并不行满秩，所有基可行解中基变量个数小于 $m+n-1$。

$$x_{11}\ x_{12}\ \cdots\ x_{1n}\ x_{21}\ x_{22}\ \cdots\ x_{2n}\ \cdots\ x_{m1}\ x_{m2}\ \cdots\ x_{mn}$$

$$\begin{pmatrix} 1 & 1 & \cdots & 1 \\ & & & & 1 & 1 & \cdots & 1 \\ & & & & & & & & \ddots \\ & & & & & & & & & 1 & 1 & \cdots & 1 \\ 1 & & & & 1 & & & & & 1 \\ & 1 & & & & 1 & & & & & 1 \\ & & \ddots & & & & \ddots \\ & & & 1 & & & & 1 & & & & 1 \end{pmatrix} \left.\begin{array}{l} \\ \\ \\ \end{array}\right\} m\text{行} \quad \left.\begin{array}{l} \\ \\ \end{array}\right\} n\text{行}$$

图 5-1-1　运输问题系数矩阵中找出一个 $m+n-1$ 维可逆子矩阵的办法

最终将形成一个 $m+n-1$ 维的方阵，形如：

$$x_{11}\ x_{12}\ \cdots x_{1(n-1)}\ x_{1n}\ x_{2n}\ x_{3n}\ \cdots\ x_{mn}$$

$$\begin{array}{l}\text{前}m\text{行}\\ \\ \text{后}n-1\text{行}\end{array}\left\{\begin{pmatrix} 1 & 1 & \cdots & 1 & 1 \\ & & & & 1 \\ & & & & & 1 \\ & & & & & & \ddots \\ & & & & & & & 1 \\ 1 & & & & & & & \vdots \\ & 1 & & & & & & \vdots \\ & & \ddots & & & & & \vdots \\ & & & 1 & 0 & 0 & 0 & \cdots & 0 \end{pmatrix}\right. \triangleq \begin{pmatrix} E & I_m \\ I_{n-1} & 0 \end{pmatrix}$$

这个子矩阵显然可逆（行列式的值为 1 或-1）。由此证明了标准形式运输问题模型的系数矩阵是一个秩为 $m+n-1$ 的 0-1 稀疏矩阵。

由定理 5.2 可以得到一个对于运输问题求解来说很重要的推论。

推论 5.1　运输问题基可行解中基变量的个数总是 $m+n-1$ 个。

线性规划问题的基变量个数是系数矩阵中能找到的最大可逆子矩阵的维数。根据定理 5.2，运输问题基可行解中基变量的个数就是 $m+n-1$ 个，由此需要在求解时注意保持基变量个数为 $m+n-1$ 个，每次迭代得到的基可行解中非零分量不能超过 $m+n-1$ 个。

这里给出一个例子。考虑例 5.1.1，表 5-1-4 给出了它的一个可行解矩阵（读者可验证其满足所有约束条件），其中未填数字的部分均为 0，表中间部分数字（共 3+4-1=6 个）为相应产地和销地间的运量。可验证这些填入数字对应的系数列向量线性独立，根据第 3 章定理 3.3，这个可行解是一个基可行解，其中基变量对应数字格，而非基变量对应表中的空格部分。

表 5-1-4　例 5.1.1 的一个基可行解

	B_1	B_2	B_3	B_4	产量
A_1	☆		4	3	7
A_2	3		1		4
A_3		6		3	9
销量	3	6	5	6	

为了深入了解运输问题基可行解的特征，这里引入**"闭回路"**（Closed Loop）的概念。

在表 5-1-4 中，考虑从 x_{11} 数字格出发，用水平线向前划，会碰到数字格 $x_{13}=4$，这时直角拐弯向下，接着碰到数字格 $x_{23}=1$，同样直角拐弯向左，会碰到数字格 $x_{21}=3$，继续直角拐弯，最后回到初始的数字格 x_{11}，得到一个封闭的路线，可表示为 $(x_{11},x_{13},x_{23},x_{21})$。表 5-1-4 解矩阵中这样的封闭路线，我们称为**闭回路**。

一般地，如果运输问题的决策变量序列能够排列为如下形式，则称为**闭回路**。

$$(x_{i_1 j_1}, x_{i_1 j_2}, x_{i_2 j_2}, \cdots, x_{i_s j_s}, x_{i_s j_1})$$

其中，$i_1, i_2, \cdots, i_s$ 和 $j_1, j_2, \cdots, j_s$ 互不相同，且所有下标在序列中均出现 2 次，序列中第一个变量和最后一个变量的下标至少有 1 个相同，序列中所有不同的变量称为**闭回路的顶点**。

实际上，这样的闭回路形状可能是矩形，也可能是别的形状，如图 5-1-2（b）和图 5-1-2（c）所示，或者更复杂的图形。

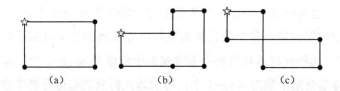

（a）　　　　　　（b）　　　　　　（c）

图 5-1-2　闭回路的形状

闭回路可以理解成类似表 5-1-4 解矩阵中的封闭线路，它实际上是解矩阵中各顶点对应决策变量之间的一种线性相关表达式。

下面的定理 5.3 说明，这样定义的闭回路与运输问题的基可行解有着密切的关系。

定理 5.3　运输问题的可行解是基可行解的充要条件是，相应解矩阵中不存在任何正分量之间的闭回路[1]。

这里所谓"正分量之间的闭回路"是指闭回路的所有顶点，包括初始数字格和直角转弯处的数字格，对应的决策变量取值均为正数。

证明： 先证必要性，即要证明对于运输问题的基可行解（x_{ij}），正分量间不存在任何闭回路。用反证法，设存在一条闭回路共有 T 个顶点的，不妨设为

$$(x_{i_1 j_1}, x_{i_1 j_2}, x_{i_2 j_2}, \cdots, x_{i_T j_T}, x_{i_T j_1})$$

考虑与闭回路中变量对应的系数列向量之间的关系，有

$$\begin{aligned} \boldsymbol{P}_{i_1 j_1} &- \boldsymbol{P}_{i_1 j_2} + \boldsymbol{P}_{i_2 j_2} - \cdots + \boldsymbol{P}_{i_T j_T} - \boldsymbol{P}_{i_T j_1} = \\ (\boldsymbol{e}_{i_1} + \boldsymbol{e}_{j_1}) &- (\boldsymbol{e}_{i_1} + \boldsymbol{e}_{j_2}) + (\boldsymbol{e}_{i_2} + \boldsymbol{e}_{j_2}) - \cdots + (\boldsymbol{e}_{i_T} + \boldsymbol{e}_{j_T}) - (\boldsymbol{e}_{i_T} + \boldsymbol{e}_{j_1}) = 0 \end{aligned} \quad (5\text{-}1\text{-}4)$$

注意：式（5-1-4）中利用了式（5-1-3），导致所有单位向量都会抵消，式（5-1-4）结果恒等于 0，说明列向量组 $\boldsymbol{P}_{i_1 j_1}, \boldsymbol{P}_{i_1 j_2}, \boldsymbol{P}_{i_2 j_2}, \cdots, \boldsymbol{P}_{i_T j_T}, \boldsymbol{P}_{i_T j_1}$ 线性相关，同时它又是基可行解（x_{ij}）对应所有基向量组（$\boldsymbol{P}_{ij}$）的一部分，那么（$\boldsymbol{P}_{ij}$）一定线性相关，根据定理 5.2，这与（x_{ij}）是基可行解矛盾，因此这样的闭回路不存在。

再证充分性，要证明当解矩阵中不存在任何正分量间的闭回路时，解矩阵中一定是基可行解，根据定理 5.2，只需要证明解矩阵中正分量对应的系数列向量线性无关即可。

设解 $\boldsymbol{X} \triangleq (x_{ij})$ 中正分量为 $\boldsymbol{X}_B \triangleq \left\{ x_{i_1 j_1}, x_{i_1 j_2}, x_{i_2 j_2}, \cdots, x_{i_K j_K} \right\}$，对应系数列向量为 $\boldsymbol{P}_B \triangleq \left\{ \boldsymbol{P}_{i_1 j_1}, \boldsymbol{P}_{i_1 j_2}, \boldsymbol{P}_{i_2 j_2}, \cdots, \boldsymbol{P}_{i_K j_K} \right\}$，设有一组数字 λ_k 满足：

$$\sum_{k=1}^{K} (\lambda_k \cdot \boldsymbol{P}_{i_k j_k}) = 0 \quad (5\text{-}1\text{-}5)$$

如果 λ_k 必须全取零值，式（5-1-5）才成立，说明 $\boldsymbol{P}_B$ 是一个线性无关组，命题得证。如若不然，至少存在一个 λ_k 不为 0，不失一般性，设为 $\lambda_1 \neq 0$，那么式（5-1-5）两边可以同除以 λ_1，可得到 λ_1 对应的 $\boldsymbol{P}_{i_1 j_1}$ 由其他列向量来线性表达的等式，考虑 $\boldsymbol{P}_{i_1 j_1} = \boldsymbol{e}_{i_1} + \boldsymbol{e}_{m+j_1}$，那么在剩下的列向量（记为 $\boldsymbol{P}_B \setminus \{\boldsymbol{P}_{i_1 j_1}\}$）中一定存在某个向量，将 $\boldsymbol{e}_{i_1}$ 作为组成部分 [否则式（5-1-5）不成立，同理也一定存在另一向量，将 $\boldsymbol{e}_{m+j_1}$ 作为组成部分]。不失一般性，设这一列向量为 $\boldsymbol{P}_{i_1 j_2} = \boldsymbol{e}_{i_1} + \boldsymbol{e}_{m+j_2}$，其系数 λ_k 也必然不为 0。同样考虑 $\boldsymbol{P}_{i_1 j_2}$，在剩余列向量 $\boldsymbol{P}_B \setminus \{\boldsymbol{P}_{i_1 j_1}, \boldsymbol{P}_{i_1 j_2}\}$ 中必然存在某个向量，将 $\boldsymbol{e}_{m+j_2}$ 作为组成部分，不妨设为 $\boldsymbol{P}_{i_2 j_2}$，其系数也不能为 0。同样地，由于 $\boldsymbol{e}_{i_2}$ 的特点，也存在另一个基向量，将 $\boldsymbol{e}_{i_2}$ 作为组成部分。以此类推，对 $\boldsymbol{e}_i$ 和 $\boldsymbol{e}_{m+j}$ 两类单位向量交

---

[1] 回顾第 3 章中定理 3.3，读者会发现定理 5.3 和定理 3.3 其实是一样的，前者就是后者针对运输问题的重述。

错考察，可以设想，这样的过程可以一直进行下去，由于 $\boldsymbol{P}_B$ 中列向量个数是有限的，所以一定会终止于某一步，而最后一步中的 $\boldsymbol{e}_i$ 或 $\boldsymbol{e}_{m+j}$ 一定是前面步骤中已经考察过的（否则必然有一个单位向量无法被表达出来），这时得到了一个闭回路（实际上回路必将回到出发点，为什么？），如图 5-1-3 所示。

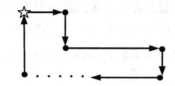

图 5-1-3 寻找闭回路示意（由于模型的特点，寻找闭回路必将回到出发顶点）

这样就找到一个闭回路，与解矩阵中不存在任何正分量间的闭回路矛盾，说明式（5-1-5）中 λ_k 必须全取零值，说明基变量对应的系数列向量线性无关，相应可行解一定是基可行解。

由定理 5.3 的证明过程可以得到：运输问题的任意一组变量 $\{x_{ij}\}$ 对应列向量 $\{\boldsymbol{P}_{ij}\}$ 线性无关的充要条件是不存在变量 $\{x_{ij}\}$ 间的闭回路。

此外，由定理 5.3 还可以得到一个对于运输问题求解来说非常重要的另一定理。

定理 5.4 设 $X_B \triangleq \left\{ x_{i_1 j_1}, x_{i_1 j_2}, x_{i_2 j_2}, \cdots, x_{i_S j_S} \right\}$（$S = m + n - 1$）是式（5-1-2）中模型的一组基变量，$x_{i_0 j_0}$ 是任意一个非基变量，则以这个非基变量为起点的新变量组：

$$x_{i_0 j_0}, x_{i_1 j_1}, x_{i_1 j_2}, x_{i_2 j_2}, \cdots, x_{i_S j_S} \tag{5-1-6}$$

一定包含且仅包含一个闭回路。

证明：事实上，式（5-1-6）中的变量组共包含 $S + 1 = m + n$ 个变量，其一定含有至少一个闭回路，否则根据定理 5.3，它一定可以作为一组基变量，而这与定理 5.2 的推论揭示的运输问题基变量的个数为 $m + n - 1$ 矛盾。

此外，如果式（5-1-6）中的变量组存在多个闭回路，从中任取 2 个，由于 $\left\{ x_{i_1 j_1}, x_{i_1 j_2}, x_{i_2 j_2}, \cdots, x_{i_S j_S} \right\}$ 不存在闭回路，则这 2 个闭回路一定均包括 $x_{i_0 j_0}$ 这个顶点，不妨设第一个闭回路为 C_1，其顶点为 $x_{i_0 j_0}$ 和 X_B 中的某 S_1 个变量，由定理 5.3 的证明，$x_{i_0 j_0}$ 对应系数列向量 $\boldsymbol{P}_{i_0 j_0}$ 一定可以由这 S_1 个变量对应的系数列向量来线性表达；另设第二个闭回路为 C_2，其顶点为 $x_{i_0 j_0}$ 和 X_B 中的某 S_2 个变量，同理，$x_{i_0 j_0}$ 对应系数列向量 $\boldsymbol{P}_{i_0 j_0}$ 一定也可以由这 S_1 个变量对应的系数列向量来线性表达。即有

$$P_{i_0 j_0} = \sum_{k=1}^{S_1} (\lambda_k \cdot P_{i_k j_k}^{(1)}) \quad (P_{i_k j_k}^{(1)} \in C_1 \setminus \{P_{i_0 j_0}\})$$

$$P_{i_0 j_0} = \sum_{l=1}^{S_2} (\beta_l \cdot P_{i_l j_l}^{(2)}) \quad (P_{i_l j_l}^{(2)} \in C_2 \setminus \{P_{i_0 j_0}\})$$

两式相减，有

$$\sum_{k=1}^{S_1} (\lambda_k \cdot P_{i_k j_k}^{(1)}) - \sum_{l=1}^{S_2} (\beta_l \cdot P_{i_l j_l}^{(2)}) = 0$$

其中 λ_k 不全为0，β_l 不全为0，$P_{i_k j_k}^{(1)}$ 和 $P_{i_l j_l}^{(2)}$ 不全相等（否则是同一个闭回路），说明所有 $P_{i_k j_k}^{(1)}$ 和所有 $P_{i_l j_l}^{(2)}$ 组合在一起构成的列向量组线性相关，这与它们均包含在 X_B 对应的系数列向量组中必然线性无关，矛盾。这说明式（5-1-6）中包含的闭回路必然是唯一的。

熟悉线性代数中线性空间相关知识的读者，很快会想到，这里基变量对应的系数向量组是一个线性无关组，也是系数矩阵所有列向量张成的线性空间的一组基，自然对于该空间的任何向量，在这一组基下一定有唯一的坐标。

定理 5.4 将运输问题中非基向量可由基向量来唯一线性表达这个事实，与解矩阵中是否存在闭回路关联在一起，由于寻找闭回路可以直观地操作，这就为寻找和变换基可行解，甚至解的判别带来了便利。

5.2　表上作业法

回顾求解线性规划问题的单纯形法，其基本步骤是：寻找初始基可行解，由检验数和判别准则来判断当前解是否为最优解，如否，则进行基变换和旋转运算，迭代得到一个新的基可行解，继续判别和迭代，直至满足终止条件。

对于特殊的线性规划——运输问题来说，这个过程可以变得更简单。在手工计算时，都在表中进行，所以这一简化的求解方法称为**表上作业法**（Table on the Operating Method）[1]，有些学者也称为运输单纯形法。表上作业法是简化的针对特殊模型形式的单纯形法，其基本思路及大致步骤与单纯形法一致，但具体计算办

---

[1] 实际上，运输问题本身是线性规划（也是最早得到有效解决的线性规划问题），完全可以采用第 3 章中的单纯形法来求解，加之现在有了强大的计算机程序，运输问题本身的求解已经不是困难的问题。但学习运输问题的求解算法——表上作业法仍有重要意义，不仅可以更好地了解运输问题的特征，还可以让读者理解运筹学这门学科的一个普遍理念——更好的算法来源于对模型特征的更深入理解。

法和若干术语有所不同，具体过程说明如下。

第1步：找出初始基可行解。不同于单纯形法中的标准化办法，这里利用一些更简单的技巧完成，最终要在表示解方案的产销平衡表上，在 $m×n$ 个数字格上给出 $m+n-1$ 个数字格（对应运输问题的基可行解）。

第2步：计算非基变量的检验数，对解进行判别。在表上计算非基变量所对应空格的检验数，并判别是否达到最优解。如已是最优解，则停止计算，否则转到下一步。

第3步：调整基可行解。利用不同于单纯形表中的办法——闭回路法来确定换入变量和换出变量，并进行调整，找出新的基可行解。

不断重复第2步和第3步，直到找到最优解。

下面通过求解例5.1.1中物资调运问题说明表上作业法的计算步骤。首先把例中产销量与单位运价表合并，如表5-2-1所示。

表5-2-1 物资调运问题的产销量与单位运价表

		销 地				产量（吨）
		B_1	B_2	B_3	B_4	
产地	A_1	3	11	3	10	7
	A_2	1	9	2	8	4
	A_3	7	4	10	5	9
需求量（吨）		3	6	5	6	

其次要判断是否为标准的产销平衡问题。这里总产量为7+4+9=20吨，而总销量为3+6+5+6=20吨，且目标函数求最小，确定该问题为产销平衡问题，满足表上作业法使用的前提条件，下面进行求解。

5.2.1 初始基可行解的确定

产销平衡运输问题总存在可行解，所以一定可以找到初始基可行解。因为运输问题的特殊性，读者不需要像单纯形法中的做法去找一个单位子矩阵（如果那样，由于运输问题约束条件多，要添加很多新变量），而使用一些更简便的方法，当然用这些方法找到的解一定要是可行解，同时越接近最优解越好。人们已经找到很多这样的方法，使用较多的方法包括最小元素法、伏格尔（Vogel）法、西北角法、拉塞尔（Russell）法等。这些方法思路不同，应用于不同问题的效果也会有区别。这里介绍前面两种，感兴趣的读者可以在网上搜索学习其他方法。

1. 最小元素法

很自然的想法是就近供应，即从单位运价表中最小的运价开始确定供销关系，然后考虑次小的运价，以此类推，直到找出初始基可行解为止。

以例 5.1.1 的求解为例说明最小元素法的实施过程。

先给出一组对照表，包括表 5-2-2a 形式的产销量与单位运价表，以及一个用来表示解的空表，如表 5-2-2b 所示。

表 5-2-2a 产销量与单位运价表之一

	B_1	B_2	B_3	B_4	产　量
A_1	3	11	3	10	7
A_2	①	9	2	8	4
A_3	7	4	10	5	9
销量	3	6	5	6	

表 5-2-2b 实际运量表之一

	B_1	B_2	B_3	B_4	产　量
A_1					7
A_2	3				4
A_3					9
销量	3	6	5	6	

（1）在表 5-2-2a 中找最小值，为 $c_{21}=1$，优先考虑产地 A_2 供应给 B_1，实际供应量取两者产量或销量中的较小数字，为 3，即实际运输量为 3，将其写入表 5-2-2b 中。

（2）在表 5-2-2a 中将销量已经得到满足的销地 B_1 相应的列划去，表示不再考虑此销地。

（3）在表 5-2-3a 中未划去的部分找最小值，为 $c_{23}=2$，即应考虑 A_2 供应给 B_3，由于 A_2 的产量 4 中在供应给 B_1 后只剩下 1，将这 1 吨物资供应给 B_3，在表 5-2-3b 中相应位置填入 1。

表 5-2-3a 产销量与单位运价表之二

	B_1	B_2	B_3	B_4	产　量
A_1	3	11	3	10	7
A_2	1	9	②	8	4
A_3	7	4	10	5	9
销量	3	6	5	6	

表 5-2-3b 实际运量表之二

	B_1	B_2	B_3	B_4	产　量
A_1					7
A_2	3		1		4
A_3					9
销量	3	6	5	6	

（4）这时产地 A_2 所有的产量均已运出，再也不需要考虑 A_2，把 A_2 行划去，如表 5-2-3a 所示。

（5）以此类推，在产销量与单位运价表中剩下部分找最小元素，在表 5-2-3b 实际运量表相应位置填入数字，继而划去某一个产地或者销地，最终所有产量均被运出，所有销量均得到满足（注意产销平衡），所有产地和销地均被划去，最终得到一个可行运输方案（近似最优解），如表 5-2-4 所示。

表 5-2-4　实际运量表之三

	B_1	B_2	B_3	B_4	产　量
A_1			4	3	7
A_2	3		1		4
A_3		6		3	9
销量	3	6	5	6	

这个解的含义是各实际运量 $x_{13}=4$，$x_{14}=3$，$x_{21}=3$，$x_{23}=1$，$x_{32}=6$，$x_{34}=3$，其余变量均为 0，将运量与单位运价相乘加和得到总运价为 86。

这样得到的表 5-2-4 就是运输问题的一个基可行解，为什么？

回顾最小元素法的实施过程，会发现在中间每步都会在产销量与单位运价表中划去一行或一列，同时在运量表中某个空白数字格处填入一个数字，最后一次同时划去一行和一列（因为产销量平衡），所以表中最终填入的数字格共有 $m+n-1$ 个，这与 5.1 节中运输问题基可行解中基变量个数为 $m+n-1$ 一致。

此外，根据定理 5.3 和定理 5.4，只需要证明这个解中 $m+n-1$ 个数字格对应的系数列向量线性无关（不包含任何闭回路），那么该解就是基可行解。

事实上，如果上面得到的数字格对应的变量组包含了一个闭回路，如图 5-2-1 所示。设为 $(x_{i_1j_1}, x_{i_1j_2}, x_{i_2j_2}, \cdots, x_{i_sj_s}, x_{i_sj_1})$，不妨设最小元素法操作过程中填入 $x_{i_1j_1}$ 数字格时划去的是行，那么闭回路中相邻顶点 $x_{i_1j_2}$ 一定是在 $x_{i_1j_1}$ 之前填入的，且填入后划去的是列（否则其之后不会再填入 $x_{i_1j_1}$）。同理，顶点 $x_{i_2j_2}$ 一定是 $x_{i_1j_2}$ 之前填入的，且划去的是行。以此类推，沿着闭回路，最终顶点 $x_{i_sj_1}$ 一定是在 $x_{i_sj_s}$ 之前填入的，且划去的是列，那么按照最小元素法操作办法，$x_{i_1j_1}$ 数字格就不可能填入数字！得出矛盾。由定理 5.3，最小元素法得到的初始近似解是基可行解。

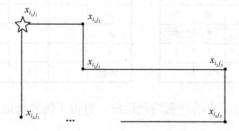

图 5-2-1　闭回路示意（从空格出发，遇到数字格才可转弯）

值得注意的是，在用最小元素法给出初始解过程中，在中间某一步有可能在解矩阵中填入一个数字后，在单位运价表中同时划去一行和一列（产量和销量同时得到满足），这时就出现退化。关于退化的处理将在 5.2.4 节中进行介绍。

2. 伏格尔法

回顾最小元素法的实施过程，会发现它有这样的缺点：因为总是考虑最小值，有时为了节省一处的费用，可能造成其他地方要花费几倍的运费。特别是当最小运费和次小运费相差很大时，这个缺点尤为明显，因为如果不能按最小运费调运，运费就会增加很多。

由此，可以考虑这样改进：如果某产地的产品不能按最小运费来运，就按次小运费运送，那么考虑两者差额大的，每次取差额最大处，优先采取最小运费调运。这就是**伏格尔法**（Vogel Method，也称差值法）的基本思路。

以例 5.1.1 说明伏格尔法的实施过程。

（1）在表 5-2-1 中将产量列和销量行改为各行和各列的最小运费和次小运费的差额，分别计算填入，得到表 5-2-5a，其中"5"是所有差额中最大值（包括行差额和列差额），取相应 B_2 列中的最小元素 4，确定 A_3 行的产品优先供应给 B_2 列，在表 5-2-5b 中表相应位置填入"6"，这时 B_2 列销量得到满足，划去 B_2 列。

表 5-2-5a　差额与单位运价表之一

	B_1	B_2	B_3	B_4	行 差
A_1	3	11	3	10	0
A_2	1	9	2	8	1
A_3	7	④	10	5	1
列差	2	[5]	1	3	

表 5-2-5b　实际运量表之四

	B_1	B_2	B_3	B_4	产 量
A_1					7
A_2					4
A_3		6			9
销量	3	6	5	6	

（2）在划去列或行剩余的单位运价表中重新计算行差额或列差额，注意不是所有差额都需要重新计算，如果上一步划去的是行（列），则这一步只需要重新计算列（行）差额。本步只需要重新计算行差额，然后同样找所有差额中最大的，为"3"，然后选 B_4 列中的最小值"5"，确定 A_3 行的产品优先供应给 B_4 列，在表 5-2-6b 中的实际运量表相应位置填入"3"，然后划去 A_3 行。

表 5-2-6a　差额与单位运价表之二

	B_1	B_2	B_3	B_4	行 差
A_1	3	11	3	10	0
A_2	1	9	2	8	1
A_3	7	4	10	⑤	2
列差	2	5	1	[3]	

表 5-2-6b　实际运量表之五

	B_1	B_2	B_3	B_4	产 量
A_1					7
A_2					4
A_3		6		3	9
销量	3	6	5	6	

（3）以此类推，不断进行下去，最终得到如表 5-2-7 所示的解矩阵。

表 5-2-7 实际运量表之六

	B_1	B_2	B_3	B_4	产 量
A_1			5	2	7
A_2	3			1	4
A_3		6		3	9
销量	3	6	5	6	

可以看出，伏格尔法与最小元素法除在确定供应关系的思路上不同外，其他步骤是一样的。比较两个办法得到的初始解，最小元素法中对应的目标函数值为 86，而伏格尔法得到的是 85，说明后者较优。一般来说，伏格尔法给出的初始解比最小元素法给出的初始解更接近最优解（对于本例而言，表 5-2-7 中实际上就是最优解）。

5.2.2 最优解的判别

回顾线性规划问题的通用解法——单纯形法中解的判别准则，非基变量检验数的实际含义为：如果把某个非基变量换入基变量中，每改变单位数量引起目标函数的变化趋势和变化程度。如果检验数为负数，意味着这样的基变换会带来目标函数的减小；如果检验数是正数，则意味着目标函数的增大。考虑运输问题数学模型目标函数取最小，那么当所有非基变量检验数均为非负数时，说明找到了最优解；否则如果有负数存在，说明还需要进一步迭代。

由于运输问题的特殊性，这里采取更简便的办法来计算检验数，下面介绍常见的两种：闭回路法和位势法，尽管它们形式不同，但实质仍是单纯形法中检验数的计算。

1. 闭回路法

5.1.2 节已经给出了"闭回路"的定义，并且我们已经知道，在运输问题基可行解对应的解矩阵中，任取一个非基变量（空格），一定可以找到一条从其出发，而其他顶点均为基变量的闭回路，且这样的闭回路是唯一的。那么就可以根据这样的闭回路来计算这个非基变量的检验数。

考虑例 5.2.1 中用最小元素法得到的初始基可行解，如表 5-2-8 所示。从任意空格出发，如 (A_1, B_1)，按照闭回路的画法，得到表中所示的闭回路。

表 5-2-8　初始基可行解与其中的闭回路

	B_1	B_2	B_3	B_4	产　量
A_1	☆		4	3	7
A_2	3		1		4
A_3		6		3	9
销量	3	6	5	6	

因为空格处当前运量为 0，如果要将其由非基变量变为基变量，那么要从 A_1 行的产量中调运 1 吨给 B_1 列，而为了保持产销平衡，闭回路上的其他顶点处就要依次调整：在 (A_1, B_3) 处减少 1 吨，在 (A_2, B_3) 处增加 1 吨，在 (A_2, B_1) 处减少 1 吨，由于在 (A_1, B_1) 处已经增加了 1 吨，保持了产销量平衡，而这样调整带来的总运价变化为

$$(+1) \times c_{11} + (-1) \times c_{13} + (+1) \times c_{23} + (-1) \times c_{21} = 1 \times 3 - 1 \times 3 + 1 \times 2 - 1 \times 1 = 1$$

这表明运费将增加 1 元，考虑检验数的含义，这就是 (A_1, B_1) 对应的非基变量 x_{11} 的检验数。

同样操作，找所有空格的闭回路，然后沿着闭回路计算检验数，结果如表 5-2-9 所示。

表 5-2-9　表 5-2-8 中所有空格的检验数

空　格	闭　回　路	检验数
(1,1)	(1,1) － (1,3) － (2,3) － (2,1) － (1,1)	1
(1,2)	(1,2) － (1,4) － (3,4) － (3,2) － (1,2)	2
(2,2)	(2,2) － (2,3) － (1,3) － (1,4) － (3,4) － (3,2) － (2,2)	1
(2,4)	(2,4) － (2,3) － (3,3) － (1,4) － (2,4)	−1
(3,1)	(3,1) － (3,4) － (1,4) － (1,3) － (2,3) － (2,1) － (3,1)	10
(3,3)	(3,3) － (3,4) － (1,4) － (1,3) － (3,3)	12

根据计算结果，(2,4)格对应的检验数为"−1"，说明如果该处非基变量换入作为基变量，每增加 1 个单位运量，会降低总运价 1 个单位，说明当前运输方案可进一步优化，不是最优解。

2. 位势法

上面在用闭回路法计算检验数时，需要给每个空格找闭回路，虽然这样的闭回路一定存在，但当产地或销地很多时，找到闭回路并不容易。下面介绍一种更简便的办法——**位势法**（Potential Method），也称为对偶变量法，它利用检验数的对偶表达形式来计算所有非基变量的检验数，计算量较闭回路法小。

考虑式（5-1-2）的对偶问题形式，设 $u_1,u_2,\cdots,u_m,v_1,v_2,\cdots,v_n$ 是对应运输问题的 $m+n$ 个约束条件的对偶变量，有

原问题

$$\min z = \sum_{i=1}^{m}\sum_{j=1}^{n}c_{ij}x_{ij}$$

$$\begin{cases} \sum_{i=1}^{m}x_{ij}=b_j & (j=1,2,\cdots,n) \\ \sum_{j=1}^{m}x_{ij}=a_i & (i=1,2,\cdots,m) \\ x_{ij}\geqslant 0 & (i=1,2,\cdots,m;\ j=1,2,\cdots,n) \end{cases}$$

对偶问题

$$\max w = \sum_{i=1}^{m}a_iu_i + \sum_{j=1}^{n}b_jv_j$$

$$\begin{cases} u_i+v_j\leqslant c_{ij} \\ \\ u_i,v_j\ 无约束 \\ \\ i=1,2,\cdots,m;\ j=1,2,\cdots,n \end{cases} \quad (5\text{-}2\text{-}1)$$

考虑运输问题检验数的表达形式，根据所有变量（包括基变量）的检验数可表达为

$$\sigma_{ij}=c_{ij}-\boldsymbol{C_B}\boldsymbol{B}^{-1}\boldsymbol{P}_{ij} \qquad (5\text{-}2\text{-}2)$$

观察式（5-2-2），其中 $\boldsymbol{C_B}\boldsymbol{B}^{-1}$ 为单纯形乘子，由对偶理论，它是对偶问题的解，因而有

$$\boldsymbol{C_B}\boldsymbol{B}^{-1}=(u_1,u_2,\cdots,u_m,v_1,v_2,\cdots,v_n)$$

将它及 $\boldsymbol{P}_{ij}=\boldsymbol{e}_i+\boldsymbol{e}_{m+j}$ 代入式（5-2-2），得

$$\begin{aligned} \sigma_{ij} &= c_{ij}-\boldsymbol{C_B}\boldsymbol{B}^{-1}\boldsymbol{P}_{ij} \\ &= c_{ij}-(u_1,u_2,\cdots,u_m,v_1,v_2,\cdots,v_n)(\boldsymbol{e}_i+\boldsymbol{e}_{m+j}) \\ &= c_{ij}-(u_i+v_j) \end{aligned} \qquad (5\text{-}2\text{-}3)$$

式（5-2-3）对所有变量均成立。对于基变量来说，其检验数总为 0，相应得到了 $m+n-1$ 个等式方程（$c_{ij}=u_i+v_j$，i 和 j 为基变量对应下标），而式（5-2-3）中所有 u_i 和 v_j 共有 $m+n$ 个未知量，因此存在一个自由未知量，实际上这里的目的是计算非基变量的检验数 σ_{ij} 的值，并不需要准确求出所有 u_i 和 v_j 的值。注意到以下事实：给 u_i 和 v_j 中任意一个变量赋予一个固定值，如 $u_1=k$，根据基变量检验数为 0 得到的等式组，就可以将 u_i 和 v_j 中其他变量依次用 k 表达出来，在所有表达式中，u_i 的表达式中必然含有" $+k$ "部分，v_j 的表达式中必然含有" $-k$ "部分，那么所有 u_i+v_j 数值均和 k 本身无关。所以，在实际计算时，可以任取一个变量，给定一数值，如 $u_1=0$，然后计算其他变量的值，最终算出所有非基变量的 σ_{ij}。

在实际计算时，式（5-2-3）不用明确列出来，只需要在表上计算即可。

下面用位势法重新计算表 5-2-9 中各空格的检验数。

（1）方便起见，将所有单位运价写入基可行解对应的解矩阵表中，并将表中最后一行和最后一列改为对偶变量，如表 5-2-10a 的形式。

表 5-2-10a 位势法计算检验数之一

	B_1		B_2		B_3		B_4		u_i
A_1		3		11	4	3	3	10	
A_2	3	1		9	1	2		8	
A_3		7	6	4		10	3	5	
v_j									

（2）不妨令 $u_1 = 0$，按照基变量 $u_i + v_j = c_{ij}$ 相继确定 u_i 和 v_j 的取值。如 $u_1 = 0$，由于数字格 (A_1, B_3) 和 (A_1, B_4) 为基变量，有

$$u_1 + v_3 = c_{13} \Rightarrow 0 + v_3 = 3 \Rightarrow v_3 = 3$$
$$u_1 + v_4 = c_{14} \Rightarrow 0 + v_4 = 10 \Rightarrow v_4 = 10$$

将 v_3 和 v_4 的值填入表 5-2-10a 中，考虑数字格 (A_2, B_3) 得到

$$u_2 + v_3 = c_{23} \Rightarrow u_2 + 3 = 2 \Rightarrow u_2 = -1$$

填入 u_2，继而考虑 (A_2, B_1) 数字格，算得 $v_1 = 1$。以此类推，最终确定所有 u_i 和 v_j 的取值，并填入表 5-2-10b 中。

表 5-2-10b 位势法计算检验数之二

	B_1		B_2		B_3		B_4		u_i
A_1		3		11	4	3	3	10	0
A_2	3	1		9	1	2		8	−1
A_3		7	6	4		10	3	5	−5
v_j	2		9		3		10		

（3）考察表中的空格（非基变量），利用已经得到的 u_i 和 v_j 数值和检验数表达式 $\sigma_{ij} = c_{ij} - (u_i + v_j)$，计算所有空格的检验数，得到表 5-2-11，其中下面画线的数字是基变量的检验数，均为 0。

表 5-2-11 位势法算得的检验数

	B_1		B_2		B_3		B_4		u_i
A_1	1	3	2	-11	<u>0</u>	3	<u>0</u>	10	0
A_2	<u>0</u>	1	1	9	<u>0</u>	2	-1	8	-1
A_3	10	7	<u>0</u>	4	12	10	<u>0</u>	5	-5
v_j	2		9		3		10		

计算结果与上面闭回路法结果一致，存在检验数为负，当前不是最优解。

5.2.3 解的改进

当在表中空格处出现负的检验数时，表明当前解不是最优解，类似于单纯形法中的办法，当有两个或两个以上的负检验数时，一般选最小的负检验数（绝对值大的）对应的非基变量优先换入，以其对应的空格为调入格，使用"闭回路调整法"对当前解进行改进。下面用例 5.1.1 来说明。

（1）确定调入格。在表 5-2-11 中 (A_2, B_4) 处的检验数为"-1"，确定其为调入格，找到它的闭回路，如表 5-2-12 所示。

（2）对闭回路顶点编号。将闭回路中调入格作为出发格，记为①，依次将闭回路顶点格编为②、③等。

表 5-2-12 用闭回路法对解进行改进

	B_1		B_2		B_3		B_4		u_i
A_1		3		11	4 ③	3	3 ②	10	0
A_2	3	1		9	1 ④	2	①	8	-1
A_3		7	6	4		10	3	5	-5
v_j	2		9		3		10		

（3）取闭回路上的偶数顶点格处当前运量的最小值，在表 5-2-12 中取 $\theta = \min\{1, 3\} = 1$，沿着闭回路，在所有单数顶点格处均加上调整量 θ，在所有偶数顶点格处减去调整量 θ。

Note

这里的 θ 其实就是单纯形法的最小值准则，它有两个作用，一是确保最大的可能调整量；二是保证这样进行调整后得到的新解仍为基可行解。

（4）在被减去运量的偶数顶点格处，将当前运量为 0 的顶点变为空格（不再填入数字），表示其由基变量变为非基变量，仍保持基可行解中数字格总数为 $m+n-1$ 个。得到调整方案，如表 5-2-13 所示。

表 5-2-13 调整后的基可行解

	B_1		B_2		B_3		B_4		u_i
A_1		3		11	5	3	2	10	0
A_2	3	1		9		2	1	8	−1
A_3		7	6	4		10	3	5	−5
v_j	2		9		3		10		

重新用闭回路法或位势法计算新的解检验数，会发现所有检验数均非负，说明表 5-2-13 中的解已是最优解，最优运输方案为：A_1 给 B_3 运 5 吨，A_1 给 B_4 运 2 吨，A_2 给 B_1 运 3 吨，A_2 给 B_4 运 1 吨，A_3 给 B_2 运 6 吨，A_3 给 B_4 运 3 吨，其他均为 0，使总运价最低为 85。

如果上面仍不是最优解，需要回到解的判别中，重新计算检验数，再利用闭回路调整法进行改进，以此类推，直到得到最优解为止。

5.2.4 几个问题的说明

1. 无穷多最优解的判别

标准形式（产销平衡）的运输问题一定存在最优解，但最优解区分为唯一最优解和无穷多最优解，在具体求解时到底是哪种情况？由于表上作业法是特殊的单纯形法，当然后者关于无穷多最优解的判别准则是成立的，即当有某个非基变量（空格）的检验数为 0 时，该问题有无穷多最优解，否则有唯一最优解。但请读者注意的是，由于运输问题数学模型本身不是行满秩的，可能出现退化（下面进一步说明），在表上作业法过程中两个不同的基可行解可能是同一个运输方案，只是填入数字格（基变量）的 0 和作为空格（非基变量）的 0 的区别。

此外，如果出现了无穷多最优解，那么如何求解出多个最优解呢？和单纯形法类似，可在最终单纯形表中以检验数为 0 的变量作为换入变量强行迭代一次，会得到不同的基可行解，根据线性规划可行域的凸集性质，这两个解为端点的线段上所有解都是最优解。

2. 退化情况及其处理

在用表上作业法求解运输问题的过程中，可能会出现要填入的数字格（基变量）个数不足 $m+n-1$ 个的情况，称为出现"退化"。这时为了使表上作业法能够进行下去，要在相应的格中添上 0 以保持数字格的总数不变。共有以下两种情况，下面分别说明处理办法。

（1）在确定初始基可行解时，若在中间某一步，当某个数字格填入某数字时，出现相应产地的剩余产量恰好等于相应销地的需求量，这时在解矩阵中填上运量，就需要在单位运价表上同时划去一行和一列，会导致最终解矩阵中数字格不足 $m+n-1$ 个。这时的处理办法是在被划去的行或列的其他位置填一个 0 作为数字格。

如表 5-2-14a 中用最小元素法确定初始解的第 2 步，当取次小运价"2"时，发现 A_3 剩余产量 6 正好满足销地 B_2 的需求量，意味着需要同时划去这两处，而在解矩阵 5-2-14b 中只填入一个数字"<u>6</u>"，这时要在表中标记了"·"的位置任选一个，填入 0 作为数字格。

表 5-2-14a　产销量与单位运价表

	B_1	B_2	B_3	B_4	产　量
A_1	3	11	4	5	7
A_2	7	6	3	8	4
A_3	1	②	10	5	9
销量	3	6	5	6	

表 5-2-14b　实际运量表

	B_1	B_2	B_3	B_4	产　量
A_1		·			7
A_2		·			4
A_3	3	<u>6</u>	·	·	9
销量	3	6	5	6	

（2）在使用闭回路法调整对解进行改进时，如果闭回路上的偶数顶点出现了两个或两个以上相等的最小值，由于所有偶数顶点均要减去调整量，意味着多个顶点出现需要退出的 0，如果全部作为调出格，会使得调整后解矩阵中数字格不足 $m+n-1$ 个，这时的处理办法是只选择一个作为调出格，而在其他偶数顶点处仍然保持其数据格的位置，填入 0，表明相应数据格是基变量，只不过取值为 0。

无论以上哪种情况，当表上作业法出现退化解后，由于数字格中 0 的存在，在进行闭回路调整时，均有可能取一个值为 0 的数字格作为调出格，那么实际调整量为 $\theta = 0$，这时虽然实际上调整后运输方案没有发生变化，但对于表上作业法仍然是有意义的（进行了基变换），读者只需要继续迭代即可。

3. 具体方法的选取

表上作业法是针对运输问题模型特征的特殊单纯形法，较为直观、简便，它包含了多类更为具体的方法。首先是如何找到初始基可行解，这有很多方法，本书介绍了最小元素法和伏格尔法，一般而言，伏格尔法较优，但其比最小元素法多了一个差额计算；其次是检验数的计算，本书介绍了闭回路法和位势法，闭回路法直观，但工作量大，较为耗时，位势法简便、快速，但对其的深入理解需要对偶理论，作者推荐使用位势法；最后是解的改进，其只有一个方法，也就是闭回路调整法，注意到这时每次只需要找到负值检验数对应格的闭回路即可，也较简单。

5.3　非标准的运输问题

前面所述的表上作业法是以标准的产销平衡问题为前提的，在实践中运输问题不一定是平衡的，同时，还可能有一些复杂的约束条件，包括有附加要求、有转运等多种情况。对这些问题的分析、建模和求解的基本思路是"转化"，即通过将其转化为标准的运输问题进行表达和求解。本节给出几个应用示例说明具体办法。

5.3.1　产销不平衡的运输问题

对于总产量和总销量不相等的不平衡运输问题，一般思路是通过增加虚拟的产地或者销地，将其转化为产销平衡问题，然后用表上作业法求解。

1. 产大于销

当总产量大于总销量时，即 $\sum_{i=1}^{m} a_i > \sum_{j=1}^{n} b_j$，运输问题的数学模型写为

$$\min z = \sum_{i=1}^{m}\sum_{j=1}^{n} c_{ij} x_{ij}$$

$$\begin{cases} \sum_{j=1}^{n} x_{ij} \leqslant a_i \ (i=1,2,\cdots,m) \\ \sum_{i=1}^{m} x_{ij} = b_j \ (j=1,2,\cdots,n) \\ x_{ij} \geqslant 0 \end{cases}$$

Note

由于产大于销，为了转化为产销平衡问题，考虑增加一个虚拟销地（实际上是对多余的物资进行储存），虚拟销地的销量为总产量和总销量的差值，各实际产地到虚拟销地的运量实际上就是各产地的储存量，如果不产生费用，则取相应的单位运价为 0，如果产生费用，则取相应数值。以下以不产生费用为例说明转化后的模型形式。

设增加虚拟销地 B_{n+1}，销量为 b_{n+1}，$x_{i,n+1}$ 是各产地运往 B_{n+1} 的实际运量，$c_{i,n+1}$ 为单位运价，取 $c_{i,n+1}=0$，构建产销平衡的模型，即

$$\min z' = \sum_{i=1}^{m}\sum_{j=1}^{n+1} c_{ij}x_{ij} = \sum_{i=1}^{m}\sum_{j=1}^{n} c_{ij}x_{ij}$$

$$\begin{cases} \sum_{j=1}^{n+1} x_{ij} = a_i \quad (i=1,\cdots,m) \\ \sum_{i=1}^{m} x_{ij} = b_j \quad (j=1,\cdots,n+1) \\ x_{ij} \geqslant 0 \end{cases} \qquad (5\text{-}3\text{-}1)$$

其中，$\sum_{i=1}^{m} a_i = \sum_{j=1}^{n} b_j + b_{n+1} = \sum_{j=1}^{n+1} b_j$。

式（5-3-1）为标准形式的运输问题，可用表上作业法进行求解。

2. 销大于产

总销量大于总产量是指现实销地的潜在销量比产地能提供的总产量大[1]，即有 $\sum_{j=1}^{n} b_j > \sum_{i=1}^{m} a_i$，这时的数学模型为

$$\min z = \sum_{i=1}^{m}\sum_{j=1}^{n} c_{ij}x_{ij}$$

$$\begin{cases} \sum_{j=1}^{n} x_{ij} = a_i \quad (i=1,2,\cdots,m) \\ \sum_{i=1}^{m} x_{ij} \leqslant b_j \quad (j=1,2,\cdots,n) \\ x_{ij} \geqslant 0 \end{cases} \qquad (5\text{-}3\text{-}2)$$

---

[1] "销大于产" 实际上指销地的需求量比总产量更大，这意味着 "缺货"。现实中缺货可能有成本（如违反合同、造成顾客流失等），也可能不产生直接代价，在建模时到底要考虑哪些要素？需要读者把握并在必要时对解进行反馈验证。

类似于前面的产大于销问题，只要增加一个假想的产地（实际上并没有实际运送），虚拟产地的总产量为总销量（总需求量）和总产量的差值，虚拟产地到各实际销地的单位运价需要根据实际情况来确定。如果各销地的需求量实际上不一定要必须满足，那么相应的单位运价为 0；如果需求量必须满足，不能由虚拟产地运送，那么相应运价可取为惩罚性的"M"，实际中也可能用一个有限的数字来表达缺货带来的损失。以下以不产生费用为例说明转化后的模型形式。

设增加一个虚拟产地 A_{m+1}，产量为 $a_{m+1} = \sum_{j=1}^{n} b_j - \sum_{i=1}^{m} a_i$，$x_{m+1,j}$ 是虚拟产地运往各销地的实际运量，$c_{m+1,j}$ 为相应的单位运价，取 $c_{m+1,j} = 0$，构建产销平衡的模型如下：

$$\min z' = \sum_{i=1}^{m}\sum_{j=1}^{n} c_{ij} x_{ij}$$

$$\begin{cases} \sum_{j=1}^{n} x_{ij} = a_i \ (i=1,2,\cdots,m+1) \\ \sum_{i=1}^{m+1} x_{ij} = b_j (j=1,2,\cdots,n) \\ x_{ij} \geqslant 0 \end{cases}$$

例 5.3.1【交货时间安排问题】 某公司需要在下一个季度的每个月月末分别提供 10 万台、25 万台、35 万台某一型号的电视机。已知该公司相应每个月的最大生产能力分别为 25 万台、35 万台、15 万台，相应每万台的生产成本为 800 万元、805 万元、810 万元。而如果产品生产出来当月不交货，每万台积压一个月需要仓储、保养、折旧等费用为 4 万元。试给出公司这一季度总费用最小的生产方案。

这是个典型的交货时间安排问题，由于生产能力和成本不和销售步调一致（如销售有旺季和淡季），有时需要在一个较长的时间周期内统筹考虑何时生产及何时交货的问题，使综合成本最小或者总利润最大。虽然这里读者可以把它看作一般的线性规划问题，但考虑到运输问题的求解要更简单，可以把它转化为运输问题来考虑，从而简化求解。

解： 考虑到当月生产不一定当月交货，可以把生产的各月份看作产地［产量为 $a_i(i=1,2,3)$］，把交货的时间点看作销地［销量为交货量 $b_j\ (j=1,2,3)$］，决策变量为相应的第 i 月生产而用于第 j 月交货的电视机台数，设为 $x_{ij}(i=1,2,3; j=1,2,3)$，

单位运价为如果第 i 月生产第 j 月交货每万台产生的单位总成本（包括成本和库存

等），设为 c_{ij}，得到表 5-3-1[1]。

表 5-3-1　每万台交货时成本（ c_{ij} ）

	第 1 月	第 2 月	第 3 月	产量（万台）
第 1 月	800	804	808	25
第 2 月		805	809	35
第 3 月			810	15
销量（万台）	10	25	35	

考虑到生产能力约束，有

$$\begin{cases} x_{11} + x_{12} + x_{13} \leqslant 25 \\ \qquad\quad x_{22} + x_{23} \leqslant 35 \\ \qquad\qquad\qquad x_{33} \leqslant 15 \end{cases}$$

考虑交货要求，应有

$$\begin{cases} x_{11} = 10 \\ x_{12} + x_{22} = 25 \\ x_{13} + x_{23} + x_{33} = 35 \end{cases}$$

由此，得到如下形式的运输问题数学模型：

$$\min z = \sum_{i=1}^{3} \sum_{j=1}^{3} c_{ij} x_{ij}$$

$$\begin{cases} \sum\limits_{j=1}^{3} x_{ij} \leqslant a_i & (i=1,2,3) \\ \sum\limits_{i=1}^{3} x_{ij} = b_j & (j=1,2,3) \\ x_{ij} \geqslant 0 & (i=1,2,3; j=1,2,3) \end{cases}$$

由于总产量大于总销量，故这是一个产销不平衡的运输问题，增加一个虚拟的销地（T），相应单位运价为 0。同时，注意到后面月份生产的电视机不可能交货到前面的月份，故相应运价应设为惩罚性的"M"，有表 5-3-2。

---

[1] 例 5.3.1 是个典型的生产计划问题，建模的关键点在于将生产和交货的时间要素转化为产地和销地的空间要素（时间换空间），一旦形成标准模型，求解将不成问题。

表 5-3-2　转化后的成本（c_{ij}）

	第 1 月	第 2 月	第 3 月	T	产量（万台）
第 1 月	800	804	808	0	25
第 2 月	M	805	809	0	35
第 3 月	M	M	810	0	15
销量（万台）	10	25	35	5	

表 5-3-2 对应于一个标准的运输问题，用表上作业法求解，得到表 5-3-3 中的最优解。

表 5-3-3　例 5.3.1 的最优解（x_{ij}）

	第 1 月	第 2 月	第 3 月	T	产量（万台）
第 1 月	10		15		25
第 2 月		25	10		35
第 3 月			10	5	15
销量（万台）	10	25	35	5	

该工厂应该在第 1 个月生产 25 万台，10 万台用于当月交货，15 万台用于第 3 个月交货；第 2 个月应生产 35 万台，其中 25 万台用于当月交货，10 万台用于第 3 个月交货；而第 3 个月只生产 10 万台，用于当月交货。这样使得总成本最低为 56435 万元。

5.3.2　求最大化的运输问题

在上面介绍的运输问题数学模型中，目标函数均为求最小，表示某种成本最小化。实际上有些问题可能要求目标最大化，对于承担运输任务的公司而言，当然希望利润最大化。对于这样的问题，有两个解决问题的思路：一是改变表上作业法算法本身，如考虑改变最优解判定条件，要求最终检验数均小于等于 0 等，但这个思路涉及算法中的多个步骤，容易出错，一般不建议这么做；二是改变模型本身，将其转化为求最小化的标准运输问题模型形式，从而不需要改变算法本身进行求解，这是较好的做法，也符合运筹学中求解问题的规范做法。

对于运输问题来说，模型转化如果使用单纯形法中的办法，将目标函数等式两边同乘以 "–1" 的做法会带来麻烦，因为所有的单位运价都会变为小于等于 0，在运算过程中容易出错。一个可行的技巧是找出单位运价表中的最大运价，然后用最大运价减去各运价，得到新的目标函数为最小化，同时各运价均大于等于 0。

例 5.3.2【目标函数最大化的运输问题】某公司去外地采购 A、B、C、D 共 4 种规格的服装，数量依次为 1500 套、2000 套、3000 套、3500 套。已知有 3 个产地（记为 Ⅰ、Ⅱ、Ⅲ）可供应上述规格服装，各产地的最大供应数量依次为 2500 套、2500 套、5000 套。由于这些产地的服装质量、运价和销售情况不同，预计售出后的利润（元/套）也不同，如表 5-3-4 所示。

试确定该公司预期盈利最大的采购方案。

解：首先，确定该问题是否为产销平衡问题，由供应量和需求量得知这是个产销平衡问题；其次，观察表 5-3-4 中的获利，最大数字为 10，用 10 减去利润表上的数字，使之变成一个求最小化的运输问题，如表 5-3-5 所示。

表 5-3-4 预期售出后的获利

	A	B	C	D	供应量（套）
Ⅰ	10	5	6	7	2500
Ⅱ	8	2	7	6	2500
Ⅲ	9	3	4	8	5000
需求数量（套）	1500	2000	3000	3500	

表 5-3-5 用最大值减去各数字

	A	B	C	D	供应量（套）
Ⅰ	0	5	4	3	2500
Ⅱ	2	8	3	4	2500
Ⅲ	1	7	6	2	5000
需求数量（套）	1500	2000	3000	3500	

用表上作业法求解表 5-3-5 的运输问题（步骤略），得到最优采购方案，如表 5-3-6 所示，最终预期获利最大为 72000 元。

表 5-3-6 预期利润最大的最优解

	A	B	C	D	供应量（套）
Ⅰ		2000	500		2500
Ⅱ			2500		2500
Ⅲ	1500	0		3500	5000
需求数量（套）	1500	2000	3000	3500	

5.3.3　带有附加要求的运输问题

实践中的运输问题可能会出现一些特别的附加要求，读者需要在建模时加以注意，使用相应的技巧将其转化，最终构建出产销平衡的运输问题模型。下面分别说明。

1. 某产地只能运给某销地的情况

因为产品规格或者特殊需求等方面的原因，这种情况是可能的。这时相应的产地、销地间的供应关系就没有变量，在模型表达时只需要把相应变量赋一个实际的数值即可，如果想用一个统一的形式表达，可以在表中将相应运价赋一个比其他正常运价小很多的数字（甚至是负值）即可。

2. 某产地不能运给某销地的情况

由于道路不通或者其他方面的原因可能出现某产地不能运给某销地的情况，这时相应的运量必须为 0。为了表达这个要求，与线性规划的"大 M 法"的做法一样，将这样的要求转化到目标函数中去，只需要把相应的产地和销地间的单位运价设为取值无穷大的惩罚性系数 "M" 即可，在使用软件求解时，可以用一个比其他运价大得多的数字来代替 "M"。

3. 销量是弹性的情况

销量（实际上为需求量）有时可能不是一个固定值，其取值为一个有弹性的范围，如有一个最小销量和一个最大销量（可以为无穷大）。解决办法是将相应的销地看作两个：其中一个销量是原销量的最小值，相应运价就是原运价；另一个销量为最大销量和最小销量的差值，当最大销量不限时，取最大销量为总产量和其他销地最小总销量的差值，由于这个销量不一定要满足，一般将运价设为 0 即可。

4. 产量是弹性的情况

产量（实际上是发出量）有时可能是有弹性的，有一个最小值，有一个最大值（可以为无穷大）。解决办法和销量是弹性时一样，把相应的产地看作两个：一个的销量是最小发出量，相应运价为原运价，另一个产量为最大产量和最小产量的差值，当最大产量不限时，取最大产量为总销量和其他产地最小总产量的差值，由于这个产量不一定总能运出，一般取运价为 0。

例 5.3.3【带有附加要求的运输问题】 设有位置不同的 4 个军用训练基地（记为 B_1、B_2、B_3、B_4），需要一批训练用物资，根据天气情况，需求量各有不同。同时，这些物资共有 3 个加工厂（分别为 A_1、A_2、A_3），不同加工厂运送到不同训练基地的费用不同，且 A_3 不能运送给 B_4。相关数据如表 5-3-7 所示。

表 5-3-7　附加要求的运输问题运价

	B_1	B_2	B_3	B_4	供应量（吨）
A_1	10	5	6	7	50
A_2	8	2	7	6	60
A_3	9	3	4	—	50
最小需求量（吨）	30	70	0	10	
最大需求量（吨）	50	70	30	不限	

试确定满足需求情况下总运费最低的调运方案。

解： 这个问题中包括了弹性需求和销地受限两种情况，用上面介绍的方法，将实际上有弹性的需求地分为两个，将某产地不能运到某销地的情况设置惩罚性运价。还需要注意，总供应量为 160 吨，最小总需求量为 110 吨，说明有无限需求的销地 B_4 最多只可能得到 60 吨，则最大的总需求量为 210 吨，需要增加一个虚拟产地（设为 $A+$），产量为 50 吨。同时，各最小需求量不能由虚拟产地运送，相应运价设为 "M"，转化为如表 5-3-8 所示的标准运输问题模型。

求解表 5-3-8 对应的运输问题（变量较多，可使用软件求解，具体方法 5.4 节将进行说明），得到最优调运方案，如表 5-3-9 所示，表明 B_1 的最终调运量为 30 吨（虚拟产地运送的不算），B_2 的最终调运量为 70 吨，B_3 的最终调运量为 30 吨，B_4 的最终调运量为 10 吨，调运总花费最少为 770 千元。

表 5-3-8　转化后的例 5.3.3 运输问题

	B_{11}	B_{12}	B_2	B_3	B_{41}	B_{42}	供应量（吨）
A_1	10	10	5	6	7	7	50
A_2	8	8	2	7	6	6	60
A_3	9	9	3	4	M	M	50
$A+$	M	0	M	0	M	0	50
需求量（吨）	30	20	70	30	10	50	

表 5-3-9 例 5.3.3 运输问题的最优解

	B_{11}	B_{12}	B_2	B_3	B_{41}	B_{42}	供应量（吨）
A_1	20				10	20	50
A_2	10		50				60
A_3			20	30			50
$A+$		20				30	50
需求量（吨）	30	20	70	30	10	50	

5.3.4 有转运的运输问题

这类运输问题是指产品从产地出发，经过中转站后运到销地，这些中转站可以是单独存在的，也可以是某些产地或销地本身。转运可使总成本更低，在现代物流配送优化中很常见。求解有转运问题的基本思路是：将其转化为无转运的产销平衡问题，在转化时把中转站既看作产地，又看作销地。下面通过一个示例说明[1]。

例 5.3.4【有转运的运输问题示例】设有生产同一种物资的 3 个工厂 A_1、A_2、A_3，分别供应给 B_1、B_2、B_3 共 3 个销地，设共用两个转运站 T_1、T_2，并允许物资在产地、销地或转运站之间相互运送，产地产量分别为 30 吨、10 吨和 20 吨，销地需求量分别为 15 吨、35 吨和 10 吨，各地之间每吨物资的单位运价如表 5-3-10 所示，试确定最优的运输方案。

表 5-3-10 各地之间每吨物资的单位运价

	A_1	A_2	A_3	T_1	T_2	B_1	B_2	B_3
A_1	0	8	6	2	—	4	10	8
A_2	8	0	5	1	3	9	5	9
A_3	6	5	0	4	2	2	8	7
T_1	2	1	4	0	8	4	6	3
T_2	—	3	2	8	0	2	3	2
B_1	4	9	2	4	2	0	—	5
B_2	10	5	8	6	3	—	0	4
B_3	8	9	7	3	2	5	4	0

注："—"表示无法直接运达。

---

[1] 读者如果有网络购物的经验，可以试着跟踪您所订购商品的物流，观察"发货地—中转地—目的地"的完整链路。

解：将这个有转运的问题进行转化，由于转运站的作用是中转，设置其产量等于销量，其数值可取为总供应量（60吨，表示转运的最大可能数量），因为产地和销地也都可以转运，所以产地产量和销地销量均加上可能的最大调运量60吨，同时产地的产量和销地的销量均设置为最大可能调运量60吨。这样得到一个产销平衡的运输问题，如表5-3-11所示。

表5-3-11　有转运的产销平衡的运输问题

	A_1	A_2	A_3	T_1	T_2	B_1	B_2	B_3	最大运量（吨）
A_1	0	8	6	2	M	4	10	8	90
A_2	8	0	5	1	3	9	5	9	70
A_3	6	5	0	4	2	2	8	7	80
T_1	2	1	4	0	8	4	6	3	60
T_2	M	3	2	8	0	2	3	2	60
B_1	4	9	2	4	2	0	M	5	60
B_2	10	5	8	6	3	M	0	4	60
B_3	8	9	7	3	2	5	4	0	60
最大运量（吨）	60	60	60	60	60	75	95	70	

表5-3-11为标准运输问题模型，求解得到最优调运方案如表5-3-12所示。

表5-3-12　有转运运输问题的最优解

	A_1	A_2	A_3	T_1	T_2	B_1	B_2	B_3	最大运量（吨）
A_1	60			15		15			90
A_2		55					15		70
A_3			60		20				80
T_1		5		45				10	60
T_2					40		20		60
B_1						60			60
B_2							60		60
B_3								60	60
最大运量（吨）	60	60	60	60	60	75	95	70	

在表5-3-12中，对角线上是自己运给自己，所以实际运量为产量（或销量）减去对角线上的数值，实际运输路线及数量如图5-3-1所示，最小总运费为

$$4×15+2×15+2×20+1×5+5×15+3×10+3×20=300千元$$

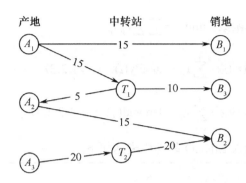

图 5-3-1 最优运输方案（其中，T_1、T_2 为转运站）

5.4 运输问题的 LINGO 求解

由于运输问题是一类特殊的线性规划，当然可以用 LINGO 软件建模求解。当问题为非标准的运输模型时（销量大于产量或者产量大于销量），不需要手工转化，在 LINGO 软件中可以直接表达出来，即可用下面示例说明。

需要注意的是，由于运输问题中决策变量和约束条件的数量往往很多，使用 LINGO 中的集合特别是生成集更方便。

例 5.4.1 由于训练需要，现需要把一批通用军用物资由 3 个生产地供应给 4 个训练基地，各产地和需求地之间的供需量和单位运价如表 5-4-1 所示，其中，运量单位为吨，运价单位为千元。试用 LINGO 软件求解最优调运方案。

表 5-4-1 单位运价与产销量

	B_1	B_2	B_3	B_4	产量（吨）
A_1	1	2	6	7	300
A_2	3	5	4	6	200
A_3	4	5	2	3	400
销量（吨）	200	100	450	250	

解：本题为产销不平衡问题，销量大于产量，构建其一般模型如下。

目标函数：$\min z = \sum_{i=1}^{3} \sum_{j=1}^{4} c_{ij} x_{ij}$

产量约束：$\sum_{j=1}^{4} x_{ij} = \text{supply}(i) \quad (i = 1, 2, 3)$

销量约束：$\sum_{i=1}^{3} x_{ij} \leqslant \text{demand}(j) \quad (j = 1, 2, 3, 4)$

可以将此模型输入 LINGO 软件中表达如下。

```
MODEL: !3产地4销地的运输问题;
  sets: !定义变量;
    factory/s1.. s3/:supply;
    consumer/d1..d4/:demand;
    links(factory, consumer): c, x;
  endsets
  data: !给出数据;
    supply =300 200 400;
    demand =200 100 450 250;
    c  =1 2 6 7
          3 5 4 6
          4 5 2 3;
  enddata

  min=@sum(links: c*x); !目标函数;
  @for(factory(i): !产量约束;
    @sum(consumer(j):x(i,j)) = supply(i));
  @for(consumer(j): !需求约束;
    @sum(factory(i):x(i,j)) <=demand(j));
END
```

单击工具条上的 ⊚ 按钮，得到以下求解结果（部分）。

```
Global optimal solution found.
Objective value:                    2150.000
Infeasibilities:                    0.000000
Total solver iterations:                   6
Model Class:                   LP


Variable           Value          Reduced Cost
X( S1, D1)      200.0000            0.000000
X( S1, D2)      100.0000            0.000000
X( S1, D3)        0.000000          4.000000
X( S1, D4)        0.000000          4.000000
X( S2, D1)        0.000000          0.000000
```

X(S2, D2)	0.000000	1.000000
X(S2, D3)	200.0000	0.000000
X(S2, D4)	0.000000	1.000000
X(S3, D1)	0.000000	3.000000
X(S3, D2)	0.000000	3.000000
X(S3, D3)	250.0000	0.000000
X(S3, D4)	150.0000	0.000000

从求解报告中找出取值非零的决策变量的取值，得到最优运输方案如表 5-4-2 所示，最小总运价为 2150 千元。

表 5-4-2 最优运输方案

	B_1	B_2	B_3	B_4	产量（吨）
A_1	200	100			300
A_2			200		200
A_3			250	150	400
销量（吨）	200	100	450	250	

例 5.4.2 用 LINGO 软件求解例 5.3.3 中带有附加要求的运输问题。

解：根据 5.3 节的解答，转化后得到的标准形式的运输问题模型如表 5-4-3 所示。

表 5-4-3 转化后的标准形式运输问题模型

	B_{11}	B_{12}	B_2	B_3	B_{41}	B_{42}	供应量（吨）
A_1	10	10	5	6	7	7	50
A_2	8	8	2	7	6	6	60
A_3	9	9	3	4	M	M	50
$A+$	M	0	M	0	M	0	50
需求量（吨）	30	20	70	30	10	50	

用一个较大的数字代替 M，将此模型输入 LINGO 软件中表达如下。

```
MODEL: !4产地6销地的运输问题;
  sets: !定义变量;
    factory/s1.. s4/:supply;
    consumer/d1..d6/:demand;
    links(factory, consumer): c, x;
  endsets
  data: !给出数据;

    supply =50 60 50 50;
    demand =30 20 70 30 10 50;
    c   =10 10 5 6 7 7
          8  8 2 7 6 6
          9  9 3 4 100000 100000
          100000 0  100000 0 100000 0;
  enddata

  min=@sum(links: c*x); !目标函数;
  @for(factory(i): !产量约束;
    @sum(consumer(j):x(i,j)) = supply(i));
  @for(consumer(j): !需求约束;
    @sum(factory(i):x(i,j)) <=demand(j));
END
```

单击工具条上的 ◎ 按钮，得到求解结果，非零变量的值为：$X(S_1, D_1)=20$ 吨，$X(S_1, D_5)=10$ 吨，$X(S_1, D_6)=20$ 吨，$X(S_2, D_3)=60$ 吨，$X(S_3, D_3)=10$ 吨，$X(S_3, D_4)=30$ 吨，$X(S_4, D_2)=20$ 吨，$X(S_4, D_6)=30$ 吨。对应最优运输方案如表 5-3-9 所示，其中，B_1 的最终调运量为 30 吨，B_2 的最终调运量为 70 吨，B_3 的最终调运量为 30 吨，B_4 的最终调运量为 10 吨，调运总花费最少为 770 千元。

习　题

5.1　判断下列说法是否正确。

（1）对于产销平衡的标准形式运输问题，其一定有最优解。

（2）在运输问题中，只要任意给定一组含有 $m+n-1$ 个数字格的解矩阵，且满足产量和销量限制要求，就可以作为表上作业法的初始基可行解。

（3）运输问题单位运价表的某行或某列同时加上一个常数 k，最优调运方案不变。

（4）运输问题单位运价表的某行或某列同时乘以一个正数 k，最优调运方案不变。

（5）在最小元素法得到的运输问题近似最优解中，运量大于 0 的分量一定为 $m+n-1$ 个。

（6）在用闭回路法计算运输问题解的检验数时，任何非基变量一定可以找到唯一的闭回路。

5.2　用表上作业法计算下面单位运价与产销量表对应运输问题的初始可行解和最优解。

（1）

		销　地				产量（吨）
		B_1	B_2	B_3	B_4	
产地	A_1	3	2	7	6	30
	A_2	7	5	2	3	40
	A_3	2	5	1	1	15
销量（吨）		20	45	10	10	

（2）

		销　地					产量（吨）
		B_1	B_2	B_3	B_4	B_5	
产地	A_1	10	20	5	9	10	5
	A_2	2	10	8	30	6	6
	A_3	1	20	7	10	4	2
	A_4	8	6	3	7	5	9
销量（吨）		4	4	6	2	4	

（3）

		销　地					产量（吨）
		B_1	B_2	B_3	B_4	B_5	
产地	A_1	10	18	29	13	22	100
	A_2	13	M	21	16	16	120
	A_3	0	6	11	3	M	140
	A_4	9	11	23	18	19	80
	A_5	24	28	36	30	34	60
销量（吨）		100	120	100	60	80	

5.3　一个实际的运输问题可叙述如下：某 n 个地区需要一种物资，需求量分别不少于 $b_j(j=1,2,\cdots,n)$，而这些物资由分布在各地的 m 个工厂供应，各工厂的产量不大于 $a_i(i=1,2,\cdots,m)$。已知从第 i 个工厂运至第 j 个地区单位物资的运价为 c_{ij}，且总产量等于总销量，构建该运输问题的数学模型，并写出其对偶问题，并解释

对偶变量的经济意义。

5.4 试证明：对于标准形式运输问题来说，解矩阵中任意一组变量 $\{x_{ij}\}$ 对应列向量 $\{P_{ij}\}$ 线性无关的充要条件是不存在变量 $\{x_{ij}\}$ 间的闭回路（参考定理 5.3）。

5.5 已知某运输问题的产销平衡、单位运价如表 1、表 2 所示，且表 1 已给出一个最优调运方案。

表 1 产销平衡

产地		销 地				产 量
		B_1	B_2	B_3	B_4	
产地	A_1		5		10	15
	A_2	0	10	15		25
	A_3	5				5
销 量		5	15	15	10	

表 2 单位运价

产地		销 地			B_4
		B_1	B_2	B_3	
产地	A_1	10	1	20	11
	A_2	12	7	9	20
	A_3	2	14	16	18

试分析：

（1）当 $A_2 \to B_2$ 的单位运价 c_{22} 在什么范围内变化时，已给出的最优调运方案不变；

（2）当 $A_2 \to B_4$ 的单位运价 c_{24} 变为何值时，该运输问题有无穷多最优调运方案。

5.6 在部队组织的某次实弹训练中，需要将一批炮弹从两个弹药仓库 A_1、A_2 运输到 3 个不同的靶场 B_1、B_2 和 B_3，已知两个仓库的储量分为 60 个基数和 100 个基数，3 个靶场驻训部队的需求量分别为 30 个基数、40 个基数和 50 个基数，使用的运输车每次只能运 1 个基数的弹药，且从不同仓库到不同靶场单次单辆运输车所消耗油料如下表所示（单位：升），问如何安排运输方案使总油料消耗最少。

	靶场 B_1	靶场 B_2	靶场 B_3
仓库 A_1	25	15	60
仓库 A_2	28	35	75

5.7 某公司有 3 个仓库，存有一种工业原料，现需要将这批原料发往 4 个工厂，各仓库的存量、各工厂的需求量及不同仓库到各工厂的单位运价（单位：百元）如下表所示，问该公司应如何安排调运方案，在满足各工厂需求的前提下，使总运费最小。

		工　厂				存量（吨）
		B_1	B_2	B_3	B_4	
仓库	A_1	6	22	6	20	21
	A_2	2	18	4	16	12
	A_3	14	8	20	10	27
需求量（吨）		9	18	15	18	

5.8　某贸易公司拟采购 A、B、C、D 共 4 种规格的运动鞋，数量依次为 3000 双、4000 双、6000 双、7000 双。已知有 3 个产地（记为Ⅰ、Ⅱ、Ⅲ）可供应上述规格运动鞋，在允许时间内各产地的最大供应数量依次为 5000 双、5000 双、10000 双。由于这些鞋子的规格不同，预计售出后的利润（元/双）也不同，如下表所示，试确定公司预期盈利最大的采购方案。

	A	B	C	D	供应量（双）
Ⅰ	120	50	60	65	5000
Ⅱ	85	25	70	55	5000
Ⅲ	90	33	40	80	10000
需求量（双）	3000	4000	6000	7000	

5.9　考虑一种产品的生产计划，已知接下来 4 周的产品订单量分别为 600 件、800 件、900 件和 800 件，每件产品的生产成本前两周为 100 元、后两周为 120 元，工厂正常生产每周能生产 700 件，且第二周和第三周可安排加班，加班每周可多生产 200 件，但加班生产使得成本每单位增加 50 元，且生产出的产品没有及时运出的单位存储费为每周 20 元。问如何安排生产，使订单在得到满足条件下总成本最低，请建立该问题的模型并使用 LINGO 软件求解。

5.10　已知某运输问题中涉及 2 个产地、3 个销地和 2 个中转站，有关产量、销量及单位运价如下图所示，其中，T_1 中转站的最大容量为 800，T_2 中转站的最大容量为 3000，试构建总运输成本最小的数学模型，并将其转化为可用表上作业法直接求解的产销量与单位运价表。

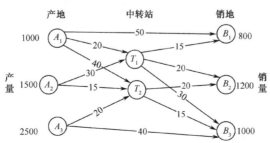

5.11 随着我国经济社会的发展，物流已经成为驱动各产业发展和人民消费的重要环节，物流系统的优劣至关重要。某大型购物网站拟在全国建成一套大型城市间的快速物流系统，包括 5 个大型仓储基地、3 个中转中心和 25 座中心城市，需要综合考虑用户体验、效率、成本等要素，请应用本章的理论知识分析问题、尝试构建模型，并最终提出该快速物流系统构建的建议。

参 考 文 献

[1] 徐玖平，等. 线性规划[M]. 北京：科学出版社，1997.

[2] 《运筹学》教材编写组. 运筹学[M]. 4 版. 北京：清华大学出版社，2012.

[3] Hillier F. S., Lieberman G. J. Introduction to Operations Research[M]. 8th ed. 北京：清华大学出版社，2006.

[4] 傅家良. 运筹学方法与模型[M]. 上海：复旦大学出版社，2014.

[5] 朱德通. 最优化模型和实验[M]. 上海：同济大学出版社，2014.

[6] Kantorovich, L.V. My journey in science (supposed report to the Moscow Mathematical Society)[R]. expanding Russian Math. Surveys, 42(1987) .

[7] Robert J Vanderbei. Linear Programming-Foundations and Extensions[M]. Springer, 2014.

第6章

线性目标规划

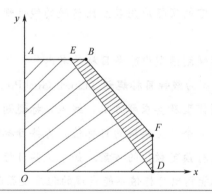

　　目标规划的最大特点是考虑多个目标的要求。由于是多目标,目标函数往往不是寻求最优的单个数值,而是找目标与期望值的最小差距;同时,最优解的概念也让渡给了满意解、非劣解甚至可行解。

前面介绍的所有线性规划问题，都只有一个目标函数，即只考虑达成一方面的目标。在生活生产实践中，很多时候要同时考虑多个目标，甚至是相互冲突的目标。例如，对一些武器装备的研制而言，机动方面的目标和防护方面的目标就存在矛盾，提高防护性要求对武器装备加装更多护甲，而这意味着质量增加、机动性降低。类似的问题也可能出现在约束条件中，即存在一些互相矛盾的约束条件，用已有的线性规划模型无法解决这些问题。

从20世纪60年代开始，美国学者库柏（W. W. Coopor）[1]和查恩斯（A. Charnes）为了应对这类复杂多目标的优化决策问题，最早提出了**目标规划**（Goal Programming）的概念与数学模型。在此之后，目标规划得到快速发展，由于目标规划更符合现实情况，它的实际应用甚至比传统的线性规划更广泛，日益被各领域的管理者重视。

如果在构建的目标规划模型中除多目标的考虑外，其他表达式均为线性等式或不等式，称相应的模型为**线性目标规划**（Linear Goal Programming, LGP）。本章集中讨论线性目标规划模型及其求解方法。线性目标规划在线性规划的基础上，对众多的目标分别确定一个希望实现的目标值，再按目标的重要程度依次进行计算，以求得最接近各目标预定数值的方案。如果某些目标由于种种约束不能完全实现，线性目标规划也能指出目标值不能实现的程度及原因，以供决策者参考。

---

[1] 库柏教授（W. W. Cooper，1914—2012年）是美国及全球著名的经济学家，是管理科学、运筹、金融学、会计学等领域最有影响力的学者之一，还是1982年冯·诺依曼奖获得者及数据包络分析（DEA）和目标规划理论的创始人。他一生堪称传奇，高中未毕业被特招进了哥伦比亚大学，博士答辩在本专业未通过，却获得其他专业的3个学位，当过高尔夫球童、职业拳击手（职业生涯63战58胜）、美国3所著名大学的教授（包括哈佛商学院）及美国陆海空三军和200多家全球大公司的高级顾问，坚持每天工作直到94岁。

6.1　线性目标规划的数学模型

6.1.1　问题的提出

在第 3 章例 3.1.1 中，提出了一个用于实弹训练弹药优化使用的案例，这里沿用这一案例来说明线性目标规划要解决的问题和相关概念。

例 6.1.1【弹药使用的多目标优化问题】 例 3.1.1 提出了一个炮兵实弹训练使用两型炮弹的优化问题，其中负责运输炮弹的可用车辆共 8 辆，每辆运输车在可用时间内只能运输 I 型炮弹 1 个基数或 II 型炮弹 0.5 个基数；而每型弹药的可用总量有限， I 型炮弹的可用总量为 4 个基数，II 型炮弹的可用总量为 3 个基数，且已知两型炮弹的战斗力指数分别为 2 和 3。

进一步考虑炮弹的保障问题，设两型炮弹每个基数均需要 1 人负责维护保养等保障工作，相关数据如表 6-1-1 所示，希望在使总战斗力指数尽可能大的同时，负责保障人数要尽可能少，问应该如何安排使用不同炮弹的数量,才能实现这一意图？

表 6-1-1　弹药使用问题的数据

	I	II	资源限量
运输车辆	1	2	8
总量（I 型）	1		4
总量（II 型）		1	3
战斗力指数	2	3	
维护保养人数（人）	1	1	

与例 3.1.1 中的建模思路类似，设 x_1、x_2 分别表示演习使用两型炮弹的数量，对方案、资源限制和目标进行量化表达，得到如下模型。

目标函数：
$$\begin{cases} \max z_1 = 2x_1 + 3x_2 \\ \min z_2 = x_1 + x_2 \end{cases}$$

约束条件：
$$\begin{cases} x_1 + 2x_2 \leqslant 8 \\ x_1 \leqslant 4 \\ x_2 \leqslant 3 \\ x_1, x_2 \geqslant 0 \end{cases}$$

在这个模型中，如果目标函数两个表达式只取其一，就是一般的线性规划问题，但如果两者同时都考虑，则称为一个**多目标线性规划问题**。

如果只考虑目标函数 z_1，其最优解为（4, 2），目标函数值为 14，这时目标函数 z_2 的取值为 6；而如果只考虑 z_2，显然最优解为（0, 0），这时目标函数 z_1 的值为 0。这说明这两类目标不可能同时达成，需要对两者进行综合考虑。在目标规划中进行综合考虑的办法是设定期望值，如要第一类目标（战斗力指数）不低于 13，在此基础上，考虑实现保障人数最小化的问题。当然，一旦设定期望值，就产生了一个新问题，那就是目标期望值是否能够实现，如果不能实现，超过或不足的偏差是多少？在目标规划中引入偏差变量、目标约束等概念来解决这方面的问题。

同时，在目标规划中的约束条件也可以变得更弹性，如例 6.1.1 中希望在满足以上目标的前提下，炮弹的用量越少越好等。这时读者会发现，这里的"目标"的含义比前面几章中目标函数的界定有所扩展，这里的目标还会体现在约束条件中。另外，由于多类目标要求的出现，需要对这些目标进行优先排序，如在例 6.1.1 中有如下要求。

P_1：设战斗力指数要求为第一优先级，目标值为 12，且要求尽量不低于目标值；

P_2：对于保障人员的要求，其目标值为 5，且希望实际值尽量不超过目标值；

P_3：因为两型炮弹中 I 型炮弹比较贵，希望其用量不超过 4 个基数。

下面介绍几个相关概念。

1. 正、负偏差变量

在多目标规划问题中，由于目标之间存在冲突或在约束条件中存在相互矛盾，可以设想降低相关要求，从实际出发，对每个目标确定一个希望达到的**目标值**，允许实际取值大于或小于目标值，称实际值与目标值的差距为**偏差变量**（Deviation Variable），超过的部分用 d^+ 表示（实际未超出则 $d^+ = 0$），未达成的部分用 d^- 表示（实际达成或超出则 $d^- = 0$）。

如在例 6.1.1 中，战斗力指数目标值设为 12，超过的部分用 d_1^+ 表示，未达成的部分用 d_1^- 表示，则要求 P_1 可表达为 $2x_1 + 3x_2 + d_1^- - d_1^+ = 12$。

在实际操作中，当目标值确定时，所做的决策只可能出现以下 3 种情况，相应地由 d^+ 和 d^- 构成 3 种不同组合表示：① $d^+ > 0$，$d^- = 0$，表示目标函数实际值超出目标值；② $d^+ = 0$，$d^- > 0$ 表示目标函数实际值未达到目标值；③ $d^+ = 0$，$d^- = 0$ 表示目标函数实际值恰好等于目标值。但无论如何，实际值不可能同时大于又小于，所以恒有 $d^+ d^- = 0$ 成立。

偏差变量的使用，使我们对目标函数的要求转化为约束条件，让模型可以一致地处理目标和约束，最终得到的模型仍然是线性规划模型，这是线性目标规划的最大特点。

2. 绝对约束与目标约束

在多目标规划问题中，约束条件分为两类，第一类是必须严格满足的等式或不等式约束，**称为绝对约束**（Absolute Restrictions），不满足这类约束条件的解称为非可行解，即这样的约束是"硬性"约束，如例 6.1.1 中运输车辆不超过 8 辆为绝对约束；第二类约束是指不一定必须严格满足的"软性"约束，称为**目标约束**（Goal Restrictions），在这类约束条件中，可以把约束条件的右端项看作目标值，最终结果允许其发生正或负的偏差（也用 d^+ 或 d^- 表示），如在例 6.1.1 中保障人员的要求就是一个目标约束，可表达为 $x_1 + x_2 + d_2^- - d_2^+ = 5$。在实际建模过程中，有时也可以根据需要将绝对约束转化为目标约束，如 I 型炮弹可用量最多为 4 个基数，现在希望其越少越好，可转化为目标约束 $x_1 + d_3^- - d_3^+ = 4$。

3. 优先因子与权系数

在多目标规划中的多个目标，实际上往往并非同等重要，存在轻重缓急的不同，这时可对第一重要的目标赋予优先因子（Factor of Priority）P_1，第二重要的目标赋予优先因子 P_2，以此类推。规定 P_k 总是远大于 P_{k+1}，表示前一个目标比后一个目标具有更大的优先权，即在考虑前一个目标实现时，暂时不考虑后面目标的实现问题，当前一个目标实现后，才考虑后面目标的取值，如例 6.1.1 中 P_1、P_2、P_3，就是 3 个目标的优先排序。在实际工作中，如果两类目标的优先级差别没有这么明显，可认为其是具有相同优先级的两类目标，可分别赋予不同的权系数 w_j（w_j 取非负实数，取值越大，表示目标越重要），来区分同一优先级目标的相对重要程度。

优先因子的定义对于线性目标规划很重要，因为往往无法实现多个目标的同时最优，如在例 6.1.1 中，单独考虑战斗力指数的目标，得到最优解为点（4, 2），而单独考虑保障人员要求，得到点（0, 0），因此必须对不同的目标进行区分，同时"最优解"的概念也要进行相应更改。

4. 目标函数

通过引入正、负偏差变量，使原规划问题中的目标函数变成约束条件（如在例 6.1.1 中设定目标值为 12，从而将原目标函数转化为约束条件 $2x_1 + 3x_2 + d_1^- - d_1^+ = 12$），那么现在模型中目标函数是什么呢？这时需要根据问题的相关要求构造出一个新的目标函数。当每个目标值确定后，考虑决策者的要求，很自然地希望实际值偏离目标值尽可能小，因此新目标函数只能是表达出这个意思的函数形式，可写为 $\min z = f(d^+, d^-)$ ，其中 f 为综合考虑所有目标要求的函数形式，有以下 3 种情况。

（1）要求恰好达到目标值。

希望越靠近设定的目标值越好，即正、负偏差变量都要尽可能小。可构造目标函数为

$$\min z = f(d^+ + d^-)$$

（2）要求尽量不超过目标值。

决策者允许实际值达不到目标值，即 d^- 不限，但如果实际值超过目标值，则希望正偏差变量越小越好。这时可构造目标函数为

$$\min z = f(d^+)$$

（3）要求尽量不低于目标值。

决策者允许实际值超过目标值，即 d^+ 不限，但如果实际值达不到目标值，则希望负偏差变量越小越好。这时可构造目标函数为

$$\min z = f(d^-)$$

在实际应用中，可根据实际情况构造函数 f 的不同形式，如可表示为

$$\min z = \sum_{i,j} (d_i^+ + d_j^-)$$

其中，i 表示正偏差变量对应目标的下标，j 表示负偏差变量对应目标的下标。

对于例 6.1.1，考虑 P_1、P_2、P_3 的要求，构造新的目标函数为

$$\min z = P_1 d_1^- + P_2 d_2^+ + P_3 d_3^+$$

其中，d_i^- 和 $d_i^+ (i = 1,2,3)$ 表示 3 类目标的正偏差变量和负偏差变量，用 P_1、P_2、P_3 表示 3 类目标的优先因子。

综合使用以上定义，对于例 6.1.1，最终得到如下的目标规划数学模型：

$$\min z = P_1 d_1^- + P_2 d_2^+ + P_3 d_3^+$$

$$\begin{cases} 2x_1 + 3x_2 + d_1^- - d_1^+ = 12 & (l_1) \\ x_1 + x_2 + d_2^- - d_2^+ = 5 & (l_2) \\ x_1 + 2x_2 \leqslant 8 & (l_3) \\ x_1 + d_3^- - d_3^+ = 4 & (l_4) \\ x_2 \leqslant 3 & (l_5) \\ x_1, x_2, d_i^-, d_i^+ \geqslant 0 \ (i = 1,2,3) & (l_6) \end{cases} \quad (6\text{-}1\text{-}1)$$

在式（6-1-1）中，所有约束分为两类，其中，战斗力指数约束（l_1）、保障人员（l_2）和 I 型炮弹数量约束（l_4）为目标约束，而车辆总量约束（l_3）和 II 型炮弹数量

约束（l_5）为绝对约束。

6.1.2 问题建模

在引入上述概念后，现实中多种多样的多目标问题就可以转化为用这些概念表达的目标规划数学模型。一般地，对于类似问题的线性目标规划模型构建步骤如下。

第 1 步：确定目标约束

根据问题中的目标要求，对各类目标设定目标值（期望值），引入偏差变量将相应目标要求转化为目标约束。同样，考察所有约束条件，将约束条件分为目标约束和绝对约束两类，将其中的目标约束引入偏差变量完成转换。

第 2 步：设定目标优先等级

根据优先程度的设定，给各级目标赋予相应的优先因子 P_k，对同一优先级的各目标，按重要程度不同赋予相应的权系数 w_{kl}。

第 3 步：明确目标函数

根据决策者的要求，各目标按 3 种情况明确变量：①要求恰好达到目标值的，取 $d_i^+ + d_i^-$；②要求允许超过目标值的，取 d_i^-；③要求不允许超过目标值的，取 d_i^+。随后，构造一个由优先因子、权系数与偏差变量组成的求最小化的目标函数。

在实际建模中，最重要的目标或者必须严格实现的目标均应列入 P_1 级，其余按重要程度分别列入后面各级，并在同一级中按照权系数进行区分。一般地，如果问题的 P_1 级目标不能完全实现，则认为该问题无可行解。

经过这样的过程，最后建立的一般形式的数学模型可表示如下：

$$\min z = \sum_{k=1}^{q} P_k \sum_{j=1}^{l} (w_{kj}^- d_j^- + w_{kj}^+ d_j^+) \quad （目标函数）$$

$$\begin{cases} \sum_{j=1}^{n} a_{ij} x_j \leqslant (=,\geqslant) b_i \quad (i=1,2,\cdots,m_2) \quad （绝对约束） \\ \sum_{j=1}^{n} c_{ij} x_j + d_i^- - d_i^+ = g_i \ (i=1,2,\cdots,m_1) \quad （目标约束） \\ x_j \geqslant 0 \ (j=1,2,\cdots,n) \\ d_i^+, d_i^- \geqslant 0 \ (i=1,2,\cdots,l) \end{cases} \quad (6-1-2)$$

在式（6-1-2）中，决策变量为 n 个，目标约束个数为 m_1 个，绝对约束个数为 m_2 个，在目标函数中共有 q 个优先级。

实际上，在式（6-1-2）中，如果存在解能够严格满足所有优先级的目标函数，可称其为绝对最优解。在一般情况下，这样的解很难得到。当绝对最优解不存在时，退而求其次，求的往往是"有效解"，是指按照规定的优先级，该解满足了前面的 s 个目标，但从 $s+1$ 个目标开始，不再满足，同时不存在比这种情况更好的解。

为了更好地理解建模的步骤，下面给出一个例子。

例 6.1.2【产品生产的多目标优化问题】 某军工厂拟在保障军品生产的同时向市场投放甲、乙两种民用产品，两种产品的产量均可达到 1 吨/小时。在生产时均需要使用一类设备，这类设备每月最大可用台时为 80 小时。两种产品的月需求量估计最大分别为 70 吨和 45 吨，其中，甲产品每吨利润为 5 万元，乙产品每吨利润为 3 万元，试确定该工厂每月两种产品的生产量，使得下述目标实现。

P_1：应避免设备闲置，尽量充分利用每月 80 小时的生产能力；

P_2：在必要时设备可以超额运转，但安全起见，增加时间不超过 10 小时；

P_3：两种产品的月产量应尽量达到需求量，但不要超出，相对重要性取决于利润水平；

P_4：在实现上述目标前提下，应尽量减少设备超额运转。

解： 设 x_1 和 x_2 分别表示两种民用品每月的生产量，由于每小时均可生产 1 吨，那么 x_1 和 x_2 同时也是生产时间。另外，设 d_i^+ 和 $d_i^-(i=1,2,3,4)$ 为相应 4 个目标约束中正偏差变量、负偏差变量，按照上面的建模步骤进行。

第 1 步：确定目标约束

考虑例 6.1.2 中目标要求，对于优先目标 P_1 来说，有

$$x_1 + x_2 + d_1^- - d_1^+ = 80$$

对于优先目标 P_2 来说，设备可以超额运转，即正偏差变量 d_1^+ 最大可以等于 10，但希望不超过 10，这意味着 d_1^+ 本身又有一个偏差量，设为 d_{11}^- 和 d_{11}^+，则有

$$d_1^+ + d_{11}^- - d_{11}^+ = 10$$

对于优先目标 P_3 来说，两种产品产量均要尽量达到需求，但不能超过，说明不能有正偏差，但可以有负偏差，即

$$x_1 + d_2^- = 70$$
$$x_2 + d_3^- = 45$$

另外，尽可能减少设备的超额运转（P_4），这已经表达到目标函数中。

第 2 步：设定目标优先等级

这里 4 个目标对应的优先因子显然为 P_1、P_2、P_3、P_4，而对于优先目标 P_3 来说有两种产品，其相对重要性取决于利润水平，即相应权系数应为 5:3。

第 3 步：明确目标函数

考虑 4 个目标的优先顺序及各类目标的实际含义，新目标函数应为

$$\min z = P_1 d_1^- + P_2 d_{11}^+ + P_3 \left(5d_2^- + 3d_3^-\right) + P_4 d_1^+$$

综合上述过程，可得该问题的目标规划模型为

$$\min z = P_1 d_1^- + P_2 d_{11}^+ + P_3 \left(5d_2^- + 3d_3^-\right) + P_4 d_1^+$$

$$\begin{cases} x_1 + x_2 + d_1^- - d_1^+ = 80 \\ d_1^+ + d_{11}^- - d_{11}^+ = 10 \\ x_1 + d_2^- = 70 \\ x_2 + d_3^- = 45 \\ x_1, x_2, d_{11}^-, d_{11}^+ \geqslant 0, \ d_i^-, d_i^+ \geqslant 0 \, (i = 1, 2, 3) \end{cases}$$

6.2　线性目标规划的解法

由于目标规划是在线性规划的基础上建立的，只针对实际需要进行了一些改变，所以两种规划模型的结构并没有本质区别，解法也类似，同样可以用图解法或单纯形法。两者间的主要区别体现在以下 3 个方面。

（1）实现目标的区别。

线性规划只能处理一个目标，而目标规划要求统筹兼顾地处理多个目标关系，以求得切合实际需求的解。

（2）约束条件的区别。

线性规划的约束条件不分主次地同等对待，而目标规划可以根据实际需要给予轻重缓急、优先程度不等的考虑。

（3）解的区别。

线性规划求满足所有约束条件的最优解，而目标规划要在可能相互矛盾的目标或约束条件下找到尽量好的满意解。

这 3 个方面的不同决定着目标规划求解与线性规划求解过程的差别。在线性规划问题求解过程中，最优解是在可行域内寻找某一点，使单个目标达到最大值或最小值；而目标规划是在可行域内，首先找到一个使 P_1 目标均满足的区域 D_1，然后在 D_1 中寻找一个使 P_2 目标均满足或尽最大可能满足的区域 D_2（D_1 的子集），接着在 D_2 中寻找一个满足 P_3 目标的区域 D_3（D_2 的子集），以此类推，直到找到一个区域 D_k（D_{k-1} 的子集），满足 P_k 目标，D_k 为所求满意解的集合，如果某一个 D_i

（$1 \le i \le k$）实际上仅是一个点，则计算终止，这个点为满意解。当然这个点只满足了 $P_1, \cdots, P_i$ 目标，而无法进一步改进。也就是说，目标规划的求解实际上是不断缩小解集范围的过程（$D_1 \supseteq D_2 \supseteq \cdots \supseteq D_{k-1} \supseteq D_k$）。

下面通过例子说明线性目标规划的求解过程。

6.2.1 图解法

对于两个决策变量（不含偏差变量）的线性目标规划问题，可以用图解法求解。

例 6.2.1 求解例 6.1.1 中的目标规划数学模型。

$$\min z = P_1 d_1^- + P_2 d_2^+ + P_3 d_3^+ \quad (l_0)$$

$$\begin{cases} 2x_1 + 3x_2 + d_1^- - d_1^+ = 12 & (l_1) \\ x_1 + x_2 + d_2^- - d_2^+ = 5 & (l_2) \\ x_1 + 2x_2 \le 8 & (l_3) \\ x_1 + d_3^- - d_3^+ = 4 & (l_4) \\ x_2 \le 3 & (l_5) \\ x_1, x_2, d_i^-, d_i^+ \ge 0\,(i=1,2,3) & (l_6) \end{cases}$$

解：（1）在直角坐标系 $x_1 O x_2$ 中先画出非负约束条件及绝对约束条件所对应的区域，本题中为 l_3、l_5、l_6 和坐标轴所围成的区域，如图 6-2-1 所示的 $OABC$。

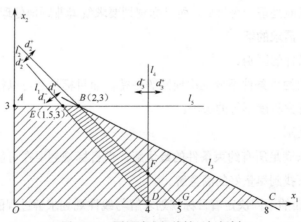

图 6-2-1 图解法求解线性目标规划

（2）在区域 $OABC$ 中考虑第一级优先目标 $z_1 = d_1^-$ 如何实现最小化。在图 6-2-1 中直线 l_1 上的点满足 $2x_1 + 3x_2 = 12$，即 $d_1^- = d_1^+ = 0$，则其右上方的点有 $d_1^- = 0, d_1^+ > 0$，为实现最小化，应取 l_1 右上方的区域，得到区域 $DEBC$。

（3）在区域 $DEBC$ 中考虑如何实现第二级优先目标，即要 $z_2 = d_2^+$ 实现最小化。在图 6-2-1 中直线 l_2 上的点满足 $x_1 + x_2 = 5$，即 $d_2^- = d_2^+ = 0$，则其左下方的点有 $d_2^- > 0$，$d_2^+ = 0$，为实现最小化，应取 l_2 左下方的区域，得到区域 $DEBG$。

（4）在区域 $DEBG$ 中考虑第三级优先目标，即 $z_3 = d_3^+$ 实现最小化。同上分析，应得到 l_4 左方区域，最后得到满意解的区域为 $DEBF$。

这样就得到了满足所有要求的解域 $DEBF$，如图 6-2-1 深色阴影部分，已知 4 个点的坐标分别为 $X_B=(2,3)$，$X_F=(4,1)$，$X_D=(4,0)$，$X_E=(1.5,3)$，则此区域可表示为 $\left\{ \alpha_1 X_B + \alpha_2 X_F + \alpha_3 X_D + \alpha_4 X_E \Big| \sum_{i=1}^{4} \alpha_i = 1, \alpha_i \geqslant 0 \right\}$，也就是本模型的解。

当然，在实际问题中，可以进一步考虑其他要求，让解的范围进一步收敛，如要求在这些条件下总战斗力指数越大越好，那么最终解为 B 点，即应安排两型参训炮弹分别为 2 个基数和 3 个基数；再如考虑 I 型炮弹的用量越少越好，则解收敛到 E 点，即应安排两型参训炮弹分别为 1.5 个基数和 3 个基数。

6.2.2 单纯形法

在线性目标规划模型中所有表达式都是线性的，所以可用单纯形法求解。但考虑目标规划数学模型的特征，求解过程有所不同，先做以下两点约定。

（1）目标函数均为最小化。

由于目标函数中往往有多个偏差变量，且要求最小，故约定求解目标规划的单纯形表中目标函数均为最小。相应地，如果所有检验数均大于等于 0，则得到最优解。

（2）检验数行扩展为多行。

因为单纯形表中非基变量的检验数会含有 P_1、P_2、$\cdots$、P_k 等优先因子，故各检验数的取值依赖于相应的优先因子及可能存在的权系数，所以把求解目标规划的单纯形表中检验数行从一行扩展到多行，每行表示不同优先因子下检验数的取值。

解线性目标规划的单纯形法的计算步骤[1]如下。

第 1 步：建立初始单纯形表，在表中将检验数行按照不同优先因子的优先级分别列成多行，取检验数行的计数器 $k = 1$。

第 2 步：检查第 k 行中是否存在负数，若无负数，则说明按优先级考虑到本

---

[1] 这里 5 个步骤和第 3 章中单纯形法的步骤本质上是一致的，只是由于目标规划的特点而做了一些改变。

级目标时无法改进了，转至第 5 步。如果存在负数，则还要检查负数检验数所在列中前 $k-1$ 行是否存在正数，如果存在，说明按本级目标虽然可以改进解，但会使前 $k-1$ 级目标函数值变差，由于前 $k-1$ 级目标优于本级目标，说明不能继续迭代，转入第 5 步。如果存在负数，且所在列中前 $k-1$ 行检验数均为 0，说明可以按照第 k 级优先目标来改进解，转到第 3 步进行基变换。

第 3 步：取检验数为负中最小者对应的变量为换入变量，按 θ 最小值规则确定换出变量，当存在两个或两个以上相同的最小值时，选取具有较高优先级别的变量作为换出变量。

第 4 步：按单纯形法进行基变换运算，建立新的计算表，返回第 2 步。

第 5 步：当 $k = K$ 时，计算结束，其中 K 为目标优先级总数，得到的解为满意解。否则置 $k = k + 1$，返回第 2 步。

例 6.2.2 用单纯形法求解例 6.1.2。

在例 6.1.2 中，数学模型（易读起见，调整了约束条件的顺序）为
$$\min z = P_1 d_1^- + P_2 d_{11}^+ + P_3 \left(5 d_2^- + 3 d_3^-\right) + P_4 d_1^+$$
$$\begin{cases} x_1 + x_2 - d_1^+ + d_1^- = 80 \\ x_1 + d_2^- = 70 \\ x_2 + d_3^- = 45 \\ d_1^+ - d_{11}^+ + d_{11}^- = 10 \\ x_1, x_2, d_{11}^-, d_{11}^+ \geqslant 0, \quad d_i^-, d_i^+ \geqslant 0 \, (i = 1, 2, 3) \end{cases}$$

解：首先判断模型是否为目标函数取最小值的标准形式，这里为标准形式，求解如下。

第 1 步：取 d_1^-、d_2^-、d_3^-、d_{11}^- 为初始基变量，列出初始单纯形表，如表 6-2-1 中的第 1 张表所示，注意这里目标要求中有 4 个不同优先级，故检验数对应 4 行，这里假设 P_i=1，而其他优先因子均为 0。计算得到各行检验数如表所示。

第 2 步：首先检查 P_1 行的检验数，该行存在负的检验数，说明按照目标函数第一级优先目标来计算可以减小低目标函数，不考虑 P_1 行之外的其他检验数，进行基变换。

第 3 步：选取 x_1 为换入变量，按照最小值准则确定 d_2^- 为换出变量。

第 4 步：进行旋转运算得到新单纯形表，如表 6-2-1 中第 2 张单纯形表所示。

返回第 2 步，再次检查 P_1 行的检验数，发现仍存在负数，说明按照目标函数第一级优先目标来计算可以减小目标函数，选取 x_2 为换入变量、d_1^- 为换出变量，继续迭代得到第 3 张单纯形表。在新的单纯形表中按照优先级顺序逐行检查检验

数，发现 P_1 行不存在负值，进而 P_2 行也不存在负值，但 P_3 行存在负值，说明在考虑到 P_3 目标时，解仍可进一步改进，取 d_1^+ 为换入变量、d_{11}^- 为换出变量，继续迭代得到第 4 张单纯形表。

在第 4 张单纯形表中，虽然 P_3 行检验数存在负数-3，但前两行存在正的检验数，说明按照第三级优先目标无法改进解了，同理在 P_4 行也是如此。

第 5 步：这时 $k = 4$，已经检查了所有的检验数行，求解完成，找到了本问题的满意解。

表 6-2-1　求解线性目标规划的单纯形表

$c_j \rightarrow$			0	0	P_1	$5P_3$	$3P_3$	0	P_4	P_2	
C_B	X_B	b	x_1	x_2	d_1^-	d_2^-	d_3^-	d_{11}^-	d_1^+	d_{11}^+	
P_1	d_1^-	80	1	1	1	0	0	0	−1	0	初
$5P_3$	d_2^-	70	[1]	0	0	1	0	0	0	0	始
$3P_3$	d_3^-	45	0	1	0	0	1	0	0	0	单
0	d_{11}^-	10	0	0	0	0	0	1	1	−1	纯
		P_1	−1	−1	0	0	0	0	1	0	形
$\overline{\sigma}_j$		P_2	0	0	0	0	0	0	0	1	表
		P_3	−5	−3	0	0	0	0	0	0	
		P_4	0	0	0	0	0	0	1	0	
P_1	d_1^-	10	0	[1]	1	−1	0	0	−1	0	第
0	x_1	70	1	0	0	1	0	0	0	0	2
$3P_3$	d_3^-	45	0	1	0	0	1	0	0	0	张
0	d_{11}^-	10	0	0	0	0	0	1	1	−1	单
		P_1	0	−1	0	1	0	0	1	0	纯
$\overline{\sigma}_j$		P_2	0	0	0	0	0	0	0	1	形
		P_3	0	−3	0	5	0	0	0	0	表
		P_4	0	0	0	0	0	0	1	0	
0	x_2	10	0	1	1	−1	0	0	−1	0	第
0	x_1	70	1	0	0	1	0	0	0	0	3
$3P_3$	d_3^-	35	0	0	−1	1	1	0	1	0	张
0	d_{11}^-	10	0	0	0	0	0	1	[1]	−1	单
$\overline{\sigma}_j$		P_1	0	0	1	0	0	0	0	0	纯
		P_2	0	0	0	0	0	0	0	1	形
		P_3	0	0	3	2	0	0	−3	0	表
		P_4	0	0	0	0	0	0	1	0	

$c_j \rightarrow$			0	0	P_1	$5P_3$	$3P_3$	0	P_4	P_2	
0	x_2	20	0	1	1	−1	0	1	0	−1	第
0	x_1	70	1	0	0	1	0	0	0	0	4
$3P_3$	d_3^-	25	0	0	−1	1	1	−1	0	1	张
P_4	d_1^+	10	0	0	0	0	0	1	1	−1	单
$\overline{\sigma}_j$	P_1		0	0	1	0	0	0	0	0	纯
	P_2		0	0	0	0	0	0	0	1	形
	P_3		0	0	3	2	0	3	0	−3	表
	P_4		0	0	0	0	0	−1	0	1	

在最终单纯形表中得到最优解为

$x_1=70$，$x_2=20$，$d_1^-=0$，$d_1^+=10$，$d_2^-=0$，$d_3^-=25$，$d_{11}^-=0$，$d_{11}^+=0$

军工厂应安排生产两种产品分别 70 小时和 20 小时，可从这两种产品中每月获利 70×5+20×3=410 万元。各决策目标的实现情况如下。

P_1：实际总生产时间为 90 小时，充分利用了生产能力，本目标实现；

P_2：实际增加运转时间为 10 小时，本目标实现；

P_3：乙产品生产 20 小时，未能达到需求量，目标未完全实现；

P_4：设备实际超额运转 10 小时，本目标未实现。

6.3 线性目标规划的 LINGO 求解

线性目标规划的数学模型是基于一般线性规划发展出来的，因此 LINGO 软件在建模时仍使用 LINGO 求解线性规划的技巧，只需要注意区别即可。

下面通过例子说明 LINGO 求解线性目标规划的过程，对于例 6.1.2 中的目标规划问题，数学模型如下：

$$\min z = P_1 d_1^- + P_2 d_{11}^+ + P_3\left(5d_2^- + 3d_3^-\right) + P_4 d_1^+$$

$$\begin{cases} x_1 + x_2 + d_1^- - d_1^+ = 80 \\ d_1^+ + d_{11}^- - d_{11}^+ = 10 \\ x_1 + d_2^- = 70 \\ x_2 + d_3^- = 45 \\ x_1, x_2, d_{11}^-, d_{11}^+ \geqslant 0, \ d_i^-, d_i^+ \geqslant 0 \,(i=1,2,3) \end{cases}$$

反向考虑，首先看是否存在同时满足 P_1、P_2、P_3、P_4 的最优解，这时应有 $d_1^- = d_{11}^+ = 5d_2^- + 3d_3^- = 0$，建立线性规划问题：

$$\min z_4 = d_1^+$$

$$\begin{cases} x_1 + x_2 + d_1^- - d_1^+ = 80 \\ d_1^+ + d_{11}^- - d_{11}^+ = 10 \\ x_1 + d_2^- = 70 \\ x_2 + d_3^- = 45 \\ d_1^- = d_{11}^+ = 5d_2^- + 3d_3^- = 0 \\ x_1, x_2, d_{11}^-, d_{11}^+ \geqslant 0, \quad d_i^-, d_i^+ \geqslant 0 \, (i = 1, 2, 3) \end{cases}$$

用 LINGO 建模如下所示。

```
MODEL:
  min=d1_plus;
  x1+x2+d1_minus-d1_plus=80;
  d1_plus+d11_minus-d11_plus=10;
  x1+d2_minus=70;
  x2+d3_minus=45;
  d1_minus=0;
  d11_plus=0;
  5*d2_minus+3*d3_minus=0;
END
```

其中，d1_minus 和 d1_plus 表示 d_1^- 和 d_1^+，以此类推。求解此问题，发现没有可行解，说明不存在同时满足 4 个决策目标的情况。

　　从最不优先目标开始放松约束。不考虑 P_4，以 P_3 作为目标函数，显然应有 $d_1^- = d_{11}^+ = 0$，构建线性规划模型如下。

$$\min z_3 = 5d_2^- + 3d_3^-$$

$$\begin{cases} x_1 + x_2 + d_1^- - d_1^+ = 80 \\ d_1^+ + d_{11}^- - d_{11}^+ = 10 \\ x_1 + d_2^- = 70 \\ x_2 + d_3^- = 45 \\ d_1^- = d_{11}^+ = 0 \\ x_1, x_2, d_{11}^-, d_{11}^+ \geqslant 0, \quad d_i^-, d_i^+ \geqslant 0 \, (i = 1, 2, 3) \end{cases}$$

修改上述的 LINGO 模型，如下所示。

```
MODEL:
  min=5*d2_minus+3*d3_minus;
  x1+x2+d1_minus-d1_plus=80;
  d1_plus+d11_minus-d11_plus=10;
  x1+d2_minus=70;
  x2+d3_minus=45;
  d1_minus=0;
  d11_plus=0;
END
```

解得 x1=70, x2=20, d3_minus=25, d1_plus=10，其他变量均为 0。这说明得到本问题的一个满意解，相应地，军工厂应安排生成两种产品分别为 70 小时和 20 小时，可获利最多为 410 万元。在各决策目标中，P_1、P_2 可以完全达到，而 P_3、P_4 无法满足。这里的结果和 6.2 节用单纯形法求解的结果是一致的。

当然，上面的求解过程也可以从考虑 P_1 开始，在找到满足 P_1 和相关约束条件的可行解后，再考虑 P_2，再考虑 P_3，以此类推，也是可行的。读者可以自行验证，并比较两种方法的优劣。

但无论从低优先级到高优先级，还是反过来，这个过程往往都需要多次求解。实际上可以通过和 LINGO 软件的实时交互来完成这个过程。对于上面的数学模型，可以构建如下 LINGO 模型。

```
MODEL:
  SETS:
   Level/1..4/: P, z, Goal;!定义优先因子，目标函数值及一个上界;
  ENDSETS
  DATA:
   P =? ? ? ?;!优先级;
   Goal =? ? ? ?; !界定不同优先级目标的最大值，如果优先因子为0，则Goal取0;
            !强制目标函数相应部分为零，否则取一个很大的正数作为上界,如1000;
  ENDDATA
  min=@sum(Level:P*z); !目标函数;
     z(1) = d1_minus;
     z(2) = d11_plus;
     z(3) = 5*d2_minus+3*d3_minus;
     z(4) = d1_plus;    !各优先级优化的目标;
   x1+x2+d1_minus-d1_plus=80;
   d1_plus+d11_minus-d11_plus=10;
   x1+d2_minus=70;
   x2+d3_minus=45;
  @for(Level(i)|i #lt# @size(Level):@bnd(0,z(i),Goal(i)));
   !lt表示小于,|表示过滤条件；size表示大小, z表示目标函数
   !Goal表示最优目标函数值上界;
END
```

在第 1 次运行时，P(i) 依次输入 0, 0, 0, 1；Goal(i) 依次输入 0, 0, 0, 1000，对应于上面的第 1 步求解，得到问题没有可行解。

在第 2 次运行时，P(i) 依次输入 0, 0, 1, 0；Goal(i) 依次输入 0, 0, 1000, 0，对应于上面的第 2 步求解，得到问题的满意解为 x1=70, x2=20, d3_minus =25，其他变量均为 0，这与上面求解结果一致。

这样的好处是"一次编程，多次运行"即可解决这一问题，不需要多次修改代码，更加方便。

6.4　应用举例

线性目标规划是一种重要的多目标决策工具，有广泛的实际应用[1]。下面以两个典型案例为背景介绍针对实际问题的目标规划的建模、求解与结果分析。

6.4.1　案例 1

例 6.4.1【人员队伍组建问题】根据需要拟组建一所新的院校，承担一定数量的本科生和研究生培养任务，现考虑这所院校的教职工人才梯队建设问题，希望明确职工、初级职称（助教或助研）、中级职称（讲师级别）、副高职称（副教授或同等级别）、正高职称（教授或同等级别）等各类人员的数量，要求保持各类人员之间的适当比例，完成学校的各项工作，同时又使总经费需求在一个合理的范围内。

设教职工中各类人员的人数相应变量如下：

x_1 初级职称（无博士学位）	y_1 初级职称（有博士学位）
x_2 中级职称（无博士学位）	y_2 中级职称（有博士学位）
x_3 高级职称（无博士学位）	y_3 高级职称（有博士学位）
x_4 服务保障人员	

现各类人员承担的工作量和平均工资如表 6-4-1 所示。

---

[1] 几乎所有用到线性规划的实际问题都存在多目标的问题，也就是说会涉及目标规划的建模与求解。

表 6-4-1　各类人员工作量和平均工资

变 量	承担工作量（学时/周）		平均年工资（万元）
	本科生培养	研究生培养	
x_1	4	0	8.5
x_2	8	4	12.0
x_3	12	6	15.0
x_4	0	0	7.0
y_1	6	6	9.5
y_2	12	8	13.5
y_3	8	6	16.5

校方确定的各级决策目标如下。

P_1：要求能完成学校的人才培养工作，具体包括完成年度本科生计划培养 2500 人、研究生 500 人。据此估计，要求为本科生每个教学周开课不少于 2000 学时，为研究生每个教学周开课不少于 1000 学时。

P_2：要求教师与全体学生比例为 1∶10，研究生教师与研究生比例为 1∶2，其中全体师生比更为重要，比研究生师生比例的重要性大 1 倍。

P_3：要求全体教师至少有 60% 的人具有博士学位，高级职称比例不低于 40%，具有博士学位的高级职称不得少于 30 人。

P_4：要求全体教职工中各类人员有适当的比例，服务保障人员应占约 10%，但相应人员的工资总额不得超过 200 万元。

P_5：要求尽量使所有人员工资总额每年不超过 3500 万元。

解： 设决策目标的偏差变量为 d_i^- 和 d_i^+，首先分析各类决策目标。

（1）考虑 P_1，根据每周开课学时的要求，应有

本科生培养：$4x_1 + 8x_2 + 12x_3 + 6y_1 + 12y_2 + 8y_3 + d_1^- - d_1^+ = 2000$

研究生培养：$4x_2 + 6x_3 + 6y_1 + 8y_2 + 6y_3 + d_2^- - d_2^+ = 1000$

目标函数：$\min z_1 = d_1^- + d_2^-$

（2）考虑 P_2，全体教师记作 $T_1 = \sum_{i=1}^{3} x_i + \sum_{i=1}^{3} y_i$，按照师生比要求，应不少于 300 人；承担研究生教学的教师 $T_2 = x_2 + x_3 + \sum_{i=1}^{3} y_i$，按照比例要求，应不少于 250 人，应有

全体师生比：$T_1 + d_3^- - d_3^+ = 300$

研究生师生比：$T_2 + d_4^- - d_4^+ = 250$

目标函数：$\min z_2 = 2d_3^- + d_4^-$

（3）考虑 P_3，全体教师中有博士学位人员为 $\sum_{i=1}^{3} y_i$，所有高级职称人员为

$x_3 + y_3$，按照比例要求，应有

博士学位比例：$0.6T_1 - \sum_{i=1}^{3} y_i + d_5^- - d_5^+ = 0$

高级职称比例：$0.4T_1 - (x_3 + y_3) + d_6^- - d_6^+ = 0$

高级职称博士要求：$y_3 \geqslant 30$

目标函数：$\min z_3 = d_5^+ + d_6^+$

（4）考虑 P_4，按照服务保障人员比例要求，应有

人员比例：$0.10(T_1 + x_4) - x_4 + d_7^- - d_7^+ = 0$

工资总额：$7.0x_4 \leqslant 200$

目标函数：$\min z_5 = d_7^+ + d_7^-$

（5）考虑 P_5，全体人员工资总额为

$8.5x_1 + 12.0x_2 + 15.0x_3 + 8.0x_4 + 9.5y_1 + 13.5y_2 + 16.5y_3 + d_8^- - d_8^+ = 3500$

目标函数：$\min z_6 = d_8^+$

综上所述，根据目标优先级，建立目标函数为

$\min z = P_1(d_1^- + d_2^-) + P_2(2d_3^- + d_4^-) + P_3(d_5^+ + d_6^+) + P_4(d_7^+ + d_7^-) + P_5 d_8^+$

使用 LINGO 进行建模（需要注意所有变量均应取整数），代码如下。

```
MODEL:
    sets:
     Level/1..5/: P, z, Goal;
    !定义优先因子，对应的目标函数部分及相应部分目标函数的上界；
     Devi_Num/1..8/:dplus, dminus, b;
    !定义正负偏差变量和约束条件右端项；
     VarX /1..4/: x;                !x类变量；
     VarY /1..3/: y;                !y类变量；
     ParaX(Devi_Num,VarX): px;   !x类变量对于系数矩阵；
     ParaY(Devi_Num,VarY): py;   !y类变量对于系数矩阵；
    endsets
    data:
     P= 0 0 0 1 0;     !优先级；
     Goal = 0 0 0 10000 10000;
            !对不同优先级的目标值部分进行界定，如优先因子为0，则Goal相应变量取零；
                  !强制目标函数相应部分为0，否则取一个较大的任意数作为上界；
     b = 2000 1000 300 250 0 0 0 3500; !右端项；
     px = 4 8 12 0
          0 4 6 0
          1 1 1 0
          0 1 1 0
```

```
      0.6 0.6 0.6 0
      0.4 0.4 -0.6 0
      0.1 0.1 0.1 -0.9
      8.5 12.0 15.0 7.0 ;
   py = 6 12 8
      6 8 6
      1 1 1
      1 1 1
      -0.4 -0.4 -0.4
      0.4 0.4 -0.6
      0.1 0.1 0.1
      9.5 13.5 16.5 ;
  enddata
  min = @sum(Level:P*z);
  z(1) = dminus(1)+dminus(2);
  z(2) = 2*dminus(3)+dminus(4);
  z(3) = dminus(5)+dminus(6);
  z(4) = dplus(7)+dminus(7);
  z(5) = dplus(8);

  @for(Devi_Num(i):
    @sum(VarX(j): px(i,j)*x(j))+@sum(VarY(j):
    py(i,j)*y(j))+dminus(i)-dplus(i)=b(i));  !所有弹性约束条件;

  7*x(4)<200;
  y(3)>30;

  @for(Level(i)|i #lt# @size(Level) :@bnd(0,z(i),Goal(i)));
   !最优目标函数值上界;
  @for(VarX(j): @gin(x(j)));  !所有变量取整数;
  @for(VarY(j): @gin(y(j)));  !所有变量取整数
END
```

求得满意解为

$$x_1 = 8, \quad x_2 = 25, \quad x_3 = 87, \quad x_4 = 28, \quad y_1 = 111, \quad y_2 = 36, \quad y_3 = 33$$

因此，共需要聘用 328 人，每年支付工资总额为 3954 万元，除目标 P_5 未达成外，其他目标均可达成。当然，如果学校能够争取到充分的经费，达到 3954 万元，则以上 5 类目标都能实现。当然，如果校方无法争取到比 3500 万元更多的经费，则说明经费限制更为刚性，需要将工资总数目标放在高等级上，重新进行建模求解，读者可以自行尝试。

6.4.2 案例 2

例 6.4.2 由于训练需要，现需要把一批通用军用物资由 3 个生产地供应给 4 个训练基地，各产地和需求地之间的供需量和单位运价如表 6-4-2 所示，其中，运量单位为吨，运价单位为千元。

表 6-4-2　产销量与单位运价

		需求地				产量（吨）
		B_1	B_2	B_3	B_4	
产地	A_1	5	2	6	7	300
	A_2	3	5	4	6	200
	A_3	4	5	2	3	400
需求量（吨）		200	100	450	250	900/1000

根据要求，在确定调运方案时需要按照优先等级依次考虑以下 7 项决策目标。

P_1：B_4 将有大型演训任务，其需求必须全部满足；

P_2：由于适用性问题，A_3 向 B_1 提供的物资量不少于 100 吨；

P_3：每个需求地的供应量不低于相应需求量的 80%；

P_4：所定调运方案的总运费不超过最小运费调运方案的 10%；

P_5：因交通问题，尽量避免安排 A_2 运往 B_4；

P_6：应尽量满足各基地的需求；

P_7：给 B_1 和 B_3 的供应比例要尽量相同；

P_8：力求总运费最少。

试求满意的调运方案。

解： 不考虑其他决策目标，先用第 5 章中运输问题的求解方法求得总运费最低的调运方案，得到表 6-4-3。这时得到最少运费为 2950 千元。

表 6-4-3　只考虑最小运费的最优解

		需求地				产量（吨）
		B_1	B_2	B_3	B_4	
产地	A_1	200	100			300
	A_2	0		200	150	200
	A_3			250		400
	虚设点				100	100
需求量（吨）		200	100	450	250	1000/1000

再根据题目中提出的各项决策要求来构建目标规划的模型。考虑供应量的相关约束，均为绝对约束，应有

$$x_{11} + x_{12} + x_{13} + x_{14} \leqslant 300$$
$$x_{21} + x_{22} + x_{23} + x_{24} \leqslant 200$$
$$x_{31} + x_{32} + x_{33} + x_{34} \leqslant 400$$

进一步考虑决策目标，将相关要求表达出来。

P_1 要求 B_4 需求必须全部满足，即应有

$$x_{14} + x_{24} + x_{34} + d_4^- - d_4^+ = 250$$

并要求目标函数中第一优先因子部分应使 d_4^- 最小化。

P_2 要求 A_3 向 B_1 提供的物资量不少于 100 吨，应有

$$x_{31} + d_5^- - d_5^+ = 100$$

并要求目标函数中第二优先因子部分应使 d_5^- 最小化。

P_3 中要求需求地供应量不少于需求量的 80%，应有

$$x_{11} + x_{21} + x_{31} + d_6^- - d_6^+ = 200 \times 0.8$$
$$x_{12} + x_{22} + x_{32} + d_7^- - d_7^+ = 100 \times 0.8$$
$$x_{13} + x_{23} + x_{33} + d_8^- - d_8^+ = 450 \times 0.8$$
$$x_{14} + x_{24} + x_{34} + d_9^- - d_9^+ = 250 \times 0.8$$

并要求目标函数中第三优先因子部分应使 $d_6^- + d_7^- + d_8^- + d_9^-$ 最小化。

P_4 中要求调运方案的总运费不超过最低运费调运方案的 10%，即应有

$$\sum_{i=1}^{3}\sum_{j=1}^{4} c_{ij} x_{ij} + d_{10}^- - d_{10}^+ = 2950 \times (1+10\%)$$

并要求目标函数中第五优先因子部分应使 d_{10}^+ 最小化。

P_5 中要求避免安排 A_2 运往 B_4，应有 $x_{24} + d_{11}^- - d_{11}^+ = 0$，并要求目标函数中第五优先因子部分应使 d_{11}^+ 最小化。

P_6 要求尽量满足各基地的需求，考虑需求约束均为目标约束，有

$$x_{11} + x_{21} + x_{31} + d_1^- - d_1^+ = 200$$
$$x_{12} + x_{22} + x_{32} + d_2^- - d_2^+ = 100$$
$$x_{13} + x_{23} + x_{33} + d_3^- - d_3^+ = 450$$
$$x_{14} + x_{24} + x_{34} + d_4^- - d_4^+ = 250$$

并要求目标函数中第四优先因子部分应使得 $d_1^- + d_2^- + d_3^- + d_4^-$ 最小化。

P_7 要求给 B_1 和 B_3 的供应比例要相同，即应有

$$(x_{11} + x_{21} + x_{31}) - \frac{200}{450}(x_{13} + x_{23} + x_{33}) + d_{12}^- - d_{12}^+ = 0$$

并要求目标函数中第六优先因子部分使 $d_{12}^- + d_{12}^+$ 最小化。

P_8 要求总运费最低，应有

$$\sum_{i=1}^{3}\sum_{j=1}^{4} c_{ij} x_{ij} + d_{13}^- - d_{13}^+ = 2950$$

并要求目标函数中第七优先因子部分使 d_{13}^+ 最小化。

分析构建目标函数为

$$\min z = P_1 d_4^- + P_2 d_5^- + P_3(d_6^- + d_7^- + d_8^- + d_9^-) + P_4 d_{10}^+ + P_5 d_{11}^+ +$$
$$P_6(d_1^- + d_2^- + d_3^- + d_4^-) + P_7(d_{12}^- + d_{12}^+) + P_8 d_{13}^+$$

用 LINGO 求解，当算到第六级优先目标时，得到满意方案如表 6-4-4 所示，总运费为 3245 千元。

表 6-4-4　实际调运方案

	B_1	B_2	B_3	B_4	供应量（吨）
A_1		100		177	300
A_2	67		133	0	200
A_3	100		227	73	400
实际运量（吨）	<u>167</u>	<u>100</u>	<u>360</u>	<u>250</u>	
需求量（吨）	200	100	450	250	

分析各决策目标的实现情况如下。

P_1：B_4 的需求 250 吨全部得到满足，决策目标实现；

P_2：A_3 向 B_1 实际提供物资 100 吨，等于要求数量，决策目标实现；

P_3：各需求地供应量不低于相应需求量的 80%，决策目标实现；

P_4：实际运费为最低总运费的 3245/2950=110%，决策目标实现；

P_5：A_2 运往 B_4 的实际运量为 0，得到满足；

P_6：各基地中 B_2 和 B_4 的需求完全满足，B_1 和 B_3 的需求也不低于 80%；

P_7：给两地的供应比例为 167/200 ≠ 360/450，未满足；

P_8：总运费比最低可能总运费超出 3245−2950×100%=295 千元。

最后需要说明的是，由于多目标规划的特点，读者可能得到的是其他满意解，这些满意解之间可能不存在绝对的优劣，只是它们对于满足不同决策目标的程度不同。在实际决策时，也可以根据需要解的情况进一步调整各类目标的优先级或权重来取得满意的效果。

习　题

6.1　试根据自己的理解回答以下问题。

（1）目标规划为什么提出满意解的概念，其与线性规划的最优解有何区别？

（2）在构建目标规划的目标函数时，需要注意哪些事项？

（3）线性目标规划的数学模型与一般线性规划的数学模型有何异同？

（4）求解线性目标规划与求解一般线性规划有何区别？为什么有这些区别？

6.2 用图解法和单纯形法分别求出以下目标规划问题的满意解。

（1）$\min z = P_1(d_1^- + d_1^+) + P_2(d_2^- + d_2^+)$

$$\begin{cases} x_1 + x_2 \leqslant 4 \\ x_1 + 2x_2 \leqslant 6 \\ 2x_1 + 3x_2 + d_1^- - d_1^+ = 18 \\ 3x_1 + 2x_2 + d_2^- - d_2^+ = 18 \\ x_1, x_2 \geqslant 0, \quad d_i^-, d_i^+ \geqslant 0 \quad (i = 1, 2) \end{cases}$$

（2）$\min z = P_1 d_1^- + P_2 d_2^+ + P_3 d_3^-$

$$\begin{cases} 5x_1 + 10x_2 \leqslant 60 \\ x_1 - 2x_2 + d_1^- - d_1^+ = 0 \\ 4x_1 + 4x_2 + d_2^- - d_2^+ = 36 \\ 6x_1 + 8x_2 + d_3^- - d_3^+ = 48 \\ x_1, x_2 \geqslant 0, \quad d_i^-, d_i^+ \geqslant 0 \quad (i = 1, 2, 3) \end{cases}$$

（3）$\min z = P_1(d_3^+ + d_4^+) + P_2 d_1^+ + P_3 d_2^- + P_4(d_3^- + 1.5 d_4^-)$

$$\begin{cases} x_1 + x_2 + d_1^- - d_1^+ = 40 \\ x_1 + x_2 + d_2^- - d_2^+ = 100 \\ x_1 + d_3^- - d_3^+ = 30 \\ x_2 + d_4^- - d_4^+ = 15 \\ x_1, x_2 \geqslant 0, \quad d_i^-, d_i^+ \geqslant 0 \quad (i = 1, 2, 3, 4) \end{cases}$$

（4）$\min z = P_1 d_1^- + P_2 d_2^+ + P_3(5d_3^- + 3d_3^+) + P_4 d_1^+$

$$\begin{cases} x_1 + x_2 + d_1^- - d_1^+ = 80 \\ x_1 + x_2 + d_2^- - d_2^+ = 90 \\ x_1 + d_3^- - d_3^+ = 70 \\ x_2 + d_4^- - d_4^+ = 45 \\ x_1, x_2 \geqslant 0, \quad d_i^-, d_i^+ \geqslant 0 \quad (i = 1, 2, 3, 4) \end{cases}$$

6.3 考虑下面的目标规划问题：

$$\min z = P_1(d_1^+ + d_2^+) + 2P_2 d_1^- + P_3 d_3^- + P_4 d_4^-$$

$$\begin{cases} x_1 + d_1^- - d_1^+ = 20 \\ x_2 + d_2^- - d_2^+ = 35 \\ -5x_1 + 3x_2 + d_3^- - d_3^+ = 220 \\ x_1 - x_2 + d_4^- - d_4^+ = 60 \\ x_1, x_2 \geqslant 0, \ d_i^-, d_i^+ \geqslant 0 \quad (i=1,2,3,4) \end{cases}$$

（1）求出满意解；

（2）当第 2 个约束条件右端项从 35 变为 75 时，求解的变化；

（3）若增加 1 个新的目标约束 $-4x_1 + x_2 + d_4^- - d_4^+ = 8$，该目标要求尽量达到目标值，并作为第一级优先目标，求解的变化。

6.4　李记食品加工厂用面粉、糖和辅料 3 种原料生产甲、乙、丙 3 种糕点，已知各种糕点中各种原料的含量、成本、每月可用总量、糕点单位加工成本及预期利润如下表所示。

原　　料	甲	乙	丙	原料成本（元/千克）	每月可用总量（千克）
面粉	≥60%	≥40%	≥50%	4.0	4000
糖	≤5%	≤3%	≤10%	4.5	2000
辅料				15.0	1500
加工费（元/千克）	0.3	0.5	0.2		
利润（元/千克）	1.2	0.8	0.7		

问该厂每月应生产 3 种糕点各多少，才能使该工厂预期获利最大？

（1）试建立该问题的线性规划模型；

（2）若该厂的预期总利润为 S，设工厂生产的第一级优先目标为保证利润值不低于预期，第二级优先目标为 3 种产品的原材料比例满足配方要求，第三级优先目标是充分利用而又不超过规定的每月可用总量，试构建这个问题的目标规划模型。

6.5　某公司拟生成 3 种型号的电子设备 A、B 和 C，3 种设备均需要在同一类装配线上生产，每生产 1 台设备的时间分别为 5 小时、8 小时、12 小时，公司装配线正常生产时间为每月 1700 小时，而这些设备售出预期毛利润分别为每台 1000元、1440 元和 2520 元，据估计设备应该能够全部售出，公司决策层考虑以下目标。

第一级优先目标：充分利用正常的生产能力，避免开工不足；

第二级优先目标：优先满足先期预订客户的需求，A、B、C 这 3 种设备的预定数量分别为 50 台、50 台、80 台，同时根据 3 种设备的毛利润分配权因子；

第三级优先目标：限制装配线的加班时间，允许加班时间最多为 200 小时；

第四级优先目标：满足各类设备的销售目标，A、B、C 这 3 种设备分别为 100 台、120 台、100 台，同时根据 3 种设备的毛利润分配权因子；

第五级优先目标：装配线的加班时间尽可能少。

试构建该问题的目标规划模型，并用 LINGO 求解。

6.6　请读者根据自己的生活经历，如选课、就餐、体育运动或人生规划等感兴趣的事，完成一项小研究，包括相关要素分析、多类目标构建、问题约束提炼等，最终形成一个多目标规划模型，并求解分析模型的解。

参 考 文 献

[1]　胡运权，等. 运筹学基础及应用[M]. 4 版. 北京：高等教育出版社，2004.

[2]　《运筹学》教材编写组. 运筹学[M]. 4 版. 北京：清华大学出版社，2012.

[3]　Hillier F. S., Lieberman G. J. Introduction to Operations Research[M]. 影印版. 北京：清华大学出版社，2006.

[4]　谢金星，薛毅. 优化建模与 LINDO/LINGO 软件[M]. 北京：清华大学出版社，2005.

[5]　傅家良. 运筹学方法与模型[M]. 上海：复旦大学出版社，2014.

[6]　Saul I. Gass, Arjang A. Assad. An Annotated Time Line of Operations Research-An Informal History[M]. Springer Science+Business Media，Inc., 2005.

第7章

整数线性规划

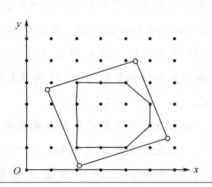

　　在实际问题中，很多时候要求变量取整数，问题的可行域相应变为离散的点集，由此带来了建模、求解、结果分析等多方面的变化。

前面在讨论线性规划问题时，总是假设其中的决策变量是实数，可以是整数，也可以是分数或小数。而实际上，很多问题要求全部或部分变量只能取整数，甚至非负整数，例如，在军事领域问题中的飞机数量、坦克数量、士兵数量等，在经济管理领域中的装货车辆、生产的机器或工人数量等。此外，一些表示逻辑的决策变量也必须取整数，例如，要不要对某类目标实施打击，要不要在某个地点新开一个超市等，这时可设一个决策变量 x，令 $x=1$ 表示"是"，令 $x=0$ 表示"否"，显然这样的变量也只能取整数。

如果一个数学规划问题中某些决策变量或全部决策变量要求必须取整数，则称这样的问题为**整数规划**（Integer Programming, IP），相应模型称为整数规划模型。如果整数规划模型中除整数条件外，其他部分（称为相应的**松弛问题**，Slack Problem）中的目标函数和约束条件都是线性的，称为**整数线性规划**（Integer Linear Programming, ILP）模型。

在整数规划模型中，如果所有的决策变量都要求取整数，则称为**纯整数规划**（Pure Integer Programming）或**全整数规划**（All Integer Programming）；如果所有决策变量中仅要求部分变量为整数，则称为**混合整数规划**（Mixed Integer Programming, MIP）。此外，在整数规划中还有一类特殊情形，即所有决策变量的取值仅限于 0 或 1，特别称为 **0-1 型整数规划**问题，许多重要的实际问题，如指派问题、送货问题、匹配问题、选址问题等都可以用 0-1 型整数规划来求解。

整数规划问题的研究，早期的标志性成果是由美国学者 R. E. 戈莫里（Ralph E. Gomory）做出的，他于 1958 年提出割平面法（Cutting Planes Method），自此整数规划成为运筹学的独立分支，并在以后几十年间得到很大的发展。

本章的讨论限定在整数线性规划范围内。

7.1 问题的提出

7.1.1 数学模型

先看两个示例。

例 7.1.1【资源配置问题】在一次应急救援中，某部需要派出直升机参与行动，共有两种型号可用，其中，Ⅰ型直升机往返一次的油耗为 300 升，Ⅱ型直升机往返一次的油耗为 200 升，油料库存只有 1100 升。同时，Ⅱ型直升机需要加装一种观测设备，该种设备一次行动需用 2 块电池，而备用电池共有 5 块。问一次最多能派出多少架次的直升机参与救援。

解：设派出两型直升机分别为 x_1、x_2 架，考虑油料和电池的总量限制，可构建线性规划模型为

$$\max z = x_1 + x_2$$
$$\begin{cases} 3x_1 + 2x_2 \leqslant 11 \\ \quad\quad 2x_2 \leqslant 5 \\ x_1, x_2 \geqslant 0 \end{cases}$$

用图解法求解，如图 7-1-1 所示，得到线性规划模型的最优解为 $x_1^* = 2$，$x_2^* = 2.5$，应派出Ⅰ型直升机 2 架、Ⅱ型直升机 2.5 架。

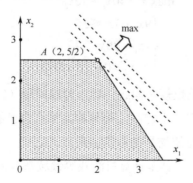

图 7-1-1　例 7.1.1 模型的最优解在 A 点

运筹学中所有模型的解均需要代入实际问题中进行检验，这里直升机架数为小数显然是不可能的，反馈到建模环节，说明模型中可能缺了什么条件。聪明的读者马上会想到，这里的决策变量除不小于 0 之外，还需要为整数，把这一要求

Note

反映到模型中，得到如下模型：

$$\max z = x_1 + x_2$$

$$\begin{cases} 3x_1 + 2x_2 \leqslant 11 \\ 2x_2 \leqslant 5 \\ x_i \geqslant 0, \ \text{且为整数}\ (i=1,2) \end{cases} \qquad (7\text{-}1\text{-}1)$$

这样得到的模型因为有决策变量取整数，就不再是一般的线性规划模型，而是整数规划模型。

例 7.1.2【背包问题】部队在一次短期外训任务中，考虑到无法集中保障饮食，要求参训人员携带若干标准包装的罐装食品。现有 2 种食品可供选择，第 1 种每罐体积为 900 毫升、重 700 克，可提供 40 个单位的热量（每个单位为 100 千焦）；第 2 种每罐体积为 700 毫升、重 2000 克，可提供 90 个单位的热量。因为背包中可用于装食品的空间有限，限制背包中食品的总体积不超过 5600 毫升、重不超过 7000 克，问应该各携带两种食品多少罐，才能够使食品提供的总热量最多。

解：设两种食品的携带量分别为 x_1、x_2（x_1和x_2 显然应该为整数），考虑背包的体积和重量限制，构建整数规划模型为

$$\max z = 40x_1 + 90x_2$$

$$\begin{cases} 900x_1 + 700x_2 \leqslant 5600 \\ 700x_1 + 2000x_2 \leqslant 7000 \\ x_1, x_2 \geqslant 0, \ \text{且均为整数} \end{cases}$$

整理后为

$$\max z = 40x_1 + 90x_2$$

$$\begin{cases} 9x_1 + 7x_2 \leqslant 56 \\ 7x_1 + 20x_2 \leqslant 70 \\ x_1, x_2 \geqslant 0, \ \text{且为整数} \end{cases} \qquad (7\text{-}1\text{-}2)$$

这个问题是典型的整数规划问题，称为**背包问题**（Knapsack Problem）[1]，更一般地可以描述为：给定一组物品，每种物品都有自己的重量和价格，在限定的总重量内，如何选择才能使物品的总价值最高。它有广泛的应用背景，在社会经济、商业实践、军事领域，甚至计算机游戏等领域都有大量的应用。

---

[1] 背包问题是运筹学中最著名的几个问题之一，它不但具有广泛的实际价值，还有重要的理论意义，相关研究促进了组合数学、计算复杂性理论及智能优化算法等多方面的发展。关于背包问题的有趣案例包括 NASA（美国国家航空航天局）的例子，它曾为了宇航员的食品保障问题进行专门研究，期望既能尽量减少航天飞机的负担，又能提供尽可能多的营养。

考虑上面两个例子中的数学模型，会发现除整数要求外，约束条件和目标函数是线性表达式，均为整数线性规划模型，其一般形式可表达为

$$\max(\min) z = \sum_{j=1}^{n} c_j x_j$$

$$\begin{cases} \sum_{j=1}^{n} a_{ij} x_j \leqslant (=, \geqslant) b_i \quad (i=1,2,\cdots,m) \\ x_j \geqslant 0, \quad x_j \text{ 全部或部分为整数 } (j=1,2,\cdots,n) \end{cases}$$

7.1.2　求解思路

整数线性规划模型比一般线性规划模型多了整数的要求，在求解时需要考虑这一变化。首先，问题求解变得困难了，因为整数线性规划的可行域不再是连续的区域，关于凸集、求导等方面的性质不再成立，导致求解难度增加（一般地，数学中"离散"问题比"连续"问题求解要难得多）；其次，因为整数线性规划中除整数约束外，其他部分仍为线性的，所以很自然想到利用线性规划求解的理论和方法来尝试求解整数线性规划问题。

思路 1："取整"法

一个很自然的想法是：先不管整数条件，求解剩下部分构成的松弛问题（线性规划问题），在求得线性规划问题的最优解后，观察这一最优解，如果其满足整数条件，那当然十分理想，求解完成；否则可以对其进行"取整"处理，得到整数解。这样是否可行呢？

可以先用例 7.1.1 来尝试一下。式（7-1-1）松弛问题的解为 $X^* = (2,2.5)^{\mathrm{T}}$，对其进行取整，如果"四舍五入"，得到 $(2,3)^{\mathrm{T}}$，不是可行解，当然更不是最优整数解。

如果"舍零取整"，得到 $(2,2)^{\mathrm{T}}$，这的确是个最优整数解（读者可自行验证），但对于本题来说，其实还有一个最优解 $(3,1)^{\mathrm{T}}$，而这点无法通过这样的取整方法得到。

实际上，完全依靠取整求解代价巨大，设决策变量为 n 个，得到的点集中解的个数最多可能为 3^n 个，n 如果很大，这个数字是很大的。另外，这种做法并不一定能保障得到整数最优解，如例 7.1.3 所示。

例 7.1.3　求解下面整数线性规划问题。

$$\max z = 3x_1 + 13x_2$$

$$\begin{cases} 2x_1 + 9x_2 \leqslant 40 \\ 11x_1 - 8x_2 \leqslant 82 \\ x_1, x_2 \geqslant 0 \\ x_1 \text{和} x_2 \text{为整数} \end{cases}$$

如图 7-1-2 所示，其松弛问题最优解为 $\boldsymbol{X}^* = (9.2, 2.4)^{\mathrm{T}}$，而原问题最优解应为 $\boldsymbol{X}^{\#} = (2, 4)^{\mathrm{T}}$，两者相距很远。这说明"取整"法不能作为求解整数线性规划的普遍解法。

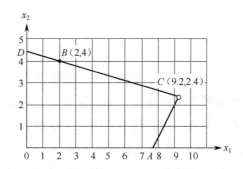

图 7-1-2　例 7.1.2 中整数最优解距离相应线性规划的最优解很远

但这个过程仍有启发意义，整数最优解一定在整数解构成的可行域的"边界"上，而整数解一定是在松弛问题的可行域中，那么是否可以通过"加工"松弛问题的可行域，使得整数最优解"露"出来呢？这个想法正是不少求解整数线性规划问题通用解法的基本出发点。

思路 2："枚举"法

另一个很直接的想法是：既然整数规划问题的可行解是离散的，在加上其他约束条件后，一般还是有限的，那么是否可以直接把所有的解列举出来，然后代入模型中验算找到最优解呢？

这种办法对规模小的整数规划问题可能是可行的，但实际上随着决策变量维数的增加，要验算的解的个数会指数级快速增长，相应的计算量会达到不可想象的规模。完全靠蛮力枚举的方法并不可行。

另外，当模型中解的规模较小时，"枚举"法还是可行的，甚至是高效、直观的，特别是通过一些改进办法，可以有效缩小枚举的范围。7.4 节将给出一种"隐枚举法"为读者演示这一思路。

思路 3："裁剪"法

前面否定了完全靠"取整"得到整数最优解的可行性，但考虑取整的要求，实际上是在松弛问题的可行域上裁剪掉了一部分，从而"露"出整数解来。这个思路可以进一步完善，如找到"裁剪"松弛问题可行域的线性表达式，就可以将其作为新的约束条件加入原松弛问题中，通过求解线性规划问题"逼近"整数最优解；还可以考虑松弛问题可行域中整数解只是些离散的点集，那么任何相邻两个整数间的区域一定可以被剪去，不会影响整数解。如果可以不断这样剪下去，意味着可行域会不断缩小，那么最终也一定可使得整数最优解"暴露"出来。

"裁剪"的思路正是不少求解整数规划算法的出发点，本章后面几节将分别为读者介绍几种算法，包括分枝定界法、割平面法、隐枚举法和匈牙利法，其中前两种是求解所有整数规划模型的通用算法，隐枚举法则是一种"部分"枚举法，用于求解 0-1 型整数规划，匈牙利法则特别用于解决 0-1 型整数规划的特殊情形——指派问题。

鉴于整数规划问题的重要性，学者不断推出新的求解算法，应用比较多的方法还有蒙特卡罗法和各类现代优化算法（包括禁忌搜索、遗传算法、模拟退火、蚁群算法等）。

7.2　分枝定界法

注意到整数规划可行解中任何相邻整数之间的区域均不含整数解，故而可以将其"裁剪"来缩小搜索范围，这样就把松弛问题的可行域分为多个分枝，同时将求解整数规划问题转化为求解多个线性规划的问题，而这正是分枝定界法（Branch and Bound，B&B）的基本思路，它实际上是"分而治之"求解策略的体现。

分枝定界法在 20 世纪 60 年代初由 A. H. Land 和 A. G. Doig 两位学者提出，用于解纯整数或混合整数规划问题，成功求解了含有 65 个城市的旅行推销员问题（Travelling Salesman Problem，TSP），由此名声大噪，受到普遍重视，成为求解离散优化问题的最重要方法之一。由于分枝定界法思路直观、方便灵活且易于用计算机实现，现在已是求解整数规划的重要方法，成功地应用于求解生产进度问题、旅行推销员问题、工厂选址问题、背包问题等整数规划问题。

分枝定界法整体上分为两步。第 1 步为**分枝与定界**，通过反复剪去相邻整数间不含整数解的区域，把解空间分割为越来越小的子集，这些子集称为**分枝**（Branch），然后对每个分枝进行求解，确定目标函数的上界和下界，称为**定界**

Note

（Bound）。第 2 步为**比较与剪枝**，将现有各分枝的目标函数值与确定的下界进行比较，如果小于下界，则把相应分枝剪去，称为**剪枝**（Cutting），以后不再考虑相应分枝。不断进行这两步，就可以不断减小上界和下界的差，最终遍历整个可行域找到最优整数可行解。

下面结合一个例子说明算法的具体过程。

例 7.2.1   用分枝定界法求解例 7.1.2 中的整数线性规划问题。

$$\max z = 40x_1 + 90x_2$$

$$\begin{cases} 9x_1 + 7x_2 \leqslant 56 \\ 7x_1 + 20x_2 \leqslant 70 \\ x_1, x_2 \geqslant 0，且为整数 \end{cases}$$

解：记原整数规划为问题为 A，去掉整数约束，得到相应的线性规划问题，记为松弛问题 B。求解问题 B 得到最优解（这里用图解法，如图 7-2-1 所示）为：$x_1 = 4.81$，$x_2 = 1.82$，$z = 355.88$，不符合整数条件，但任何解的目标函数值不可能超过 z，故可把其作为上界看待，另任取一个整数可行解，如 $x_1 = 0$，$x_2 = 0$，这时目标函数为 0，记为下界，有

$$0 = \underline{z} \leqslant z \leqslant \overline{z} = 355.88$$

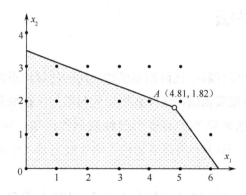

图 7-2-1   求解例 7.2.1 的松弛问题，得到最优解在 A 点

进行如下操作。

（第 1 次迭代）第 1 步：分枝与定界

首先进行**分枝**。在求解线性规划问题得到的最优解中任选一个不符合整数条件的变量 x_j，设其值为 b_j，以 $[b_j]$ 表示小于 b_j 的最大整数。构造两个约束条件：

$$x_j \leqslant [b_j] \quad 和 \quad x_j \geqslant [b_j] + 1$$

将这两个约束条件，分别加入问题 B，求两个后继问题 B_1 和 B_2。不考虑整数条件

求解这两个后继问题。

例 7.2.1 中两个变量都不符合整数条件，任选一个进行分枝。这里选 x_1 进行分枝，于是对原问题增加两个约束条件：

$$x_1 \leqslant [4.81] = 4, \quad x_1 \geqslant [4.81] + 1 = 5$$

形成两个后继的线性规划问题：

B_1: $\max z = 40x_1 + 90x_2$　　　　B_2: $\max z = 40x_1 + 90x_2$

$$\begin{cases} 9x_1 + 7x_2 \leqslant 56 \\ 7x_1 + 20x_2 \leqslant 70 \\ x_1 \leqslant 4 \\ x_1, x_2 \geqslant 0 \end{cases} \qquad \begin{cases} 9x_1 + 7x_2 \leqslant 56 \\ 7x_1 + 20x_2 \leqslant 70 \\ x_1 \geqslant 5 \\ x_1, x_2 \geqslant 0 \end{cases}$$

其次进行**定界**。求解两个后继问题，找出最优目标函数值最大的数值作为新的上界 $\bar{z}$；同时从已符合整数条件的各分支中，找出整数可行解中目标函数值最大者作为新的下界 $\underline{z}$。若其未发生变化，则继续使用上一步中的上界和下界。

继续求解后续问题，如图 7-2-2 所示，对于问题 B_1，得到：$x_1 = 4.00$，$x_2 = 2.10$，$z_0 = 349.00$；对于问题 B_2，得到：$x_1 = 5.00$，$x_2 = 1.57$，$z_0 = 341.43$，没有得到整数解，因此不改变下界，更新上界后得到

$$0 = \underline{z} \leqslant z \leqslant \bar{z} = 349.00$$

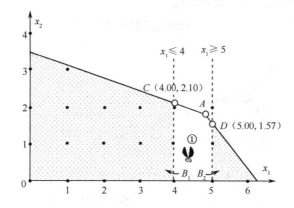

图 7-2-2　第 1 次分枝定界（增加两个线性约束条件，相当于剪去了区域①，

求解两个后继问题 B_1 和 B_2，得到最优解分别在 C 点和 D 点）

（第 1 次迭代）第 2 步：比较与剪枝

考虑各分枝的最优目标函数值，若分枝中有小于 $\underline{z}$ 者，说明相应部分不会有最优整数解，剪掉该枝，以后不再考虑。

本例中这一步两个分枝均没有得到整数可行解，不存在剪枝问题，返回第 1

步分枝与定界，继续迭代。

（第2次迭代）第1步：分枝与定界

继续进行**分枝**。采取一定策略选取现有分枝之一（可以选取目标函数最大者，也可以选取最近求解的分枝或者任意选取），对其继续进行分枝操作。

本例中考虑后继问题 B_1 和 B_2 中 B_1 的目标函数值较大，选取 B_1 优先操作，其最优解中 $x_2=2.10$，于是对 B_1 问题增加两个约束条件：

$$x_2 \leqslant [2.10] = 2, \quad x_2 \geqslant [2.10] + 1 = 3$$

形成两个后继 B_1 的线性规划：

B_{11}: $\max z = 40x_1 + 90x_2$ B_{12}: $\max z = 40x_1 + 90x_2$

$$\begin{cases} 9x_1 + 7x_2 \leqslant 56 \\ 7x_1 + 20x_2 \leqslant 70 \\ x_1 \leqslant 4 \\ x_2 \leqslant 2 \\ x_1, x_2 \geqslant 0 \end{cases} \qquad \begin{cases} 9x_1 + 7x_2 \leqslant 56 \\ 7x_1 + 20x_2 \leqslant 70 \\ x_1 \leqslant 4 \\ x_2 \geqslant 3 \\ x_1, x_2 \geqslant 0 \end{cases}$$

再次进行**定界**。求解 B_1 的两个后继问题，如图7-2-3所示。对于问题 B_{12}，得到：$x_1 = 1.43$，$x_2 = 3.00$，$z = 327.14$；对于问题 B_{11}，得到：$x_1 = 4$，$x_2 = 2$，$z = 340$，得到一个整数解，修改下界为340，同时使用所有现有分枝（B_{11}、B_{12} 和 B_2）中的目标函数最大值作为上界，更新后得到

$$340 \leqslant z \leqslant 341.43$$

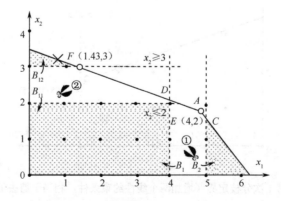

图7-2-3 第2次分枝定界，增加的线性约束条件，相当于剪去了区域②，进而求解两个后继问题 B_{11} 和 B_{12}，得最优解分别在 E 点和 F 点

（第2次迭代）第2步：比较与剪枝

考虑各分枝的最优目标函数值，若分枝中有小于 $\underline{z}$ 者，说明相应部分不会有最优整数解，剪掉该枝，以后不再考虑。

本例中 B_{12} 分枝目标函数值 $z = 327.14 < \underline{z} = 340$，剪去该枝。

由此，分枝 B_{11} 和 B_{12} 已经检查完毕，只剩下 B_2 分枝，对其进行分枝定界。

（第 3 次迭代）第 1 步：分枝与定界

首先继续进行**分枝**。考察问题 B_2 的解 $x_1 = 5.00$，$x_2 = 1.57$，选取 x_2 进行分枝，于是对问题 B_2 增加两个约束条件：

$$x_2 \leqslant [1.57] = 1, \quad x_2 \geqslant [1.57] + 1 = 2$$

形成两个后继的线性规划问题：

$$B_{21}: \max z = 40x_1 + 90x_2 \qquad B_{22}: \max z = 40x_1 + 90x_2$$

$$\begin{cases} 9x_1 + 7x_2 \leqslant 56 \\ 7x_1 + 20x_2 \leqslant 70 \\ x_1 \geqslant 5 \\ x_2 \leqslant 1 \\ x_1, x_2 \geqslant 0 \end{cases} \qquad \begin{cases} 9x_1 + 7x_2 \leqslant 56 \\ 7x_1 + 20x_2 \leqslant 70 \\ x_1 \geqslant 5 \\ x_2 \geqslant 2 \\ x_1, x_2 \geqslant 0 \end{cases}$$

其次进行**定界**。求解每个后继问题，如图 7-2-4 所示，对于问题 B_{22} 无可行解，对于问题 B_{21} 得到 $x_1 = 5.44$，$x_2 = 1$，$z = 307.78$，未得到整数解，不修改下界，目标函数范围仍为

$$340 \leqslant z \leqslant 341.43$$

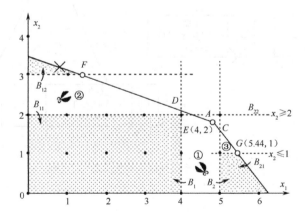

图 7-2-4 第 3 次分枝定界，增加的线性约束条件，相当于剪去了区域③，
进而求解两个后继问题 B_{21} 和 B_{22}，得到 B_{21} 最优解在 G 点，B_{22} 无可行解

（第 3 次迭代）第 2 步：比较与剪枝

比较发现新的分枝 B_{21} 目标函数值小于下界，剪掉该枝。

由此，所有原松弛问题可行域均被检查完毕，得到整数规划问题的最优解为

$$x_1^* = 4, \quad x_2^* = 2, \quad z^* = 340$$

以上求解过程如图 7-2-1～图 7-2-4 所示，也可以用图 7-2-5 的树状结构来直观地画出整个求解过程。

回顾以上过程会发现，分枝定界法就是将一个整数规划问题转化为多个易于求解的线性规划问题来求解，这与自然科学中经常使用的把复杂问题分解为简单问题来解决的思想是一脉相承的。但需要注意的是，分枝定界法虽然是求解整数规划的最重要方法，但它在最坏情况下时间复杂度是指数次的，也就意味着在极端情况下，分枝定界法求解的效果可能很差。分枝定界法在 20 世纪 60 年代被提出后，不断有学者努力改进其求解的效率，主要体现在分枝的策略选择，以及与其他整数规划求解方法（如割平面法）的结合两个方面。

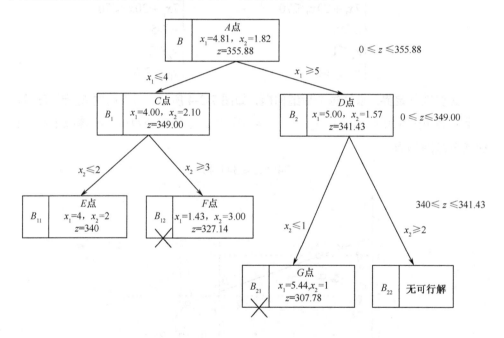

图 7-2-5　分枝定界法求解例 7.2.1 的过程

7.3　割平面法

割平面法的基本思想是不考虑整数要求，先求解对应的线性规划问题（松弛问题），如果没有得到满足整数要求的解，那么依次引进更多线性约束条件（几何意义上，称为"割平面"，其实是在"裁剪"问题的可行域），使问题的可行域逐步缩小，如此反复进行，直到得到整数最优解。显然，在这个过程中，如何找到有效的割平面是关键问题。

这个思路最早是 1958 年由 R. E. Gomory 提出的,他基于单纯形法给出了割平面的恰当表达方式,实现了 3 个方面的要求:

(1)割平面切割有效,即每次一定真正割去可行域中的一部分;

(2)在切割过程中,保证没有割去任何整数可行解;

(3)最终一定会收敛,即能够恰好割出这样的可行域,使符合整数要求的最优解正好在顶点上。

因而此方法也称为 Gomory 割平面法。下面用例子说明其过程。

例 7.3.1 用割平面法求解例 7.1.1 中的整数规划问题:

$$A: \quad \max z = x_1 + x_2 \qquad\qquad (7\text{-}3\text{-}1)$$

$$\begin{cases} 3x_1 + 2x_2 \leqslant 11 \\ 2x_2 \leqslant 5 \\ x_i \geqslant 0, x_i \in \mathbf{N}\ (i=1,2) \end{cases}$$

解:将式(7-3-1)所示数学模型称为问题 A,把不考虑整数约束的线性规划问题称为问题 B(问题 A 的松弛问题),先求解问题 B,转化为如下的标准形式:

$$B: \quad \max z = x_1 + x_2$$

$$\begin{cases} 3x_1 + 2x_2 + x_3 = 11 \\ 2x_2 + x_4 = 5 \\ x_i \geqslant 0\ (i=1,2,3,4) \end{cases}$$

用单纯形法求解线性规划问题 B,得到最终单纯形表如表 7-3-1 所示。

表 7-3-1 求解问题 B 的最终单纯形表

c_j			1	1	0	0	θ_i
C_B	X_B	b	x_1	x_2	x_3	x_4	
1	x_1	2	1	0	1/3	-1/3	
1	x_2	5/2	0	1	0	1/2	
$\sigma_j \rightarrow$		9/2	0	0	-1/3	-1/6	

松弛问题的最优解为

$$x_1^* = 2,\ x_2^* = 5/2,\ z^* = 9/2$$

不满足整数要求,进行迭代求解。

第 1 次迭代

首先,利用求解松弛问题的最终单纯形表,构造割平面。从单纯形表中得到

两个等式，即

$$x_1 + \frac{1}{3}x_3 - \frac{1}{3}x_4 = 2 \qquad ①$$

$$x_2 + \frac{1}{2}x_4 = \frac{5}{2} \qquad\qquad ②$$

将等式中所有系数均分解为整数部分和非负真分数部分：

$$\frac{1}{3} = 0 + \frac{1}{3}, \quad -\frac{1}{3} = -1 + \frac{2}{3}$$

$$\frac{1}{2} = 0 + \frac{1}{2}, \quad \frac{5}{2} = 2 + \frac{1}{2}$$

代入式①、式②中，并将整数和整数系数部分移至左端，把小数和小数系数部分移至右端，得

$$x_1 - x_4 - 2 = -\left(\frac{1}{3}x_3 + \frac{2}{3}x_4\right)$$

$$x_2 - 2 = \frac{1}{2} - \frac{1}{2}x_4$$

让右端项小于等于 0，得到

$$-\left(\frac{1}{3}x_3 + \frac{2}{3}x_4\right) \leqslant 0 \qquad ③$$

$$\frac{1}{2} - \frac{1}{2}x_4 \leqslant 0 \qquad\qquad ④$$

任取其中之一，称为**割平面方程**，如取式④，整理得 $x_4 \geqslant 1$。

其次，将得到的割平面方程作为新的约束条件加入计算，加到线性规划问题 B 中，得到问题 B_1。

$$B_1: \quad \max z = x_1 + x_2$$

$$\begin{cases} 3x_1 + 2x_2 + x_3 = 11 \\ \quad\ 2x_2 \qquad + x_4 = 5 \\ \qquad\qquad\qquad x_4 \geqslant 1 \\ x_i \geqslant 0 \quad (i = 1,2,3,4) \end{cases}$$

实际上，这里新的约束条件 $x_4 \geqslant 1$ 就是 $x_2 \leqslant 2$（请读者思考为什么）。

继续求解问题 B_1，注意到问题 B_1 相比问题 B 的变化，可以在求解 B 的最终单纯形表（见表 7-3-1）的基础上进行迭代求解。将新约束条件添加进去，将式④化为

$$-x_4 + x_5 = -1$$

把 x_5 作为新的基变量，得到表 7-3-2。

表 7-3-2 求解问题 B_1 的初始单纯形表

	c_j		1	1	0	0	0
C_B	X_B	b	x_1	x_2	x_3	x_4	x_5
1	x_1	2	1	0	1/3	−1/3	0
1	x_2	5/2	0	1	0	1/2	0
0	x_5	−1	0	0	0	[−1]	1
	$\sigma_j \rightarrow$	9/2	0	0	−1/3	−1/6	0

这里所有检验数均非正，b 存在负数，符合对偶单纯形法的条件，使用对偶单纯形法进行迭代，得到如表 7-3-3 所示的最终单纯形表。

表 7-3-3 求解问题 B_1 的最终单纯形表

	c_j		1	1	0	0	0
C_B	X_B	b	x_1	x_2	x_3	x_4	x_5
1	x_1	7/3	1	0	1/3	0	−1/3
1	x_2	2	0	1	0	0	1/2
0	x_4	1	0	0	0	1	−1
	$\sigma_j \rightarrow$	13/2	0	0	−1/3	0	−1/6

得到问题 B_1 的最优解为

$$x_1^* = 7/3, \ x_2^* = 2, \ z^* = 13/2$$

不满足整数要求，按照如上办法继续求解。

第 2 次迭代

在表 7-3-3 中寻找一个割平面方程，如第一个等式：

$$x_1 + \frac{1}{3}x_3 - \frac{1}{3}x_5 = \frac{7}{3}$$

对系数进行分解，整数和整数系数部分放在左端，小数和小数系数部分放在右端，得

$$x_1 - x_5 - 2 = \frac{1}{3} - \left(\frac{1}{3}x_3 + \frac{2}{3}x_5\right)$$

新的割平面方程为

$$\frac{1}{3} - \left(\frac{1}{3}x_3 + \frac{2}{3}x_5\right) \leqslant 0$$

$$-x_3 - 2x_5 \leqslant -1$$

将它作为新的约束条件，加到问题 B_1 中，得到问题 B_2。

$$B_2:\quad \max z = x_1 + x_2$$

$$\begin{cases} 3x_1 + 2x_2 + x_3 = 11 \\ \quad\quad 2x_2 \quad\quad + x_4 = 5 \\ \quad\quad\quad\quad\quad\quad - x_4 + x_5 = -1 \\ \quad\quad\quad\quad\quad x_3 \quad\quad\quad + 2x_5 \geqslant 1 \\ x_i \geqslant 0\ (i = 1,2,3,4,5) \end{cases}$$

将新的约束条件转化为等式后，反映到表 7-3-3 中，得到表 7-3-4。

表 7-3-4 求解问题 B_2 的初始单纯形表

c_j			1	1	0	0	0	0
C_B	X_B	b	x_1	x_2	x_3	x_4	x_5	x_6
1	x_1	7/3	1	0	1/3	0	−1/3	0
1	x_2	2	0	1	0	0	1/2	0
0	x_4	1	0	0	0	1	−1	0
0	x_6	−1	0	0	[−1]	0	−2	1
$\sigma_j \rightarrow$		13/2	0	0	−1/3	0	−1/6	0

继续用对偶单纯形法求解得到表 7-3-5。

表 7-3-5 求解问题 B_2 的最终单纯形表

c_j			1	1	0	0	0	0
C_B	X_B	b	x_1	x_2	x_3	x_4	x_5	x_6
1	x_1	5/2	1	0	1/2	0	0	1/6
1	x_2	7/4	0	1	−1/4	0	0	1/4
0	x_4	3/2	0	0	1/2	1	0	−1/2
0	x_5	1/2	0	0	1/2	0	1	−1/2
$\sigma_j \rightarrow$		17/4	0	0	−1/4	0	0	−5/12

得到问题 B_2 的最优解为

$$x_1^* = 5/2,\ x_2^* = 7/4,\ z^* = 17/4$$

不满足整数要求，按照如上逻辑继续求解，选取新的割平面方程继续求解（请读者自行完成这一步迭代），会得到最优解为

$$x_1^* = 2,\ x_2^* = 2,\ z^* = 4\ 或者\ x_1^* = 3,\ x_2^* = 1,\ z^* = 4\ 。$$

整个求解过程如图 7-3-1（a）～图 7-3-1（d）所示。

由上例求解过程，归纳割平面法求解步骤如下。

第 1 步：求解松弛问题

不考虑整数约束，求相应松弛问题的最优解。若最优解恰为整数，则停止计算；若最优解不为整数，进入第 2 步。

第 2 步：寻找割平面方程

（1）令 x_i 为相应线性规划最优解中不符合整数条件的一个基变量，由第 1 步中最终单纯形表得到

$$x_i + \sum_k a_{ik} x_k = b_i$$

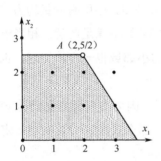

（a）问题 B 的最优解在 A 点

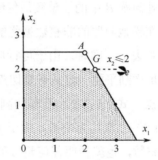

（b）第 1 次迭代选入割平面后得最优解在 G 点

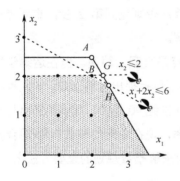

（c）第 2 次迭代选入割平面后得最优解在 H 点

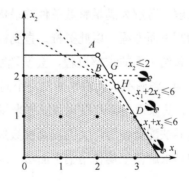

（d）第 3 次迭代选入割平面后得最优解在 D 点

图 7-3-1　割平面法是通过不断添加新的约束条件来切割可行域的过程

其中，$\begin{cases} i \in Q & （Q 指构成基变量下标号码的集合） \\ k \in K & （K 指构成非基变量下标号码的集合） \end{cases}$

（2）将 b_i 和 a_{ik} 都分解成整数部分 N 与非负真分数 f 之和，即

$$b_i = N_i + f_i, \quad \text{其中} 0 < f_i < 1$$
$$a_{ik} = N_{ik} + f_{ik}, \quad \text{其中} 0 \leqslant f_{ik} < 1$$

将 b_i 和 a_{ik} 代入得到

$$x_i + \sum_k N_{ik} x_k - N_i = f_i - \sum_k f_{ik} x_k \tag{7-3-2}$$

（3）令右侧小数和小数系数部分小于 0，得到新的线性约束条件：

$$f_i - \sum_k f_{ik} x_k \leqslant 0 \tag{7-3-3}$$

这就是**割平面方程**，为什么？

首先，它的确割掉了上一步中线性规划问题可行域的一部分，至少把第 1 步中求松弛问题 B 中的非整数最优解割去了，因为式（7-3-3）中所有变量均为非基变量，在松弛问题的非整数最优解中均为 0，式（7-3-3）不满足此解，相当于把这个解割去了。同时，由于可行域连续，该点附近的小邻域也一定被切割，也就是说，每次割平面一定是有效切割。

其次，式（7-3-3）没有切割掉任何整数可行解，因为对任意整数解来说，式（7-3-2）左端均为整数，由于 f_i 的取值范围限制，那么式（7-3-2）右端一定只能为负整数，也就说明任何整数可行解都满足式（7-3-3）。

第 3 步：迭代求解

把第 2 步中得到的割平面方程加入松弛问题中，使用单纯形法或对偶单纯形法求解。若解为满足整数条件的最优解，停止计算；否则返回第 2 步，重新寻找新的割平面方程，以此类推，直到得到整数最优解。

总结上面的求解过程，会发现割平面法的优点是直观、简便。但在运筹学发展早期，普遍不认为割平面法是个高效的办法，甚至包括提出者 Gomory 本人也不看好，其原因是经常碰到切割越来越慢的情况。20 世纪 90 年代，有学者提出与分枝定界法配合使用，大大提高整数规划的求解效率，现在主流的整数规划/混合整数规划求解器中均使用割平面法。该方法已经成为求解整数规划的重要方法之一。

7.4 0-1 型整数规划与隐枚举法

7.4.1 问题的提出

0-1 型整数规划是指所有决策变量只取 0 或 1 的整数规划问题。由于 0 和 1

常被作为逻辑变量（Logical Variable）看待，表示"是"或"否"，所以常被用来表示系统是否处于某一特定状态，或者在决策时是否取某个方案，即

$$x_j = \begin{cases} 1 & \text{当决策取第 } j \text{ 个方案时} \\ 0 & \text{当决策不取第 } j \text{ 个方案时} \end{cases}$$

相应地，x_j 就称为 **0-1 变量**或二进制变量。它也可由下述约束条件来描述：

$$0 \leq x_j \leq 1，\text{且为整数}$$

在实际问题中，如果某项决策的可选项为多个，也可以通过二进制表示转化为 0-1 型整数规划来研究。由于在生产生活实践中，这类问题普遍存在，决定着 0-1 型整数规划具有重要的实践价值。下面先介绍几个例子，然后讨论专门用于求解 0-1 型整数规划的隐枚举法。

例 7.4.1【0-1 背包问题】在一次任务中，一名特战队员需要在表 7-4-1 中选取一组物品装入背包，各种物品对于任务完成的重要性如表 7-4-1 所示，要求总重量不能超过最大可携带重量 25 千克，求如何选入这些物品使得重要性总和最大。

表 7-4-1　背包中各类物品的重量与重要性程度

序　号	1	2	3	4	5	6	7	8	9
物品	食品	绳索	匕首	帐篷	子弹袋	急救包	伪装衣	望远镜	通信设备
重量（千克）	4	4	1	6	5	1	2	1	5
重要性系数	10	6	8	10	8	10	8	6	8

解：这个问题和例 7.1.2 类似，都是背包问题，但区别在于，这里携带物品只有"带"与"不带"两种选择，所以这是个 0-1 型的背包问题。引入 0-1 变量 x_i，$x_i=1$ 表示应携带第 i 种物品，$x_i=0$ 表示不应携带第 i 种物品。构建整数规划模型为

$$\max z = 10x_1 + 6x_2 + 8x_3 + 10x_4 + 8x_5 + 10x_6 + 8x_7 + 6x_8 + 8x_9$$
$$\begin{cases} 4x_1 + 4x_2 + x_3 + 6x_4 + 5x_5 + x_6 + 2x_7 + x_8 + 5x_9 \leq 25 \\ x_i = 0 \text{或} 1 \, (i = 1, 2, \cdots, 9) \end{cases}$$

例 7.4.2【选课问题】某军事院校规定，军事运筹学专业硕士生在毕业时必须至少学习过两门数学类课程、两门军事学课程和两门计算机类课程。现有 7 门课程可供选择，这些课程中有些只归属于某一类，但有些是跨类的，具体情况为

● 工程数学、高级运筹学只属于数学类；

● 军事思想只属于军事类；

● 作战运筹分析同时属于数学类和军事类；

● 现代统计学同时属于计算机类和数学类；

● 作战模拟同时属于军事类和计算机类；

● 数据挖掘同时属于数学类和计算机类。

按规定，凡归属两类的课程在设计时已充分考虑两类课程的内容，选学后可认为同时满足两类的要求。此外，部分课程要求先修基础课程才可学习，其中，作战运筹分析需要先修高级运筹学，作战模拟需要先修现代统计学，数据挖掘需要先修工程数学。

问一名本专业研究生需要至少修哪几门课才能达到毕业要求。

解： 对工程数学、高级运筹学、军事思想、作战运筹分析、现代统计学、作战模拟、数据挖掘 7 门课程分别编号为 1～7，设

$$x_i = \begin{cases} 1, & \text{选修第}i\text{门课程} \\ 0, & \text{不选修第}i\text{门课程} \end{cases} \quad (i=1,2,\cdots,7)$$

根据题意，可构建如下 0-1 型整数规划模型：

$\min z = x_1 + x_2 + x_3 + x_4 + x_5 + x_6 + x_7$（最少课程门数）

$$\begin{cases} x_1 + x_2 + x_4 + x_5 + x_7 \geqslant 2 & \text{（数学类课程最少2门）} \\ x_3 + x_4 + x_6 \geqslant 2 & \text{（军事类课程最少2门）} \\ x_5 + x_6 + x_7 \geqslant 2 & \text{（计算机类课程最少2门）} \\ x_4 \geqslant x_2 & \text{（作战运筹分析需要先修高级运筹学）} \\ x_6 \geqslant x_5 & \text{（作战模拟需要先修现代统计学）} \\ x_7 \geqslant x_1 & \text{（数据挖掘需要先修工程数学）} \\ x_i = 0\text{或}1 \ (i=1,2,\cdots,7) \end{cases}$$

例 7.4.3【约束条件互相排斥的问题】进一步考察例 7.4.2 的选课问题，如果考虑同一学生的精力有限，要求对一人来说，如果在选修作战运筹分析时先修了高级运筹学，则在选修作战模拟时不再要求先修现代统计学。反过来，如果在选修作战模拟时先修了现代统计学，则同样在选修作战运筹分析时不再要求先修高级运筹学。其他要求仍与例 7.4.2 中的要求相同。问这时一名本专业研究生需要至少修哪几门课才能达到毕业要求。这时例 7.4.2 中相关的两个约束条件本质上是互斥的，为了统一表达，可引入新的 0-1 变量 y，则两个约束可改写为

$$\begin{cases} x_4 \geqslant x_2 - yM & \text{（}y=0\text{时才起作用）} \\ x_6 \geqslant x_5 - (1-y)M & \text{（}y=1\text{时才起作用）} \\ y = 0\text{或}1 \end{cases}$$

其中，M 是充分大的正数。将此条件加入上面的模型中替换原来的两个约束条件即可。

0-1 型整数规划还普遍应用于选址问题、排班问题、投资组合问题等，感兴趣的读者可自行搜索了解。

一般地，0-1 型整数线性规划的模型形式为

$$\max(\min) z = \sum_{j=1}^{n} c_j x_j$$

$$\begin{cases} \sum_{j=1}^{n} a_{ij} x_j \geqslant (=, \leqslant) \ b_i \quad (i = 1, 2, \cdots, m) \\ x_j = 0 \text{或} 1 \qquad\qquad (j = 1, 2, \cdots, n) \end{cases} \qquad (7\text{-}4\text{-}1)$$

7.4.2　隐枚举法

对于式（7-4-1）中的 0-1 型整数规划模型，因为其也是整数规划，当然可以使用 7.2 节中的分枝定界法或 7.3 节的割平面法求解，但由于式（7-4-1）的特点，可以用更简便的办法。

7.1.2 节分析了完全穷举法对于一般整数规划问题并不可行，对于 n 个决策变量的 0-1 型整数规划来说，完全穷举意味着要检查 2^n 个可行解，对于较大的 n，这仍然是不可行的。但对于 0-1 型整数规划来说，部分枚举是可行的。可以通过设定过滤条件来减少检查量，方便地找到最优解。这个求解 0-1 型整数规划的办法称为**隐枚举法**。下面举例说明隐枚举法的过程。

例 7.4.4　求解下面的整数规划问题：

$$\max z = 3x_1 - 2x_2 + 5x_3$$

$$\begin{cases} x_1 + x_2 - x_3 \leqslant 2 & ① \\ x_1 + 4x_2 + x_3 \leqslant 4 & ② \\ x_1 + x_2 \qquad \leqslant 3 & ③ \\ \qquad 4x_2 + x_3 \leqslant 6 & ④ \\ x_1, x_2, x_3 = 0 \text{ 或 } 1 & ⑤ \end{cases} \qquad (7\text{-}4\text{-}2)$$

解：分为两步实施。

第 1 步：确定一个可行解并设定过滤条件

作为初始条件，可以先试探找出一个可行解，并将相应目标函数值设定为过滤条件[1]。

---

[1] 设置过滤条件是"隐枚举法"区别于一般枚举法的关键，它可以大幅减少需要验证解的数量。

从本题容易看出 $(x_1, x_2, x_3) = (1,0,0)$ 是可行解，算出相应的目标函数值 $z=3$。此问题是极大化问题，当然希望最终的优化解大于3，故增加约束条件：

$$3x_1 - 2x_2 + 5x_3 \geqslant 3$$

并称其为**过滤条件**，记作⓪，使用它来减少计算量。

第2步：依次检查可行解并不断更新过滤条件

将过滤条件（见表7-4-2）作为第一个约束条件，依次列出其他约束条件，将各解依次代入检查，看是否适合相应约束条件，如某个条件不合适，以下各条件就不必再检查。

表7-4-2　过滤条件为 $z \geqslant 3$

(x_1, x_2, x_3)	约束条件					是否满足？	z 值
	⓪	①	②	③	④		
(0,0,0)	0					×	
(0,0,1)	5	-1	1	0	1	√	5

本例中将5个约束条件⓪～④依次排列（见表7-4-2），对每个解依次代入约束条件左侧，求出数值，检查其是否为目标函数大于过滤条件的可行解。在计算过程中，若遇到某可行解的 z 值已超过条件⓪右边的值，应该更新过滤条件，使右边始终为目前发现的最好目标值。表7-4-2中(0,0,1)是可行解，目标函数为5，大于3，将过滤条件换成：

$$⓪:\ 3x_1 - 2x_2 + 5x_3 \geqslant 5$$

继续检查解，重复第2步中的过程，如表7-4-3所示。

表7-4-3　更新过滤条件为 $z \geqslant 5$

(x_1, x_2, x_3)	约束条件					是否满足？	z值
	⓪	①	②	③	④		
(0,1,0)	-2					×	
(0,1,1)	3					×	
(1,0,0)	3					×	
(1,0,1)	8	0	2	1	1	√	8

在检查到(1,0,1)时，发现它是可行解，且目标函数值为8，再次更新过滤条件为

$$⓪:\ (3x_1 - 2x_2 + 5x_3 \geqslant 8)$$

继续检查解空间，如表 7-4-4 所示。

表 7-4-4 过滤条件为 $z \geqslant 8$

(x_1, x_2, x_3)	约束条件					是否满足？	z 值
	⓪	①	②	③	④		
(1,1,0)	1					×	
(1,1,1)	6					×	

没有发现更优的可行解，说明本问题最优解为 $(1,0,1)$，目标函数最大值为 8。

回顾求解过程，读者会发现，可以使用一些技巧来改进这一过程，以加速迭代，最大可能减少计算量。这些技巧包括：

（1）初始可行解不一定取作原点，可以从其他可行解开始，让初始目标函数值更优，提高过滤的门槛；

（2）可以重新排列变量的顺序，使目标函数中各系数递增或者递减，有意识地先选取可能让目标函数得到最优解的点，从而减少计算量。

7.5 指派问题

7.5.1 问题的提出

在各类实践中，经常有这样一类问题：为了完成某项任务，希望把有关人员合理地分派，以发挥出最大工作效率，达成最好的效果，包括将若干项任务分配给若干个人（或部门）；选择若干个投标者来承包若干项合同，在工厂流水线上分派多台机床，将不同的课安排在不同教室上课等。这样的问题在运筹学中称为**指派问题**（Assignment Problem）或分派问题。

指派问题的应用非常广泛，在经济、军事、政治，甚至在日常生活中都能找到成功的应用案例。在网络购物（订餐）大行其道的今天，订单与快递服务之间的匹配就是典型的指派问题（当然模型比这里的形式要复杂很多）。另一个有趣的应用是大型婚恋网站上异性之间的快速匹配问题，在对会员的各项特征或要求进行量化建模的基础上，可以最大限度找出满足要求的潜在伴侣集合，进而大大节省人工检查的工作量，提高服务体验。

例 7.5.1 在一次训练比武活动中，某连队需要选派 5 名战士参加定向越野、实弹射击、短距离跑、武装泅渡、四百米障碍 5 项比赛，按照比赛规则，每项记 20 分，每人只需要完成其中 1 项，最终成绩按照 5 人得分加和计算。现已经确认小张、小王、小李、小刘和小陈 5 人参加，现有各人平时的各项最好成绩计分如表 7-5-1 所示，问应如何安排 5 人参加比赛的项目，使得预期总成绩最好。

表 7-5-1 选手平时最好成绩

人员	项 目				
	定向越野	实弹射击	短距离跑	武装泅渡	四百米障碍
小张	15	20	18	20	18
小王	15	14	17	17	17
小李	20	10	15	13	18
小刘	10	11	19	19	15
小陈	18	12	15	13	13

这是个典型的指派问题，引入 0-1 变量，令：

$$x_{ij} = \begin{cases} 1, & \text{指派第}i\text{人去完成第}j\text{项任务} \\ 0, & \text{不指派第}i\text{人去完成第}j\text{项任务} \end{cases}$$

表 7-5-1 中的数字用 c_{ij} 表示，则可构建如下形式的数学模型：

$$\max z = \sum_i \sum_j c_{ij} x_{ij}$$

$$\begin{cases} \sum_i x_{ij} = 1 \ (j = 1, 2, \cdots, 5) \\ \sum_j x_{ij} = 1 \ (i = 1, 2, \cdots, 5) \\ x_{ij} = 1 \text{ 或 } 0 \end{cases}$$

一般地，设共有 n 个人、n 项任务，每个人完成任务的效果度量为 c_{ij}，则模型为

$$\max(\min) \ z = \sum_i \sum_j c_{ij} x_{ij}$$

$$\begin{cases} \sum_i x_{ij} = 1 (j = 1, 2, \cdots, n) & \text{(7-5-1a)} \\ \sum_j x_{ij} = 1 (i = 1, 2, \cdots, n) & \text{(7-5-1b)} \\ x_{ij} = 1 \text{ 或 } 0 \end{cases}$$

记 $C \triangleq (c_{ij})_{n \times n}$，称为**效率矩阵**或**系数矩阵**，其中每个元素表示指派第 i 个人去完成第 j 项任务的时间、成本或效益等；约束条件式（7-5-1a）表示对第 j 项任务来说，只能由一人去完成，而约束条件式（7-5-1b）表明对第 i 个人来说，只能完

成一项任务。

对应于效率矩阵，记 0-1 矩阵 $X \triangleq (x_{ij})_{n \times n}$，是问题解的矩阵形式，称为**解矩阵**。由于约束条件式（7-5-1a）和式（7-5-1b）存在，可行的解矩阵中任意一行或任意一列中都有且只有一个 "1" 元素，其他都是 "0"。下面的矩阵就是例 7.5.1 的一个可行 "解矩阵"，它表示小张参加实弹射击、小王参加武装泅渡、小李参加四百米障碍、小刘参加短距离跑、小陈参加定向越野。

$$(x_{ij}) = \begin{pmatrix} 0 & 1 & 0 & 0 & 0 \\ 0 & 0 & 0 & 1 & 0 \\ 0 & 0 & 0 & 0 & 1 \\ 0 & 0 & 1 & 0 & 0 \\ 1 & 0 & 0 & 0 & 0 \end{pmatrix}$$

特别地，如果式（7-5-1a）和式（7-5-1b）中目标函数取**最小化**，则称其为指派问题数学模型的**标准形式**。显然，如果一个模型不是标准化的，容易转化为标准形式。

观察式（7-5-1a）和式（7-5-1b），会发现指派问题的模型其实是整数规划中 0-1 规划的特例，也是运输问题的特例（产地和销地数量相同，且产量与销量均为 1），意味着对指派问题的求解可以采取很多方法。不过，因为指派问题数学模型的特点，存在更高效的求解方法，下面进行说明。

7.5.2　匈牙利法

匈牙利法由美国学者库恩（Harold W. Kuhn）[1]于 1955 年提出，由于算法中使用了两位匈牙利数学家提出的定理，故而命名为匈牙利法。它是解决指派问题的多项式时间算法，被普遍采用。下面先介绍作为算法基础的两个定理，然后通过求解例 7.5.1 说明算法步骤。

以下内容均是针对标准形式的指派问题（目标函数最小化），如果读者的模型形式不是这样，需要先进行转化。

定理 7.1　效率矩阵某行（或某列）减去一个该行（或该列）的最小元素，所得的新效率矩阵对应的指派问题与原指派问题的最优解相同。

---

[1] 库恩（Harold W. Kuhn，1925—2014 年）提出的匈牙利法利用了匈牙利数学家 Dénes Kőnig 和 Jenő Egerváry 的理论成果，因此决定将算法命名为匈牙利法。库恩的另一著名贡献是提出了 KKT 条件，这是非线性优化领域最重要的理论成果。

实际上效率矩阵的一行或一列对应于某人或某项任务，考虑一人只承担一项任务，以及一项任务只由一人承担，因而实际上这种变化并不影响数学模型的约束方程组，仅使目标函数值变化了一个固定常数，所以最优解不变。实际上，对于标准形式的指派问题数学模型，其效率矩阵行或列可以减去任意一个常数，这个结论仍然成立。

根据这个定理，可以将效率矩阵进行不断变换，得到含有很多 0 元素的新效率矩阵，而最优解保持不变，这个过程称为**同解变换**。反复进行同解变换，可使得每行或每列至少出现一个 0 元素。

进一步，如果能够在同解变换得到的效率矩阵中找到 n 个不同行且不同列的 0 元素（称为**独立 0 元素**），就找到了指派问题的最优解（请读者思考为什么）。

如何在一个矩阵中判断是否有 n 个独立的 0 元素呢？匈牙利数学家 Dénes Kőnig 给出下面的定理回答了这一问题。

定理 7.2 效率矩阵中独立 0 元素的最大个数等于能覆盖 0 元素的最少直线数。

这里所谓"覆盖 0 元素的直线"是指在矩阵中行或列上画上横线或竖线，这些线覆盖所在行或列中的 0 元素。

根据这个定理，判断效率矩阵中存在独立 0 元素个数的问题转化为能覆盖所有 0 元素的最小直线数的问题，而后者相对简单，下面介绍一种"划线"的办法来解决这个问题。

例 7.5.2 用匈牙利法求解例 7.5.1 中的指派问题。

判断例 7.5.1 构建的数学模型是否为标准形式的指派问题，可以看到其目标要求最大化，不是标准形式，可以取效率矩阵中的最大元素减去各元素，将其转化为最小化问题，由此得到新的效率矩阵，如图 7-5-1 所示。

$$\begin{pmatrix} 15 & 20 & 18 & 20 & 18 \\ 15 & 14 & 17 & 17 & 17 \\ 20 & 10 & 15 & 13 & 18 \\ 10 & 11 & 19 & 19 & 15 \\ 18 & 12 & 15 & 13 & 13 \end{pmatrix} \xRightarrow[\text{（用最大值20减）}]{} \begin{pmatrix} 5 & 0 & 2 & 0 & 2 \\ 5 & 6 & 3 & 3 & 3 \\ 0 & 10 & 5 & 7 & 2 \\ 10 & 9 & 1 & 1 & 5 \\ 2 & 8 & 5 & 8 & 7 \end{pmatrix}$$

图 7-5-1　处理效率矩阵使其转化为最小化问题

第 1 步：同解变换

按照定理 7.1 所指示的办法，对效率矩阵的每行（列）均减去相应行（列）的最小值，不断变换，直到所有行（列）均至少有 1 个 0 为止。

对例 7.5.1 来说，这个过程如图 7-5-2 所示。

$$\begin{pmatrix} 5 & 0 & 2 & 0 & 2 \\ 5 & 6 & 3 & 3 & 3 \\ 0 & 10 & 5 & 7 & 2 \\ 10 & 9 & 1 & 1 & 5 \\ 2 & 8 & 5 & 8 & 7 \end{pmatrix} \xrightarrow{\text{每行或列减去其最小值}} \begin{pmatrix} 5 & 0 & 2 & 0 & 2 \\ 2 & 3 & 0 & 0 & 0 \\ 0 & 10 & 5 & 7 & 2 \\ 9 & 8 & 0 & 0 & 4 \\ 0 & 6 & 3 & 6 & 5 \end{pmatrix}$$

图 7-5-2　第 1 次同解变换

经第 1 步变换后，系数矩阵中每行、每列都有了 0 元素，但需要找出 n 个独立的 0 元素。若能找出，就以这些独立 0 元素对应解矩阵中元素为 1，其余为 0，就得到最优解。

第 2 步：试指派

当 n 较小时，可以用试探法找出独立 0 元素。当 n 较大时，就必须按一定的步骤去找。匈牙利法的步骤如下。

从 0 元素数量最少的**行（或列）** 开始，给这个 0 元素加圈，记作 ◎，表示对这行（或列）所代表的人（或任务），试着指派一个任务（或人）。划去 ◎ 所在**列（或行）** 的其他 0 元素，记作 ∅，表示这列（或行）所代表的任务（或人）已指派完，不必再考虑其他了。

在效率矩阵剩下部分给只有一个 0 元素（或最少 0 元素）的**列（或行）** 的 0 元素加圈，记作 ◎，然后划去 ◎ 所**行（或列）** 的 0 元素，记作 ∅。

反复进行上面两步，直到所有 0 元素都被圈出（标记为 ◎）或划掉（标记为 ∅）为止。

检查效率矩阵，若仍然存在没有标记的 0 元素，且同行（或列）的 0 元素至少有两个（表示对这人可以从两项任务中指派其一），可以用不同的方案去试探。从 0 元素剩余最少的行（或列）开始，比较这行（或列）各 0 元素所在列（行）中 0 元素的数量，选择 0 元素少的列（或行）的这个 0 元素加圈（选择性多的要"礼让"选择性小的），然后划掉同行或同列的其他 0 元素。反复进行，直到所有的 0 元素都已圈出或划掉为止。

经过试指派，如果得到 ◎ 标记的 0 元素数量等于矩阵的阶数 n，则指派问题的最优解已得到。若不然，则转入下一步。

对于例 7.5.1，求解过程如图 7-5-3 所示，最终得到 4 个 ◎ 标记，小于维数 5，转入下一步。

第 3 步：画出覆盖 0 元素的最少直线

在第 2 步中，如果得到的 ◎ 标记小于矩阵维数，说明没有找到足够多的独立 0 元素，需要判断是没有找到，还是根本不存在呢？根据定理 7.2，只需要画出能覆盖所有 0 元素的最小直线数量，就可以确认。

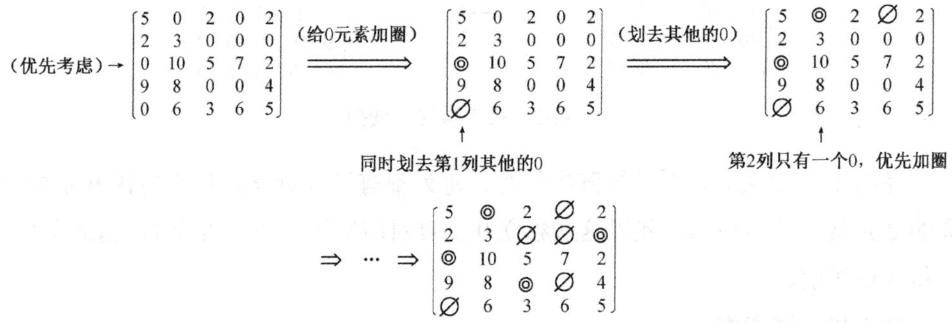

$$（优先考虑）\rightarrow \begin{bmatrix} 5 & 0 & 2 & 0 & 2 \\ 2 & 3 & 0 & 0 & 0 \\ 0 & 10 & 5 & 7 & 2 \\ 9 & 8 & 0 & 0 & 4 \\ 0 & 6 & 3 & 6 & 5 \end{bmatrix} \xrightarrow{（给0元素加圈）} \begin{bmatrix} 5 & 0 & 2 & 0 & 2 \\ 2 & 3 & 0 & 0 & 0 \\ ◎ & 10 & 5 & 7 & 2 \\ 9 & 8 & 0 & 0 & 4 \\ ∅ & 6 & 3 & 6 & 5 \end{bmatrix} \xrightarrow{（划去其他的0）} \begin{bmatrix} 5 & ◎ & 2 & ∅ & 2 \\ 2 & 3 & 0 & 0 & 0 \\ ◎ & 10 & 5 & 7 & 2 \\ 9 & 8 & 0 & 0 & 4 \\ ∅ & 6 & 3 & 6 & 5 \end{bmatrix}$$

同时划去第1列其他的0 ↑　　　　　第2列只有一个0，优先加圈 ↑

$$\Rightarrow \cdots \Rightarrow \begin{bmatrix} 5 & ◎ & 2 & ∅ & 2 \\ 2 & 3 & ∅ & ∅ & ◎ \\ ◎ & 10 & 5 & 7 & 2 \\ 9 & 8 & ◎ & ∅ & 4 \\ ∅ & 6 & 3 & 6 & 5 \end{bmatrix}$$

图 7-5-3　第 1 次试指派——找出独立的 0 元素个数

为此按以下步骤进行：

（1）对没有◎的行打√号；

（2）对已打√号的行中所有含∅元素的列打√号；

（3）对打√号的列中含◎元素的行打√号；

（4）重复（2）和（3）直到得不出新的打√号的行、列为止；

（5）对没有打√号的行画一条横线，对打√号的列画一条竖线。

这就得到了覆盖所有 0 元素的最少直线数量。如果得到的直线数量等于矩阵的维数，说明存在足够多的独立 0 元素，但目前未能找到，还能找到更多的独立 0 元素，应回到第 2 步另行试探；如果直线数量小于矩阵维数，说明本步骤不存在最优解，还需要继续变换当前的效率矩阵，得到更多 0 元素，才可能找到 n 个独立的 0 元素，转第 4 步。

本例中，操作过程如图 7-5-4 所示，最后使得不存在可以打√的行或列，按照（5）对没有打√号的行画一条横线，打√号的列画一条纵线，得到了覆盖所有 0 元素的最少直线数，为 4 条，说明目前独立 0 元素最多为 4 个，还需要进行变换。

（1）该行无◎，优先打√ →

$$\begin{bmatrix} 5 & ◎ & 2 & ∅ & 2 \\ 2 & 3 & ∅ & ∅ & ◎ \\ ◎ & 10 & 5 & 7 & 2 \\ 9 & 8 & ◎ & ∅ & 4 \\ ∅ & 6 & 3 & 6 & 5 \end{bmatrix} \Rightarrow \begin{bmatrix} 5 & ◎ & 2 & ∅ & 2 \\ 2 & 3 & ∅ & ∅ & ◎ \\ ◎ & 10 & 5 & 7 & 2 \\ 9 & 8 & ◎ & ∅ & 4 \\ ∅ & 6 & 3 & 6 & 5 \end{bmatrix}√ \Rightarrow \begin{bmatrix} 5 & ◎ & 2 & ∅ & 2 \\ 2 & 3 & ∅ & ∅ & ◎ \\ ◎ & 10 & 5 & 7 & 2 \\ 9 & 8 & ◎ & ∅ & 4 \\ ∅ & 6 & 3 & 6 & 5 \end{bmatrix}√$$

（3）该行是已有√的列中含有0的行，打√

√（2）第1列为已打√号的行中含0元素的列，打√

图 7-5-4　第 3 步——画出"覆盖所有 0 元素的最少直线"数量

第 4 步：第 2 次变换

在标记了“覆盖所有 0 元素的最少直线”效率矩阵上，对其进行再次变换以增加 0 元素。实施步骤如下：

（1）在未被直线覆盖的部分寻找最小元素；

（2）对未被覆盖的行（列）中各元素减去最小元素；

（3）为了不使已经存在的 0 元素部分出现负值，对所在列（行）加上这一最小元素（相当于减去相反数）。

这样就得到更多 0 元素的同解效率矩阵，返回第 2 步，重新进行试指派。

对本例来说，未被直线覆盖部分的最小元素为“2”，在第 3 行和第 5 行同时减去 2，这时会造成第 1 列中的第 3 个和第 5 个位置的 0 变为负数，为了保证效率矩阵所有元素均非负，让第 1 列加上 2，得到一个新的效率矩阵，如图 7-5-5 所示。

$$\begin{matrix} \begin{bmatrix} 5 & \circledcirc & 2 & \varnothing & 2 \\ 2 & 3 & \varnothing & \varnothing & \circledcirc \\ \circledcirc & 10 & 5 & 7 & 2 \\ 9 & 8 & \circledcirc & \varnothing & 4 \\ \varnothing & 6 & 3 & 6 & 5 \end{bmatrix} \begin{matrix} \\ \\ -2 \\ \\ -2 \end{matrix} \\ +2 \qquad\qquad\qquad\qquad \end{matrix} \Rightarrow \begin{bmatrix} 7 & 0 & 2 & 0 & 2 \\ 4 & 3 & 0 & 0 & 0 \\ 0 & 8 & 3 & 5 & 0 \\ 11 & 8 & 0 & 0 & 4 \\ 0 & 4 & 1 & 4 & 3 \end{bmatrix}$$

图 7-5-5 第 4 步——第 2 次变换以得到更多 0 元素

返回第 2 步，重新进行试指派。

如图 7-5-6 所示，在新的效率矩阵中可以找到 5 个独立 0 元素，相应 0 元素位置形成了最优指派方案：小张实弹射击，小王武装泅渡，小李四百米障碍，小刘短距离跑，小陈定向越野。预期总成绩为 20+17+18+19+18=92 分。

$$\begin{bmatrix} 7 & \circledcirc & 2 & \varnothing & 2 \\ 4 & 3 & \varnothing & \circledcirc & \varnothing \\ \varnothing & 8 & 3 & 5 & \circledcirc \\ 11 & 8 & \circledcirc & \varnothing & 4 \\ \circledcirc & 4 & 1 & 4 & 3 \end{bmatrix} \Rightarrow \begin{bmatrix} 0 & 1 & 0 & 0 & 0 \\ 0 & 0 & 0 & 1 & 0 \\ 0 & 0 & 0 & 0 & 1 \\ 0 & 0 & 1 & 0 & 0 \\ 1 & 0 & 0 & 0 & 0 \end{bmatrix}$$

图 7-5-6 第 2 次进行试指派

需要注意的是，指派问题的效率矩阵在进行同解变换过程中，如果得到同行或同列中有两个或两个以上 0 元素，这时可任选一行（列）中某个 0 元素，再划去同行（列）的其他 0 元素，这时往往会出现多重解。例如，本例还可得到另一个最优指派方案：小张实弹射击，小王短距离跑，小李四百米障碍，小刘武装泅渡，小陈定向越野。预期总成绩也为 92 分。

7.5.3　非标准指派问题的转化

匈牙利法用于求解标准的指派问题，模型中目标函数要求最小化，且人数与任务数相同。在实践中很多指派问题并不是标准形式，而有更复杂的情况，其处理办法类似于第 5 章中对非标准运输问题的处理，可将模型"转化"为标准形式再求解，下面分情况进行说明。

1. 求极大化的指派问题

如果其他要素不变（人数与任务数仍相同），而指派问题的目标仍是"效益"型的，即目标函数要求最大化，这时可将其转化为求最小化的问题，办法是用效率矩阵中的最大值减去效率矩阵各元素，这样就使新问题目标函数求最小化，且保持了效率矩阵非负。

这种情况其实在本节例 7.5.2 的求解中已经使用到。

2. 人数与任务数不等的指派问题

这种情况下的转化办法，与运输问题中处理产销量不平衡问题的方法一致，也就是增加虚拟的"人"或"任务"，使人数和任务数相等。当人数大于任务数时，增加虚拟任务，且让相应人在完成虚拟任务时的效率矩阵元素为 0（本质上没有做）即可；当任务数大于人数时，增加虚拟人，且让相应虚拟人在完成相应任务时的效率矩阵系数为 0（允许不完成相应任务）或惩罚性系数（不允许相应任务不完成）。

具体转化步骤可参见运输问题相应部分。

3. 一人可做多项任务或一项任务可由多人同做的指派问题

现实中如果某人可以完成多项任务，这时只需要将此人看作多个人（具体人数视任务数而定）即可，相应的效率矩阵系数取此人完成相应任务的效益或代价。

类似地，如果某项任务需要由多人共同完成，可以把该项任务分为多项任务，分开后的子项任务均由一个人完成即可，相应的效率矩阵系数视情况根据每个人承担的工作量来确定。

4. 某任务一定要（或者一定不能）由某人做的指派问题

当某项任务一定要由某人来完成时，相应人和任务之间的决策变量一定取值为 1，不再是一个变量，直接将相应人和任务去掉即可。

当某项任务一定不能由某人来做时，可以将这样的约束转化为目标中的惩罚性系数来表达，相应的决策变量在目标函数的系数设为"M"即可。

7.6 整数线性规划问题的 LINGO 求解

由于整数线性规划的松弛问题是线性规划，那么在用 LINGO 软件求解时，意味着除整数约束外的其他部分和线性规划的 LINGO 建模是一样的，只需要将相应整数约束用 LINGO 表达出来即可。

读者在使用整数约束表达时，需要理解整数要求对于求解器来说要困难很多，所以如果允许，尽可能减少整数变量的个数以缩短求解时间。而 LINGO 软件的试用版实际上严格限制了整数变量的个数（不超过 30 个）。

在 LINGO 软件中，如果需要将变量 x 表达为整数，使用@GIN(x)语句；若需要将变量 x 表达为 0–1 变量，则使用@BIN(x)。如果一组变量均需要进行整数或者 0–1 的约束，可将其放在一个集合，然后对此集合使用相应语句即可。下面通过例子来说明 LINGO 建模求解的过程。

7.6.1 背包问题的 LINGO 求解

例 7.6.1 用 LINGO 求解例 7.1.2 中的背包问题。

在 7.1 节，得到其数学模型为

$$\max z = 40x_1 + 90x_2$$
$$\begin{cases} 9x_1 + 7x_2 \leqslant 56 \\ 7x_1 + 20x_2 \leqslant 70 \\ x_1, x_2 \geqslant 0, \text{且为整数} \end{cases}$$

首先用 LINGO 建模如下。

```
MODEL:
    max=40*x1+90*x2; !目标函数;
    9*x1+7*x2<56;
    7*x1+20*x2<70;
    @gin(x1); @gin(x2); !要求变量取整数;
END
```

然后单击工具条上的 按钮，得到以下求解结果。

```
Global optimal solution found.
Objective value:                          340.0000
Objective bound:                          340.0000


Model Class:                              PILP
Total variables:                          2
Nonlinear variables:                      0
Integer variables:                        2


Total constraints:                        3
Nonlinear constraints:                    0


variable        Value               Reduced Cost
X1              4.000000            -40.00000
X2              2.000000            -90.00000
```

从中可以看出，LINGO 软件不但求得最优解为(4,2)，还报告了模型类型为纯整数线性规划问题（PILP）及所有变量中整数的数量。

例 7.6.2 用 LINGO 软件求解如下 0-1 背包问题。

某人打算外出旅游并登山，考虑到要带许多必要的旅游和生活用品，如计算机、照相机、摄像机、备用食品、雨具、书籍等，共 8 件物品，它们的重量分别为 1 千克、3 千克、4 千克、3 千克、3 千克、2 千克、5 千克、8 千克，考虑各物品的使用价值，分别为 2、9、3、8、8、6、4、10，要求总重量不超过 15 千克，试问带哪些物品可使所带物品的总价值最大。

在此问题中，由于各物品均只有 1 件，带相应物品则变量设为 1，否则设为 0，故问题是一个 0-1 背包问题。其数学模型为

$$\max z = \sum_{i=1}^{8} c_i x_i$$

$$\begin{cases} \sum a_i x_i \leqslant b \\ x_i = 1 或 0 \, (i = 1, 2, \cdots, 8) \end{cases}$$

用 LINGO 建模如下。

```
MODEL:
    sets:
        ITEMS/I1..I8/:A,C,X;
    endsets
    DATA:
        A=1 3 4 3 3 1 5 10;
        C=2 9 3 8 8 6 4 10;
    ENDDATA
        max=@SUM(ITEMS:C*X);  !目标函数;
        @SUM(ITEMS:A*X)<=15;  !重量约束;
        @FOR(ITEMS:@BIN(X)); !限制x为0-1变量;
END
```

解得 X(I2)= X(I3) = X(I4) = X(I5) = X(I6) =1，说明应携带第 2 件、第 3 件、第 4 件、第 5 件、第 6 件物品，总价值为 34。

7.6.2　指派问题的 LINGO 求解

指派问题实际上是要求所有变量取 0 和 1 的特殊运输问题，其 LINGO 建模求解和运输问题类似，下面通过例子说明。

例 7.6.3　用 LINGO 求解 7.5 节的例 7.5.1。

在例 7.5.1 中，其效率矩阵如表 7-6-1 所示。

表 7-6-1　例 7.5.1 效率矩阵

人员	项　目				
	定向越野	实弹射击	短距离跑	武装泅渡	四百米障碍
小张	15	20	18	20	18
小王	15	14	17	17	17
小李	20	10	15	13	18
小刘	10	11	19	19	15
小陈	18	12	15	13	13

用 LINGO 建模如下。

```
MODEL: !5个人5项任务的指派问题;
  sets:
    persons/p1..p5/; !人员集合;
    jobs/j1..j5/; !任务集合;
    links(persons,jobs): C,X; !效率矩阵和解矩阵;
  endsets
  data:
    C=15 20 18 20 18
      15 14 17 17 17
      20 10 15 13 18
      10 11 19 19 15
      18 12 15 13 13;
  enddata
   max=@sum(links: C*X); !目标函数;
   @for(persons(i): !每个工人只能有一份工作;
   @sum(jobs(j): x(i,j))=1; );
   @for(jobs(j): !每份工作只能有一个工人 ;
   @sum(persons(i): x(i,j))=1;);
   @for(links(i,j):@bin(x(i,j))); !变量取0-1;
  END
```

解得 $X(p1,j2) = X(p2,j4) = X(p3,j5) = X(p4,j3) = X(p5,j1) = 1$，说明项目分派关系应为：小张实弹射击，小王武装泅渡，小李四百米障碍，小刘短距离跑，小陈定向越野。预期总成绩为 92 分。这与用匈牙利法的求解结果一致。

7.6.3　选址问题的 LINGO 求解

选址问题（Location Problem）是指在一定约束条件下选择一个或多个空间位置，使得这个位置到指定的多个位置的综合成本最低。选址问题是经典的运筹学问题，在生产、生活中有广泛的应用。根据实际背景和目标的不同，选址问题又可以分为很多类，其中在多个固定位置选取一个或多个地址，是典型的（混合）整数规划问题（如果没有固定的选项，地址可在一定范围内自由变化，则是非线性规划问题）。

下面以现代物流服务中物流枢纽的选址为例，说明选址问题的 LINGO 求解过程。

例 7.6.4【物流枢纽的选址问题】物流枢纽是提供集货、分拣、配送等服务的运输中心，它是物流链中最重要的一个节点。由于建设物流枢纽的投资大、周期长、回报慢，并且需要长期经营维护，因此物流枢纽节点的合理选址就显得十分重要。如何在给定某一地区所有备选点的地址集合中选出一定数量的地址建立物流枢纽，形成配送区域，实现各需求点的配送，使配送系统总物流成本最小，这是物流枢纽节点选址的中心问题。

这个问题可描述为，对于有限的供货点，在若干个备选地址中选择一定数量的地址作为枢纽节点，为多个目的地配送物品，使得选出的枢纽在满足配送需求的前提下，运输距离最短或总运输成本最低。

下面给一个具体示例。某物流公司在某区域拟建 2 个区域物流中心，该中心主要为 8 个城市提供服务，用最低的运输成本来满足该地区的需求。根据物流中心选址的原则和具体选址的要求，经过评选，得到 4 个候选地址，分别为 B_1、B_2、B_3、B_4，从各候选地址到各城市的运输成本和各城市的服务需求量如表 7-6-2 所示，试确定应该选择哪两个地址建立区域物流中心。

表 7-6-2 物流中心选址问题的相关数据

城 市	候 选 地				预计总运量
	B_1	B_2	B_3	B_4	
A_1	9	6	20	6	80
A_2	10	2	25	10	60
A_3	4	3	16	14	100
A_4	5	6	9	2	70
A_5	12	18	7	3	180
A_6	4	14	4	9	50
A_7	30	20	2	11	90
A_8	12	24	6	20	120

解：设 d_i 为第 i 个城市物流的需求量，第 j 个枢纽到第 i 个城市的保障关系为 x_{ij}，表 7-6-2 中的运输成本设为 c_{ij}，考虑问题中的约束条件和目标函数，构建整数规划数学模型：

$$\min z = \sum_{i=1}^{8} \sum_{j=1}^{4} d_i c_{ij} x_{ij} \quad （目标函数，总成本最小）$$

$$\begin{cases} \sum_{j=1}^{4} O_j = 2 & \text{（物流中心个数只能为 2 个）} \\ x_{ij} \leqslant O_j & \text{（入选物流中心才能送货）} \\ \sum_{j=1}^{4} x_{ij} = 1 & \text{（对任意第} i \text{个城市而言，只能有一个物流中心保障）} \\ O_j = 0 \text{或} 1 & \text{（选入取1，否则为0）} \end{cases}$$

根据此数学模型的形式，用 LINGO 建模如下。

```
MODEL: !物流枢纽选址问题;
  sets:
   A/1..8/:Demand; !服务城市;
   B/1..4/:Options; !备选地址，0-1变量;
    AB(A,B):C,X; !C是运输成本矩阵，X=={X(ij)是配送方案服务城市;
  endsets
  data:
    Demand =80 60  100 70 180 50 90 120;
    C =9   6    20   6
       10   2    25  10
        4   3    16  14
        5   6     9   2
       12  18     7   3
        4  14     4   9
       30  20     2  11
       12  24     6  20;
  enddata
  min=@sum(AB(i,j): Demand(i)*C(i,j)* X(i,j)); !目标函数;
  @sum(B: Options)=2; !限选两个物流中心;
  @for(AB(i,j):X(i,j)<= Options(j)); !入选物流中心才能送货;
  @for(A(i): @sum(B(j): X(i,j))=1);!一个城市由且只由一个物流中心送货;
  @for(A: @bin(Options));!限制为0-1整数规划;
END
```

求解得到 Options(2)=1，Options(3)=1，即应在第 2 个和第 3 个候选地址建立物流中心，保障关系为 A_1、A_2、A_3、A_4 由 B_2 保障，其他城市由 B_3 保障，总成本为 3680。

习 题

7.1 用图解法分别求解下面整数规划问题及其松弛问题的最优解，说明能否用求解松弛问题的最优解然后取整的方法得到原问题的整数最优解。

Note

$$\max z = 2x_1 + 10x_2$$

$$\begin{cases} 3x_1 + 8x_2 \leqslant 30 \\ 11x_1 + 2x_2 \leqslant 90 \\ x_1, x_2 \geqslant 0 \\ x_1 和 x_2 为整数 \end{cases}$$

7.2 用分枝定界法求解下面的整数规划问题。

（1）$\max z = 2x_1 + 2x_2$

$$\begin{cases} 14x_1 + 9x_2 \leqslant 51 \\ -6x_1 + 3x_2 \leqslant 1 \\ x_1, x_2 \geqslant 0, 且均为整数 \end{cases}$$

（2）$\max z = x_1 + x_2$

$$\begin{cases} 2x_1 + 5x_2 \leqslant 16 \\ 6x_1 + 5x_2 \leqslant 30 \\ x_1, x_2 \geqslant 0，且均为整数 \end{cases}$$

7.3 用割平面法求解下面的整数规划问题。

（1）$\max z = 2x_1 + 2x_2$

$$\begin{cases} -x_1 + x_2 \leqslant 1 \\ 3x_1 + x_2 \leqslant 4 \\ x_1, x_2 \geqslant 0, 且均为整数 \end{cases}$$

（2）$\min z = 3x_1 + 6x_2$

$$\begin{cases} 4x_1 + 2x_2 \geqslant 10 \\ 2x_1 + 4x_2 \geqslant 5 \\ 3x_1 + x_2 \geqslant 6 \\ x_1, x_2 \geqslant 0，且均为整数 \end{cases}$$

7.4 考虑下面的数学模型：

$$\min z = f_1(x_1) - f_2(x_2)$$

其中，

$$f_1(x_1) = \begin{cases} 20 + 5x_1, & x_1 > 0 \\ 0, & x_1 = 0 \end{cases} \qquad f_2(x_2) = \begin{cases} 12 + 6x_2, & x_2 > 0 \\ 0, & x_2 = 0 \end{cases}$$

并且满足以下约束条件：

（1）$x_1 \geqslant 10$ 或 $x_2 \geqslant 10$；

（2）3 个不等式 $2x_1 + x_2 \geqslant 15$、$x_1 + x_2 \geqslant 15$ 和 $x_1 + 2x_2 \geqslant 15$ 至少一个成立；

（3）x_1 和 x_2 两者之间相差 10 或 5 或相等；

（4）x_1 和 x_2 均为非负数。

请把其表达为整数规划模型。

7.5 用隐枚举法求解下列 0-1 规划问题。

（1）$\max z = 3x_1 - x_2 + 4x_3$

$$\begin{cases} x_1 + 2x_2 - x_3 \leqslant 2 \\ x_1 + 3x_2 + x_3 \leqslant 4 \\ 2x_1 + x_2 \leqslant 2 \\ 4x_1 + x_3 \leqslant 6 \\ x_1, x_2, x_3 = 0 或 1 \end{cases}$$

（2）$\min z = 2x_1 + 3x_2 + 4x_3$

$$\begin{cases} 2x_1 - 5x_2 + 3x_3 \leqslant 3 \\ 2x_1 + x_2 + 3x_3 \geqslant 2 \\ x_2 + x_3 \geqslant 1 \\ x_1, x_2, x_3 = 0 或 1 \end{cases}$$

7.6　用匈牙利法求解下面效率矩阵对应的标准指标问题。

(1)
$$\begin{pmatrix} 7 & 9 & 10 & 12 \\ 13 & 12 & 16 & 17 \\ 15 & 16 & 11 & 15 \\ 11 & 12 & 15 & 16 \end{pmatrix}$$

(2)
$$\begin{pmatrix} 3 & 8 & 2 & 10 & 3 \\ 8 & 7 & 2 & 9 & 8 \\ 6 & 4 & 2 & 7 & 5 \\ 8 & 4 & 2 & 3 & 5 \\ 9 & 10 & 6 & 9 & 10 \end{pmatrix}$$

7.7　要将一些不同类型的货物装到一条货船上，这些货物的重量、单位体积、冷藏要求、可燃性指数都不相同，有关数据如下表所示。

货物编号	单位重量	单位体积	冷藏要求	可燃性指数	价　值
1	20	1	需要	0.1	5
2	5	2	不需要	0.2	10
3	10	3	不需要	0.4	15
4	12	4	需要	0.1	18
5	25	5	不需要	0.2	25

已知该货船可装载的总重量为 40 万吨，总体积为 50000 立方米，可以冷藏的总体积为 10000 立方米，允许的可燃性指数总和不能超过 750。试建模求解使货物总价值最大的装载方案。

7.8　现规划在全国范围内建设一批小型机场，需要从进入初选的 14 个地址中确定 8 个地址，由于地理位置、环境条件不同，每个机场需要投入的基础建设成本各有不同，相应成本情况如下表所示。

初选地点	B_1	B_2	B_3	B_4	B_5	B_6	B_7	B_8	B_9	B_{10}	B_{11}	B_{12}	B_{13}	B_{14}
成本（千万元）	1.2	1.5	1.7	2.1	3.3	1.2	2.8	2.5	1.9	3.0	2.4	2.4	2.1	1.6

考虑各类限制因素，确定选取的要求包括：

（1）B_5、B_3 和 B_7 只能选择一个；

（2）选择了 B_1 或 B_{14} 就不能选 B_6；

（3）B_2、B_6、B_1、B_{12} 最多只能选两个；

（4）B_5、B_7、B_{10}、B_8 最少要选两个。

问应选择哪几个地点，使总基础建设成本最低？

7.9　现已聘用 4 名计时工资制人员（甲、乙、丙、丁）完成一项任务，要分别指派他们完成 4 项不同的工作（A、B、C、D），工资按照每人每小时 100 元支付，请按以下要求分别找出最优的工作分配方案。

（1）每人完成各项工作所消耗的时间如下表所示（其中，"—"表示相应工作不能派给该人完成），问应如何分配工作才能使总工资成本最低。

表　每人完成各项工作的所需时间（单位：小时）

工　人	工　作			
	A	B	C	D
甲	18	16	—	19
乙	—	20	16	20
丙	19	18	17	21
丁	12	15	20	—

（2）每人完成各项工作所能创造的毛利润如下表所示，问应如何指派工作才能使总净利润最高。

表　每人完成各项工作所能创造的毛利润（单位：百元）

工　人	工　作			
	A	B	C	D
甲	40	50	—	90
乙	—	50	60	80
丙	30	40	30	50
丁	70	60	80	—

7.10　5 名游泳运动员在选拔赛中 4 种泳姿的 50 米最好成绩如下表所示，根据该表中的成绩来选拔队员，应从中选哪 4 名运动员组成一个 4×50 米混合泳接力队使预计总成绩最好？

表　游泳运动员的最好成绩表（单位：秒）

泳　姿	运　动　员				
	赵	钱	孙	李	王
蛙泳	43.4	33.1	42.2	34.7	41.8
仰泳	37.7	32.9	33.8	37.0	35.4
自由泳	29.2	26.4	29.6	28.5	31.1
蝶泳	33.3	28.5	38.9	30.4	33.6

7.11　某城市的消防部门将所辖区域划分为 11 个防火区，同时设 4 个消防站，下图表示了各防火区（用 1、2 等数字表示）与各消防站（用①、②、③、④表示）

的位置，虚线连接表示各消防站能够及时到达的防火区（如消防站②能及时到达 1、2、8、9 这 4 块防火区，而覆盖不了 7 防火区）。现该市提出，能否在满足消防要求的前提下裁撤消防站，如果能，应裁撤哪些？

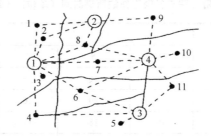

7.12　为了校园的安全，某校拟在校内主要道路的路口安装全景摄像头。校内主要道路示意如下图，其中，①～⑧表示道路路口，A～K 表示道路，假设一旦在某个路口安装这种摄像头，即可对所有通向该路口的道路实施有效监视。问在哪些路口安装摄像头才可使图中所有道路都被监视，并且使安装摄像头的路口数最少？

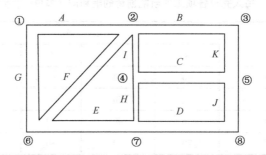

7.13　找一张您学校所在地到家乡的地图（或您感兴趣的其他地图），完成以下工作：

（1）绘制一张以学校为出发点、以家乡为目的地、以重要城市为中间点的回家路线图，途中各点之间的距离可以用实际物理距离、时间、旅行费用等表示；

（2）考虑可能的路线选项，构建一个求解回家总路线最短的整数规划模型，并用软件求解；

（3）考虑假期旅游，请通过整数规划建模与求解，设计一条经过途中所有标记地点一次且仅一次的最短旅行路线。

7.14　考虑大学生活中的一个时间片段（如一周），请读者回顾您需要做出哪些选择（如课程、娱乐、就餐、运动等方面），在其中选择一个问题，对其进行分析，量化表达问题目标、可能约束和决策选项，构建一个整数规划模型，并尝试求解和解释。

参 考 文 献

[1] 胡运权. 运筹学基础及应用[M]. 4 版. 北京：高等教育出版社，2004.

[2] 《运筹学》教材编写组. 运筹学[M]. 4 版. 北京：清华大学出版社，2012.

[3] Hillier F. S., Lieberman G. J. Introduction to Operations Research[M]. 8th ed. 影印版. 北京：清华大学出版社，2006.

[4] J. J. 摩特，等. 运筹学手册（基础和基本原理）[M]. 上海：上海科学技术出版社，1987.

[5] 张野鹏. 军事运筹基础[M]. 北京：高等教育出版社，2006.

[6] 朱德通. 最优化模型和实验[M]. 上海：同济大学出版社，2003.

[7] Saul I. Gass, Arjang A. Assad. An Annotated Time Line of Operations Research—An Informal History[M]. Springer Science+Business Media Inc., 2005.

第8章

图与网络分析

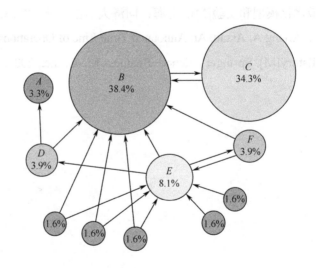

　　Google 公司的核心技术之一是其网页排名算法（Page-Rank，以创始人之一 Larry Page 的姓来命名），它根据网页之间超链接关系计算数以亿万计个网页的相关性和重要性，从而在用户搜索时给出相关网页的先后排序，它几乎是互联网发展历史最重要的算法。其基础是将网页视作"顶点"，将超链接关系视作"边"，则所有可被搜索的网页集合成为一张巨大的网络"图"（图来自 https://en.wikipedia.org/wiki/PageRank）。

图与网络分析是近三四十年来发展迅速、应用广泛的新兴运筹学分支，在物理学、化学、控制论、信息论、经济管理、计算机科学、军事等领域都能看到它的成功应用。许多问题虽然属于不同领域，但都可以用"图"模型的形式进行描述和分析，所以图与网络分析不仅本身具有重要的理论意义，还作为不少学科的基础方法而被广泛应用，包括但不限于通信网络设计、输油管线铺设、公路交通网建设，还涉及社会人群之间的社交关系研究、原子之间的化学键作用分析、互联网上 IP 地址间的连接关系等方面。信息技术的迅速发展，一方面带来了新的图论问题，另一方面提供了强大的计算能力，从而在"需求牵引"和"基础推动"这两个方面加速了图与网络分析的理论发展。应用相关方法，可以解决军事领域复杂作战任务规划、大规模后勤保障、侦察网络构建等诸多问题，这已经被国防建设和作战应用的实践所证实。

　　基于此，本书在相关基础概念和经典理论上，总体分为两部分，一是图的基本概念和基础理论（见 8.1 节、8.2 节、8.3 节）；二是网络流分析的相关模型及其应用（见 8.4 节、8.5 节、8.6 节、8.7 节）。

8.1　图的基本概念

　　相对于线性规划和整数规划中的"数学表达式"模型，"图"是截然不同的另一类运筹学模型。但其本质一致，都是现实对象及其逻辑关系的抽象。

8.1.1　图模型的提出

　　图模型的提出是很自然的，它是对现实中事物及事物之间关系进行高度抽象的数学模型。在这个意义上，图论中的图是一种"模型"，和前面章节中常见的公式表达本质是一样的，而与我们通常所熟悉的图形（如图画、地图、几何图形或函数图像等）有根本的区别。

例 8.1.1【柯尼斯堡七桥问题】在 18 世纪欧洲普鲁士王国的柯尼斯堡[1]，一条称为普莱格尔的河流横贯市区，形成了两座岛和河两岸共 4 个地区，这些地区间通过 7 座桥连接，如图 8-1-1 左图所示。市民们茶余饭后喜欢绕着这些桥梁散步，由此产生了一个问题：是否能够从家里出发，经过每座桥 1 次且仅 1 次，最后返回家里？经过无数人的实验，没有人成功走出这样的路线，有人就这个问题写信给当时著名的数学家欧拉[2]，向他请教。欧拉将此问题归结为一个如图 8-1-1 右图所示的"一笔画"问题，即能否从某一点开始不重复地一笔画出这幅图（笔尖不离开纸面），最后回到出发点。最后，欧拉证明对于这幅图来说，这是不可能的，因为图中的每个点都与奇数条边相关联，不可能将这幅图不重复地一笔画完。这是图论发展史上著名的事件，被称为"柯尼斯堡七桥问题"。

 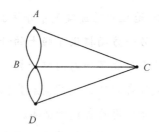

图 8-1-1　18 世纪的柯尼斯堡及其图模型

这个问题实际上是连通图的边遍历问题，欧拉在解决该问题的次年（1736 年）发表了欧拉定理，指出判断任何一个连通图是否有这种路线仅与图中顶点连接的边数有关系。由此，开启了"图论"研究的先河。

由柯尼斯堡七桥问题的图模型可以看出，图论中所研究的图与我们日常生活中所说的图形是不同的。在图论中，桥的准确位置、长度、岛的面积大小都无须考虑。所要考虑的是：有几块陆地、陆地之间是否有桥及有几座桥。所以，在图 8-1-1 中点 A、B、C、D 的位置可以是任意的，连线的形状和长度也可以是任

---

[1] 柯尼斯堡（Königsberg），现名为加里宁格勒，是俄罗斯联邦的一块飞地，位于波兰和立陶宛交界处、波罗的海沿岸。15 世纪该地是条顿骑士团的总部，16 世纪一度是军事立国的普鲁士公国首都，第二次世界大战前很长时期是德国领土，第二次世界大战后成为苏联领土，并改为现名。

[2] 欧拉（Leonhard Euler，1707—1783 年）是瑞士著名的数学家，他对现代科学、工程学和数学的贡献巨大。1735 年他解决了柯尼斯堡七桥问题。

意的。图 8-1-1 右图和左图尽管看起来形状不同，但它们所表示的点及点之间的关系是相同的。

这个例子的背景显然与"图"相关，在实际应用中很多问题看起来和"图"没有多大关联，但实际上也可以用图模型来高效地解决。

例 8.1.2【4 人过桥问题】 一行 4 人需要在夜晚通过一座小桥，因为步行速度不同，通过桥分别需要 1 分钟、2 分钟、5 分钟、10 分钟，两人同行以较慢者的速度为准。另外，只有一个手电筒，为避免危险，在通行时必须用手电筒，且一次通行最多两人同行，问所有人均通过的最短总时间是多少？

这个问题作为智力测验题频频出现在各种场合，想得到正确答案并不容易。其实，可以将其建模为一个图论问题，使用一个基本的图论算法来解决。说明如下：以在桥的另一侧（已通过桥）的人的情况为状态空间，起始状态为空，目标状态为(1, 2, 5, 10)（这里用通过时间标记不同的人），同时，有一些可行的中间状态，将这些状态作为图的顶点。根据通行条件，顶点间如果可以转换，则在相应顶点间连一条弧，状态转化所需时间定义为弧上的数值，得到如图 8-1-2 所示的图模型[1]。

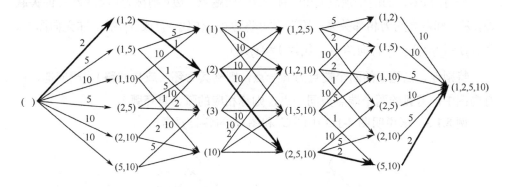

图 8-1-2　"4 人过桥"问题的图模型（图中粗线所示其中一个可行方案）

由此，这个看似和图无关的问题转化为图的最短路问题，用相关算法（见8.4 节）可很快找到通过的最短总时间为 2+1+10+2+2=17（分钟），具体通过方法之一如图中粗线条所示，按照通过速度依次为(1, 2)同行→1 返回→(5, 10)同行→2返回→(1, 2)同行，全部通过（请读者尝试：是否存在其他时间更短的过法）。

---

[1] 初看起来，通过图 8-1-2 求解本问题很复杂，其实不然。首先，图模型很容易得到，虽然看起来顶点和边很多，但很容易绘制出来，因为每次不用考虑整体情况，只需要考虑相邻状态是否可以转化；其次，这样的模型和算法具有通用性，一旦完成转化即可用现成算法和软件来求解。

通过上面两个例子可以看到，图模型是事物及事物间关系的一种"图形化"刻画，得到的模型可以是图 8-1-1 中的无向图形式，也可以是图 8-1-2 中的有向图形式，图中可以没有数字，也可以有一些数字。一旦完成模型构建，就可以用图论的各种理论成果来解决实际问题。

为了说明相关理论方法，下面给出一些基础概念的定义。

8.1.2 基本概念

定义 8.1 图、顶点、边（弧）、有向图（无向图）、端点、相邻、环

图 8-1-1 右图和图 8-1-2 在运筹学中均被称为图。一般地，**图**（Graph）G 是指点集 V（非空）和边集 E 组成的有序二元组，其中任意边 $e \in E$ 对应于两个点 u，$v \in V$，记作 $G = (V, E)$。其中，集合 V 中的元素称为**顶点**（Vertex 或 Node），E 中元素称为**边**（Edge）。清晰起见，有时也把 V 和 E 写为 $V(G)$ 和 $E(G)$。

特别地，若边有方向，则称为**有向边**，也称为**弧**，对应的图称为**有向图**（Directed Graph）；否则称为**无向图**，在不产生混淆情况下，无向图也简称为图。

任意边 $e \in E$ 的两个顶点 v_i 和 v_j 称为边 e 的**端点**，边 e 则称为顶点 v_i 和 v_j 的**关联边**，称 v_i 和 v_j 之间为**相邻关系**。用端点可将边 e 记作 (v_i, v_j) 或 (v_j, v_i)。在无向图中，$(v_i, v_j) = (v_j, v_i)$；在有向图中，$(v_i, v_j) \neq (v_j, v_i)$。

特别地，当边 e 的两个端点为同一点，则称其为**环**（或**自回路**）。相应地，在有向图中，若弧的两个端点为同一点，则称相应的弧为**自环弧**。

例 8.1.3 试说明图 8-1-3 中图 G_1 和图 G_2 的各类要素。

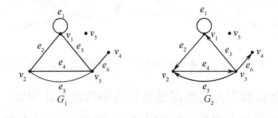

图 8-1-3 无向图 G_1 和有向图 G_2

图 G_1 是一个无向图，其中顶点集、边集等要素可表示为

$$V(G_1) = \{v_1, v_2, v_3, v_4, v_5\}$$

$$E(G_1) = \{e_1, e_2, e_3, e_4, e_5, e_6\}$$

$$e_1 = (v_1, v_1), \ e_2 = (v_1, v_2), \ e_3 = (v_1, v_3), \ e_4 = e_5 = (v_2, v_3), \ e_6 = (v_3, v_4)$$

特别地，e_1 为一个环。

图 G_2 是一个有向图，其中各条边均为弧，其中 e_1 是自环弧。

定义 8.2　阶、边数、有限图、多重边、简单图（多重图）

图 G 中顶点和边的个数分别称为图的**阶**（Order）和图的**边数**（Size），可用 $|V|$ 和 $|E|$ 来表示，习惯上也分别用字母 n 和 m 来表示。若图中只有一个顶点，即 $|V|=1$，称为**平凡图**，否则称为**非平凡图**；如果图的顶点为有限个，称为**有限图**，否则称为**无限图**。

在图 8-1-3 中图 G_1 的阶为 5，边数为 6，可写为 $|V(G_1)|=5$，$|E(G_1)|=6$，该图为非平凡图，同时为有限图。

若图 G 中两个顶点间存在 2 条或 2 条以上相同指向的边，则称这些边为**多重边**；若一个无向图中没有多重边，也没有环，则称该图为**简单图**，否则称为**多重图**。

在图 8-1-3 中图 G_1 的 e_4 和 e_5 为多重边，故该图不是简单图，而是多重图。

除非特别说明，本书中的图都是指简单图。

定义 8.3　权、赋权图（网络）

若图 G（有向图或无向图）中对每条边 $e=(v_i,v_j)\in E(G)$ 都赋予一个数 w_{ij}，数字称为边 e 上的**权**（Weight），或权值；相应地称这种图为**赋权图**（Weighted Graph）或直接称为**网络**（Network）。

图 8-1-2 就是一个赋权图。赋权图的权往往有明确的现实意义，对于图 8-1-2 的赋权图，边上的权表示相应状态转换所需的时间。在有些情况下，图中边上的权可能不止 1 个，如在用边表示线路（公路、铁路、水流、管道等）时，可能同时要考虑它们的长度、流速或费用等，这时权值就会有多个。赋权图在图论的理论和应用方面有重要的地位，被广泛应用于各领域的优化问题分析中。

定义 8.4　度、奇点（偶点）、悬挂点、孤立点（悬挂边）

无向图 G 中以顶点 v 为端点的边的总个数称为顶点 v 的**度**（Degree），也称为**次**，记作 $\deg(v)$ 或 $d(v)$。若顶点的度为偶数，则称相应顶点为**偶点**；若顶点的度为奇数，则称相应顶点为**奇点**。特别地，若某一顶点的度为 0，称为**孤立点**；若某一顶点的度为 1，则称为**悬挂点**。与悬挂点连接的边称为**悬挂边**。对于环来说，计算度的时候要算两次。

在一个图 G 中，个数最小的度称为最小度，习惯用 $\delta(G)$ 表示；个数最大的度称为最大度，习惯用 $\Delta(G)$ 表示。

对于图 8-1-3 中的图 G_1，其顶点的度的序列为

$$\{d(v_1), d(v_2), d(v_3), d(v_4), d(v_5)\} = \{4, 3, 4, 1, 0\}$$

其中，v_1、v_3、v_5 为偶点，v_2、v_4 为奇点，v_5 为孤立点，v_4 为悬挂点，与 v_4 相连接的边 e_6 为悬挂边。

图 G_1 的最小度 $\delta(G_1) = 0$，最大度 $\Delta(G_1) = 4$。

对于有向图来说，从某个顶点 v 发出的弧的数量称为**出度**，记为 $d^+(v)$；反过来，发至顶点 v 的弧的数量称为**入度**，记为 $d^-(v)$。

在图 8-1-3 的图 G_2 中，有 $d^+(v_1) = 2$，$d^-(v_1) = 2$，$d^+(v_2) = 1$，$d^-(v_2) = 2$。

8.1.3 图论基本定理

在图 8-1-1 中，各顶点均为奇点，度之和为 3+3+3+5=14，而边数为 7，正好是 2 倍关系；在图 8-1-3 的图 G_1 中，顶点的度之和为 4+3+4+1+0=12，边数 $|E(G_1)| = 6$，也是 2 倍关系。这不是偶然的，而是图的基本性质，称为图论基本定理。

定理 8.1（图论基本定理） 图 $G = (V, E)$ 的边数为 $|E(G)|$，则图中所有顶点的度之和为边数的两倍，即

$$\sum_{v \in V(G)} d(v) = 2|E(G)| \tag{8-1-1}$$

证明： 因为每条边与两个端点相关联，所以在计算顶点的度时，每条边均计算两次，所以全部顶点的度之和等于边数的两倍。

定理 8.1 也被称为"握手定理"，这个名字来源于群体中握手次数的计算问题：设有 n 个人参加聚会，每人均握手 k 次，则聚会中握手的总次数为 $\dfrac{kn}{2}$（请读者思考为什么）。

根据定理 8.1，容易得到如下推论。

推论 8.1 每个图中的奇点个数必然为偶数个。

证明： 对于任何一个图 G，可以把顶点分为两类：奇点和偶点，相应地把顶点集合 V 分为两个子集：奇点集 V_1 和偶点集 V_2。根据式（8-1-1），显然有

$$\sum_{v \in V(G)} d(v) = \sum_{v \in V_1} d(v) + \sum_{v \in V_2} d(v) = 2|E(G)| \tag{8-1-2}$$

式（8-1-2）中右端必然为偶数，而 $\sum_{v \in V_2} d(v)$ 也必然为偶数，所以 $\sum_{v \in V_1} d(v)$ 也为偶数，即奇点集合 V_1 中所有点的度之和为偶数，那么奇点集合中奇点的个数必然为偶数。

定理 8.1 及其推论都是针对无向图而言的，对于有向图来说，类似的结论是图中所有顶点的出度和等于入度和，这里不再详述。

这个定理简洁易懂，在图论中有重要的应用，下面举几个例子说明。

例 8.1.4 设图 G 的阶为 12，边数为 19。图 G 中每个顶点的度可能为 2 或 3 或 4，且已知其有 6 个度为 3 的顶点。试确定图 G 中度为 2 和度为 4 的顶点的个数。

解： 设图 G 中有度为 2 的顶点 x 个，则度为 4 的顶点为 12-6- x =6- x （个）。由图论基本定理得

$$2x + 3 \times 6 + 4(6 - x) = 2 \times 19$$
$$-2x = -4$$
$$x = 2$$

因此，图 G 中有 2 个度为 2 的顶点，有 4 个度为 4 的顶点。

例 8.1.5 在一场 n 人（不少于 2 人）参加的聚会中，已知两两相互间握手的总次数为 $n+1$ 次，试证至少有 1 人有过 3 次或 3 次以上的握手。

证明： 用图中的顶点来描述聚会中的参与人，如果聚会中有两人相互握过手，则在图中相应顶点间连一条边，则聚会的参与人及相互间的握手关系可以用一个无向图模型来刻画。

因此该问题转化为图论语言可描述为：对于非平凡图 $G = (V, E)$（$|V| = n \geqslant 2$），已知 $|E| = n+1$，则必然存在一个顶点的度不小于 3。

使用反证法，设所有顶点的度均小于等于 2，即对于任意 $v_i \in V$，均有 $d(v_i) \leqslant 2$，根据图论基本定理，有

$$2|E(G)| = \sum_{v_i \in V} d(v_i) \leqslant 2n$$

$$|E(G)| \leqslant n$$

这与已知条件 $|E| = n+1$ 矛盾，假设不成立！即至少有 1 人握过 3 次或 3 次以上手。

例 8.1.6 试证明一列非负的整数 $d_1, d_2, \cdots, d_n$ 是某个图的度序列，当且仅当 $\sum d_i$ 为偶数时成立。

证明： 先证必要性。如果某个图 G 以 $d_1, d_2, \cdots, d_n$ 作为其顶点的度，根据式（8-1-1），表明 $\sum d_i$ 必然为偶数。

再证充分性。使用构造法，若 $\sum d_i$ 为偶数，我们来构造一个图，使得图中顶点的度 $d(v_i) = d_i$。根据推论 8.1，有 $d_1, d_2, \cdots, d_n$ 中奇数的个数为偶数，则可以将奇数两两配对，并对每个配对的数字都加上 1（相当于在相应图中顶点间新连一条

边），由此所有 n 个数字均变为偶数，设为 d_i'（d_i 中偶数不变，奇数均加 1）。由此只需要构造一个图，在每个数字对应的图中顶点 v_i 上置放 $d_i'/2$ 个环，然后在原奇数配对的相应顶点上各删去一个环，并用一条边将两个顶点连接起来。这样得到的一个图，其顶点的度序列就是 $d_1, d_2, \cdots, d_n$。

注意：这里使用了环来证明，一般来说得到的图也不是简单图，如果要求是简单图，那么判断一串数字能够为一个简单图的顶点上度的序列要困难得多。感兴趣的读者可参考本章参考文献[1]。

8.2 图的连通与遍历

对于图模型来说，最直观的印象就是图是否为一个"连通"的整体，这方面的性质称为图的"连通性"，它是图重要的属性。一个图是否具有连通性，微观上看就是图中的任何一个顶点，是否可以由其出发，沿顶点或边"连续不断"地到达其他顶点的问题。

8.2.1 基础概念

定义 8.5 子图、生成子图

设 $G = (V_1, E_1)$ 和 $H = (V_2, E_2)$ 是两个图，若满足 $V_2 \subseteq V_1$ 且 $E_2 \subseteq E_1$，则称图 H 是图 G 的**子图**。特别地，当 $V_2 = V_1$ 时，称图 H 是图 G 的**生成子图**；当 $E_2 \subset E_1$ 或 $V_2 \subset V_1$ 时，称图 H 是图 G 的**真子图**。

由一个图产生其子图，常见的办法有删去顶点和删去边两种。

设 v 是图 G 的一个顶点，从图 G 中删去顶点 v 及其关联的全部边后得到的图称为图 G 的**删点子图**，记为 $G-v$。更一般地，设 $S = \{v_1, v_2, \cdots, v_k\}$ 是 $G = (V, E)$ 的顶点集 V 的子集，则 $G - \{v_1, v_2, \cdots, v_k\}$ 就是从图 G 中删去顶点 $v_1, v_2, \cdots, v_k$ 及它们关联的全部边后得到的图 G 的删点子图，可简记为 $G-S$。图 8-2-1 是删点子图的例子。

设 e 是图 G 的一条边，从图 G 中仅删去边 e、不删掉任何顶点得到的图称为图 G 的**删边子图**，记为 $G - e$。一般地，设 $T = \{e_1, e_2, \cdots, e_t\}$ 是 $G = (V, E)$ 的边集 E 的子集，则 $G-T$ 就是从图 G 中删去 T 中的全部边后得到的子图。显然所有的删边子图都是生成子图。图 8-2-2 是删边子图的例子。

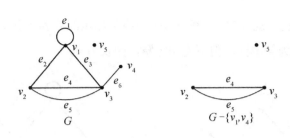

图 8-2-1　图 G 与其删点子图

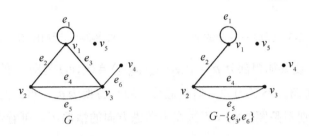

图 8-2-2　图 G 与其删边子图

定义 8.6　链、圈、路、回路

无向（有向）图 $G = (V, E)$ 中顶点和边的非空交错序列 $p = \langle v_0 e_1 v_1 e_2 \cdots e_k v_k \rangle$ 称为图 G 的一条连接 v_0 和 v_k 的**链（路）**，其中，$v_0, v_1, \cdots, v_k$ 是图 G 的顶点，$e_1, \cdots, e_k$ 是图 G 的边（或有向边），且对所有的 $1 \leqslant i \leqslant k$，边 e_i 与顶点 v_{i-1} 和 v_i 都关联（或边 e_i 是由 v_{i-1} 指向 v_i 的有向边）。v_0 称为链（或路）p 的起点，v_k 称为链 p 的终点，其余顶点称为链 p 的中间点。链 p 中边的数目 k 称为该**链（路）**的长度，在两个顶点间所有链（路）中，长度大于 0 的最小值又称为相应顶点间的**距离**。以 u 为起点、v 为终点的**链（路）**有时也简记为 $\langle u, v \rangle$，路很多时候也称为**道路**。

若链（路）p 中的边（有向边）互不相同（边不重复走），则称链 p 为**简单链（简单路）**；若链 p 中的顶点互不相同（顶点不重复走），则称链 p 为**初等链（初等路）**，显然，初等链（初等路）一定是简单链（简单路），反之不然。

若一条链（路）的起点和终点相同，则称相应的链（路）为**圈（回路）**。若其中的边均不相同，则称为**简单圈（简单回路）**；若所有中间点均不相同，则称为**初等圈（初等回路）**。在本书中，若非特别说明，链（圈）或路（回路）所含边（有向边）均不相同，即都是简单圈。

很多时候，为方便起见，也将无向图中的链或圈称为路或回路，反之不然。

图 8-2-3 中线条加粗部分 $p_1 = \langle v_1 e_2 v_2 e_4 v_3 e_6 v_4 \rangle \cong \langle v_1, v_4 \rangle$ 为图 G 的一条链，是简

单链，也是初等链，链长为 3；图 8-2-4 中线条加粗部分 $p_2 = \langle v_1 e_2 v_2 e_4 v_3 e_3 v_1 e_1 v_1 \rangle$ 为图 G 的一个圈，为简单圈，但不是初等圈，圈长为 4。

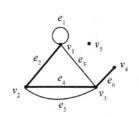

图 8-2-3　无向图 G 中的链

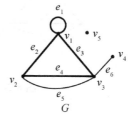

图 8-2-4　无向图 G 中的圈

图 8-2-5 中线条加粗部分 $p_3 = \langle v_1 e_2 v_2 e_4 v_3 e_6 v_4 \rangle \triangleq \langle v_1, v_4 \rangle$ 为图 G 的一条路，是简单路，也是初等路，路长为 3，但若把其中的 e_4 替换为 e_5，得到的另一交错序列 $\langle v_1 e_2 v_2 e_5 v_3 e_6 v_4 \rangle$ 则不是图的路（不过在不考虑方向的情况下，可看作一条链），这是因为有向图中的边都是有方向的，必须沿着方向前行；图 8-2-6 中线条加粗部分 $p_4 = \langle v_1 e_2 v_2 e_4 v_3 e_3 v_1 e_1 v_1 \rangle$ 为图 G 的一个简单回路，路长为 4。

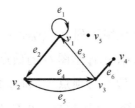

图 8-2-5　有向图 G 中的路

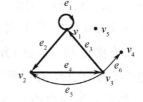

图 8-2-6　有向图 G 中的回路

例 8.2.1　试证明：对于任意简单无向图 G，若最小次 $\delta(G) = k$，则图 G 中一定有一条长为 k 的路。

证明：用构造法证明，只要找到长度满足的路即可。设图 G 中最长路为 L（因为有限图中路的总数有限，一定存在一条路最长），则可以断定 L 的路长至少为 k，如若不然，可设其路长 $l < k$，考虑最长路 L 的一个端点 u（非中间点），由于

$$d(u) \geqslant \delta(G) = k$$

所以，与 u 相邻的顶点至少为 k 个，同时这些顶点必然在最长路 L 上，不然若存在一个顶点 v 不在路 L 上且与 u 相邻，那么可以将路 L 沿着 (u, v) 延伸，得到新路的路长为 $l+1$，这与路 L 是最长路的设定矛盾。而因 $l < k$，路 L 上除 u 外，只有 $l-1$ 个顶点，说明与 u 相邻的顶点至多为 $l-1 < k-1$ 个，这与 $d(u) \geqslant k$ 矛盾。这说明假设不成立，则图 G 中最长路的路长至少为 k，若等于 k，则直接取此最长路就是要找的路；若最长路大于 k，只需要在最长路上截取长为 k 的一段即可。

定义 8.7　连通图、非连通图、分枝

若无向图 $G = (V, E)$ 中存在一条连接顶点 u 和 v 之间的链 $\langle u, v \rangle$，则称 u 和 v 在图 G 中是**连通**的。若图 G 中任何两个顶点之间都是连通的，则称图 G 是**连通图**，否则称为**非连通图**。

对于有向图来说，若两个顶点 u 和 v 之间存在一条路 $\langle u, v \rangle$，则称 u 和 v 在图 G 中是**有向连通**的，或称 u **可达于** v，若有向图 G 中任何两个顶点间都是相互可达的，则称其为**有向连通图**。

就连通而言，有向图和无向图是有很大区别的，因为前者中的路一般不满足对称性，有向图的连通性问题要复杂一些。

考虑无向图 G，若它的一个连通子图不是图 G 的其他任何连通子图的真子图，则称这一连通子图为图 G 的**极大连通子图**，又称**分枝**。图 G 中的分枝数量一般记为 $\omega(G)$。

分枝实际上将图 G 的顶点集合 V 划分为一系列相互不交的子集 $V_1, V_2, \cdots, V_k$（$V = V_1 \cup V_2 \cup \cdots \cup V_k$），使得图 G 中任何两个顶点 u 和 v 连通，当且仅当 u 和 v 属于同一个顶点子集 $V_i (1 \leq i \leq k)$ 时成立。

显然，连通图只有一个分枝，非连通图的分枝数量一定大于 1。

在图 8-2-7 所示的图 G 中，所有顶点可分为 3 个部分：$V_1 = \{v_1, v_2, v_3\}$，$V_2 = \{v_7, v_8\}$，$V_3 = \{v_4, v_5, v_6\}$，可以看到图 G 中任何一条边的两个端点一定都在这 3 个顶点的集合中，而不会出现一个端点在一个集合，另一端点在另一集合的情况。也就是说，V_1、V_2、V_3 对应的 3 个子图 G_1、G_2、G_3 是连通子图，且不是任何其他连通子图的真子图，即是极大连通子图（分枝），在该图中 $\omega(G) = 3$。

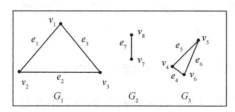

图 8-2-7　图 G 共有 3 个分枝

这里请读者判断，图 8-2-7 中 $\langle v_1 e_1 v_2 \rangle$ 是图 G 的子图吗？是图 G 的分枝吗？

例 8.2.2　试证明：若图 G 中仅有两个奇点 u 和 v，那么 u 和 v 之间必然有路相连。

证明：对于图 G 中的两个奇点 u 和 v 来说，它们必然只能在图 G 的一个分枝中（如果分别在不同分枝中，则相应分枝作为一个图只有 1 个奇点，与推论 8.1

矛盾），那么说明 u 和 v 之间是连通的。

定义 8.8 完全图、割边、割集

对于无向连通图来说，连通性的强弱是图的重要属性，其对网络可靠性、道路抗毁性等方面的研究具有重要价值。

显然，连通性最强的简单图是指任何两个顶点间均有边直接相连的图，这样的图称为**完全图**，有 n 个顶点的完全图一般写为 K_n，K_n 中边的总数显然为 $\binom{2}{n} = \dfrac{n(n-1)}{2}$。图 8-2-8 给出了 $K_1 \sim K_5$ 的示例。

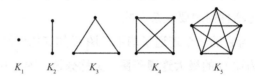

图 8-2-8　完全图示例

作为另一个极端，连通图中连通性最弱的图，是指去掉任意边均不再连通的图，这样的图称为树，在 8.3 节将详细介绍。

设图 $G = (V, E)$ 是连通图，对于其中一个边 $e \in E$，如果 $G - e$ 不再是连通图，则称 e 为图 G 的**割边**。

在图 8-2-9 中，图 G_1 中所有边都是割边，而图 G_2 中只有一个割边 e_6。

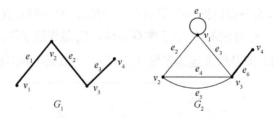

图 8-2-9　图的割边示例（图中粗线为割边）

定理 8.2　在连通图 G 中，边 e 为割边的充要条件是 e 不包含于图 G 的任何圈中。

证明： 先证必要性。设 $e = (u, v)$ 为割边，若 e 包含在某一圈中，则在圈上存在两条 u 和 v 间的链。在删去 e 后，所有原来通过 e 的路均可绕道圈上 u 和 v 间的另一条链，即删去 e 不改变图的连通性，这与 e 为割边矛盾。因此，假设错误，e 不包含在任何一个圈中。

再证充分性。若边 $e = (u, v)$ 不包含在图 G 的任意圈中，则删去 e 后，u 和 v 间

一定不存在链，若存在链，设为 L，则在删去 e 前，u 和 v 间存在 L 和 e 两条链，构成圈，矛盾！即在删去 e 后，u 和 v 间不再连通，说明 e 是割边。

如果一个图的连通性介于最强和最弱之间，就可以用割集的概念来度量。设 $G = (V,E)$ 是连通图，若存在边的子集 $E_1 \subseteq E$，使得子图 $G - E_1$ 是非连通图，且对于任何 E_1 的真子集 $E' \subset E_1$，$G - E'$ 是连通图，则称 E_1 为图 G 的一个**割集**。若割集中只有一条边，这条边就是割边。对于完全图来说，割集中边的数量只比顶点数少 1。

8.2.2　图的矩阵表示

前文在表示图的时候，使用了两种方式：语言表述和图形形式。其实，由于图本质上是一种二元关系的表达，自然可以用矩阵来表示。用矩阵表示图虽然不够直观，但具有很多不可替代的优点，因此便于利用矩阵的理论方法来研究图的性质并便捷地构造算法，也方便使用计算机处理。

常用的图的矩阵表示有两种形式：邻接矩阵和关联矩阵。在邻接矩阵中两个维度都用顶点表达，常用于研究图的连通性问题；在关联矩阵中两个维度分别为顶点和边，常用于研究子图的问题。由于矩阵的行列有固定的顺序，因此在用矩阵表示图之前，须将图的顶点和边编号，以确定与矩阵元素的对应关系。

定义 8.9　邻接矩阵、可达性

设图 G 是一个简单图（无向或有向），顶点集为 $V = \{v_1, v_2, \cdots, v_n\}$。构造矩阵 $A = (a_{ij})_{n \times n}$，其行数和列数均取为图的顶点数，对于未赋权的图来说，矩阵中元素取值为

$$a_{ij} = \begin{cases} 1 & \text{当}(v_i, v_j) \in E \text{时} \\ 0 & \text{当}(v_i, v_j) \notin E \text{时} \end{cases} \tag{8-2-1}$$

对于赋权图来说，每条边上的权值为 w_{ij}，矩阵中元素取值为

$$a_{ij} = \begin{cases} w_{ij} & \text{当}(v_i, v_j) \in E \text{时} \\ \infty & \text{当}(v_i, v_j) \notin E \text{时} \end{cases} \tag{8-2-2}$$

则称 A 为图 G 的**邻接矩阵**。

这个定义对于无向图和有向图均成立。需要注意的是，当图 G 是无向图时，邻接矩阵是对称矩阵；当图 G 是有向图时，由于每条弧都是有方向的，邻接矩阵一般不是对称矩阵。

图 8-2-10 左面矩阵 A_1 是右边无向图 G_1 的邻接矩阵，这是一个对称矩阵。此外，可以看出矩阵中第 i 行（或列）元素之和恰为顶点 v_i 的度。

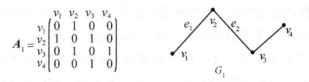

图 8-2-10　无向图 G_1 的邻接矩阵

图 8-2-11 左面的矩阵 A_2 是右边有向图 G_2 的邻接矩阵，其不是一个对称矩阵，第 i 行元素之和是顶点 v_i 的出度，第 j 列元素之和是顶点 v_i 的入度。

$$A_2 = \begin{array}{c} v_1 \\ v_2 \\ v_3 \\ v_4 \\ v_5 \end{array} \begin{pmatrix} 0 & 1 & 0 & 0 & 0 \\ 0 & 0 & 1 & 0 & 0 \\ 0 & 1 & 0 & 1 & 1 \\ 1 & 0 & 0 & 0 & 0 \\ 1 & 1 & 0 & 1 & 0 \end{pmatrix}$$

图 8-2-11　有向图 G_2 的邻接矩阵

图 8-2-12 中的矩阵 A_3 是赋权图 G_3 的邻接矩阵。值得注意的是，矩阵中出现了很多 ∞，含义是从相应行的顶点不能直接到达相应列所在顶点。

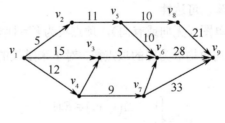

$$A_3 = \begin{array}{c} v_1 \\ v_2 \\ v_3 \\ v_4 \\ v_5 \\ v_6 \\ v_7 \\ v_8 \\ v_9 \end{array} \begin{pmatrix} 0 & 5 & 15 & 12 & \infty & \infty & \infty & \infty & \infty \\ \infty & 0 & \infty & \infty & 11 & \infty & \infty & \infty & \infty \\ \infty & \infty & 0 & \infty & \infty & 5 & \infty & \infty & \infty \\ \infty & \infty & 6 & 0 & \infty & \infty & 9 & \infty & \infty \\ \infty & \infty & \infty & \infty & 0 & 10 & \infty & 10 & \infty \\ \infty & \infty & \infty & \infty & \infty & 0 & \infty & \infty & 28 \\ \infty & \infty & \infty & \infty & \infty & 16 & 0 & \infty & 33 \\ \infty & \infty & \infty & \infty & \infty & \infty & \infty & 0 & 21 \\ \infty & \infty & \infty & \infty & \infty & \infty & \infty & \infty & 0 \end{pmatrix}$$

图 8-2-12　赋权图 G_3 的邻接矩阵

从上面的 3 个例子来看，邻接矩阵和图本身的特征密切相关。如果对于同一个图，仅画法不同或者顶点的编号顺序不同，对应的邻接矩阵会发生怎样的变化呢？请读者思考[1]。

有了邻接矩阵的概念，可以将图模型的很多问题方便地转化为矩阵分析的问题，下面以定理形式说明两种典型情况：一是寻找图中道路的问题；二是图中任意顶点间是否可达的问题。

定理 8.3 设图 $G=(V, E)$ 是一个 n 阶简单有向图，A 是图 G 的邻接矩阵，则 A^k 中元素 $a_{ij}^{(k)}$ 就是图 G 中从 v_i 到 v_j 且长为 k 的有向道路的总数。

证明： 记 $A^k = (a_{ij}^{(k)})_{n \times n}$，其中 a_{ij} 是按照式（8-2-1）定义的。下面使用数学归纳法证明。

当 $k = l$ 时，$A^k = A$，图 G 是简单有向图，因此每条有向边 (v_i, v_j) 对应一条由 v_i 到 v_j 的长度为 1 的有向道路，结论成立。

假设当 $k = l$ 时结论成立，则当 $k = l+1$ 时，$A^{l+1} \triangleq (a_{ij}^{(l+1)})_{n \times n} = A^l A$，即有 $a_{ij}^{(l+1)} = \sum_{t=1}^{n} a_{it}^{(l)} a_{tj}$，其中 $a_{it}^{(l)}$ 是 A^l 中的元素，它对应于图中从 v_i 到 v_t 的长度为 l 的有向道路的数量，$a_{it}^{(l)} a_{tj}$ 正是从 v_i 经 v_t 到达 v_j 的长度为 $l+1$ 的有向道路的数量。因此，$a_{ij}^{(l+1)}$ 是图中从 v_i 出发，经过任何其他顶点最后到达 v_j 的长度为 $l+1$ 的有向道路的数量，即当 $k = l+1$ 时结论也成立。

由此可知，对任何 $k \geqslant 1$，定理成立。

例 8.2.3 对图 8-2-11 中的有向图 G_2，试分析从 v_3 到 v_1 之间长度不大于 5 的道路的情况。

在图 8-2-11 中已经给出了有向图 G_2 的邻接矩阵，依次计算 A^2、A^3、A^4、A^5，得

$$A^1 = \begin{pmatrix} 0 & 1 & 0 & 0 & 0 \\ 0 & 0 & 1 & 0 & 0 \\ 0 & 1 & 0 & 1 & 1 \\ 1 & 0 & 0 & 0 & 0 \\ 1 & 1 & 0 & 1 & 0 \end{pmatrix}, \quad A^2 = \begin{pmatrix} 0 & 0 & 1 & 0 & 0 \\ 0 & 1 & 0 & 1 & 1 \\ 2 & 1 & 1 & 1 & 0 \\ 0 & 1 & 0 & 0 & 0 \\ 1 & 1 & 1 & 0 & 0 \end{pmatrix}, \quad A^3 = \begin{pmatrix} 0 & 1 & 0 & 1 & 1 \\ 2 & 1 & 1 & 1 & 0 \\ 1 & 3 & 1 & 1 & 1 \\ 0 & 0 & 1 & 0 & 0 \\ 0 & 2 & 1 & 1 & 1 \end{pmatrix}$$

$$A^4 = \begin{pmatrix} 2 & 1 & 1 & 1 & 0 \\ 1 & 3 & 1 & 1 & 1 \\ 2 & 3 & 3 & 2 & 1 \\ 0 & 1 & 0 & 1 & 1 \\ 2 & 2 & 2 & 2 & 1 \end{pmatrix}, \quad A^5 = \begin{pmatrix} 1 & 3 & 1 & 1 & 1 \\ 2 & 3 & 3 & 2 & 1 \\ 3 & 6 & 3 & 4 & 3 \\ 2 & 1 & 1 & 1 & 0 \\ 3 & 5 & 3 & 2 & 2 \end{pmatrix}$$

---

[1] 对于图模型和邻接矩阵间的对应关系，可以从线性代数中矩阵的等价置换角度来思考。

从这些矩阵中 a_{31} 的取值可以知道，在图 G_2 中从 v_3 到 v_1 的道路，长度为 2 的有 2 条，长度为 3 的有 1 条，长度为 4 的有 2 条，长度为 5 的有 3 条。

此外，还可以看出，不存在从 v_1 到自身的长度为 2 或 3 的有向回路，但是存在从 v_1 到自身的两条长度为 4 的有向回路和 1 条长度为 5 的有向回路。

我们还可以根据矩阵中元素的取值来计算图中任何两点之间的距离，如 $a_{21}^{(1)} = a_{21}^{(2)} = 0$，说明 v_2 到 v_1 之间不存在长度为 1 或 2 的道路，而 $a_{21}^{(3)} = 2 > 0$ 说明有长度为 3 的道路，那么 v_2 到 v_1 之间的长度就是 2。

例 8.2.4 设图 $G=(V, E)$ 是一个 n 阶简单有向图，A 是图 G 的邻接矩阵。$A^k = \left(a_{ij}^{(k)}\right)_{n \times n}$，则当 $1 \leqslant k \leqslant n-1$ 时，$a_{ij}^{(k)} = 0$ 恒成立（$i \neq j$），则 v_i 到 v_j 不可达。

证明： 用反证法。若 v_i 到 v_j 可达，则必存在一条长度不超过 $n-1$ 的道路，从而存在 $1 \leqslant l \leqslant n-1$ 使 $a_{ij}^{(l)} > 0$，这与 $a_{ij}^{(k)} = 0$ 矛盾。因此，v_i 到 v_j 是不可达的。反之，若 v_i 到 v_j 是不可达的，则对任何 k 都有 $a_{ij}^{(k)} = 0$。

因此，可以在邻接矩阵的基础上构建一个新矩阵（称为可达性矩阵），来表示一个图模型中各顶点之间的可达情况。令

$$B_k = A + A^2 + \cdots + A^k, \quad A \geqslant 1 \tag{8-2-3}$$

则 B_k 的元素 $b_{ij}^{(k)}$ 就可以确定从 v_i 到 v_j 的长度不超过 k 的有向道路的数量。如果只关心其中一个顶点 v_i 是否可达至 v_j，只要看一看所有的 B_k 的元素 $b_{ij}^{(k)}$ 是否等于 0 就行了。从定理 8.3 可知，v_i 到 v_j 不可达当且仅当 $a_{ij}^{(k)} = 0$（$k = 1, 2, \cdots, n$）时成立。因此，B_n 的元素 $b_{ij}^{(n)}$ 等于 0 或不等于 0 就说明了 v_i 不可达 v_j 或可达 v_j。

使用式（8-2-3）对例 8.2.3 计算可达性矩阵，得到

$$B_5 = \begin{pmatrix} 3 & 6 & 3 & 4 & 3 \\ 5 & 8 & 6 & 5 & 3 \\ 9 & 14 & 8 & 9 & 5 \\ 2 & 3 & 2 & 2 & 2 \\ 6 & 11 & 6 & 6 & 4 \end{pmatrix}$$

所有元素均大于零，说明图中任何两个顶点之间都是相互可达的，这个图是一个强连通图。

定义 8.10 关联矩阵

设一个简单图（无向或有向）中顶点集为 $V = \{v_1, v_2, \cdots, v_n\}$，边集为 $E = \{e_1, e_2, \cdots, e_m\}$。构造矩阵 $S = (s_{ij})_{n \times m}$，其行数和列数分别为图的顶点数和边数。

对于无向图，矩阵 S 中元素取值为

$$s_{ij} = \begin{cases} 1 & \text{若顶点} v_i \text{与边} e_j \text{关联} \\ 0 & \text{若顶点} v_i \text{与边} e_j \text{不关联} \end{cases} \qquad (8\text{-}2\text{-}4)$$

对于有向图，矩阵 S 中元素取值为

$(8\text{-}2\text{-}5)$

$$s_{ij} = \begin{cases} 1 & \text{若弧} e_j \text{从顶点} v_i \text{流出} \\ -1 & \text{若弧} e_j \text{向顶点} v_i \text{流入} \\ 0 & \text{其他情况（} v_i \text{不是} e_j \text{的端点）} \end{cases}$$

则称 S 为图 G 的**关联矩阵**。

需要注意的是，邻接矩阵都是方阵，但关联矩阵一般不是方阵，但关联矩阵与邻接矩阵一样，也给出了一个图的全部信息。从矩阵中可以得到图的重要性质，包括：

（1）第 i 行中"1"的个数是顶点 v_i 的出度，"-1"的个数是顶点 v_i 的入度；

（2）矩阵中每列都有且仅有 1 个"1"和 1 个"-1"；

（3）若矩阵中有全零元素行，说明图有孤立点。

若图 G 的顶点和边在一种编号下的关联矩阵是 S_1，在另一种编号下的关联矩阵是 S_2，则必存在置换矩阵 P 和 Q，使得 $M_1 = PM_2Q$。

例 8.2.5　写出图 8-2-13 中图 G_1 的关联矩阵。

无向图 G_1 中有 4 个顶点、3 条边，得到如下关联矩阵 S_1。

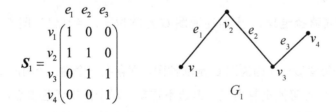

图 8-2-13　无向图 G_1 的关联矩阵

矩阵 S_1 的秩为 3，比顶点数少 1。这个关系不是偶然的，而是图 G_1 为连通图的必然结论。一般的结论为：对于 n 个顶点的连通图来说，其关联矩阵的秩一定是 n-1。

关联矩阵有广泛而重要的用途，如利用关联矩阵来分析复杂系统的整体结构、找出系统的生成树（系统的核心支撑）、系统中的回路（闭环）等，这里不做更多叙述，感兴趣的读者可参考相关文献。

Note

8.2.3　欧拉图问题

本章开始的时候，介绍了欧拉和柯尼斯堡七桥问题，现在读者已经有了基础，可以深入讨论这个问题了。

柯尼斯堡七桥问题是要寻找一条过所有桥一次且仅一次的道路，这个问题被称为**"一笔画问题"**，是指能否在笔不离纸的情况下连续画出一个连通图的问题，如果可以画出，则称相应的图**可一笔画**。

图 8-2-14 是柯尼斯堡七桥问题的图模型，它是不可一笔画的；而在图 8-2-15 中打开的信封形状的图是可一笔画的。

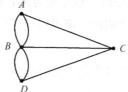

图 8-2-14　不可一笔画的图（柯尼斯堡七桥问题）　　　图 8-2-15　可一笔画的图

定义 8.11　欧拉图、欧拉圈、欧拉链

若图 G 中存在经过且仅经过图中每条边一次的链，称该链为欧拉链；若这样的链是圈，则称为欧拉圈；相应地，含有欧拉圈的图称为**欧拉图**。

显然，一个图是否为欧拉图，首先要保证其为连通图，其次还和图具有的奇点个数密切相关。

定理 8.4（欧拉定理）　无向连通图 G 是欧拉图，当且仅当图 G 中无奇点时成立。

证明： 先证必要性。因为图 G 是欧拉图，则存在一个圈，经由图 G 中所有边，在这个圈上，顶点可能重复出现，但边不重复。对于图中任意顶点，只要在圈中出现一次，必关联两条边，圈沿一条边进入这个顶点，再沿另一边离开这个顶点。所以，任意顶点虽然可以在圈中重复出现，但它的次数必为偶数，所以图 G 中没有奇点。

再证充分性。如果连通图 G 中没有奇点，可以构造出一个欧拉圈。首先，从任意顶点出发，不失一般性，可设为 v_1，经过其关联边 e_1 "到达" v_2，同时由于 v_2 是偶点，则必可由 v_2 经某一关联边 e_2 到达另一顶点 v_3，如此进行下去，保持每条边仅经过一次。由于图 G 中顶点数和边数有限，所以这条链无法无休止地走下去，最后必然返回 v_1（保持它是偶点），这样就得到一个圈 C_1。对于圈 C_1 来说；①如

果其包含了图 G 中的所有边,那么它就是欧拉圈,就找到了这样的圈;②如果圈 C_1 没有包含所有的边,则可以在图 G 中去掉圈 C_1 中的所有边,得到的子图中每个顶点仍然为偶点,且因为图 G 是连通图,子图和圈 C_1 至少有一个共同顶点,设为 v_i,从 v_i 出发,在 v_i 所在的分枝中继续如上操作,寻找一个新的圈,设得到的圈为 C_2。考察 $C_1 \cup C_2$,如果其包含图 G 中所有边,那么通过共同顶点 v_i 将圈 C_1 和圈 C_2 连接起来,就得到欧拉圈;如果 $C_1 \cup C_2$ 也没有包含所有的边,重复②中的去边和重新寻找圈的操作,最终会找到圈 C_3、圈 C_4 等,由于图 G 中边数有限,最终一定会终止于某一步,设为圈 C_k,通过共同顶点将 $C_1, C_2, \cdots, C_k$ 连接起来得到的圈就是要找的欧拉圈。

根据欧拉定理容易得到如下推论。

推论 8.2　无向连通图 G 有欧拉链,当前仅当图 G 中恰有两个奇点时成立。

证明: 必要性很显然,这里说明充分性。设连通图 G 中的两个奇点为 u、v,在这两个点间连一条边,设为 $e = (u,v)$,这时新的图 $G+e$ 中所有顶点均为偶点,根据定理 8.4,其具有一个有欧拉圈,设为 C,从 C 中去掉边 e,得到一条连接 u、v 的链就是图 G 中的一条欧拉链。

用定理 8.4 和推论 8.2 的结论来看图 8-2-14 和图 8-2-15,会发现:后者的 5 个顶点均为偶点,且是连通图,是欧拉图,有一条过所有顶点一次且仅一次的欧拉圈;而在前者柯尼斯堡七桥问题的图模型中,所有 4 个顶点均为奇点,当然不存在欧拉圈,也不存在欧拉链,当年这个城市的居民自然找不到他们想要的散步路线。后来,在欧拉的建议之下,这个城市修建了第 8 座桥,读者可以想见,相应地,有两个顶点变为偶点,自然也就能找到一条过所有桥一次且仅一次的欧拉链。

欧拉定理的证明过程实际上同时给出了构造欧拉圈的一种算法,从图 G 中任意一个顶点出发,找一个初等圈,再从图中去掉该圈,在剩余的分枝中再找初等圈,以此类推,直到图中所有的边都被包含在这些初等圈中,再把这些圈通过共同顶点连接起来即得到这个图的欧拉圈。

8.2.4　哈密尔顿图问题

欧拉链的特点是经过图的所有边一次,但对是否经过所有顶点及通过各顶点的次数没有限制。类似地,是否存在一条道路经过所有顶点一次且仅一次的问题,称为哈密尔顿问题。其一般的表述为:一个图是否存在这样一条道路,经过所有顶点，且每个顶点只经过一次，如果这样的路存在，且是一个圈，则称为**哈密尔顿圈**。含有哈密尔顿圈的图称为**哈密尔顿图**。

这个问题是由爱尔兰数学家哈密尔顿（W. R. Harmilton）于1857年从所谓的"周游世界问题"的游戏中提出的。游戏的玩法是：给定当时世界上20个大城市，用一个代表地球的十二面体的20个顶点来代表这些城市，从任何一个顶点出发，沿着十二面体的棱，寻找经过所有城市（顶点）恰好一次，且最终回到出发点的旅游路线。在图8-2-16中这样的圈是存在的，可以很快找到（请读者尝试），但大量的图是不存在这样的圈的，如在图8-2-17中就找不到。

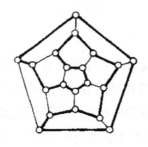

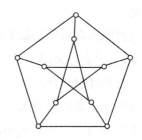

图 8-2-16　含哈密尔顿圈的图　　　　图 8-2-17　不含哈密尔顿圈的图

欧拉图和哈密尔顿图之间没有必然关系，一个图可以既是欧拉图又是哈密尔顿图，如图8-2-18（a）所示；有些图仅是欧拉图而不是哈密尔顿图，如图8-2-18（b）所示；反过来，一个图可以只是哈密尔顿图，而不是欧拉图，如图8-2-18（c）。

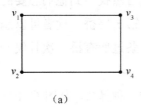

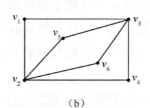

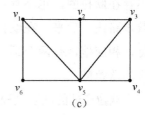

（a）　　　　　　　　　　（b）　　　　　　　　　　（c）

图 8-2-18　欧拉图和哈密尔顿图

尽管哈密尔顿图的定义和欧拉图的定义很相似，但事实上，两者有很大的区别，确定一个图是否有一条欧拉圈并不难，而判断一个图是否有哈密尔顿圈却非常困难。到目前为止，对于哈密尔顿图的判定，学者还没有找到像欧拉定理那样简洁、实用的准则。但哈密尔顿问题无疑有重要的应用价值，学者在充分性和必要性两个方面给出了不少条件，如图的顶点的度与是否存在哈密尔顿圈有密切的关系等。

8.2.5　中国邮递员问题

欧拉问题是非赋权图中边的遍历问题，实际问题抽象出的图模型如果是赋权图，那么相应的问题是：如何在赋权图中找到一条路线，经过所有的边，而且使总路线最短？这个问题是由我国著名运筹学家管梅谷教授于 1962 年首先提出的[1]，国际上被称为**中国邮递员问题**（Chinese Postman Problem，CPP）或路线巡查问题（Route Inspection Problem）。

这个问题的最初背景为：邮递员在投送或收集信件时，从邮局出发，要走遍他所负责的全部街道，任务完成后再返回邮局。那么邮递员应该选择一条什么样的路线才能以尽可能少的路程走完所有的街道呢？转化为图论的语言，这个问题可描述为：在一个赋权图上，求一个圈，该圈经过图中每条边至少一次，并使圈中各边权值的总和最小。经过每条边**至少一次**的圈称为**邮递员路线**。中国邮递员问题就是求最优邮递员路线的问题。

需要注意的是，邮递员路线不一定是欧拉圈，但邮递员路线与欧拉圈有密切的关系。若能找到一个只经过每条边一次的圈（欧拉圈），则这个圈一定是最短路线。换句话说，如果一个图是欧拉图，则它的一个欧拉圈的总长就是所求的邮递员路线的最短长度；但是，如果投递区域所对应的图不是欧拉图，则邮递员路线中的某些边必须重复一次或多次，关键是重复哪些边最好。

在图上求解时，如果邮递员路线中的某条边重复了多次，就在该边的端点间增加几条边，从而得到一个新图。新增加的边称为**增加边**或**重复边**，这些增加边的权值与原边的权值相等。因此，中国邮递员问题的求解思路可描述为：在含有奇点的赋权连通图中，增加一些边，使新得到的图中不含奇点，并且使增加边的权值总和最小。在图 8-2-19 中的街区，v_1 为邮局所在地，必须重复走部分街区，如重复走右图所示路线。

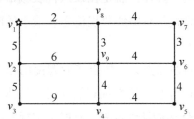 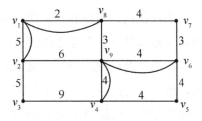

图 8-2-19　中国邮递员问题示例（右图中含可行重复边）

---

[1] 管梅谷在提出中国邮递员问题时任山东师范大学讲师，并在该校工作到 1990 年，后任复旦大学教授，他是当时我国为数不多的具有国际声望的运筹学家。

用图论语言将本问题描述为：在连通图 $G = (V, E)$ 中，求一个边集 $E_1 \subseteq E$，把图 G 中属于 E_1 的边均变为多重边，得到图 $G^* = G + E_1$，使其满足图 G^* 无奇点，并且 $W(E_1) = \sum_{e \in E_1} W(e)$ 的值最小。

管梅谷发表的论文回答了这个问题，给出如下结论。

定理 8.5 已知图 $G^* = G + E_1$ 无奇点，则 $W(E_1) = \sum_{e \in E_1} W(e)$ 最小的充分必要条件为同时满足以下两个条件：

（1）每条边最多重复一次；

（2）对图 G 中每个初等圈来说，重复边的长度和不超过圈长的一半。

根据定理 8.5，可以得到含有奇点的中国邮递员问题的求解方法，称为奇偶点作业法。该方法的核心是不断调整奇点对之间的重复边，使重复边总权值不断减小，直到达成定理 8.5 中的两个条件为止。

奇偶点作业法在实施过程中需要检查每个圈。当图中的重复边所在的圈有多个时，计算量是很大的。后来，不断有学者提出更有效的算法，其中最著名的是由 J. Edmornd 和 E. L. Johnson 于 1973 年提出的基于最小支撑树的算法，它是中国邮递员问题的多项式算法。

8.2.6　旅行商问题

像欧拉图问题和中国邮递员问题之间的关系一样，也存在与哈密尔顿问题对应的赋权图中顶点的"最小遍历"问题，即著名的**旅行商问题**（Traveling Salesman Problem，TSP），也称为旅行推销员问题或货郎担问题。它的一般表述为：某旅行商计划到多个城市售卖产品，想经过每个城市一次最后返回它的出发地，如何选取路线使所用的总时间最短。用图论的语言进行描述，就是在顶点代表城市、边和边上的权值代表道路和路长的赋权图中，寻找具有路线总权值之和最小的哈密尔顿圈（称为最小加权哈密尔顿圈）。

显然旅行商问题的求解难度比哈密尔顿问题还要大，所以在问题提出很长时间内，都没有找到有效的求解方法。20 世纪 50 年代，线性规划的提出者丹捷格使用线性规划的方法解决了美国 49 个城市的最优巡游路线问题，取得了旅行商问题研究历史上的第一个重大突破。如图 8-2-20 所示的是一个 57 个城市的最优巡游路线，它也是基于线性规划方法找到的。

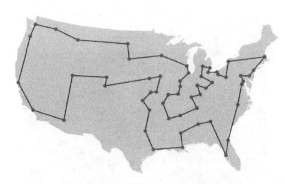

图 8-2-20　一个经过美国部分城市的最优 TSP 路线（57 个顶点）

此后，人们不断寻找求解该问题的算法，包括线性规划方法、分枝定界法、割平面法、动态规划方法等传统优化方法，以及遗传算法、蚁群算法、禁忌搜索等现代启发式算法。由于该问题的难度和开放性，在近几十年的发展过程中，它已经大大促进了各类优化算法的发展。目前，人们已经知道如何估计任何一个旅行商问题的可行解距离最优路线长度的差距，但对于大规模的旅行商问题的最优路线寻找问题仍然是十分困难的，不过在计算机强大计算能力的帮助下，已经能够找到拥有几千个、几万个顶点，甚至数十万个顶点 TSP 问题的最优路线。另外，旅行商问题在交通运输、物流配送、大规模集成电路设计（见图 8-2-21）、艺术设计（见图 8-2-22）甚至星际旅行等方面体现出重要的应用价值[1]。

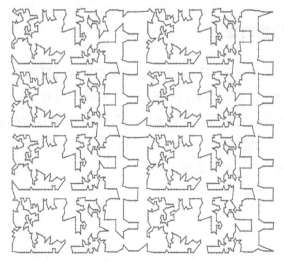

图 8-2-21　印制电路板上的最优 TSP 路线（2392 个顶点，
由 Manfred Padberg 和 Giovanni Rinaldi 于 1991 年解决）

---

[1] 关于 TSP 问题的一个有趣科普读物是本章参考文献的 [4]，图 8-2-21 和图 8-2-22 均来自该书。

图 8-2-22　根据画作《蒙娜丽莎》设计的 TSP 问题的近似优化路线

（共 100000 个顶点，2009 年由永田裕一发现，距离最优解的差距小于 3‰）

8.3　树

在所有的"图"中，树是有重要应用而简洁优美的图模型。

8.3.1　"树"模型的提出

假设要在一个新建营区搭建有线电话，根据实际需要和建设成本，要求所有公寓楼都能相互通达，由此带来的问题是：在哪些公寓楼之间连通电话线可使需要使用的电话线根数尽可能少。如图 8-3-1 所示，如果要连接的公寓楼只有 9 个，则只需要连通 8 条电话线即可。这个问题可以用如图 8-3-1 所示右边的图模型来描述，该图实际上是一个"树"模型。

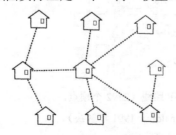
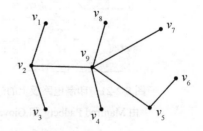

图 8-3-1　有线电话网络及其图模型

"树"的名词来源于实际生活中树形态的借用，大致是"树根–树干–树叶"的形状，但作为运筹学严格术语的"树"，是指具有特定性质的图，而且不管该图摆放方式等细节（图 8-3-1 是一棵躺着的"树"）。

定义 8.12　树、树叶

一个无圈的连通图称为**树**，记作 T；若树 T 中某个顶点的度为 1，则称为树 T 的**树叶**。

进一步，树可以区分为无向树和有向树，在本书中，如无特别说明，均指无向树。

"树"模型是具有特定属性的一类对象及其关系的抽象表达，是图与网络理论的重要基础之一，有重要的应用价值。例如，管理中的组织决策机构可表现为一棵树，如图 8-3-2 所示，图书或者动植物的分类决策等过程也可以用一棵树来表达。

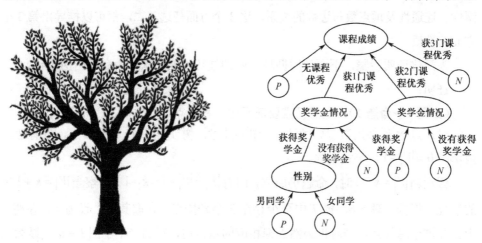

图 8-3-2　自然界的树及决策树

8.3.2　树的性质

树有很多良好的性质，下面通过 1 个定理和 6 个等价命题来说明。

定理 8.6　设图 T 是树且顶点数 $n \geq 2$，则树 T 中至少有 2 个悬挂点。

证明：令 $L=(v_1, v_2, \cdots, v_k)$ 是树 T 中含边数最多的一条初等链（由树的定义，这条链一定不是圈），因 $n \geq 2$，且树 T 是连通的，故链 L 中至少有一条边，从而 v_1 与 v_k 是不同的。考察链 L 的端点 v_1，一定有 $d(v_1)=1$，否则有 $d(v_1) \geq 2$，则存在某一个顶点 v_s 与 v_1 相连，且 v_s 不同于 v_1 在链 L 上的相邻顶点 v_2，若 v_s 不在链 L 上，那么 $(v_s, v_1, v_2, \cdots, v_k)$ 是树 T 中的一条初等链，且所含边数比链 L 多一条，这与链 L

是最长初等链矛盾；若点 v_s 在链 L 上，那么$(v_1, v_2, \cdots, v_s, v_1)$就是树 T 中的一个圈，这与树的定义矛盾。所以，必有 $d(v_1) = 1$，即 v_1 是悬挂点。同理可证，链 L 的另一个端点 v_k 也是悬挂点。所以，顶点数不少于 2 的树中至少有 2 个悬挂点。

对于树 $T = (V, E)$ 来说，其性质还集中体现在如下 6 个命题中。

命题 1：树 T 是无圈连通图。

命题 2：树 T 中不存在圈，且边数和顶点数满足 $|E| = |V| - 1$。

命题 3：树 T 为连通图，且边数和顶点数满足 $|E| = |V| - 1$。

命题 4：树 T 中不存在圈，但任意加一条边，则会产生唯一的圈。

命题 5：树 T 为连通图，但任意去掉一条边后，则不连通。

命题 6：树 T 中任意两个顶点间存在唯一的道路相连。

实际上，这 6 个命题两两等价，它们总体上描述了树的 3 个方面的性质：无圈性、连通性及顶点数与边数的关系，这 3 个方面任选其二，都可以推导出第 3 个方面的性质。

为简化证明步骤，下面使用循环证明的技巧来证明这 6 个命题两两等价。

证明：

（命题 1 → 命题 2），显然只需要证明边数和顶点数的关系。

对顶点数 $|V|$ 使用数学归纳法，当 $|V| = 1$ 时，树 T 中只有 1 个顶点，没有边，故 $|E| = 0 = |V| - 1$，等式成立。

假设当 $|V| = k \geqslant 2$ 时，命题仍成立，即有 $|E| = |V| - 1 = k - 1$。考察当 $|V| = k + 1$ 时的情况，根据定理 8.6，树 T 中至少存在 2 个悬挂点，任取其一，设为 u，在树 T 中去掉这个悬挂点，同时也必然去掉相应的悬挂边，得到一个子图 $T - u$，显然该树中顶点数和边数同时少 1 个，对于该子图来说，满足假设条件，有 $|E(T-u)| = |V(T-u)| - 1 = k - 1$，而 $|E(T-u)| = |E(T)| - 1$，代入得到 $|E(T)| = k$，而这时 $|V| = k + 1$，满足 $|E(T)| = |V(T)| - 1$。因此命题 2 成立。

（命题 2 → 命题 3），只需要证明树 T 为连通图即可。

使用反证法，假设树 T 不连通，设有 r 个连通分枝 $T_1, \cdots, T_r$ $(r \geqslant 2)$，考察任意分枝 T_i $(1 \leqslant i \leqslant r)$，由于树 T 中无圈，则 T_i 也一定无圈，且 T_i 连通。则根据树的定义，T_i 为树，根据上面的证明，对于 $T_i \triangleq (V_i, E_i)$ 来说，有

$$|E_i| = |V_i| - 1$$

对于所有 i 进行加和，有

$$\sum_{i=1}^{r} |E_i| = \sum_{i=1}^{r} (|V_i| - 1)$$

$$|E| = |V| - r$$

而根据题设，有 $|E| = |V| - 1$，说明 $r = 1$，树 T 只有 1 个分枝，与假设矛盾，得证树 T 一定是连通图。

（**命题 3→命题 4**），先证不存在圈，再证加 1 条边后产生唯一圈。

使用反证法，设树 T 中存在圈，进行如下操作：找到任何一个圈，去掉圈上 1 条边，然后在剩下的树中再任意找一个圈，然后继续去掉圈上 1 条边。反复操作，直到无法在树上找到圈为止，设这样共去掉 q 条边，根据去边的办法，最终剩下的子图必然还是连通图，且顶点数不变，边数少了 q 条，显然此子图为无圈连通图，即树，因此满足顶点数和边数的关系，必然有

$$|E| - q = |V| - 1$$

考虑题设中 $|E| = |V| - 1$，得到 $q = 0$，说明图中有圈的假设不成立，得证树 T 中不存在圈。

如图 8-3-3 所示，可在树 T 中加上任何 1 条边，设为 $e = (u, v)$，则一定产生圈，否则该边不在树 $T + e$ 中的任何一个圈上，根据定理 8.2，e 为割边，则在未加 e 之前，树 T 为非连通图，与题设矛盾，说明一定产生圈。进一步，假设添加 e 之后，产生两个或两个以上的圈，说明在未加 e 之前，两个端点 u 和 v 之间已经有圈存在，与已经得证的不存在圈的结论矛盾，得证圈的唯一性。

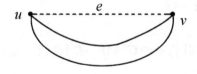

图 8-3-3　树 T 添加 1 条边产生唯一圈

（**命题 4→命题 5**），先证连通性，再证任意边都是割边。

使用反证法，如图 8-3-4 所示，假设树 T 不连通，则至少存在两个分枝，在所有分枝中任取两个分枝，不妨设为 T_1 和 T_2，在 T_1 中任取一个顶点 u，在 T_2 中任取一个顶点 v，在 u 和 v 之间连一条边 e，则加的边 e 显然为树 $T + e$ 的割边，说明加上该边后不会产生圈，这与命题 4 中的题设矛盾，说明树 T 本身是连通图。

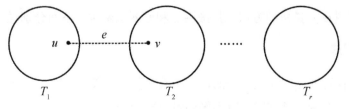

图 8-3-4　树 T 任意一条边都是割边

再证任意一条边都是割边，如若不然，设某一边 e' 不是割边，根据定理 8.2，则 e' 一定在树 T 的某个圈上，这与树 T 本身无圈矛盾，说明在树 T 中，任意去掉一条边后则不连通。

（命题 5→命题 6），只需要证明任意两个顶点间道路的唯一性。

使用反证法，假设在两个顶点 u 和 v 之间，存在两条或两条以上的道路，则 u 和 v 之间至少存在一个圈，任取一个圈，去掉该圈上一条边，设为 e，由于圈上的任何一条边都不是割边，则树 $T-e$ 仍然连通，这与命题 5 中的题设矛盾。因此得证任何顶点间只有唯一道路相连。

（命题 6→命题 1），只需要证明树 T 中没有圈。

显然满足命题 6 的树 T 中没有圈，因为如果存在圈，那么圈上任意两个顶点间必然存在两条道路相连，与命题 6 的题设矛盾。

这样，包括树的定义在内的 6 个命题是两两等价的，互为充分必要条件。实际上，这 6 个命题中的任意一个，均可以作为树的定义来使用。

8.3.3 支撑树问题

当一个图是连通图时，其本身不一定是树，但一定可以找到它的一个子图，其包含所有的顶点但本身是树。

定义 8.13 支撑树

如果连通图 $G=(V, E)$ 的子图 $G'=(V', E')$ 是树，其中，$V'=V$，$E' \subseteq E$，则称图 G' 为图 G 的**支撑树**。

根据支撑树的定义，容易得到一个结论，图具有支撑树的充要条件是它是连通图。显然，支撑树是包含原图 G 的所有顶点但边数最少的连通子图，边数少实际上往往意味着代价低，因而支撑树的实际用途很广泛。

在图 8-3-1 对应的有线电话网络建设示例中，寻找电话线连接条数最少的方案相当于在以全部公寓楼为顶点的连通图中寻找它的一个支撑树。显然，这样的支撑树可能有很多个，图 8-3-1 实际上给出了其中之一。

求连通图 G 支撑树的方法包括破圈法和避圈法两种，下面分别说明。

1. 破圈法

首先，在连通图中任取一个圈，去掉圈上任意一条边（破圈）；然后在剩余子图中再取另一个圈，并破圈，直到图中没有圈为止。

例 8.3.1　用破圈法求图 8-3-5 中连通图 G 的一个支撑树。

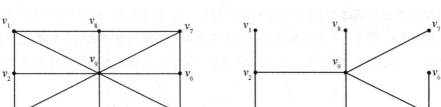

图 8-3-5　连通图 G 及其支撑树 T_1

解： 先在图 8-3-5 中任找一个圈，如 $\langle v_1,\ v_2,\ v_9,\ v_1\rangle$，去掉其上一条边 $(v_1,\ v_9)$；在剩余子图中找另一个圈，如 $\langle v_2, v_3, v_9, v_2\rangle$，去掉一条边 $(v_3,\ v_9)$；再依次找其他圈，并依次去掉，最终形成一个支撑树，如图 8-3-5 右图所示。

实际上，图 8-3-5 中的支撑树就是图 8-3-1 中的居民区有线电话网络布线图。显然，每次选择的圈不同，或去掉的边不同，最后得到的支撑树也不同。

2. 避圈法

与破圈法的"去边"思路不同，避圈法是逐步"选入"边的办法。首先，在要找支撑树的图中去掉所有边，只留下顶点；然后，每次任意选入一条边，但应使其与已经选入的边不构成圈（避圈），反复进行，直到再也找不到可以选入的边为止。

例 8.3.2　用避圈法求图 8-3-6 中连通图 G 的一个支撑树。

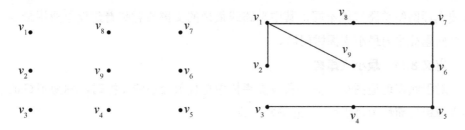

图 8-3-6　连通图 G 及其支撑树 T_2

解： 首先，在图 8-3-6 中所示顶点位置标出 9 个顶点，如图 8-3-6 左图所示；然后，将各边依次放回，即

$$(v_1,\ v_2) \rightarrow (v_1,\ v_9) \rightarrow (v_1,\ v_8)$$

下一步不能放回 $(v_2,\ v_9)$ 或 $(v_8,\ v_9)$，否则将构成圈。再这样操作，不断选入边：

$$(v_8, v_7) \to (v_7, v_6) \to (v_6, v_5) \to (v_5, v_4) \to (v_4, v_3)$$

至此再也无法选入不构成圈的边了，得到一个支撑树 T_2，如图 8-3-6 右图所示。

例 8.3.3　图 8-3-7 表示某生产队的大块稻田，用堤埂分隔成很多小块。为了用水灌溉，需要挖开一些堤埂，问最少挖开多少堤埂，才能使水浇灌到每小块稻田。

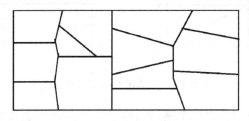

图 8-3-7　稻田浇灌问题

解：将小稻田看作图中顶点，若两块稻田间有一个公共堤埂，则在相应顶点间连一条边，加上水源接入的顶点（假设水源接入点不在稻田中），则稻田灌溉问题转化为一个 14 个顶点的图模型。显然该图为连通图（请读者画出此图），则挖最少堤埂的问题转化为在该图中找任意一个支撑树的问题，根据树的基本性质，支撑树中边的数量为 13 个，即需要挖开堤埂的最少数量为 13 个。

8.3.4　最小支撑树问题

很多时候，刻画实际问题的连通图是赋权图，可能希望求出所有支撑树中总权值最小的那个。例如，在图 8-3-1 中，各公寓楼之间的距离不同，那么要修建的有线电话网络总路线就不同，其中总路线最短的支撑树意味着建设总费用最少，这个问题被称为最小支撑树问题。

定义 8.14　最小支撑树

对于赋权连通图 G，其在所有支撑树中总权值最小的支撑树，称为图 G 的最小支撑树（简称为最小树），记作 T^*，即

$$W(T^*) = \min\{W(T) \mid T \subseteq G \text{ 为图 } G \text{ 的支撑树}\}$$

寻找一个赋权连通图中最小支撑树的问题称为最小支撑树问题。

最小支撑树问题具有广泛的应用，在城市规划、道路设计、网络优化、化学领域物质结构的分析等方面都有重要的价值。

类似上面寻找支撑树的算法，求网络中最小支撑树的方法也包括破圈法和避圈法两种，下面分别说明。

1. 破圈法

首先，在赋权连通图中任取一个圈，去掉圈上一条权值最大的边（破圈）；然后，取另一个圈，同样去掉圈上权值最大的边，直到图中没有圈为止。

如果遇到两条或两条以上的权值相等且最大的边，则从中任取一条边去掉。

例 8.3.4 用破圈法求图 8-3-8 中居民小区有线电话总路线最短的有线电话网络建设方案，其中各公寓楼之间的距离如图 8-3-8 所示。

解：破圈法。按照破圈法的思路，首先在图 8-3-8 中逐步确定圈，然后去掉圈上权值最大的边，依次确定圈并去掉边：

（1）确定圈 $\langle v_1, v_2, v_9\rangle$，去掉圈上权值最大边 (v_1, v_9)；

（2）确定圈 $\langle v_1, v_2, v_9, v_8\rangle$，去掉圈上权值最大边 (v_1, v_2)；

（3）确定圈 $\langle v_2, v_3, v_9\rangle$，去掉圈上权值最大边 (v_3, v_9)；

（4）确定圈 $\langle v_2, v_3, v_4, v_9\rangle$，去掉圈上权值最大边 (v_2, v_3)；

（5）确定圈 $\langle v_8, v_9, v_7\rangle$，去掉圈上权值最大边 (v_8, v_9)；

（6）确定圈 $\langle v_9, v_6, v_7\rangle$，去掉圈上权值最大边 (v_6, v_7)；

（7）确定圈 $\langle v_9, v_6, v_5\rangle$，去掉圈上权值最大边 (v_6, v_5)；

（8）确定圈 $\langle v_9, v_4, v_5\rangle$，去掉圈上权值最大边 (v_9, v_4)。

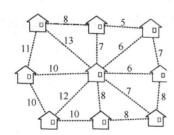
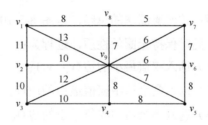

图 8-3-8 居民区有线电话网络的赋权图模型

剩余子图中共有 9-1=8 条边，为最小支撑树，如图 8-3-9 所示。

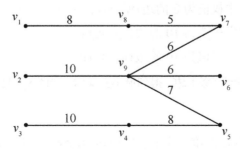

图 8-3-9 最小支撑树的求解结果之一

其总权值 $W(T^*) = 8+10+10+5+6+6+7+8 = 60$。这说明最小有线电话网络方案的路线总长度为 60 个距离单位。

2. 避圈法[1]

首先在图中保留所有顶点，然后从所有边中依次选取权值最小的边，注意在选择的过程中，先选入的边不能和已经入选的边构成圈，直到再也无法选入边为止。

如果遇到两条或两条以上的权值相等且最小的未选入边，则从中任取一条边选入即可。

例 8.3.5 用避圈法求图 8-3-10 中居民小区总路线最短的电话网络建设方案。

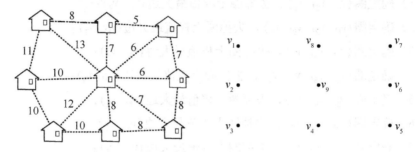

图 8-3-10 居民区有线电话网络赋权图的所有顶点

解：按照避圈法的思路，以图 8-3-10 中的顶点图为基础，逐步选入权值最小的边，同时保持无圈的性质，过程为：

（1）选入权值最小的边 (v_8, v_7)；

（2）选入剩余边中权值最小的边 (v_9, v_7)；

（3）选入剩余边中权值最小的边 (v_9, v_6)；

（4）选入剩余边中权值最小的边 (v_9, v_5)；

（5）拟选入权值为 7 的边 (v_8, v_9)，发现其与已选入边构成圈，转而选入权值为 8 的边 (v_4, v_5)；

（6）选入剩余边中权值为 8 的边 (v_1, v_8)；

（7）选入剩余边中权值为 10 的边 (v_2, v_9)；

（8）选入剩余边中权值为 10 的边 (v_2, v_3)；

这时共选入了 9−1=8（条）边，得到最小支撑树。如图 8-3-11 所示，该图与图 8-3-9

[1] 这里介绍的求最小支撑树的避圈法又称为 Kruskal 算法，它是由美国运筹学者 Kruskal 于 1956 年提出的，适合求边稀疏的网络中的最小支撑树。

只有 1 条边的区别，总权值同样为 $W(T^*) = 60$。

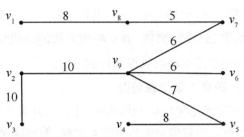

图 8-3-11 最小支撑树的求解结果之二

值得注意的是，无论是破圈法还是避圈法，得到的最小支撑树可能不是唯一的，但其总权值一定是相等的。

8.4 最短路问题

在中国邮递员问题和旅行商问题中，都要求经过指定顶点或边找出最短路线，如果没有遍历顶点或边的要求，只要求给出某两个顶点间的最短路线，则称为最短路问题，它在交通运输、城市规划、设施选址、设备更新等方面有重要的应用[1]。

8.4.1 问题定义

考虑在如图 8-4-1 所示的交通网络上进行兵力机动，已知部队驻地在顶点 v_1 处，目的地在顶点 v_8 处，图中弧上的数字为相应顶点间路线的长度（单位：千米），试求一条兵力机动总路线最短的行军方案。

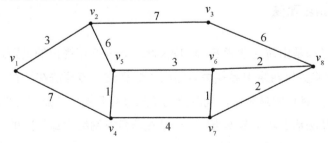

图 8-4-1 兵力机动交通网络

---

[1] 各类地图应用都有出发点到目的地路线规划功能，实现这项功能的核心算法就是最短路求解算法。

这个问题是典型的最短路问题。显然，在所给路线范围内，从起点 v_1 到终点 v_8 的方案不止 1 个。例如，$\mu_1 = \{v_1,\ v_2,\ v_3,\ v_8\}$，$\mu_2 = \{v_1,\ v_4,\ v_7,\ v_8\}$ 等不同的方案，所对应的路线长度也不同。例如，μ_1、μ_2 所对应的路线长度分别为 3+7+6=16 和 7+4+2=13，问题的要求是求路线长度最短的方案。

定义 8.15　路权、距离、最短路问题

在一个赋权图（有向或无向）$D = (V, A, W)$ 中，设 μ 为连接两个顶点 v_i 和 v_j 之间的一条路，则 μ 上所有边的权值总和称为路 μ 的**权**，简称**路权**。求两个顶点 v_i 到 v_j 的一条路 μ^*，使这条路上的路权是从 v_i 到 v_j 之间的所有路中是最小的，即满足

$$W\left(\mu^*\right) = \min\left\{ W\left(\mu_{ij}\right) \right\}$$

此问题称为**最短路问题**。相应地，这条路 μ^* 的路权称为**最短路的长度**，又称为顶点 v_i 到 v_j 的**距离**，通常记为 $d(v_i, v_j)$。

在无向图中，任何两个顶点间的边都是没有方向的，故任何两个顶点 v_i 到 v_j 的最短路与 v_j 到 v_i 的最短路必然一致，有 $d(v_i, v_j) = d(v_j, v_i)$。

在有向图中，因为有向边都是有方向的，一般 v_i 到 v_j 的最短路与 v_j 到 v_i 的最短路是不一样的，甚至可能在一个方向上存在最短路，在另一个方向不存在路，当然一般 $d(v_i, v_j) \neq d(v_j, v_i)$。为了算法描述方便，在有向图中如果不存在 v_i 到 v_j 的弧，我们仍看作存在弧，只不过将该弧的权值设为"惩罚性"的 $+\infty$，最后如果找到的最短路长为无穷，说明相应两个顶点间其实不存在路。

由于最短路问题重要的应用价值，其一直是网络分析的重点内容，学者们已经发展出很多求解最短路问题的方法，下面介绍最著名的 Dijkstra 算法，以及求有负权网络最短路问题的 Floyd 算法。

8.4.2　Dijkstra 算法

Dijkstra 算法是由荷兰学者 E. W. Dijkstra 于 1959 年提出的最短路算法，它是目前公认的在非负权网络中寻找最短路的最好算法。该算法在计算过程中不但给出了指定起点到终点的最短路，同时给出了从起点到图中任意顶点的最短路。

Dijkstra 算法基于两个基本事实。一是在非负权网络中最短路的子路还是最短路，这是显然的；否则如果存在某一段子路不是相应顶点间的最短路，那么用更短的路线取代该段，就会得到整体更短的路线，与该路线是最短路矛盾。二是关于最短路中所包含顶点的数量，一定有：在有 n 个顶点（$n>1$）的非负权网络中，

任意两点间最短路所包含的边的数目一定不大于 $n-1$。因为若弧的数目大于 $n-1$，则路上一定至少有两个顶点重复出现（去掉起点），即有回路出现，因为所有边的权都不小于 0，那么这条路线一定不是最短路。根据这两个事实，可以先求出指定起点到中间点的最短路，然后再一步步拓展到指定的终点。

基于这两个事实，Dijkstra 算法的总体思路是：从起点开始，首先寻找起点能够直接关联的顶点，找出到这些顶点的路线中长度最短的那个，其一定是起点到相应顶点距离最短的那个（否则，经过更多顶点到达该点，路线长度一定更长）；其次从已经找到最短路线的这个顶点出发，寻找与其关联的顶点；再次在所有路线找最短的路线，确定其为起点到相应顶点的最短路线；以此类推，直到找出起点到指定终点的最短路为止。

Dijkstra 算法迭代的每步可分为 3 个步骤。

第 1 步：初始标号

从指定起点（记为 v_1）开始，给每个顶点一个标号，标号分为 T 标号和 P 标号两种。

T **标号**：表示从起点 v_1 到 v_j 最短路权值的上界，称为临时（Tentative）标号。

P **标号**：表示从起点 v_1 到 v_j 最短路的实际值，称为永久（Permanent）标号。

凡是已得到 P 标号的顶点，说明已经求出从起点 v_1 到该顶点的最短路，其标号不再改变；凡是没有标 P 标号的顶点标为 T 标号。

为方便起见，在开始时给起点 v_1 标上 P 标号，即 $P(v_1) = 0$，表示自己到本身的最短路的长度，其余顶点均标上 T 标号，即 $T(v_j) = +\infty$。

第 2 步：修改标号

检查指定终点是否得到了 P 标号，若是，说明找到了要求的最短路，迭代停止，否则进行如下操作。

设 v_i 为新得到 P 标号的顶点，考虑所有以 v_i 为起点的边的终点 v_j，如果其标号为 T 标号，则将其标号修改为

$$T_{新}(v_j) = \min\left\{ T_{旧}(v_j), P(v_i) + w_{ij} \right\}$$

表示从起点到相应顶点 v_j 的最短路的权值上界发生了改变。

第 3 步：比较标号

比较所有 T 标号数值，将其中最小的改为 P 标号，表示从起点到该顶点的最短路已经找到，长度就是相应 P 标号的数值。

回到第 2 步，重新检查并修改标号，循环迭代，直到求解完成。

下面以例 8-4-1 具体说明算法的过程。

例 8.4.1 试用 Dijkstra 算法求图 8-4-1 中从 v_1 到 v_8 的最短路。

表 8-4-1 Dijkstra 算法求解表格

序号	v_1	v_2	v_3	v_4	v_5	v_6	v_7	v_8
1	$P=0$	$T=+\infty$	$T=+\infty$	$T=+\infty$	$T=+\infty$	$T=+\infty$	$T=+\infty$	$T=+\infty$
2		$P=T=3$ $\lambda=v_1$	$T=+\infty$	$T=7$	$T=+\infty$	$T=+\infty$	$T=+\infty$	$T=+\infty$
3			$T=10$	$P=T=7$ $\lambda=v_1$	$T=9$	$T=+\infty$	$T=+\infty$	$T=+\infty$
4			$T=10$		$P=T=8$ $\lambda=v_4$	$T=+\infty$	$T=11$	$T=+\infty$
5			$P=T=10$ $\lambda=v_2$			$T=11$	$T=11$	$T=+\infty$
6						$P=T=11$ $\lambda=v_5$	$T=11$	$T=16$
7							$P=T=11$ $\lambda=v_4$	$T=13$
8								$P=T=13$ $\lambda=v_6$ 或 v_7

解： 使用如表 8-4-1 所示的形式来求解，其中，表头内容为所有顶点，第 1 列的不同序号对应求解时迭代的轮次。

在计算过程中，每次迭代必然将某个顶点的 T 标号修改为 P 标号，所以至多进行 $n-1$ 次必然使得指定的终点得到 P 标号，意味着找到了所求最短路的权值，然后从 P 标号数值的来源回溯，就能得到最短路的实际路线。

第 1 步：初始标号

从起点 v_1 开始，给每个顶点一个标号，按照约定，给 v_1 为 P 标号，即 $P(v_1)=0$，其余顶点均为 T 标号，即 $T(v_j)=+\infty$，如表 8-4-1 中第 1 行所示。

第 2 步：修改标号

检查发现指定终点（v_8）没有得到 P 标号，需要进行迭代，具体如下。

v_1 为新得到 P 标号的顶点，考虑所有以 v_1 为起点的边的终点 v_2 和 v_4，修改标号为

$$T_{新}(v_2)=\min\left\{T_{旧}(v_2),\ \underline{P(v_1)+w_{12}}\right\}=\min\{+\infty,\ \underline{0+3}\}=3$$

$$T_{新}(v_4)=\min\left\{T_{旧}(v_4),\ \underline{P(v_1)+w_{14}}\right\}=\min\{+\infty,\ \underline{0+7}\}=7$$

将新标号填入表 8-4-1 的第 2 行，其余顶点的 T 标号保持不变。

第 3 步：比较标号

比较所有 T 标号顶点的数值，得到顶点 v_2 的数值最小，将其修改为 P 标号，表示从起点到该顶点的最短路已经找到，长度是相应 P 标号的数值 3。记 $\lambda = v_1$，表示该最短路是从顶点 v_1 过来的，如表 8-4-1 中第 2 行所示。

这里之所以判断从 v_1 到 v_2 的最短路就是从 v_1 直接到 v_2，其最短路权值为上面计算出的 3，是因为如果从 v_1 到 v_2，再经过其他点（包括 v_4）回到 v_2，由于所有的权值为非负，相应权值必然比 3 更大。

再次回到第 2 步，重新检查并修改标号。

重回第 2 步：修改标号

检查发现指定终点 v_8 没有得到 P 标号，继续进行迭代，具体如下。

v_2 为新得到 P 标号的顶点，考虑所有以 v_2 为起点的边的终点 v_3 和 v_5（不再考虑已经获得 P 标号的相邻顶点 v_1），修改标号为

$$T_{新}\left(v_3\right) = \min\left\{ T_{旧}\left(v_3\right), \quad \underline{P\left(v_2\right) + w_{23}} \right\} = \min\left\{+\infty, \quad \underline{3+7}\right\} = 10$$

$$T_{新}\left(v_5\right) = \min\left\{ T_{旧}\left(v_5\right), \quad \underline{P\left(v_2\right) + w_{25}} \right\} = \min\left\{+\infty, \quad \underline{3+6}\right\} = 9$$

将新标号填入表 8-4-1 的第 3 行，其余顶点的 T 标号不变。

重回第 3 步：比较标号

比较所有 T 标号顶点的数值，得到顶点 v_4 的数值最小，将其修改为 P 标号，表示从起点到该顶点的最短路已经找到，长度就是相应 P 标号的数值 7，如表 8-4-1 中第 3 行所示。

以此类推，再次回到第 2 步，进行判断。如此反复，直到所指定的终点得到 P 标号为止。

具体步骤如表 8-4-1 中第 4~8 行所示，终点 v_8 获得 P 标号，数值为 13。根据 λ 的取值逐步回溯求解过程，得 $v_8 \to v_6 \to v_5 \to v_4 \to v_1$ 或者 $v_8 \to v_7 \to v_4 \to v_1$，说明从 v_1 到 v_8 的最短路有两条，即 $\{v_1, \quad v_4, \quad v_5, \quad v_6, \quad v_8\}$ 或 $\{v_1, \quad v_4, \quad v_7, \quad v_8\}$，最短路的总路长均为 13。

从以上求解过程中还可以得到从起点 v_1 到其他任意顶点的最短路及其路权，如由 v_1 到 v_3 的最短路，在表 8-4-1 中查找，得到相应最短路为 $\{v_1, \quad v_2, \quad v_3\}$，总权值为 10。

特别需要指出的是，Dijkstra 算法只适用于所有弧的权值为非负的情况，若存在权值为负的弧，则算法不再有效，下面通过一个例子来说明这一点。

Note

例 8.4.2 试用 Dijkstra 算法求图 8-4-2 中从 v_1 到 v_2 的最短路。

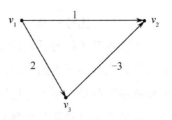

图 8-4-2　含权值为负的弧的网络

解：用 Dijkstra 算法计算，如表 8-4-2 所示。根据求解结果，由 v_1 到 v_2 的最短路为 $v_1 \rightarrow v_2$，总权值为 1。但从图上能清楚地看到，从 v_1 到 v_2 的最短路应为 $v_1 \rightarrow v_3 \rightarrow v_2$，对应的总权值为 -1。

表 8-4-2　求解例 8.4.2 的 Dijkstra 算法过程

序　号	v_1	v_2	v_3
1	P=0	T=+∞	T=+∞
2		P=T=1, $\lambda= v_1$	T=2
3			P=T=2, $\lambda= v_1$

由此例可知，用 Dijkstra 算法求最短路对于含权值为负的弧的图不适用。

8.4.3　Floyd 算法

上面介绍的 Dijkstra 算法虽然是求解最短路问题的好算法，但其不适用于含权值为负的弧的网络。在实际问题中（如 8.6 节的最小费用流问题）有时候需要求解含权值为负的弧的网络的最短路，下面介绍一种可直接求含权值为负的弧的网络中任意两点间最短路的算法——Floyd 算法。

Floyd 算法是由美国学者 Robert W. Floyd 于 1962 年提出的（后来发现，该算法的核心内容已经由 Warshall 于 1959 年提出，但形式不同，所以该算法也称为 Floyd-Warshall 算法），它是求解有负权网络（但不能有负回路）最短路问题的好算法。该算法简洁高效，在应用数学、计算机科学等领域有重要的应用。

Floyd 算法的基本思路是，使用矩阵来表达图中任意两个顶点之间的距离，并不断使用求最小值的方法来遍历最短路所经过的不同顶点，直到经过图中所有顶点的距离都计算出来，所求顶点的最短路自然也就得到了。

设 v_i、v_j 是网络 $G(V,A,W)$ 中顶点集合 V 中的任意两点，用 d_{ij} 表示网络 G 中从 v_i 到 v_j 最短路的长度（距离），矩阵 $\boldsymbol{D} = \left(d_{ij}\right)_{n \times n}$ 称为图 G 的**距离矩阵**。进一步设 $d_{ij}^{(k)}$ $(1 \leqslant k \leqslant n)$ 表示只考虑 $\{v_i, v_j, v_1, v_2, \cdots, v_k\}$ 这个顶点子集中从 v_i 到 v_j 的最短路

长度，约定 $d_{ij}^{(0)}$ 表示从 v_i 到 v_j 不经过中间点的最短路长度，显然有

$$d_{ij}^{(0)} = \begin{cases} w_{ij} & (v_i, v_j) \in A \\ +\infty & (v_i, v_j) \notin A \end{cases}$$

$\boldsymbol{D}^{(0)} = \left(d_{ij}^{(0)}\right)_{n \times n}$ 就是网络 G 的邻接矩阵。

现在考虑 $d_{ij}^{(1)}$，它是指只考虑 v_i、v_j、v_1 这 3 个顶点的从 v_i 到 v_j 的最短路长度，只能有两种情况：第一种是不经过 v_1 点，则 $d_{ij}^{(1)} = d_{ij}^{(0)}$；第二种是经过 v_1 点，则 $d_{ij}^{(1)} = d_{i1}^{(0)} + d_{1j}^{(0)}$，于是一定有

$$d_{ij}^{(1)} = \min\left\{d_{ij}^{(0)}, d_{i1}^{(0)} + d_{1j}^{(0)}\right\}$$

进一步考虑 $d_{ij}^{(2)}$，它是指只考虑 v_i、v_j、v_1、v_2 这 4 个顶点的从 v_i 到 v_j 的最短路长度，同样只能有两种情况：第一种是不经过 v_2 点，则 $d_{ij}^{(2)} = d_{ij}^{(1)}$；第二种是经过 v_2 点，则 $d_{ij}^{(2)} = d_{i2}^{(1)} + d_{2j}^{(1)}$，于是一定有

$$d_{ij}^{(2)} = \min\{d_{ij}^{(1)}, d_{i2}^{(1)} + d_{2j}^{(1)}\}$$

类似地，一定有

$$d_{ij}^{(k)} = \min\{d_{ij}^{(k-1)}, d_{ik}^{(k-1)} + d_{kj}^{(k-1)}\}$$

如果网络 G 中共有 n 个顶点，那么 $d_{ij}^{(n)}$ 就是所求的原网络中从 v_i 到 v_j 的最短路长度，有 $\boldsymbol{D} = \left(d_{ij}\right)_{n \times n} = \left(d_{ij}^{(n)}\right)_{n \times n}$。

从这个思路可以看到，在求解过程中遍历了从 v_i 到 v_j 路线的所有可能，因此适用于有负权的网络。

最后，如果还希望在求解结果中给出具体的最短路的路径，可以构造一个**路径矩阵** $\boldsymbol{S} = \left(s_{ij}\right)_{n \times n}$ 来记录最短路。元素 s_{ij} 表示从 v_i 到 v_j 最短路的第一条弧的末端顶点下标，$s_{ij}^{(k)} = t$ 表示在第 k 次迭代时只考虑 $v_i, v_j, v_1, v_2, \cdots, v_k$ 的从 v_i 到 v_j 之间的最短路的第一条弧为 (v_i, v_t)，迭代中 $s_{ij}^{(k)}$ 按照如下办法取值，即

$$s_{ij}^{(k)} = \begin{cases} s_{ij}^{(k-1)} & \text{若 } d_{ij}^{(k-1)} \leq d_{ik}^{(k-1)} + d_{kj}^{(k-1)} \\ s_{ik}^{(k-1)} & \text{若 } d_{ij}^{(k-1)} > d_{ik}^{(k-1)} + d_{kj}^{(k-1)} \end{cases}$$

考虑 $s_{ij}^{(k)}$ 的含义，其表示每次可以通过路径矩阵依次找到最短路的路径。

因此，Floyd 算法的每次迭代可分为 3 个步骤。

第 1 步：构建初始矩阵

令 $k = 0$，构建初始矩阵，包括距离矩阵和路径矩阵，即

$$\boldsymbol{D}^{(0)} = \left(d_{ij}^{(0)}\right)_{n \times n}, \quad d_{ij}^{(0)} = \begin{cases} w_{ij} & (v_i, v_j) \in A \\ \infty & (v_i, v_j) \notin A \end{cases}$$

$$S^{(0)} = \left(s_{ij}^{(0)}\right)_{n\times n}, \quad s_{ij}^{(0)} = j \ (i,j,1,2,\cdots,n)$$

第2步：实施迭代计算

令 $k = k+1$，按照如下公式计算距离矩阵和路径矩阵，即

$$D^{(k)} = (d_{ij}^{(k)})_{n\times n}, \quad d_{ij}^{(k)} = \min\{d_{ij}^{(k-1)}, d_{ik}^{(k-1)} + d_{kj}^{(k-1)}\}$$

$$S^{(k)} = (s_{ij}^{(k)})_{n\times n}, \quad s_{ij}^{(k)} = \begin{cases} s_{ij}^{(k-1)} & \text{若 } d_{ij}^{(k-1)} \leqslant d_{ik}^{(k-1)} + d_{kj}^{(k-1)} \\ s_{ik}^{(k-1)} & \text{若 } d_{ij}^{(k-1)} > d_{ik}^{(k-1)} + d_{kj}^{(k-1)} \end{cases}$$

第3步：终止迭代

当 $k = n$ 时，算法结束，有 $D^{(n)} = (d_{ij}^{(n)})_{n\times n}$，$d_{ij}^{(n)}$ 是从 v_i 到 v_j 的最短路长度，$S^{(n)} = (s_{ij}^{(n)})_{n\times n}$，$s_{ij}^{(n)}$ 是从 v_i 到 v_j 最短路第一条弧的终点。

下面以一个例子说明算法的过程。

例 8.4.3 试用 Floyd 算法求图 8-4-3 中各点之间的最短路。

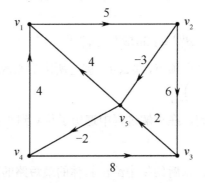

图 8-4-3 有负权网络的最短路

解： 首先构建初始矩阵。令 $k = 0$，有

$$D^{(0)} = \begin{pmatrix} 0 & 5 & \infty & \infty & \infty \\ \infty & 0 & 6 & \infty & -3 \\ \infty & \infty & 0 & \infty & 2 \\ 4 & \infty & 8 & 0 & \infty \\ 4 & \infty & \infty & -2 & 0 \end{pmatrix} \quad S^{(0)} = \begin{pmatrix} 1 & 2 & 3 & 4 & 5 \\ 1 & 2 & 3 & 4 & 5 \\ 1 & 2 & 3 & 4 & 5 \\ 1 & 2 & 3 & 4 & 5 \\ 1 & 2 & 3 & 4 & 5 \end{pmatrix}$$

实施迭代计算如下。

当 $k = 1$ 时，计算 $d_{ij}^{(1)} = \min\left\{d_{ij}^{(0)}, d_{i1}^{(0)} + d_{1j}^{(0)}\right\}$，即在 $D^{(0)}$ 中用直线画出第 1 行和第 1 列，对于 $D^{(0)}$ 中的第 i 行和第 j 列的元素 $d_{ij}^{(0)}$，比较它与第 1 列 $d_{i1}^{(0)}$ 和第 1 行 $d_{1j}^{(0)}$

之和的大小，取小者为 $d_{ij}^{(1)}$，且有 $s_{ij}^{(1)} = \begin{cases} s_{ij}^{(0)} & d_{ij}^{(0)} \leqslant d_{i1}^{(0)} + d_{1j}^{(0)} \\ s_{i1}^{(0)} & d_{ij}^{(0)} > d_{i1}^{(0)} + d_{1j}^{(0)} \end{cases}$

于是，$\boldsymbol{D}^{(1)} = \begin{pmatrix} 0 & 5 & \infty & \infty & \infty \\ \infty & 0 & 6 & \infty & -3 \\ \infty & \infty & 0 & \infty & 2 \\ 4 & 9 & 8 & 0 & \infty \\ 4 & 9 & \infty & -2 & 0 \end{pmatrix}$　$\boldsymbol{S}^{(1)} = \begin{pmatrix} 1 & 2 & 3 & 4 & 5 \\ 1 & 2 & 3 & 4 & 5 \\ 1 & 2 & 3 & 4 & 5 \\ 1 & 1 & 3 & 4 & 5 \\ 1 & 1 & 3 & 4 & 5 \end{pmatrix}$

当 $k = 2$ 时，计算 $d_{ij}^{(2)} = \min\{d_{ij}^{(1)}, d_{i2}^{(1)} + d_{2j}^{(1)}\}$，$s_{ij}^{(2)} = \begin{cases} s_{ij}^{(1)} & \text{当 } d_{ij}^{(2)} \text{ 取 } d_{ij}^{(1)} \text{ 时} \\ s_{i2}^{(1)} & \text{当 } d_{ij}^{(2)} \text{ 取 } d_{i2}^{(1)} + d_{2j}^{(1)} \text{ 时} \end{cases}$，

得到

$$\boldsymbol{D}^{(2)} = \begin{pmatrix} 0 & 5 & 11 & \infty & 2 \\ \infty & 0 & 6 & \infty & -3 \\ \infty & \infty & 0 & \infty & 2 \\ 4 & 9 & 8 & 0 & 6 \\ 4 & 9 & 15 & -2 & 0 \end{pmatrix}　\boldsymbol{S}^{(2)} = \begin{pmatrix} 1 & 2 & 2 & 4 & 2 \\ 1 & 2 & 3 & 4 & 5 \\ 1 & 2 & 3 & 4 & 5 \\ 1 & 1 & 3 & 4 & 1 \\ 1 & 1 & 1 & 4 & 5 \end{pmatrix}$$

当 $k = 3$ 时，有

$$d_{ij}^{(3)} = \min\{d_{ij}^{(2)}, d_{i3}^{(2)} + d_{3j}^{(2)}\} \qquad s_{ij}^{(3)} = \begin{cases} s_{ij}^{(2)} & \text{当 } d_{ij}^{(3)} \text{ 取 } d_{ij}^{(2)} \text{时} \\ s_{i3}^{(2)} & \text{当 } d_{ij}^{(3)} \text{ 取 } d_{i3}^{(2)} + d_{3j}^{(2)} \text{时} \end{cases}$$

得到

$$\boldsymbol{D}^{(3)} = \begin{pmatrix} 0 & 5 & 11 & \infty & 2 \\ \infty & 0 & 6 & \infty & -3 \\ \infty & \infty & 0 & \infty & 2 \\ 4 & 9 & 8 & 0 & 6 \\ 4 & 9 & 15 & -2 & 0 \end{pmatrix}　\boldsymbol{S}^{(3)} = \begin{pmatrix} 1 & 2 & 2 & 4 & 2 \\ 1 & 2 & 3 & 4 & 5 \\ 1 & 2 & 3 & 4 & 5 \\ 1 & 1 & 3 & 4 & 1 \\ 1 & 1 & 1 & 4 & 5 \end{pmatrix}$$

这时发现 $\boldsymbol{D}^{(3)} = \boldsymbol{D}^{(2)}$，$\boldsymbol{S}^{(3)} = \boldsymbol{S}^{(2)}$。

当 $k = 4$ 时，继续计算，得到

$$\boldsymbol{D}^{(4)} = \begin{pmatrix} 0 & 5 & 11 & \infty & 2 \\ \infty & 0 & 6 & \infty & -3 \\ \infty & \infty & 0 & \infty & 2 \\ 4 & 9 & 8 & 0 & 6 \\ 2 & 7 & 6 & -2 & 0 \end{pmatrix}　\boldsymbol{S}^{(4)} = \begin{pmatrix} 1 & 2 & 2 & 4 & 2 \\ 1 & 2 & 3 & 4 & 5 \\ 1 & 2 & 3 & 4 & 5 \\ 1 & 1 & 3 & 4 & 1 \\ 4 & 4 & 4 & 4 & 5 \end{pmatrix}$$

当 $k = 5$ 时，有

$$\boldsymbol{D}^{(5)} = \begin{pmatrix} 0 & 5 & 8 & 0 & 2 \\ -1 & 0 & 3 & -5 & -3 \\ 4 & 9 & 0 & 0 & 3 \\ 4 & 9 & 8 & 0 & 6 \\ 2 & 7 & 6 & -2 & 0 \end{pmatrix} \qquad \boldsymbol{S}^{(5)} = \begin{pmatrix} 1 & 2 & 2 & 2 & 2 \\ 5 & 2 & 5 & 5 & 5 \\ 5 & 5 & 3 & 5 & 5 \\ 1 & 1 & 3 & 4 & 1 \\ 4 & 4 & 4 & 4 & 5 \end{pmatrix}$$

所有顶点都被遍历，$\boldsymbol{D}^{(5)}$ 和 $\boldsymbol{S}^{(5)}$ 即为所求，得到所有顶点间的最短路。例如，$d_{13}^{(5)} = 8$，表示从 v_1 到 v_3 的最短路的长度为 8。又因为 $s_{13}^{(5)} = 2$，$s_{23}^{(5)} = 5$，$s_{53}^{(5)} = 4$，$s_{43}^{(5)} = 3$，则从 v_1 到 v_3 的最短路径为 $\{v_1, v_2, v_5, v_4, v_3\}$。

8.4.4 应用举例

最短路问题在生产、生活中有广泛的应用，除路线寻优问题外，还可以解决设备更新、优化选址等问题，下面举例说明。

例 8.4.4【设备更新问题】某工厂需要使用一台加工设备，为保持生产的连续性，每年只能在年初决定是购买新设备，还是继续使用旧设备，若购置新设备，则需要支付购买费用，同时将旧设备卖出，可回收一定残值；若继续使用旧设备，则需要支付相应的维修保养费用，每年年初的设备购买价格、不同使用年数后设备每年的维修保养费及卖出残值分别如表 8-4-3 和表 8-4-4 所示。试制订一个 5 年期的设备更新计划，使总费用最少。

表 8-4-3　设备每年年初的设备购买价格

单位：万元

年　度	1	2	3	4	5
新购费用	11	12	13	14	14

表 8-4-4　不同使用年数后设备每年的维修保养费及卖出残值

单位：万元

使用年数（年）	0～1	1～2	2～3	3～4	4～5
维修保养费	5	6	8	11	18
卖出残值	4	3	2	1	0

解：显然，可行的设备更新方案不止一种，每种方案对应的费用支出也不同，如每年年初均为新购，则 5 年总费用为

$$新购费用 - 卖出残值 + 维修保养费用 = 总费用$$

$$(11+12+13+14+14) - (4+4+4+4+4) + (5+5+5+5+5) = 69$$

又如，在第 1 年年初新购，一直用到第 3 年年初，再买新设备并用到第 5 年年底，则总费用为

$$新购费用 - 卖出残值 + 维修保养费用 = 总费用$$
$$（11+13） - （3+2） + （5+6+5+6+8） =49$$

很容易理解，如果把各时间节点看作图中的顶点，而把相应时间节点间的购买使用关系看作图中的边，费用看作边上的权值，就会得到一个赋权图。相应地，找一个总费用最小的设备更新计划就是找赋权图中的最短路。因此，本问题转化为一个最短路问题。

首先，进行建模，将问题转化为赋权图中的最短路。用顶点 v_i 表示"第 i 年年初"这种状态，为一致起见，加设一点 v_6 表示第 5 年年底（也可理解为第 6 年年初）；在两个顶点 v_i 和 v_j 间连一条有向边，表示从第 i 年年初新购设备并一直使用到第 j 年年初，该边上的权值给出相应的总费用，则该问题可转化为如图 8-4-4 所示的网络模型。

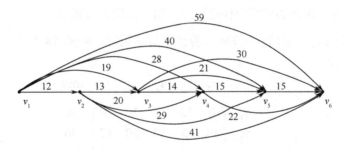

图 8-4-4 设备更新问题对应的网络模型

其次，重复问题并求解。根据题意，所要求的 5 年期设备更新最小费用计划问题即求图 8-4-4 中从 v_1 到 v_6 的最短路，用 Dijkstra 方法求解（过程略），得到最短路为 $v_1 \rightarrow v_3 \rightarrow v_6$，对应的最优方案为：在第 1 年年初购置一台新设备，使用到第 3 年年初卖出，然后再次购买一台新设备，并使用到第 5 年年底。5 年的总费用支出最低，为 49 万元。

例 8.4.5【选址问题】 在一次灾害救援中，需要在如图 8-4-5 所示的灾区设置一个医疗救护点，由于条件限制，只能在图中 5 个受灾居民点之一设置。灾区现有交通道路如图 8-4-5 所示，线条旁边的数字为受灾居民点相互之间达到的路程（单位：百米）。

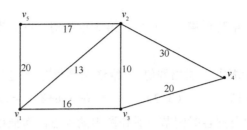

图 8-4-5　选址问题中的道路网络

试问：（1）医疗救护点应设在何处才可使各受灾居民点都离得较近。

（2）据统计，受灾居民点 v_1 到 v_5 的伤员人数分别为 10 人、22 人、16 人、6 人、5 人，如果考虑使伤员行走总路程最短，则医疗救护点应设在哪里？

解：（1）第 1 个问题称为"中心选址"问题，实质上是找一个"中心"顶点 v_k，使得该点距离网络中最远顶点的距离尽可能短，即

$$d(v_k) = \min_{1 \leqslant i \leqslant n} \max_{1 \leqslant j \leqslant n} \left\{ d_{ij} \right\}$$

其中，d_{ij} 为 n 个顶点的网络中任意顶点 v_i 到 v_j 之间的最短路。

考虑题目要求，显然使用 Floyd 算法求解更简便，求解结果如下（过程请读者自己完成），即

$$
\mathbf{D}^{(5)} = \begin{array}{c} \\ v_1 \\ v_2 \\ v_3 \\ v_4 \\ v_5 \end{array}
\begin{array}{c}
\begin{array}{ccccc} v_1 & v_2 & v_3 & v_4 & v_5 \end{array} \quad \max \\
\left(\begin{array}{ccccc}
0 & 13 & 16 & 36 & 20 \\
13 & 0 & 10 & 30 & 17 \\
16 & 10 & 0 & 20 & 27 \\
36 & 30 & 20 & 0 & 47 \\
20 & 17 & 27 & 47 & 0
\end{array} \right)
\begin{array}{c}
36 \\ 30 \\ 27 \\ 47 \\ 47
\end{array}
\end{array}
$$

解得"中心"顶点应为 v_3，即医疗救护点应设置在 3 号居民点，可以保证其他居民点到该处的距离不超过 27 百米，总体较近。

（2）第 2 个问题称为"重心选址"问题，是指找一个网络的"重点"顶点 v_l，满足该点到各顶点处的距离加权和最小化，即

$$d(v_l) = \min_{1 \leqslant j \leqslant n} \sum_{1 \leqslant i \leqslant n} (\lambda_i d_{ij})$$

其中，λ_i 为顶点 v_i 处的伤员人数，d_{ij} 是 v_i 到 v_j 的最短路距离，$\sum_{1 \leqslant i \leqslant n} (\lambda_i d_{ij})$ 表示各处的伤员到达顶点 v_j 处的总路程，对其求最小化。

显然，需要先用 Floyd 算法求 d_{ij}，然后求得 $\lambda_i d_{ij}$ 及 v_l。

$$(\lambda_i d_{ij})_{5\times5} = \begin{array}{c} \\ v_1 \\ v_2 \\ v_3 \\ v_4 \\ v_5 \end{array} \begin{array}{ccccc} v_1 & v_2 & v_3 & v_4 & v_5 \\ \left(\begin{array}{ccccc} 0 & 200 & 160 & 360 & 130 \\ 440 & 0 & 220 & 660 & 374 \\ 256 & 160 & 0 & 320 & 432 \\ 216 & 180 & 120 & 0 & 282 \\ 65 & 85 & 135 & 235 & 0 \end{array} \right) \end{array}$$

$$\sum \quad 977 \quad 625 \quad 635 \quad 1575 \quad 1218$$

解得"重点"顶点应为 v_2，即在考虑伤员人数因素情况下，医疗救护点应设置在 2 号居民点，可以保证所有伤员到该处的总路程最短，为 62500 米。

8.5 最大流问题

8.4 节讨论的是网络中顶点间的距离问题，本节讨论网络整体通行能力的计算问题，称为最大流问题[1]。在许多实际的网络中都存在如何发挥一个网络系统的能力，使得系统在一定条件限制下通过的流量最大的问题，如公路、铁路或其他运输系统中的车辆流，城市排水系统中的水流，生产经营系统中的资金流等。

8.5.1 问题定义

例 8.5.1 考虑如图 8-5-1 所示的输油管道网络，油井所在地在顶点 v_s，炼油厂在顶点 v_t，图中弧上的数字为相应顶点间已有管道单位时间的最大输油量（单位：吨），试确定从油井到炼油厂单位时间内最大的输油量。

这个问题是典型的最大流问题，最理想的方案当然是每条弧都按照最大输油量从 v_s 到 v_t 输油，但读者会发现，这样的方案往往并不可行。在图 8-5-1 中，(v_s, v_1) 间如果按照最大输油量运输，会发现到达 v_1 后，无法将多于 2 吨 [(v_1, v_3) 弧上最大输油量仅为 2 吨] 的油量进一步送出，最终也无法到达炼油厂 v_t。由此，图中任意一组数字的组合并不一定能形成可行方案，需要界定"可行流"的概念，进

---

[1] 最大流问题不同于最短路问题，它会涉及网络中所有的弧，既和各条弧上的实际最大输送量有关，还与网络中各条弧的方向密切相关。实际上，最大流问题是一类特殊（有转运和容量约束）的"运输问题"，称为 F 型运输问题，读者可以尝试将其数学规划模型表达出来。

而在所有可行流中寻找最大的流量，寻找的基本思路类似寻找线性规划问题的最优解，可以从任意可行解开始，逐步增大流量，直到最后"增无可增"，从而找到最大流。

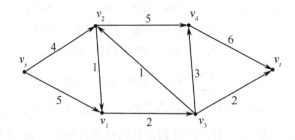

图 8-5-1　输油管道网络

定义 8.16　容量网络、可行流、最大流

对于一个赋权有向图 $D = (V, A, C)$，如果满足如下两个条件，则称其为一个**容量网络**。

（1）顶点集 V 中存在一个出度不为 0，但入度为 0 的顶点 v_s（称为**发点**或**源点**），以及一个入度不为 0，但出度为 0 的顶点 v_t（称为**收点**或**汇点**），顶点集 V 中其他顶点的出度和入度均不为 0，称为**中间点**；

（2）对于图 D 中的每条弧 $(v_i, v_j) \in A$，其上都有一个权值 $c_{ij} \geqslant 0$（称为**弧的容量**），所有弧的容量 c_{ij} 构成的集合用 C 表示。

容量网络是现实中不进行存储的网络的一般模型，如公路网络、水系网络等，其中发点是根据需要设定的网络流起点，收点是设定的网络流终点。弧的容量表示相应顶点间的最大通过能力（不是实际通过的流量）。在下文中，在不引起混淆的情况下，容量网络也简称网络。

在图 8-5-1 中的输油管道网络显然符合上述两个条件，是一个容量网络。

进一步，在容量网络 $D = (V, A, C)$ 中，如果每条弧 $(v_i, v_j) \in A$ 上除容量外，还有另一个权值 f_{ij}，称 f_{ij} 为相应弧的流量，容量网络 D 上所有流量的集合 $f = \{f_{ij}\}$ 称为容量网络 D 的一个**网络流**，简称**流**。如果流 $f = \{f_{ij}\}$ 满足如下 3 个条件，则称其为**可行流**。

（1）**容量限制条件**：每条弧上的流量都不超过其容量，即 $0 \leqslant f_{ij} \leqslant c_{ij}$；

（2）**中间点流量平衡条件**：对于容量网络中任意中间点 v_k，其总输出量等于总输入量，即 $\sum_i f_{ik} = \sum_j f_{kj}$；

（3）**总流量守恒条件**：发点的总流出量等于收点的总流入量，即

$$\sum_j f_{sj} - \sum_i f_{is} = \sum_i f_{it} - \sum_j f_{tj} = v(f)，$$ 其中 $v(f)$ 为这个流的流量。

可行流实际上是指在容量网络中现实、可行的流，考虑容量网络的物理含义，上述 3 个条件显然是成立的。

在图 8-5-2 中，每条弧上均有两个数字，第 1 个数字为弧的容量，第 2 个数字为当前流量，该流可表示为

$$f = \{f_{ij}\} = \{4,1,1,4,1,2,0,4,1\}$$

容易判定，这个流满足上面的容量限制条件、中间点流量平衡条件及总流量守恒条件，是一个可行流。

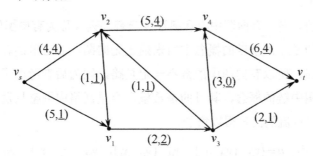

图 8-5-2　输油管道对应容量网络中的一个可行流 f

在容量网络 $D = (V, A, C)$ 的所有可行流中，找一个流量最大的问题称为网络最大流问题，简称**最大流问题**。

最大流问题实际上是一个线性规划问题，其模型为

$$\max \quad v(f)$$

$$\begin{cases} \sum_j f_{kj} - \sum_i f_{ik} = 0 & (k \neq s,\ t) \\ \sum_j f_{kj} - \sum_i f_{ik} = v(f) & (k = s) \\ \sum_j f_{kj} - \sum_i f_{ik} = -v(f) & (k = t) \\ 0 \leqslant f_{ij} \leqslant c_{ij} \end{cases} \qquad (8\text{-}5\text{-}1)$$

所以，可以用单纯形法等线性规划求解方法求解最大流问题，但采用网络方法会更加直观、简便，且结论更丰富、实用。为了引入相应算法，下面再介绍一些概念。

定义 8.17　零流弧、非零流弧、饱和弧、非饱和弧

在容量网络 $D = (V, A, C)$ 的任意可行流中，如果一条弧上的流量为 0，称为**零流弧**，否则称为**非零流弧**；如果一条弧上的当前流量等于容量（$f_{ij} = c_{ij}$），则称

为**饱和弧**，而当其流量严格小于容量（$f_{ij} < c_{ij}$）时，称为**非饱和弧**。

在图 8-5-2 中的可行流 f 中，(v_3, v_4) 为零流弧，其他弧均为非零流弧；(v_s, v_1)、(v_2, v_4)、(v_3, v_4)、(v_4, v_t) 和 (v_3, v_t) 均为非饱和弧，其他弧均为饱和弧。

根据定义，零流弧上的流量无法减小，而非零流弧上的流量则可以减小；饱和弧上的流量无法增加，而非饱和弧上的流量则可以增加。所以，一个流如果要增大流量，必然要存在非零流弧或非饱和弧。

定义 8.18　链、前向弧、后向弧、增广链

8.2 节介绍了图中链和路的概念，其中，链是指无向图中点和边的连续交错序列，而路是指有向图中考虑弧的方向的点和弧的连续交错序列。这里将链的概念拓展到有向图中。

不考虑弧的方向，有向图中点和弧连续交替序列，称为**有向图的一条链**。

需要注意的是，由于链的概念本用来描述无向图，而这里链表示的是不考虑弧的方向的路线，所以有向图中的链不一定是路，因为后者考虑了弧的方向。之所以提出有向图中链的概念，其目的是希望在容量网络中调整从发点到收点的链上的流量，使可行流的流量得以增加。

在图 8-5-2 中，$\mu = \{v_s,\ (v_s,\ v_1),\ v_1,\ (v_2,\ v_1),\ v_2,\ (v_3,\ v_2),\ v_3,\ (v_3,\ v_t),\ v_t\}$ 就是图 D 中的一条链（但不是一条路）。

考虑容量网络 D 中的一条链 μ，**规定链的方向**为从发点 v_s 到收点 v_t，在链 μ 上的所有弧中，如果弧实际的方向与规定的链的方向一致，则称该弧为**关于链 μ 的前向弧**，否则，称为**关于链 μ 的后向弧**。在不引起混淆的情况下，简称前向弧或后向弧。

在图 8-5-2 中，对于链 $\mu = \{v_s,\ v_1,\ v_2,\ v_3,\ v_t\}$ 来说，$(v_s,\ v_1)$ 和 $(v_3,\ v_t)$ 与链的方向一致，是关于链 μ 的前向弧，而 $(v_2,\ v_1)$ 和 $(v_3,\ v_2)$ 则为后向弧。

值得注意的是，单看一条弧本身，不存在前向弧或后向弧的说法，只有相对于某条链的方向来说，该链上的某条弧才分为前向弧或后向弧；同时可以看出，如果要增加某条链上的流量，必须增加前向弧的流量，同时减少后向弧的流量。这就意味着，如果某条链上所有前向弧的流量可以增加，所有后向弧的流量可以减少，沿着这条链就可以增加当前流的流量，使得总流量增大。

设 $f = \{f_{ij}\}$ 为容量网络 D 的一个可行流，如果存在从发点 v_s 到收点 v_t 的一条链 μ，同时满足下列两个条件，则称该链为容量网络 D 的**可增广链**，简称**增广链**：

（1）前向弧流量可增条件：链 μ 上的所有前向弧 $(v_i,\ v_j)$，都有 $f_{ij} < c_{ij}$；

（2）后向弧流量可减条件：链 μ 上的所有后向弧 $(v_i,\ v_j)$，都有 $f_{ij}>0$。

也就是说，增广链上的前向弧均为非饱和弧，后向弧均为非零流弧。它的实际含义是可以增大流量的链。因此，在一个容量网络中，如果存在增广链，那么就可以用来改善当前的可行流。

观察图 8-5-3 中链 $\mu=\{v_s,v_1,v_2,v_3,v_t\}$，可以得到前向弧 (v_s,v_1) 和 (v_3,v_t) 都是非饱和弧，而后向弧 (v_2,v_1) 和 (v_3,v_2) 的流量都不为 0，说明该链是当前流的一个增广链，可以沿该链增加总流量。

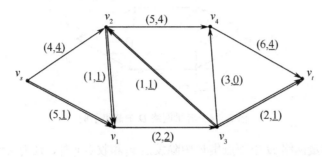

图 8-5-3　容量网络中可行流 f 的一条增广链

一般地，如果找到了容量网络 D 的一个增广链 μ，则可沿链 μ 调整流量。办法是：将链上所有的前向弧增加一个流量 δ，同时将所有后向弧减少这个流量（保持流量平衡）。显然，调整流量 δ 应该越大越好，受限于前向弧上的可增加量及后向弧上的可减少量，显然最大可调整量只能是所有前向弧容量与流量的差，以及后向弧流量之中的最小值，即

$$\delta_{\max}=\min\left\{\min\left\{c_{ij}-f_{ij}\mid 链\mu上所有前向弧\right\},\min\left\{f_{ij}\mid 链\mu上所有后向弧\right\}\right\}\quad(8\text{-}5\text{-}2)$$

对于图 8-5-3 中增广链 $\mu=\{v_s,v_1,v_2,v_3,v_t\}$，得到最大调整量为

$$\delta_{\max}=\min\left\{\min\left\{5\text{-}1,2\text{-}1\right\},\min\left\{1,1\right\}\right\}=1$$

沿该增广链增加流量 1，增加后新流的总流量为 6，读者可尝试画出这个新流。

定义 8.19　截集、截量、最小截集

对于容量网络 $D=(V,\ A,\ C)$，将顶点集合 V 分成两个互不相交的子集 V_1 和 V_2，发点 $v_s\in V_1$，收点 $v_t\in V_2$，则称所有起点在 V_1 中、终点在 V_2 中的弧构成的集合为对应于 V_1 和 V_2 的**截集**，简称**截**，记作 $(V_1,\ V_2)$，有

$$(V_1,\ V_2)=\left\{a_{ij}=(v_i,v_j)\in A\mid v_i\in V_1,v_j\in V_2\right\},\ V_1\bigcup V_2=V,\ V_1\bigcap V_2=\varnothing$$

进一步，将截集 (V_1,V_2) 中所有弧的容量之和称为**截集的截量**，记作 $c(V_1,\ V_2)$；进一步，容量网络 D 的所有截集中截量最小的截集称为**最小截集**。

截集有重要的应用价值。根据定义，如果将一个截集从网络中去掉，则从发点到收点的一切通路都将切断。也就是说，任意截集都是容量网络中从发点到收点的"必经之路"，任意可行流的流量都不会比任意截集的截量更大。特别地，最小截集指示了网络的最薄弱之处，所包含的弧实际上是网络中的"瓶颈"所在，要想让网络的总流量增大，必须优先考虑增大相应弧的容量。

例 8.5.2 给出图 8-5-4 中容量网络 D 的所有截集，并找出最小截量。

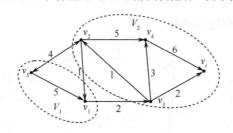

图 8-5-4 容量网络 D 中截集示例

解：此容量网络 D 中顶点集 V 中除发点 v_S 和收点 v_t 外，还有 $v_1 \sim v_4$ 共 4 个中间顶点，因此，符合截集定义的顶点集合 V 的分割方式共有 $C_4^0 + C_4^1 + C_4^2 + C_4^3 + C_4^4 = 2^4$（种），因此容量网络 D 中共有 16 个不同的截集，具体如下。

(1)	$V_1 = \{v_S\}; V_2 = V \setminus V_1; (V_1, V_2) = \{(v_S, v_1), (v_S, v_2)\}; c(V_1, V_2) = 4 + 5 = 9$
(2)	$V_1 = \{v_S, v_1\}; V_2 = V \setminus V_1; (V_1, V_2) = \{(v_S, v_2), (v_1, v_3)\}; c(V_1, V_2) = 4 + 2 = 6$
(3)	$V_1 = \{v_S, v_2\}; (V_1, V_2) = \{(v_2, v_4), (v_S, v_1), (v_2, v_1)\}; c(V_1, V_2) = 5 + 1 + 5 = 11$
(4)	$V_1 = \{v_S, v_3\}; (V_1, V_2) = \{(v_S, v_2), (v_S, v_1), (v_3, v_2), (v_3, v_4), (v_3, v_t)\}; c(V_1, V_2) = 15$
(5)	$V_1 = \{v_S, v_4\}; (V_1, V_2) = \{(v_S, v_2), (v_S, v_1), (v_4, v_t)\}; c(V_1, V_2) = 4 + 5 + 6 = 15$
(6)	$V_1 = \{v_S, v_1, v_2\}; (V_1, V_2) = \{(v_2, v_4), (v_1, v_3)\}; c(V_1, V_2) = 5 + 2 = 7$
(7)	$V_1 = \{v_S, v_1, v_3\}; (V_1, V_2) = \{(v_S, v_2), (v_3, v_2), (v_3, v_4), (v_3, v_t)\}; c(V_1, V_2) = 10$
(8)	$V_1 = \{v_S, v_1, v_4\}; (V_1, V_2) = \{(v_S, v_2), (v_1, v_3), (v_4, v_t)\}; c(V_1, V_2) = 12$
(9)	$V_1 = \{v_S, v_2, v_3\}; (V_1, V_2) = \{(v_S, v_1), (v_2, v_1), (v_3, v_4), (v_3, v_t)\}; c(V_1, V_2) = 11$
(10)	$V_1 = \{v_S, v_2, v_4\}; (V_1, V_2) = \{(v_S, v_1), (v_2, v_1), (v_4, v_t)\}; c(V_1, V_2) = 12$
(11)	$V_1 = \{v_S, v_3, v_4\}; (V_1, V_2) = \{(v_S, v_1), (v_S, v_2), (v_3, v_2), (v_3, v_t), (v_4, v_t)\}; c(V_1, V_2) = 18$
(12)	$V_1 = \{v_S, v_1, v_2, v_3\}; (V_1, V_2) = \{(v_2, v_4), (v_3, v_4), (v_3, v_t)\}; c(V_1, V_2) = 10$
(13)	$V_1 = \{v_S, v_1, v_2, v_4\}; (V_1, V_2) = \{(v_1, v_3), (v_4, v_t)\}; c(V_1, V_2) = 8$
(14)	$V_1 = \{v_S, v_1, v_3, v_4\}; (V_1, V_2) = \{(v_S, v_2), (v_3, v_2), (v_3, v_t), (v_4, v_t)\}; c(V_1, V_2) = 18$
(15)	$V_1 = \{v_S, v_2, v_3, v_4\}; (V_1, V_2) = \{(v_S, v_1), (v_2, v_1), (v_3, v_t), (v_4, v_t)\}; c(V_1, V_2) = 14$
(16)	$V_1 = \{v_S, v_1, v_2, v_3, v_4\}; V_2 = V \setminus V_1; (V_1, V_2) = \{(v_3, v_t), (v_4, v_t)\}; c(V_1, V_2) = 2 + 6 = 8$

比较这些截集的截量，得到（2）中截集 $(V_1, V_2) = \{(v_S, v_2), (v_1, v_3)\}$ 的截量最小为 6，为最小截集。

在这个例子中，为了找出最小截集，将顶点集合的所有可能划分都列出，显然这个办法是低效的。下面通过定理说明，在容量网络中寻找最大流的过程和寻找最小截集的过程是一致的，只要找到其中之一，同时会得到另一个。

8.5.2 理论基础

这里以定理的形式，先说明最大流和增广链之间的关系，然后给出流量和截量之间的关系，这些关系支撑着最大流问题的基础理论。

定理 8.7 在网络流图 $D = (V, A, C,)$ 中，对于可行流 $f = \{f_{ij}\}$，若存在增广链，则该可行流一定可以改进，使得流量增大。

证明： 设对可行流 $f = \{f_{ij}\}$ 存在一个增广链 μ，在链 μ 上找到一个流量的调整量 δ，其取值确定为

$$\delta = \min\{\delta_1, \quad \delta_2\}$$

其中，有

$$\begin{cases} \delta_1 = \min\{c_{ij} - f_{ij} \mid \text{对于链}\mu\text{上的前向弧}\} \\ \delta_2 = \min\{f_{ij} \mid \text{对于链}\mu\text{上的后向弧}\} \end{cases} \quad (8\text{-}5\text{-}3)$$

根据增广链的定义，可知 $\delta > 0$。据此可构造一个新流 $f' = \{f'_{ij}\}$，即

$$f'_{ij} = \begin{cases} f_{ij} + \delta & \text{若弧}a_{ij}\text{是链}\mu\text{上的前向弧} \\ f_{ij} - \delta & \text{若弧}a_{ij}\text{是链}\mu\text{上的后向弧} \\ f_{ij} & \text{若弧}a_{ij}\text{不在链}\mu\text{上} \end{cases} \quad (8\text{-}5\text{-}4)$$

显然新流 f' 比原来的可行流 f 流量大了 δ，同时该新流仍为可行流，原因如下。

（1）由 δ 的取法，新流上的流量显然满足容量限制条件。

（2）对于新流上的所有中间点，如果其不在增广链 μ 上，流量没有变化，由于原流 f 是可行流，则相应顶点一定满足流量平衡条件；而对于在增广链 μ 上的中间点 v_k（$k \neq S, t$），流量在改变后的所有可能情况有 4 种，如图 8-5-5 所示。

观察图 8-5-5 中（a）（b）（c）（d）这 4 种情况，会发现对 v_k 而言，无论哪种情况，其输入流量与输出流量的改变量均相等，所以对于在增广链 μ 上的中间点来说，仍然满足流量平衡条件。

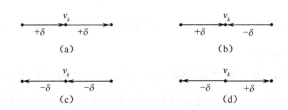

图 8-5-5　新流中间点流量改变的 4 种情况

（3）考虑发点 v_s，其流量改变后可能的情况有两种，如图 8-5-6 所示。

图 8-5-6　新流中发点流量改变的两种情况

对于图 8-5-6（a），发点 v_s 输出流量增加 δ，有

$$v(f') = \left(\sum_j f_{Sj}\right) + \delta - \sum_i f_{iS} = v(f) + \delta$$

对于图 8-5-6（b），发点 v_s 输入流量减少 δ，有

$$v(f') = \sum_j f_{Sj} - \left[\left(\sum_i f_{iS}\right) - \delta\right] = v(f) + \delta$$

可见，无论哪种情况，都有 $v(f') = v(f) + \delta$，即新流比原可行流的流量增加 δ。

类似地，对于收点 v_t 来说，情况和发点类似，也有这样的结论。也就是，新流的发点和收点都会增加流量 δ，即发点的总流出量等于收点的总流入量，满足总流量守恒条件。

这样，就证明了沿着增广链可使原可行流得到改进，流量增大。

实际上，定理 8.7 的逆定理也成立，即当可行流的流量可以增加时，一定存在关于该流的增广链（请读者思考原因）。综合起来，得到如下最大流的判定定理。

定理 8.8（最大流判定定理） 在网络流图 $D = (V, A, C)$ 中，可行流 $f = \{f_{ij}\}$ 是最大流的**充分必要条件**为不存在关于 $f = \{f_{ij}\}$ 的增广链。

根据定理 8.8，网络中的最大流问题就转化成寻找增广链的问题。如果能够找到增广链，则可以沿着增广链增加流量，这样的过程可以不断重复，直到再也找不到增广链为止。这实际上给出了最大流求解的一种算法思想，我们后面将说明这个算法的具体过程。

下面说明最大流求解过程实际上也得到了最小截集。

定理 8.9 容量网络 D 的任意一个可行流 $f = \{f_{ij}\}$ 所对应的流量 $v(f)$ 不大于任何一个截集 (V_1, V_2) 的截量，即总有

$$v(f) \leqslant c(V_1, V_2)$$

证明： 设容量网络 D 的任意一个可行流 $f = \{f_{ij}\}$，其流量为 $v(f)$，由可行流的定义有如下结论。

所有中间点：$\sum_j f_{kj} - \sum_i f_{ik} = 0 \, (k \neq S, t)$

对于发点 v_s：$\sum_j f_{Sj} - \sum_i f_{iS} = v(f)$

考虑任意截集 (V_1, V_2)，其中 $v_S \in V_1$，挑选截集中所有起点在 V_1 中的弧，对应地，将上面两式中相应流量相加，得到

$$\sum_{v_k \in V_1} f_{kj} - \sum_{v_k \in V_1} f_{ik} = v(f) \tag{8-5-5}$$

考虑式（8-5-5）左边第 1 项，包含了两类弧：①起点 $v_k \in V_1$ 且终点 $v_j \in V_1$；②起点 $v_k \in V_1$ 但终点 $v_j \notin V_1$。考虑左边第 2 项，也包含了两类弧：①终点 $v_k \in V_1$ 且起点 $v_i \in V_1$；②终点 $v_k \in V_1$ 但起点 $v_i \notin V_1$。第 1 项中①类弧和第 2 项中①类弧会同时出现在第 1 项和第 2 项中，故相互抵消，式（8-5-5）转化为

$$\sum_{v_k \in V_1, \, v_j \notin V_1} f_{kj} - \sum_{v_k \in V, \, v_i \notin V_1} f_{ik} = v(f)$$

考虑 $V_2 = V \setminus V_1$，上式即

$$\sum_{v_k \in V_1, \, v_j \in V_2} f_{kj} - \sum_{v_k \in V_1, \, v_i \in V_2} f_{ik} = v(f)$$

而对于截集 (V_1, V_2) 来说，有

$$c(V_1, V_2) = \sum_{v_k \in V_1, \, v_j \in V_2} c_{kj}$$

所以有

$$v(f) = \sum_{v_k \in V_1, \, v_j \in V_2} f_{kj} - \sum_{v_k \in V_1, \, v_i \in V_2} f_{ik} \leqslant \sum_{v_k \in V_1, \, v_j \in V_2} c_{kj} - \sum_{v_k \in V_1, \, v_i \in V_2} f_{ik} \leqslant \sum_{v_k \in V_1, \, v_j \in V_2} c_{kj} = c(V_1, V_2) \tag{8-5-6}$$

根据定理 8.9，任何可行流的流量都是截量的下界；反之，任何截量都是流量的上界。如果两者能够相等，则相应的流一定是最大流，截集也一定为最小截集。但是，是否一定能找到这样的流和截集，使相应的流量和截量相等呢？下面的定理说明了这一点。

定理 8.10（最大流最小截定理） 在容量网络 D 中，从发点 v_s 到收点 v_t 的最大流的流量一定等于分离 v_s 和 v_t 的最小截集的截量。

证明： 设 $f^* = \{f_{ij}^*\}$ 是容量网络 D 中从发点 v_s 到收点 v_t 的最大流，只需要找出

一个分离 v_s 和 v_t 的截集，证明其截量等于 f^* 的流量即可。

应用定理 8.7 中的思路，可用如下方法生成一个顶点集 V_1。

第 1 步：令发点 $v_S \in V_1$。

第 2 步：考察已经在 V_1 中的顶点 v_i，①对于从 v_i 出发的任意弧 (v_i, v_j)，如果 $f_{ij}^* < c_{ij}$，则令弧的终点 $v_j \in V_1$；②对于射向 v_i 的任意弧 (v_j, v_i)，如果 $f_{ji}^* > 0$，则令弧的起点 $v_j \in V_1$。

第 3 步：不断重复第 2 步的动作，直到在容量网络 D 中再也找不到可以放到 V_1 中的顶点。

这样，在得到的顶点集 V_1 中，一定没有收点 v_t（否则一定可以找到一条从 v_s 到 v_t 的增广链，使当前流 f^* 流量增加，这与其是最大流的假设矛盾），由此可定义 $V_2 = V \setminus V_1 \neq \varnothing$，有 $v_t \in V_2$，是一个分离 v_s 和 v_t 的截集。

根据 V_1 的生成方法，截集 (V_1, V_2) 中所有从 V_1 出发的弧一定是饱和弧，所有射向 V_1 的弧一定是零流弧，即有

$$\sum_{v_k \in V_1, \; v_j \in V_2} f_{kj} = \sum_{v_k \in V_1, \; v_j \in V_2} c_{kj}, \quad \sum_{v_k \in V_1, \; v_i \in V_2} f_{ik} = 0$$

代入定理 8.9 证明过程中的式（8-5-6），得到

$$v(f) = \sum_{v_k \in V_1, \; v_j \in V_2} f_{kj} - \sum_{v_k \in V_1, \; v_i \in V_2} f_{ik} = \sum_{v_k \in V_1, \; v_j \in V_2} c_{kj} - \sum_{v_k \in V_1, \; v_i \in V_2} f_{ik} = \sum_{v_k \in V_1, \; v_j \in V_2} c_{kj} = c(V_1, \; V_2) \quad (8\text{-}5\text{-}7)$$

这说明分离 v_s 和 v_t 的截集 (V_1, V_2) 的截量等于最大流的流量。

上述证明过程实际上同时给出求最小截集的办法，虽然这个过程也是求解最大流的过程。

本定理最早由美国学者 L. R. Ford 和 D. R. Fulkerson 于 1956 年提出，称为 Ford-Fulkerson 定理。根据这个定理提出的网络最大流及最小截的算法也被称为 Ford-Fulkerson 方法，这个方法最终由 Jack Edmonds 及 Richard Karp 完善并公开发表，所以很多时候也称为 Edmonds-Karp 算法，算法中使用了"标号"办法，因此也称为最大流标号算法。

8.5.3 最大流标号算法

根据定理 8.7，在容量网络 $D = (V, A, C)$ 中，对于可行流 $f = \{f_{ij}\}$，若存在增广链，则该可行流一定可以改进，使得流量增大。因此，求最大流可以从任意一个可行流出发，寻找一条关于此可行流的从发点到收点的增广链，然后按照式（8-5-4）构造新的可行流 $f' = \{f_{ij}'\}$。对于新可行流，继续寻找增广链，并构

造新可行流。重复这个过程，直到找不到增广链为止。根据最大流判定定理 8.8，相应的流即为最大流。

因此，求最大流的问题就转化为寻找增广链的问题，对于简单的网络，可以很容易地观察到增广链，从而沿着增广链不断调整流量，直到再也找不到增广链为止；而对于复杂的网络，用观察的办法来找增广链将非常困难，需要有效的办法来解决这个关键问题。本节介绍的标号算法，关键就是用标号的办法来解决这个问题。

算法中所谓**标号**，是指对各顶点 v_k 标记为两种符号：$(+v_i, \delta)$ 或$(-v_i, \delta)$ 。其中，$(+v_i, \delta)$ 表示有从 v_i 指向 v_k 的弧，且弧上可调整的流量为 δ ，用于前向标记增广链；$(-v_i, \delta)$ 表示有从 v_k 指向 v_i 的弧，且弧上可调整的流量为 δ ，用于后向标记增广链。

标号算法的每次迭代分为如下两步。

第 1 步：通过标号寻找增广链

首先，从发点开始，寻找其相邻顶点，按照相应弧的方向将所有相邻顶点进行标号；然后，考虑刚获得标号的顶点，寻找其没有获得标号的相邻顶点，进行标号；这样不断重复进行，直到收点得到标号（得到增广链）或者无法使收点得到标号且标号无法再进行（迭代终止）。

第 2 步：沿增广链增加流量

检查第 1 步的最终结果，如果收点得到标号，说明增广链存在，反向追溯标号的获得过程得到增广链，沿着增广链调整流量，调整量按照式（8-5-3）确定。

调整后得到一个新的可行流，回到第 1 步，通过标号寻找关于新流的增广链，如此不断迭代，直到达到终止条件。

下面举例说明这个过程。

例 8.5.3 试找出图 8-5-1 中容量网络 D 的最大流。

解： 考虑图 8-5-1 中容量网络没有标注可行流，首先需要找到一个初始可行流。显然，所有弧上流量为 0 的零流是可行流，可从零流出发按照上述算法步骤进行迭代，考虑这里只是演示求解过程，故从图 8-5-7 中的初始可行流 f 开始进行迭代。

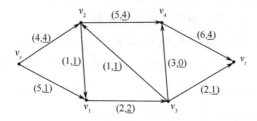

图 8-5-7 容量网络 D 的初始可行流 f

下面按照最大流标号算法的步骤进行迭代计算。

（第 1 次迭代）第 1 步：通过标号寻找增广链

首先给发点 v_s 一个标号 $(\Delta, +\infty)$，表示这是出发点，并且可调整量的上限为无穷；然后检查发点 v_s 的所有邻接顶点，发现 v_2 和 v_1 均未获得标号，进行如下操作。

（1）弧 (v_s, v_1) 由 v_s 发出，且为非饱和弧（ $f_{s1}=1<c_{s1}=5$ ），满足标号条件，赋予 v_1 以标号 $(+v_s, 4)$，其中标号数值 4 确定如下：

$$\min\{c_{s1}-f_{s1}, \delta(v_s)\} = \min\{5-1, +\infty\} = 4$$

（2）弧 (v_s, v_2) 也由 v_s 发出，但其为饱和弧（ $f_{s2}=4=c_{s2}$ ），不满足标号条件，v_2 暂时不能获得标号。

接着考察刚获得标号的顶点 v_1，检查 v_1 的相邻顶点中未获得标号的顶点，发现 v_2 和 v_3 未获得标号，进行如下操作。

（1）弧 (v_2, v_1) 射向 v_1，且为非零流弧（ $f_{21}=1>0$ ），满足标号条件，赋予 v_2 以标号 $(-v_1, 1)$，其中标号数值 1 确定如下：

$$\min\{f_{21}, \delta(v_1)\} = \min\{1, 4\} = 1$$

（2）弧 (v_1, v_3) 由 v_1 发出，考虑其为饱和弧（ $f_{23}=2$ ），不满足标号条件，v_3 暂时不能获得标号。

继续考察刚获得标号的顶点 v_2，检查 v_2 的相邻顶点中未获得标号的顶点，发现 v_4 和 v_3 未获得标号，进行如下操作。

（1）弧 (v_2, v_4) 由 v_2 发出，考虑其为非饱和弧（ $f_{24}=4<c_{24}=5$ ），满足标号条件，赋予 v_4 以标号 $(+v_2, 1)$，其中标号数值 1 确定如下

$$\min\{c_{24}-f_{24}, \delta(v_2)\} = \min\{5-4, 1\} = 1$$

（2）弧 (v_3, v_2) 射向 v_2，且为非零流弧（ $f_{32}=1>0$ ），满足标号条件，赋予 v_3 以标号 $(-v_2, 1)$，其中标号数值 1 确定如下

$$\min\{f_{32}, \delta(v_2)\} = \min\{1, 1\} = 1$$

重复上述过程，发现从 v_4 和 v_3 出发均可以找到新的可标号顶点，这里优先考虑 v_3，发现弧 (v_3, v_t) 由 v_3 发出，且为非饱和弧（ $f_{3t}=1<c_{3t}=2$ ），赋予 v_t 以标号 $(+v_3, 1)$。至此，收点 v_t 获得了标号，如图 8-5-8 所示。

（第 1 次迭代）第 2 步：沿增广链增加流量

从收点 v_t 的标号回溯，依次找到 v_3、v_2、v_1 和 v_s，得到一个增广链 $\mu = \{v_s, v_1, v_2, v_3, v_t\}$（在图 8-5-3 中已经得到），沿着该增广链，以 $\delta(v_t)=1$ 为调整量，在链 μ 上的所有前向弧上增加流量 1，在所有后向弧上减少流量 1，得到新流 f'，如图 8-5-9 所示，新流的流量 $v(f')=4+2=6$。

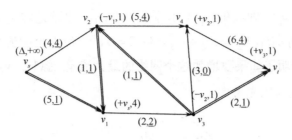

图 8-5-8　第 1 次迭代找到的增广链

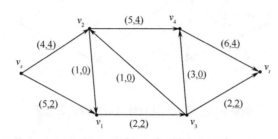

图 8-5-9　沿着增广链调整后得到的新流

重复以上过程继续进行迭代。

（第 2 次迭代）第 1 步：通过标号寻找增广链

在新流 f' 的网络中，首先给发点 v_s 一个标号 $(\Delta, +\infty)$，然后检查 v_s 的所有邻接顶点，发现 v_1 和 v_2 均未获得标号，进行如下操作。

（1）弧 (v_s, v_1) 由 v_s 发出，且为非饱和弧（$f_{S1} = 2 < c_{S1} = 5$），满足标号条件，赋予 v_1 以标号 $(+v_s, 3)$，其中标号数值 3 确定如下：

$$\min\{c_{S1} - f_{S1}, \delta(v_S)\} = \min\{5 - 2, +\infty\} = 3$$

（2）弧 (v_s, v_2) 也由 v_s 发出，但其为饱和弧（$f_{S2} = 4 = c_{S2}$），不满足标号条件，不能赋予 v_2 标号。

接着考察刚获得标号的顶点，检查其相邻顶点中未获得标号的顶点，发现 v_2 和 v_3 未获得标号，进行如下操作。

（1）弧 (v_1, v_3) 由 v_1 发出，但其为饱和弧（$f_{13} = 2 = c_{24}$），不能赋予 v_3 标号；

（2）弧 (v_2, v_1) 射向 v_1，但其为零流弧（$f_{21} = 0$），也不能赋予 v_2 标号。

标号结果如图 8-5-10 所示，发现标号过程无法进行下去，收点无法得到标号，说明找不到增广链，图中的流就是最大流，最大流的流量为 6。

根据定理 8.10 最大流最小截定理的结论及证明过程，在算法最终结果中不但得到了最大流，也得到了最小截集。实际上，在图 8-5-10 中，v_s 和 v_1 是最终获得标号的顶点，图中其他顶点均无法获得标号，则可令 $V_1 = \{v_s, v_1\}$，

$V_2 = \{v_2, v_3, v_4, v_t\}$，则截集 $(V_1, V_2) = \{(v_s, v_2), (v_1, v_3)\}$ 就是容量网络 D 的最小截集，相应截量为 $c(V_1, V_2) = c_{s2} + c_{13} = 4 + 2 = 6$，与最大流的流量相等。找出了最小截集，就指明了如果要增加这个网络的最大流量，弧 (v_s, v_2) 和 (v_1, v_3) 为瓶颈所在，必须列为优先考虑。

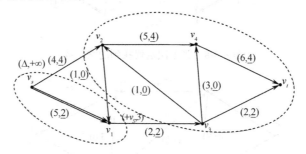

图 8-5-10 第 2 次迭代标号最后得到的结果

值得注意的是，在一个容量网络中，最大流量或最小截量是唯一的，但最大流量和最小截集并不一定是唯一的。

8.5.4 应用举例

最大流量算法用于解决有关"最大通过能力"的实际问题，下面举两个例子说明。

例 8.5.4 在某次抗险救灾活动中，部队需要从驻地分别在 A_1 和 A_2 的两处快速运送救援人员到两个灾难发生地 C_1 和 C_2，道路情况及在规定时间内道路上能够运输的最多人数（单位：百人）如图 8-5-11 所示，问如何安排运输方案，能够在规定时间内向两个灾难发生地运送人数最多。

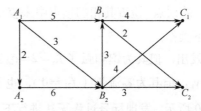

图 8-5-11 道路网络及道路上的最多通行人数

解：该问题中存在 2 个出发地和 2 个目的地，可以通过增加虚拟发点和虚拟收点将其转化为标准的最大流问题，相应的虚拟弧上的容量可设置为无穷大，如

图 8-5-12 所示。

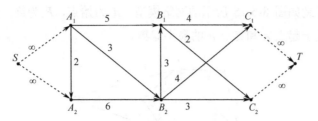

图 8-5-12 转化为单一发点和单一收点的网络

在图 8-5-12 对应的容量网络中，用最大流标号算法或用 LINGO 算法求解从发点到收点的最大流，得到如图 8-5-13 所示的求解结果（图中加横线数字为实际流量）。

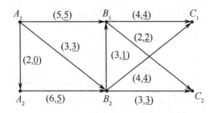

图 8-5-13 例 8.5.4 的求解结果

这说明通过此网络运输人员，最多只能运输 1300 人，其中，驻地 A_1 处最多运出 800 人，A_2 处最多运出 500 人，运到 C_1 处的人员实际为 800 人，运到 C_2 处的人数实际为 500 人，其他各条道路上的实际运输人员数量按照图 8-5-13 实施。

例 8.5.5 一条河流穿过某城市，河流两岸、河中岛屿及它们之间存在若干桥梁，如图 8-5-14 所示，图中数字为桥的编号。在一次战争中，需要炸断桥梁阻挡敌人，同时需要考虑战后重建问题，试问至少要炸断哪几座桥，才能完全切断两岸的交通。

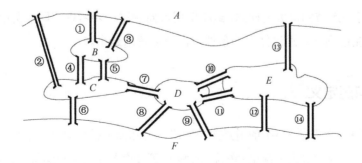

图 8-5-14 桥梁与陆地间关系构成的网络

解： 将图中的各陆地作为图中的顶点，桥作为连接顶点的弧，桥的数量作为弧的权值，得到如图 8-5-15 所示的网络模型，A 为始点，F 为终点，则原问题转化为求网络关于起点 A 和终点 F 的最小截集。

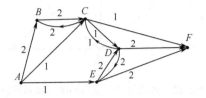

图 8-5-15　例 8.5.5 对应的网络模型

求解图 8-5-15 网络模型中的最小截集，可以使用最大流标号算法，也可以罗列出所有截集然后比较得到最小截集，具体求解过程从略，最后得到该网络的最小截集如图 8-5-16 所示，为 $\{(C, F),(C, D),(A, E)\}$。

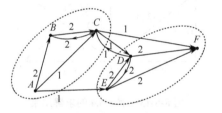

图 8-5-16　例 8.23 的求解结果

根据题意，得到最终结果为应该炸掉 3 座桥，分别为第 6 号、第 7 号和第 13 号，这是能够切断两岸交通并炸掉桥梁数量最少的方案。

8.6　最小费用流问题

不同于 8.5 节的最大流问题，最小费用流问题进一步考虑了网络费用方面的要素，要求在达到一定通过能力的条件下，使总费用最小。

8.6.1　问题定义

例 8.6.1　考虑图 8-6-1 的道路拓扑网络，已知弧上括号中第 1 个数字是相应道路上一定时间内的最大运载量（单位：万吨），第 2 个数字为单位运价（单位：万元），试确定从发点到收点运载量最大且总运费最小的实际运输方案。

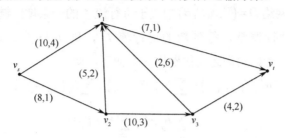

图 8-6-1　求费用最小的道路网络

这是一个典型的最小费用流问题[1]。在这类问题中所求流的流量首先要是可行流，其次要满足一定的总流量要求（否则零流总是费用最少的），当然如果所求流量是网络所能提供的最大流量，得到的就是最大流中的最小费用流。此外还需注意，由于流经过所有弧均会产生费用，在计算流的总费用时不仅要考虑发点流出的弧和收点流入的弧，还要考虑所有流量大于 0 的弧。

定义 8.20　最小费用流、最小费用最大流

设容量网络 $D=(V,A,C,B)$ 中每条弧 $(v_i,\ v_j)\in A$ 的容量为 $c_{ij}\geqslant 0$（$c_{ij}\in C$），单位流量通过的费用为 $b_{ij}\geqslant 0$（$b_{ij}\in B$），指定一个流量 v^*，当一个可行流 f^* 满足如下两个条件时，称其为流量 v^* 下的**最小费用流**，这样的问题称为**最小费用流问题**。

（1）f^* 的流量 $v(f^*)\geqslant v^*$；

（2）f^* 的总费用为所有流量不少于 v^* 的流中最小，即

$$b\left(f^*\right)=\sum_{(v_i,\ v_j)\in A}(b_{ij}f_{ij}^*)=\min\left\{\sum_{(v_i,\ v_j)\in A}(b_{ij}f_{ij})\ \middle|\ f_{ij}\in f,\ v(f)\geqslant v^*\right\}$$

特别地，指定流量要求为网络的最大流量，相应的流称为**最小费用最大流**，相应的问题称为**最小费用最大流问题**。

回顾最大流标号算法的基本思想，寻求最大流的方法是从某个可行流 f 出发，得到关于这个可行流的一条增广链 μ，然后沿着 μ 对 f 进行调整，得到新的可行流 f'，然后再寻找新流 f' 的增广链并进行调整，反复进行直到求得最大流。

类似地，在求最小费用最大流时，考虑费用因素，要找的是所有增广链中费用最少的那个，沿着该链进行流量调整，从而使最终得到的流为最小费用流。

---

[1]　比较最小费用流问题与第 5 章中的运输问题，会发现这两类问题相似，所以最小费用流问题也称为 T 型运输问题，读者可尝试写出例 8.6.1 的数学规划模型形式。本节将从网络流的角度讨论这个问题。

定义 8.21　增广链的费用、最小费用可增广链

设 μ 是容量网络 $D = (V, A, C, B)$ 中关于可行流 f 的一条增广链，在链 μ 上以调整量 $\delta = 1$ 对 f 进行调整，得到新的可行流 f'，则 f 与 f' 之间的流量关系为 $v(f') = v(f) + 1$，考虑它们之间的费用关系如下，即

$$
\begin{aligned}
b(f') - b(f) &= \sum_{\mu^+} b_{ij} \left(f'_{ij} - f_{ij} \right) + \sum_{\mu^-} b_{ij} \left(f_{ij} - f'_{ij} \right) \\
&= \sum_{\mu^+} b_{ij} \times 1 + \sum_{\mu^-} b_{ij} \times (-1) \\
&= \sum_{\mu^+} b_{ij} - \sum_{\mu^-} b_{ij}
\end{aligned}
$$

式中，μ^+ 为 μ 中关于流 f 的前向弧集合，μ^- 为 μ 的后向弧集合。将上述两个可行流间的费用之差称为**增广链 μ 的费用**。相应地，在关于流 f 的所有增广链中，费用最小的那个链称为流量 $v(f)$ 下的**最小费用可增广链**。

由于在流量 v 下可以对应多个可行流，而每个可行流对应的费用不同，必然在其中可以找一个在该流量条件下费用最小的可行流 f；同时，这个费用最小的可行流 f 一般有多个增广链，而每个增广链的费用也不同，设 μ 为费用最小的增广链。那么，沿着这样一条增广链去调整可行流 f，所得到的新可行流 f'，是否就是流量为 $v(f')$ 的所有可行流中的最小费用流呢？答案是肯定的。

8.6.2　理论基础

下面不加证明直接引用最小费用流基本定理[1]。

定理 8.11　设 f 是容量网络 $D = (V, A, C, B)$ 中所有流量为 v 的流中费用最小的流，μ 为关于流 f 的费用最小可增广链，则沿着 μ 以最大调整量 δ 对 f 进行调整，得到的新可行流 f' 一定是流量 $v(f) + \delta$ 下的最小费用流。

根据这个定理，最小费用流的求解转化为以下两个问题。

（1）找一个对应于某流量的最小费用流。

一般来说，找到一个固定流量的最小费用流并不容易，但有一个例外，那就是零流。由于每个弧的费用 $b_{ij} \geqslant 0$，所以零流必然是流量为 0 的可行流中的最小费用流，所以求解过程总可以从零流开始。

（2）找最小费用增广链。

可以通过标号算法的步骤来确定增广链，但求最小费用增广链还需要考虑费

---

[1] 定理 8.11 的证明需要用到更多的相关知识，感兴趣的读者可参考本章参考文献 [5]。

用的问题，需要更多的技巧。这里通过构建一个新的"费用网络"的办法来解决该问题。

定义 8.22　费用网络

对于网络 $D=(V,A,C,B)$，设当前可行流为 f，使用如下两条规则构建的网络称为 **D 中关于 f 的费用网络**，记作 $M(f)$。

（1）"顶点集不变"规则。

网络中顶点为原网络 D 的顶点，无论是顶点数量还是位置关系均不变。

（2）"弧双向替代"规则。

在网络中，将所有原网络 D 中的每条弧 (v_i,v_j) 代之以两个方向相反的弧 (v_i,v_j) 和 (v_j,v_i)，其中和原弧方向一致的弧 (v_i,v_j) 称为同向弧，权值为

$$w_{ij}=\begin{cases}b_{ij} & 当\ f_{ij}<c_{ij}时 \\ +\infty & 当\ f_{ij}=c_{ij}时\end{cases}$$

和原弧方向相反的弧 (v_j,v_i) 称为反向弧，权值为

$$w_{ij}=\begin{cases}-b_{ij} & 当\ f_{ij}>0时 \\ +\infty & 当\ f_{ij}=0时\end{cases}$$

其中，所有权值为 $+\infty$ 的弧的含义是从相应弧通过时费用为无穷大，也就是要求不能从相应弧上通过，所以相应弧在费用网络中可以不画出。

考虑费用网络的内涵，实际上是将容量网络中求关于可行流 f 的最小费用增广链问题转化为在关于 f 的费用网络 $M(f)$ 中寻找从发点 v_s 到收点 v_t 的最短路问题。

定理 8.12　设 f 是容量网络 $D=(V,A,C,B)$ 中一个可行流，$M(f)$ 为关于流 f 的费用网络，则关于可行流 f 的最小费用增广链对应在 $M(f)$ 中从发点 v_s 到收点 v_t 的最短路。

该定理的证明从略，读者可参考本章参考文献 [5] 中的 11.2 节。

例 8.6.2　考虑图 8-6-2 中的容量网络，其中弧上括号中第 1 个数字为容量 c_{ij}，第 2 个数字为单位费用 b_{ij}，第 3 个数字为当前实际流量 f_{ij}，试找出当前流的最小费用可增广链。

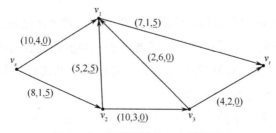

图 8-6-2　容量网络的一个可行流 f

解：按照费用网络的定义，将图 8-6-2 中的所有弧用两条弧取代，如 (v_s, v_1) 为非饱和弧，取 $w_{s1} = b_{s1} = 4$，同时由于 $f_{s1} = 0$，取 $w_{1s} = +\infty$（忽略不画）；考虑 (v_s, v_2)，由于 $0 < f_{s2} < c_{s2}$，用两条弧取代 (v_s, v_2)，其中，$w_{s2} = b_{s2} = 1$，$w_{2s} = -b_{s2} = -1$［实际上表示如果沿着 (v_s, v_2) 减少流量，会带来总费用的减少］。以此类推，最终得到关于当前可行流 f 的费用网络 $M(f)$，如图 8-6-3 所示。

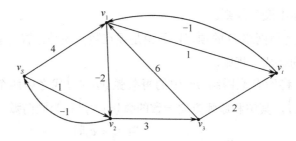

图 8-6-3　容量网络中可行流 f 对应的费用网络 $M(f)$

在费用网络 $M(f)$ 中求解从发点 v_s 到收点 v_t 的最短路，使用 Floyd 算法（这里有负权，不能使用 Dijkstra 算法），得到最短路为 $v_s \rightarrow v_1 \rightarrow v_t$，即关于当前流 f 的最小费用可增广链为 $\mu = \{v_s, v_1, v_t\}$。

进一步，可沿着增广链 μ 对当前流进行扩流，按照前向弧容量流量差及后向弧实际流量的最小值来确定调整流量，取 $\delta = \min\{10 - 0, 7 - 5\} = 2$，说明当前流可扩大流量 2，从而得到一个新的流。

8.6.3　最小费用流求解算法

最小费用流问题具有重要的应用价值。实际上，本书中的运输问题、指派问题、最短路问题、最大流问题都可以看成最小费用流问题的特例。鉴于其重要性，学者们已经发展出多种求解算法，包括原始-对偶算法、负回路算法、网络单纯形法等，这里介绍用最小费用可增广链来求解最小费用流的算法，该算法具有思路简洁、过程直观的优点。

根据定理 8.11 和定理 8.12，网络最小费用流问题可转化为两个问题：一是找一个对应于某流量的最小费用流；二是通过关于当前流的费用网络最短路寻找最小费用增广链，并通过该增广链拓展流量。算法每次迭代可分为如下 3 步。

第 1 步：确定一个最小费用流

找到任意流量条件下的一个最小费用流，并判断其是否已经达到指定流量要求，如果达到，停止迭代，否则进入下一步。注意零流总是最小费用流，所以总可以选零流作为出发点。

第 2 步：通过构建费用网络寻找最小费用增广链

构建当前流的费用网络，在费用网络中找从发点到收点的最短路，如果找到了最短路，说明最小费用增广链存在，明确相应的最小费用增广链。如果在费用网络有向图中找不到发点到收点的最短路，说明最小费用增广链不存在，迭代终止。

第 3 步：沿着最小费用增广链增加流量找到新流

如果第 2 步中最小费用增广链存在，沿着该链以最大可调整量增加当前流的流量，得到新流。新流一定是新的流量下的最小费用流，回到第 1 步，迭代计算直到达到终止条件。

下面以图 8-6-1 所示网络为例，演示计算过程。

例 8.6.3 求如图 8-6-1 所示网络中流量不小于 10 的最小费用流。

解： 下面按照最小费用可增广链算法的步骤进行迭代计算。

（第 1 次迭代）第 1 步：确定一个最小费用流

考虑图 8-6-1 中网络没有可行流，可选取零流 $f^0 = \{f_{ij} = 0\}$ 作为初始最小费用流，如图 8-6-4（a）所示。该流的流量小于指定流量 10，进入下一步。

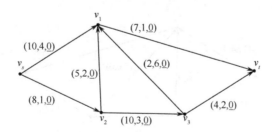

（a）容量网络的最小费用可行流 $f^0 \left[v(f^0) = 0 \right]$

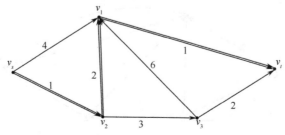

（b）最小费用可行流 f^0 对应的费用网络 $M(f^0)$

图 8-6-4 容量网络的最小费用可行流 f^0 及其对应的费用网络

（第1次迭代）第2步：通过构建费用网络寻找最小费用增广链

构建当前流 f^0 的费用网络，如图 8-6-4（b）所示，注意这里因为所有弧都是零流弧，所以不存在反向弧。在费用网络 $M(f^0)$ 中找 v_s 到 v_t 的最短路，得到最短路为 $v_s \rightarrow v_2 \rightarrow v_1 \rightarrow v_t$，即关于当前流 f 的最小费用可增广链为 $\mu_0 = \{v_s, v_2, v_1, v_t\}$。

（第1次迭代）第3步：沿着最小费用增广链增加流量找到新流

沿着最小费用增广链 $\mu_0 = \{v_s, v_2, v_1, v_t\}$ 调整流量，其上所有弧均为前向弧，最大可调整量为

$$\delta = \min\{8-0, 5-0, 7-0\} = 5$$

沿着该增广链增加流量 5，得到一个新流，记为 f^1，如图 8-6-5（a）所示。进入第2次迭代。

（第2次迭代）第1步：确定一个最小费用流

确定上一次迭代得到新流 f^1 为最小费用流。该流的流量 $v(f^1) = 5 < 10$ 不满足要求，进入下一步。

（第2次迭代）第2步：通过构建费用网络寻找最小费用增广链

构建当前流 f^1 的费用网络，如图 8-6-5（b）所示，得到新的费用网络 $M(f^1)$，在其中找 v_s 到 v_t 的最短路，得到最短路为 $v_s \rightarrow v_1 \rightarrow v_t$，即关于当前流 f 的最小费用增广链为 $\mu_1 = \{v_s, v_1, v_t\}$。

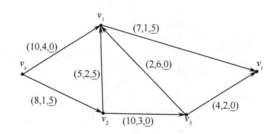

（a）容量网络的最小费用可行流 $f^1 [v(f^1) = 5]$

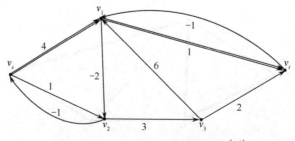

（b）最小费用可行流 f^1 对应的费用网络 $M(f^1)$

图 8-6-5　容量网络的最小费用可行流 f^1 及其对应的费用网络

（第 2 次迭代）第 3 步：沿着最小费用增广链增加流量找到新流

沿着最小费用增广链 $\mu_1 = \{v_s, v_1, v_t\}$ 调整流量，其上所有弧均为前向弧，最大可调整量为

$$\delta = \min\{10 - 0, 7 - 5\} = 2$$

沿着该增广链增加流量 2，得到一个新流，记为 f^2，如图 8-6-6（a）所示。其对应的费用网络如图 8-6-6（b）所示。

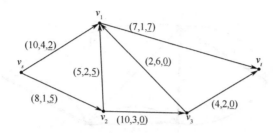

（a）容量网络的最小费用可行流 $f^2 \left[v(f^2) = 7 \right]$

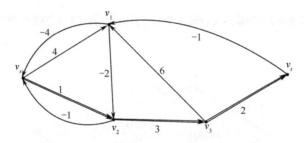

（b）最小费用可行流 f^2 对应的费用网络 $M(f^2)$

图 8-6-6　容量网络的最小费用可行流 f^2 及其对应的费用网络

以图 8-6-6（a）为基础，继续如上迭代过程，进行第 3 次迭代（请读者自行完成），会得到新流 f^3，如图 8-6-7（a）所示，图中 $v(f^3) = 10$，已经达到要求，迭代终止，流 f^3 即为所要求的最小费用流，最小总费用为 48。

实际上，如果没有给定达成流量，而是求网络的最小费用最大流，上述迭代过程可以继续下去，构建 f^3 的费用网络如图 8-6-7（b）所示，找到最短路对应的最小费用增广链，对 f^3 进行增流，得到图 8-6-8（a）中的 f^4，继续构建图 8-6-8（b）中的费用网络 $M(f^4)$，发现在 $M(f^4)$ 中找不到从 v_s 到 v_t 的最短路（v_t 不可达），说明当前流已经是最大流，相应的流 f^4 为最小费用最大流，最小总费用为 55。

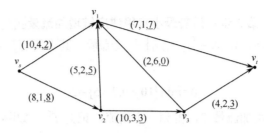

（a）容量网络的最小费用可行流 $f^3 \left[v(f^3) = 10 \right]$

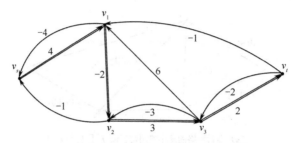

（b）最小费用可行流 f^3 对应的费用网络 $M(f^3)$

图 8-6-7　容量网络的最小费用可行流 f^3 及其对应的费用网络

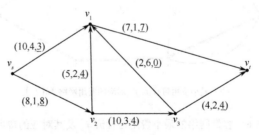

（a）容量网络的最小费用可行流 $f^4 \left[v(f^4) = 11 \right]$

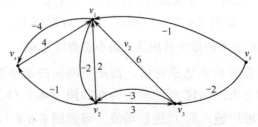

（b）最小费用可行流 f^4 对应的费用网络 $M(f^4)$

图 8-6-8　容量网络的最小费用可行流 f^4 及其对应的费用网络

8.6.4　应用举例

最小费用流问题广泛用于物流运输、计划安排、生产优化等方面，下面举一个生产优化的例子说明应用的一般思路。

例 8.6.4　某厂需要按照合同要求在下一年的 4 个季度末交付同一规格的一批车用发动机，分别为 10 万台、15 万台、25 万台和 20 万台。据估计，4 个季度的生产能力最大不超过 25 万台、35 万台、30 万台和 10 万台，每万台的生产成本为 4 亿元、4.2 亿元、4.1 亿元和 4.25 亿元，若生产的发动机当季不交付，每万台每延迟一个季度交付需要付出存储、维护等方面的费用 0.05 亿元，试求该工厂在下一年度内完成该合同总费用最少的方案。

解：首先，明确问题中的时间要素，有两类：生成时间节点（设为 s_i，其中 $i=1,2,3,4$）和交付时间节点（设为 t_j，其中 $i=1,2,3,4$），可抽象为网络中的 8 个顶点；其次，分析可能转化网络中弧及弧上权值的要素，显然可将第 i 季度生产而在第 j 季度交付定义为网络中弧的基本含义（显然只有在 $i \leqslant j$ 时才有意义）。弧上的数值需要描述两方面的信息：一是生产或交付发动机的台数，可作为弧上的容量来处理；二是生成成本和存储维护成本，可作为弧上单位费用来处理。这样，生产优化问题可用一个 4 个发点、4 个收点的网络来表示，考虑到各季度生产的最大数量及交付的数量要求，增加 1 个虚拟发点，该点到各生产时间节点上的弧容量为最大生产数量（单位费用取作 0）；同时增加 1 个虚拟收点，各交付时间节点到虚拟收点的弧上的容量为要求交付数量（单位费用取作 0）。

得到如图 8-6-9 所示的网络，在该网络中找一个流量等于总交付量 70 万台的最小费用流，即得到总费用最少的生产优化方案[1]。

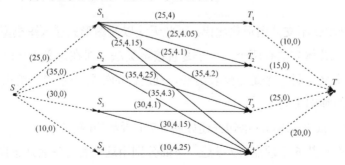

图 8-6-9　例 8.6.4 中生产优化的网络模型

---

[1] 注意图 8-6-9 中的模型，交付台数只有在达到流量为交付总台数（70 万台）时，才能使各季度交付量等于相应弧的容量。

应用 LINGO 进行求解（具体方法见 8.7.4 节），得到如图 8-6-10 所示的结果，说明 4 个季度的生产应该按照 25 万台、5 万台、30 万台和 10 万台的方案进行，能够满足合同要求，并且总费用最低，为 288 亿元。

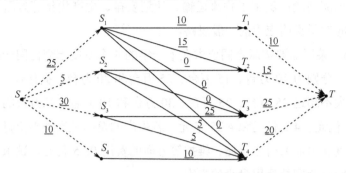

图 8-6-10　例 8.6.4 中的生产和交付优化方案

8.7　图模型的 LINGO 求解

由于图模型的普遍性，图与网络的有关算法格外重要，LINGO 软件支持几乎所有重要的图优化问题，包括本章的支撑树问题、最小支撑树问题、最短路问题、中国邮递员问题、旅行商问题、最大流问题、最小费用流问题等。本节先说明图模型的 LINGO 建模表达方法，然后举例说明几类典型网络流分析问题的 LINGO 求解方法。

8.7.1　图模型的 LINGO 表达

由于 LINGO 不支持图形化建模，因此无法以绘图形式输入图模型，只能用集合来表达图，具体方法有两个：一个是直接定义法，即在定义集合时就将所有顶点和边表达出来；另一个是矩阵表达法，利用图的矩阵表示形式给出顶点集合及边集合，下面举例说明。

例 8.7.1　试用 LINGO 语句描述如图 8-7-1 所示的网络[1]。

解：网络中共 6 个顶点、9 条边，下面分别用这两种方法表达该图模型。

---

[1] 图 8-7-1 中的网络就是例 8.5.1 中的输油管道网络模型。

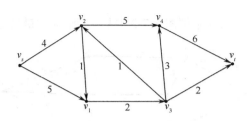

图 8-7-1 求最短路线的交通网络

1. 直接定义法

首先，定义一个表达顶点集的集合，示例如下。

```
nodes/s,1,2,3,4,t/:v;  !定义节点集合;
```

一般地，如果顶点很多，可以使用连续序号定义，如 nodes/1..6/等。

其次，用稀疏的派生集合来表达所有的边，示例如下。

```
arcs(nodes,nodes)/s,2 s,1 2,1 2,4 1,3 3,2 3,4 3,t 4,t/: w;
        !定义弧上的权值集合;
```

最后，在数据定义部分将权值的具体数据给出，示例如下。

```
w=4 5 1 5 2 1 3 2 6;
```

2. 矩阵表达法

顶点的定义和上面是一样的，不同的是边的定义形式，使用如下形式给出。

```
arcs(nodes,nodes):e,w;  !定义弧集合和弧上的权值集合;
```

在数据定义部分给出权值。

```
w=0 5 4 0 0 0
  0 0 1 2 0 0
  0 1 0 0 5 0
  0 0 1 0 3 2
  0 0 0 0 0 6
  0 0 0 0 0 0;
```

可以看出，在赋值部分实际上给出了网络的邻接矩阵。

比较这两种方法，会发现当顶点和边的数量较少时，采取直接定义法较为直观、方便；而当图的规模较大时，特别是当边的数量很多时，采取矩阵表达法更方便。

8.7.2 最短路问题的 LINGO 求解

最短路问题实际上可以用整数规划模型来表达，下面介绍在 LINGO 中使用整数规划模型求解最短路问题的思路。

例 8.7.2 试用 LINGO 求解图 8-7-2 中从 v_1 到 v_8 的最短路[1]。

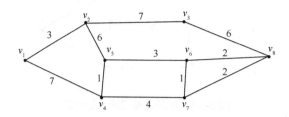

图 8-7-2　求最短路的网络

解：注意该网络为无向图，如果用上面的"直接定义法"表达，需要将所有无向边转化成双向的有向边，才能实现等价表示，不是特别方便。下面使用矩阵表达法建模求解。

将是否选取相应的边作为最短路中的边视作这个问题中的变量，设为 x_{ij}（取值 0 或 1），因此该问题可作为一个"0-1"型整数规划来处理，且要求从 v_1 出发，意味着必须选入一边，有 $\sum_j x_{1j} = 1$；同时要求到达 v_8，同理应有 $\sum_i x_{i8} = 1$。此外，所有中间顶点必然进去一次、出去一次，即应有

$$\sum_{i \neq 1} x_{ik} = \sum_{j \neq 8} x_{kj} (1 < k < 8)$$

同时，不存在顶点到自身的环，即还应有

$$x_{ii} = 0 \, (i = 1, 2, \cdots, 8)$$

在 LINGO 中表达目标函数及如上约束条件如下。

```
MODEL: !最短路问题
    data:
      n=8;  !顶点个数为 8 个;
    enddata
    sets:
      nodes/1..n/;  !记录过每个顶点最短路线长度的集合;
      sides(nodes,nodes):W,X;
            !分别记录权值及是否选入作为最短路中的边;
    endsets
    data:
        !用 100 表示实际不可直接到达;
        w=0 3 100 7 100 100 100 100
          3 0 7 100 6 100 100 100
```

---

[1] 这里实际是图 8-4-1 中的兵力机动交通网络。

```
        100 7 0 100 100 100 100 6
        7 100 100 0 1 100 4 100
        100 6 100 1 0 3 100 100
        100 100 100 100 3 0 1 2
        100 100 100 4 100 1 0 2
        100 100 6 100 100 2 2 0;
    enddata
    min=@sum( sides: w*x );      !最短路路长之和;
    @sum(nodes(j)|j#ne#1:x(1,j))=1;      !起点必有路出去;
    @sum(nodes(k)|k#ne#1:x(k,1))=0;      !没有路到起点;
    @sum(nodes(k)|k#ne#n:x(k,n))=1;      !必有路到终点;
    @sum(nodes(j) |j#ne#n:x(n,j))=0;      !终点没有路出去;
    @for(nodes(i)|i#ne#1#and#i#ne#n:   !a#ne#b 表示 a 不等于 b;
    @sum(nodes(k):x(k,i))= @sum(nodes(j):x(i,j)));
    @for(sides: @bin(x));       !@bin 表示 x 只能取 0 或 1;
END
```

单击◎按钮，得到以下求解结果（仅保留非零变量）。

```
Global optimal solution found.
Objective value:            13.00000
Variable          Value
X(1, 4)        1.000000
X(4, 5)        1.000000
X(5, 6)        1.000000
X(6, 8)        1.000000
```

得到最短路中应选取上面取值为 1 变量的相应边,依次为 X(1, 4)、X(4, 5)、X(5,6)、X(6,8),即最短路为 $\{v_1,\ v_4,\ v_5,\ v_6,\ v_8\}$,最短路路长为 13。

8.7.3　最大流问题的 LINGO 求解

通过 8.5 节中式（8-5-1）知道,最大流问题均为线性规划问题,因此可用线性规划的 LINGO 建模和求解来解决最大流问题,下面举例说明。

例 8.7.3　试用 LINGO 求解图 8-7-1 中容量网络的最大流。

解：该网络的 LINGO 表达已经在 8.7.1 节中得到解决,这里只需要按照式（8-5-1）将其输入 LINGO 中即可。

在 LINGO 中表达目标函数及所有约束条件如下。

```
MODEL: !最大流问题;
    sets:
    nodes/s,1,2,3,4,t/;!定义顶点集合;
```

```
    arcs(nodes,nodes)/s,2 s,1 2,1 2,4 1,3 3,2 3,4 3,t 4,t/:c,f;
    !定义弧上的权值和实际流量集合;
    endsets
    data:
    c=4 5 1 5 2 1 3 2 6; !弧上的权值;
    enddata

    n=@size(nodes); !顶点总数;
    max=@sum(arcs(i,j)|i#eq#1:f(i,j)); !从发点流出的总量;
    @for(arcs(i,j):f(i,j)<=c(i,j)); !容量限制;
    @for(nodes(i)|i#gt#1#and#i#lt#n: !中间点流出量等于流入量;
    @sum(arcs(i,k):f(i,k))=@sum(arcs(j,i):f(j,i));
    @sum(arcs(i,k)|i#eq#1:f(i,k)) !发点流出量等于收点流入量;
    =@sum(arcs(k,j)|j#eq#n:f(k,j));
END
```

单击 ◎ 按钮，得到以下求解结果（仅保留非零变量）。

```
    Global optimal solution found.
    Objective value:              6.000000
    Variable              Value          Reduced Cost
                N       6.000000            0.000000
         F( S, 2)       4.000000            0.000000
         F( S, 1)       2.000000            0.000000
         F( 2, 1)       0.000000            1.000000
         F( 2, 4)       4.000000            0.000000
         F( 1, 3)       2.000000            0.000000
         F( 3, 2)       0.000000            0.000000
         F( 3, 4)       0.000000            0.000000
         F( 3, T)       2.000000            0.000000
         F( 4, T)       4.000000            0.000000
```

得到最大流的流量为 6，最大流为

$$f^* = \left\{ f_{ij}^* \right\} = \{4,2,0,4,0,0,2,4\}$$

结果与用最大流标号算法算得的最终结果（见图 8-5-10）一致。

实际上，为了简化 LINGO 求解代码，可以在发点和收点之间添加一条虚拟弧（见图 8-7-3），可使所有顶点的流出量等于流入量，从而简化求解代码。

这时，求解此问题的 LINGO 代码如下。

```
MODEL: !最大流问题;
    sets:
    nodes/s,1,2,3,4,t/;!定义顶点集合;
    arcs(nodes,nodes)/s,2 s,1 2,1 2,4 1,3 3,2 3,4 3,t 4,t t,s /:c,f;
```

```
       !定义弧上的权值和实际流量集合,添加了虚拟弧 t,s;
   endsets
     data:
     c=4 5 1 5 2 1 3 2 6 100; !弧上的权值, 用数字 100 表示虚拟弧的容量;
     enddata
   max=f(6,1); !最大流量, 实际(6,1)=(t,s);
   @for(arcs:f<=c); !所有弧上的容量限制;
   @for(nodes(i): !所有顶点上流出量等于流入量;
   @sum(arcs(i,k):f(i,k))=@sum(arcs(j,i):f(j,i)));
END
```

单击◎按钮，求解结果和上面是一样的。

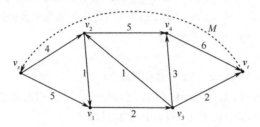

图 8-7-3　添加虚拟弧的容量网络

8.7.4　最小费用流问题的 LINGO 求解

按照最小费用流的定义，该问题可用线性规划模型来表达，从而用线性规划的 LINGO 建模求解来解决，下面举例说明。

例 8.7.4　试用 LINGO 求解图 8-7-4 中容量网络的最小费用最大流（弧上第 1 个数字是容量，第 2 个数字为单位流量的费用），要求流量不小于 10[1]。

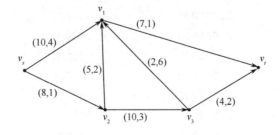

图 8-7-4　求最小费用流的网络

---

[1] 这里的网络就是例 8.6.1 中的网络模型。

解： 在 LINGO 建模时应用添加虚拟弧的技巧，并将费用最小化目标函数和流量大于等于 10 的要求表达出来，得到求解此问题的 LINGO 代码如下。

```
MODEL:!最小费用流问题，要求流量不少于10;
  sets:
      nodes/s,1,2,3,t/;!定义顶点集合;
      arcs(nodes,nodes)/s,1 s,2 1,t 2,1 2,3 3,1 3,t t,s/: c,b,f;
      !定义弧上的容量、单位费用和实际流量，添加了虚拟弧 t,s;
      endsets
      data:
      c=10 8 7 5 10 2 4 100; !弧上的容量，用数字100表示虚拟弧的容量;
      b=4 1 1 2 3 6 2 0; !弧上的单位费用，用0表示虚拟弧的费用;
      f_limit=10; !总流量要求;
  enddata
      min=@sum(arcs:b*f); !总费用最小;
      @sum(arcs(i,j)|i#eq#1:f(i,j))>=f_limit;!总流量不小于指定值;
      @for(arcs:f<=c); !所有弧上的容量限制;
      @for(nodes(i): !所有顶点上流出量等于流入量;
      @sum(arcs(i,k):f(i,k))=@sum(arcs(j,i):f(j,i)));
END
```

单击◎按钮，求解结果如下。

```
Global optimal solution found.
Objective value:                    48.00000

Variable        Value           Reduced Cost
F_LIMIT         10.00000        0.000000
F( S, 1)        2.000000        0.000000
F( S, 2)        8.000000        0.000000
F( 1, T)        7.000000        0.000000
F( 2, 1)        5.000000        0.000000
F( 2, 3)        3.000000        0.000000
F( 3, 1)        0.000000        7.000000
F( 3, T)        3.000000        0.000000
F( T, S)        10.00000        0.000000
```

求得结果与图 8-6-7（a）中结论一致，总费用最小为 48。

习 题

8.1 一个无向图 G 如下图所示，请完成如下问题。

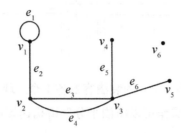

（1）描述其点集和边集。

（2）求以 v_1 为公共端点的相邻边。

（3）求以 e_4 为公共边的相邻点。

（4）指出图中哪些边为环、哪些边为多重边，并判断该图是简单图还是多重图。

（5）指出图中所有的偶点和奇点。

（6）求该图的阶。

（7）指出图中的孤立点、悬挂点和悬挂边。

（8）找出 v_1 到 v_5 的一条简单链，并指明该图是否为连通图。

8.2 请判断以下说法是否正确。

（1）图论中的图模型在绘制时需要严格区分各边的长短曲直。

（2）网络是指边上赋予一定数值的图模型，可以是有向图，也可以是无向图。

（3）简单图中所有顶点的度之和为偶数，多重图不一定。

（4）任何图模型都可以和一个矩阵相互对应。

（5）在顶点集合固定后，树是边数最少的连通图。

（6）当一个无向图中没有圈时，该图的分枝一定为树。

（7）网络中总能找到可达的任意两个顶点间的最短路。

（8）网络中同一条弧可能是前向弧，也可能是后向弧。

（9）网络中任意截集的截量都不会超过任意可行流的流量。

（10）最小费用流问题可转化为一个线性规划问题。

8.3 下图描述一个十字交通路口的情况，当一辆汽车到达路口时，它会在 $L_1 \sim$ L_7 其中之一的车道上出现，试建立一个图模型，刻画哪些车道上的车辆不能同时通过该路口。

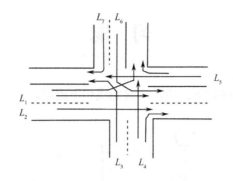

8.4 设共有8升、5升、3升的装酒容器各1个，现8升容器中装满了酒，而另两个容器空着，问如何操作可以将酒平分？请构建该问题的图模型，并尝试根据图模型给出答案。

8.5 有甲、乙、丙、丁、戊、己6名运动员报名了A、B、C、D、E、F共6个比赛项目，下表中是报名的具体情况，问这6个项目的比赛顺序如何安排才能做到每名运动员都不连续参加两项比赛。

	A	B	C	D	E	F
甲				※		※
乙	※	※		※		
丙			※		※	
丁	※				※	
戊		※			※	
己		※		※		

8.6 设在一次象棋比赛中，共有n名选手，已经比赛完成$n+1$局，试证至少有1人赛过3局。

8.7 试证在两人以上的群体中，至少存在两人有相同的朋友个数。

8.8 已知在9人的团体中，有1人和2人握过手，另有2人和4人握过手，而在剩下的6人中，有4人和5人握过手，有2人和6人握过手。试证明在这9人中一定可以找到3人，他们相互间握过手。

8.9 下图是某展厅的平面布局，其中各门是相连房间共有的，问能否从某个房间开始，经过所有的门1次且仅1次，最后回到出发点；进一步，如要设计出经过所有展览房间1次且仅1次的路线。试构建该问题的图模型并说明相应问题的性质。

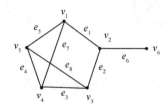

8.10 试证明：在有 n 个顶点的简单图中，当边数大于 $\frac{1}{2}(n-1)(n-2)$ 时，该图一定为连通图。

8.11 对于下图所示的图 G，A 是其邻接矩阵，试求：

（1）A、A^2 和 A^3；

（2）解释 A^2 中各元素的具体含义；

（3）求图 G 中长度为 3 的道路的数量。

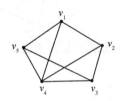

8.12 对于下图所示的图 G，A 是其邻接矩阵，M 是其关联矩阵，D 为其对角矩阵〔其中，元素 $d_{ii} = \deg(v_i)$，$d_{ij} = 0$（$i \neq j$）〕，试验证 $MM^T = A + D$ 成立。

8.13 求解如下图所示街区的中国邮递员问题。

8.14 设图 G 是一个恰好只有两个奇点的图，试证明这两个奇点间必然有路相连。

8.15 设图 $G(V, E)$ 是一个简单图，$\delta(G)$ 是其最小次，证明：若 $\delta(G) \geq 2$，则图 G 必有圈，且至少有 1 个圈的长度不小于 $\delta(G)+1$。

8.16 设图 G 是一个连通图，不含奇点。证明：在图 G 中不含割边。

8.17 试证明任何有 n 个顶点、n 条边的简单图中必然存在圈。

8.18 一个无向、无圈图称为森林，对于简单无向图 $G=(V,E)$，证明：

（1）图 G 如果是森林，则它的每个分枝都是树；

（2）图 G 为森林，当且仅当 $|E|=|V|-w$，其中 w 为图 G 的分枝数量。

8.19 下图是某区域的水稻田，用堤埂隔成了很多小块，现为了用水灌溉，需要挖开一些堤埂，问最少挖开多少堤埂才能使水浇灌到每小块水稻田。

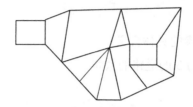

8.20 分别用破圈法和避圈法求下面图中的最小支撑树。

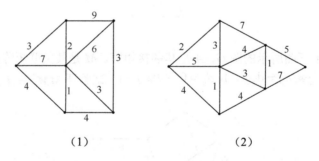

（1）　　　　　（2）

8.21 在下图的网络中，请计算从 v_1 到各顶点的最短路，并指出从 v_1 来说哪些顶点是不可达的。

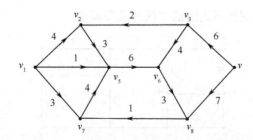

8.22 某大学生需要在刚入学时、大一期末、大二期末和大三期末这 4 个时间节点决定购入新电脑（入学时必须购买）还是继续使用原有电脑，如果要购入，

预计新电脑需花费 6 千元、6 千元、5 千元和 4 千元，同时旧电脑可在使用 1 年、2 年、3 年和 4 年后售出，可分别收回 2 千元、1.5 千元、1 千元、0.5 千元；如果选择使用原电脑，需要支出一定费用用于维修和升级，使用时间分别为 1 年、2 年、3 年和 4 年时，分别需花费 1 千元、1 千元、2 千元和 3 千元。问如何确定电脑使用方案，使得大学 4 年间总支出最小。

　　8.23　某公司在 6 个城市（编号 1~6）有分公司，各城市间的直达高铁票价如下表所示，请帮助该公司设计一张任意两个城市间高铁票价最便宜的路线表。

编　　号	1	2	3	4	5	6
1	0	55	—	44	26	14
2	55	0	17	22	—	27
3	—	17	0	12	24	—
4	44	22	12	0	12	26
5	26	—	24	12	0	62
6	14	27	—	26	62	0

注："—"表示没有直达车次。

　　8.24　某人需要从下图中编号为①的位置经常开车到⑦号位置，但该人想更快，因此需要选择红绿灯最少的路线。已知不同路段红绿灯多少的衡量系数（以红灯出现的概率计算）如图中弧上数字所示，试给出一条从①到⑦的路线，使得路线所用时间最短的可能性最大。

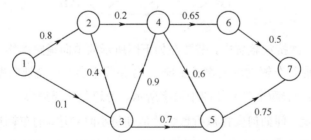

　　8.25　已知某地区共有 6 个村庄，相互间道路的距离如下图所示。现拟新建一所小学让这些村庄的学生就近入学，通过统计可知各处的小学生数量分别为：A 处 50 人，B 处 40 人，C 处 60 人，D 处 20 人，E 处 70 人，F 处 90 人，问学校应建在哪个村庄才能使学生们上学所走的总路程最短。

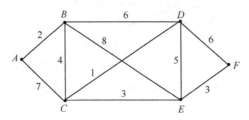

8.26　已知网络流如下图所示，弧的权为 (c_{ij}, f_{ij}) 。

（1）判断如图所示网络流是否为可行流？为什么？

（2）判断链 $\mu = \{v_s,\ v_2,\ v_3,\ v_t\}$ 是否为增广链？为什么？并指出该链上的前向弧和后向弧。

（3）求该图中的网络最大流。

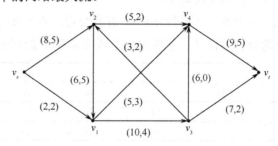

8.27　在下图所示的道路网络中（弧上数字分别为容量和实际流量）。

（1）求网络中所有的截集；

（2）求网络的最小截集；

（3）试证明图中的流是最大流。

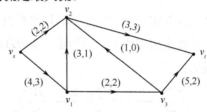

8.28　在一次抗灾救援中，需要在如下图所示的单向道路网络中，从必经之地 v_S 尽可能多地通行车辆到达灾害发生地 v_t，各路段不会发生交通阻塞的最大通行车辆数量（单位：百辆/小时）如图中数字所示。为避免交通瘫痪，现考虑在 v_S 处控制放行车辆数量，问如何安排放行数量才能使每小时到达 v_t 的车辆最多？同时，如果最大通行车辆小于 3000 辆，需要紧急进行道路扩容，问哪些道路应该优先实施扩容？

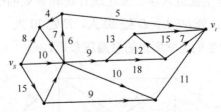

8.29　设 $D = (V, A, C)$ 是一个道路网络，且所有弧的容量 c_{ij} 均为整数，试证明：必然存在一个最大流 $f = \{f_{ij}\}$，其中的流量 f_{ij} 均为整数。

8.30　在下图的网络中，弧上的数字为 (c_{ij}, b_{ij})，其中，c_{ij} 表示容量，b_{ij} 表示单位流量的费用。现需要求出总流量不小于 5 的最小费用流。

（1）请写出该问题的线性规划模型形式；

（2）用标号算法求出该流。

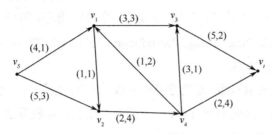

8.31　给出下面网络中的最小费用最大流，弧上数字为 (c_{ij}, b_{ij})。

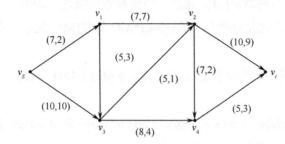

8.32　下表是某运输问题的产销量与单位运价，需要求出运价最小的运输方案，试将该问题转化为网络流问题，并求解该问题。

产地		销　地			产　量
		1	2	3	
产地	A	20	24	5	8
	B	30	22	20	7
销　量		4	5	6	

8.33　找一张您想在假期等时间游玩的旅游胜地地图（或您感兴趣的其他地图)，完成以下工作：

（1）标记出该地图中您拟去往的具体地点，并给出各地点之间的时间，绘制出一张网络图；

（2）利用网络分析的理论方法，找出一条经过途中所有标记地点至少一次的最短旅行路线；

（3）估计各游览点在一个特定时间(如五一假期间)的可能人流量，分析该网络描述的旅游胜地发生拥堵或接待能力不足现象的可能性。

参 考 文 献

[1] Douglas B. West. 图论导引[M]. 李建中，等，译. 北京：机械工程出版社，2006.

[2] Gary Chartrand, Ping Zhang. Introduction to Graph Theory[M]. McGraw-Hill Companies, Inc, 2005.

[3] 《运筹学》教材编写组. 运筹学[M]. 4 版. 北京：清华大学出版社，2012.

[4] Willian J. Cook. 迷茫的旅行商：一个无处不在的计算机算法问题[M]. 隋春宁，译.北京：人民邮电出版社，2013.

[5] 蒋长浩. 图论与网络流[M]. 北京：中国林业出版社，2001.

[6] 谢金星，薛毅. 优化建模与 LINDO/LINGO 软件[M]. 北京：清华大学出版社，2005.

[7] J. J. 摩特，等. 运筹学手册（基础和基本原理）[M]. 上海：上海科学技术出版社，1987.

[8] Hillier F. S., Lieberman G. J. Introduction to Operations Research[M]. 8th ed. 北京：清华大学出版社，2006.

[9] 维基百科，https://en.wikipedia.org/wiki/Main_Page.

第9章

其他分支选讲

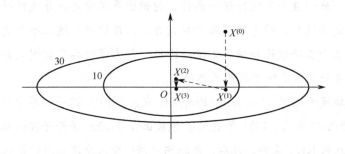

　　人类长期的自然进化，使我们更倾向于用"线性"思维方式理解世界。然而，世界本质是非线性的，跳跃、突变和不可精准预测随处可见。面对"非线性"，需要放弃"一次求解、高度精确"的确定思维，拥抱"迭代""逼近""满意"等思考方式。

本书前面讨论的内容，除变量的连续与取整讨论外，所有模型本质上都是线性的，具有齐次、可加等特征，意味着对象系统中要素之间的影响关系是成比例的。然而根据实践构建的数学模型，更可能是非线性的，目标函数中变量与总成本或总收益不是线性变化的，约束条件中变量变化受到的限制也不是固定不变的。

　　本章中，我们放开了线性这一条件，讨论运筹学中支持非线性模型的几个分支，包括非线性规划、动态规划和启发式方法，应该说，这几个分支还都在发展中，这里聚焦于基础理论和经典方法的介绍，努力通过典型案例的介绍让读者理解这几个分支处理运筹问题的基本思想。

　　其中，**非线性规划**（Nonlinear Programming，NLP）这一运筹学分支的系统研究始于 20 世纪 40 年代，1951 年美国学者 Kuhn、Tucker 等开始提供非线性规划模型最优解存在的 KKT 条件，此后，包括梯度法、变尺度法在内的迭代求解算法蓬勃兴起，20 世纪 80 年代后，凸优化的理论方法也日趋成熟，直到现在，主流算法已经在常见的计算软件（如 LINGO、MATLAB）中得到支持，并为后来人工智能的发展提供了重要的理论方法支撑。

　　动态规划（Dynamic Programming，DP）作为求解多阶段决策优化问题的运筹学分支，产生于 20 世纪 50 年代，最早由美国数学家贝尔曼（R. Bellman）提出，作为一类特定问题的分析求解思路，该方法具有独特的魅力，在解决非线性规划模型和很多复杂现实问题上，有广泛应用和显著效果。

　　启发式方法（Heuristic Method）是人们应对非线性、不良结构问题的另一思路，它强调用尝试式的策略去探索、寻优复杂问题的解。沿着启发式方法的理论框架，人们已经发展出了人工神经网络、遗传算法、模拟退火、蚁群算法等智能化计算方法，引领者人类走向了一个更为广阔的"智能时代"。

9.1 非线性规划

本书前面多个章节涉及的都是线性规划的模型、理论、算法和应用，这里先回顾一下线性规划的定义

$$\min c^{\mathrm{T}} x$$
$$\begin{cases} Ax = b \\ x \geqslant 0 \end{cases}$$

其中，可行域 $\Omega \triangleq \{x \mid Ax = b, x \geqslant 0\}$ 是由线性等式和不等式刻画的多面体，目标函数 $c^{\mathrm{T}} x$ 是线性函数。必须承认，线性规划的模型太特殊了，无论是从数学本身内在的理论驱动来看，还是从满足现实应用的角度来看，都可以也必须对可行域和目标函数进行推广。其中，可行域 Ω 的几何形态不一定是多面体，也可以是千奇百怪的，具体刻画它的函数可以是线性的，也可以是高度非线性的；同样的目标函数可以是线性的，也可以是非线性的。微积分基础理论也告诉我们，在函数领域，线性是最简单、最特殊、最常见也是占比最少的函数种类，占据函数空间绝大部分地盘的是非线性函数。

下面介绍非线性规划的应用案例、基本模型、基础理论、典型算法和简单的编程实现。

9.1.1 问题举例

例 9.1.1【军事系统评估】生活中经常需要进行综合评估（如对学生的成绩综合绩点进行评定、对多个工厂的生产效率进行评价），军事领域也是这样，经常需要对一个军事系统（如多型坦克）进行多属性（假设有 n 个属性）的综合评价。这样的综合评价中，一项重要的工作是搞清楚每个属性的相对重要性，即确定它们的权重。为此常将各属性的重要性（对评价者或决策而言）进行两两比较，从而得出如下判断矩阵

$$J = \begin{pmatrix} a_{11} & \cdots & a_{1n} \\ \vdots & \ddots & \vdots \\ a_{n1} & \cdots & a_{nn} \end{pmatrix}$$

其中，元素 a_{ij} 是第 i 个属性的重要性与第 j 个属性的重要性之比。现需要根据判断矩阵 J 计算出各属性的权重 $w_i, i = 1, \cdots, n$。为了使求出的权向量

$$(w_1, \cdots, w_n)$$

和判断矩阵背后的信息尽量贴合，需要使得这样的权向量满足一定的条件，如在最小二乘的意义上能最好地反映出判断矩阵的估计，可设

$$a_{ij} \approx \frac{w_i}{w_j}$$

即可得如下非线性规划数学模型

$$\min \sum_i \sum_j (a_{ij}w_j - w_i)^2$$
$$\text{s.t. } \sum_i w_i = 1$$
$$w_i \geqslant 0, \forall i$$

例 9.1.2【军费预算问题】 一个国家的军费预算是复杂且重要的问题。预算的产生总是基于一定的历史数据和原则。假设上一年度国家的军事决算数据为 $(a_1, \cdots, a_n)$，其中 a_i 是投入第 i 项军事建设项目的费用。假设今年国家根据财政收入确定了军事总投入为 K，军事部门要制订计划将这些经费投入 n 项建设，为了更好地发挥效益，可构建如下模型进行评估优选

$$\max \phi(x_1, \cdots, x_n)$$
$$\text{s.t. } (x_i - a_i)^{1/2} \leqslant \delta_i, x_i \geqslant 0, \forall i$$
$$\sum_i x_i = K$$

其中，x_i 表示分配给第 i 项军事建设项目的经费，$\phi(x_1, \cdots, x_n)$ 表示经费的综合效益评估，$(x_i - a_i)^{1/2} \leqslant \delta_i$ 表示今年投给第 i 项军事建设项目的钱和去年所投钱的比较，波动控制在一定范围之内。

通过上面两个例子，我们可以给出数学优化模型的一般形式。通过目标函数转化和约束条件分类，可得到如下通用形式

$$\min f(\boldsymbol{x})$$
$$\text{s.t. } g(\boldsymbol{x}) \leqslant 0$$
$$h(\boldsymbol{x}) = 0$$

其中，$\boldsymbol{x} \in R^n$ 称为决策变量，$f : D_1 \subseteq R^n \to R^1$ 称为目标函数，$g = (g_1, \cdots, g_m)^{\mathrm{T}} : D_2 \subseteq R^n \to R^m$ 称为不等式约束函数，$h = (h_1, \cdots, h_p)^{\mathrm{T}} : D_3 \subseteq R^n \to R^p$ 称为等式约束函数。在这里必须指出的是，函数 $f(\boldsymbol{x})$、$g(\boldsymbol{x})$、$h(\boldsymbol{x})$ 的定义域 D_1、D_2、D_3 都是按照运算法则自然导出的定义域，没有添加人为的设定，特别地，称集合 $D = D_1 \bigcap D_2 \bigcap D_3$ 为优化模型的定义域。表达式 $g(x) \leqslant 0$ 表示决策变量 $\boldsymbol{x}$ 必须满足的不等式约束，$h(\boldsymbol{x}) = 0$ 表示决策变量 $\boldsymbol{x}$ 必须满足的等式约束。我们的目的就是在所有满足不等式约束和等式约束的决策变量中找到使得目标函数最小的点并且算

出最小的值。

如果 $f(\boldsymbol{x}), g_1(\boldsymbol{x}), \cdots, g_m(\boldsymbol{x}), h_1(\boldsymbol{x}), \cdots, h_p(\boldsymbol{x})$ 都是线性函数，那么这个模型就称为线性规划；如果 $f(\boldsymbol{x}), g_1(\boldsymbol{x}), \cdots, g_m(\boldsymbol{x}), h_1(\boldsymbol{x}), \cdots, h_p(\boldsymbol{x})$ 中有一个函数是非线性函数，那么这个模型就称为非线性规划。从这个定义可以看出，线性规划极少，非线性规划极多，所谓线性和非线性的划分是不均衡的。

为了更加简便地表示，我们定义可行域

$$\Omega = \left\{\boldsymbol{x} \mid \boldsymbol{x} \in R^n, \boldsymbol{x} \in D, g(\boldsymbol{x}) \leqslant 0, h(\boldsymbol{x}) = 0\right\}$$

就是在模型的定义域 D 上将不等式约束和等式约束用集合表达出来。因此上文中的数学优化模型可以抽象表示为

$$\min_{\Omega} f(\boldsymbol{x})$$

因此，如果 Ω 是多面体，$f(\boldsymbol{x})$ 是线性函数，那么这个模型就是线性规划；反之，如果 Ω 不是多面体，或者 $f(\boldsymbol{x})$ 不是线性函数，那么这个模型就是非线性规划。

9.1.2　局部最优与全局最优的概念

9.1.1 节，我们将数学优化模型

$$\min f(\boldsymbol{x})$$
$$\text{s.t. } g(\boldsymbol{x}) \leqslant 0$$
$$h(\boldsymbol{x}) = 0$$

按照线性与非线性的标准进行了划分。我们也指出，这种划分是非常不均衡的。实际上，在现代运筹学里面，凸优化与非凸优化的划分更加科学。如果将函数的复杂度看成一条数轴，最左边表示线性，越往右，非线性程度越高，那么线性和非线性的划分点靠近最左边，而凸与非凸的划分模式就往右推进了一大步，显得更加均衡合理。为了讲清楚为什么要这么划分，需要介绍凸集和凸函数的概念。

定义 9.1　假设 $\Omega \subseteq \mathbb{R}^n$ 是 n 维空间的子集，称其为凸集，如果

$$\forall \alpha \in [0,1], \forall \boldsymbol{x}, \boldsymbol{y} \in \Omega \Rightarrow \alpha \boldsymbol{x} + (1-\alpha)\boldsymbol{y} \in \Omega$$

凸集的几何含义就是集合中任意两点之间的线段仍然在这个集合之中。在生活中，一般而言，西瓜是凸集，但是西瓜皮不是凸集；圆盘是凸集，但圆周不是凸集。很多凸集放在一起也就是做并运算后不一定是凸集，如很多西瓜堆在一起因为有空隙就不是凸集。但是很多凸集求公共也就是做交运算后还是凸集。

定义 9.2　假设 $\Omega \subseteq \mathbb{R}^n$ 是 n 维欧氏空间的凸集，函数 $f:\Omega \to \mathbb{R}^1$ 称为凸函数，如果

$$\forall \lambda \in [0,1], \forall \boldsymbol{x}, \boldsymbol{y} \in \Omega \Rightarrow f(\lambda \boldsymbol{x} + (1-\lambda)\boldsymbol{y}) \leqslant \lambda f(\boldsymbol{x}) + (1-\lambda)f(\boldsymbol{y})$$

凸函数的几何含义就是定义域两点间的函数图像在连接这两点的函数值的弦的下方。很多初等函数都是凸函数，比如线性函数 $f(\boldsymbol{x}) = a\boldsymbol{x} + b, \boldsymbol{x} \in \mathbb{R}^1$ 是凸函数，二次函数 $f(\boldsymbol{x}) = \boldsymbol{x}^2, \boldsymbol{x} \in \mathbb{R}^1$ 是凸函数，指数函数 $f(\boldsymbol{x}) = \exp(\boldsymbol{x}), \boldsymbol{x} \in \mathbb{R}^1$ 也是凸函数。所以凸函数不仅包括线性函数，也包括很多非线性函数。

函数 $f : \Omega \to \mathbb{R}^1$ 是凸函数，实数 $\alpha \in \mathbb{R}^1$，下水平集定义为

$$S_\alpha = \left\{ \boldsymbol{x} \middle| \boldsymbol{x} \in \Omega, f(\boldsymbol{x}) \leqslant \alpha \right\}$$

凸函数的一个好性质是它的任意下水平集都是凸集。

定义 9.3　假设 $\Omega \subseteq \mathbb{R}^n$ 是 n 维欧氏空间的凸集，函数 $f : \Omega \to \mathbb{R}^1$ 是凸函数，如下的模型称为凸优化模型

$$\min_\Omega \ f(\boldsymbol{x})$$

上面的定义中，Ω 是抽象的凸集，我们希望将其具体化。考察前文中的可行域

$$\Omega = \left\{ \boldsymbol{x} \middle| \boldsymbol{x} \in \mathbb{R}^n, \ \boldsymbol{x} \in D, \ g_i(\boldsymbol{x}) \leqslant 0, \ i = 1, \cdots, m; \ h_j(\boldsymbol{x}) = 0, \ j = 1, \cdots, p \right\}$$

如何控制其为一个凸集呢？根据凸函数的下水平集还是凸集、多面体是凸集的朴素认知。我们知道，当 $g_i(\boldsymbol{x}), i = 1, \cdots, m$ 是凸函数，$\boldsymbol{A} \in M_{p \times n}(\mathbb{R})$ 是矩阵，$\boldsymbol{b} \in \mathbb{R}^p$ 是列向量时

$$\Omega = \left\{ \boldsymbol{x} \middle| \boldsymbol{x} \in \mathbb{R}^n, \ \boldsymbol{x} \in D; \ g_i(\boldsymbol{x}) \leqslant 0, \ i = 1, \cdots, m; \ \boldsymbol{A}\boldsymbol{x} = \boldsymbol{b} \right\}$$

是凸集，因此我们可以给出下面关于凸优化模型的具体定义。

定义 9.4　假设 $f(\boldsymbol{x}), g_i(\boldsymbol{x}), i = 1, \cdots, m$ 是凸函数，$\boldsymbol{A} \in M_{p \times n}(\mathbb{R})$ 是矩阵，$\boldsymbol{b} \in \mathbb{R}^p$ 是列向量，模型

$$\min f(\boldsymbol{x})$$
$$\text{s.t. } g(\boldsymbol{x}) \leqslant 0$$
$$\boldsymbol{A}\boldsymbol{x} = \boldsymbol{b}$$

称为凸优化模型。

具体的凸优化模型和抽象的凸优化模型本质上是一样的。前面说了，较之线性与非线性，凸与非凸的划分更为科学合理。那么，凸优化模型究竟有什么独特的优点呢？为此我们需要一些概念与定义。

定义 9.5　假设 $\min\limits_\Omega f(\boldsymbol{x})$ 是数学优化模型，称 $\boldsymbol{x}^* \in \Omega$ 是模型的全局最优点，如果满足

$$f(\boldsymbol{x}^*) \leqslant f(\Omega)$$

定义 9.6　假设 $\min\limits_\Omega f(\boldsymbol{x})$ 是数学优化模型，称 $\boldsymbol{x}^* \in \Omega$ 是模型的局部最优点，

如果满足

$$\exists r > 0, \text{s.t. } f(\boldsymbol{x}^*) \leqslant f(\Omega \bigcap B(\boldsymbol{x}^*, r))$$

如果以海拔作为一个函数，那么地球上的最低点是马里亚纳海沟，这是全局最优点；假设你在珠穆朗玛峰顶，用登山镐挖了一个小坑，那么这个小坑就是局部最优点。所以局部最优的概念和全局最优的概念可以差异巨大。我们自然希望寻找全局最优，但是借助算法，我们往往找到的是局部最优。自然要问，有没有一种模型，局部最优就是全局最优呢？有！

定理 9.1 假设 $\min_{\Omega} f(\boldsymbol{x})$ 是凸优化模型，那么：①模型的局部最优和全局最优是等价的；②模型的所有全局最优点形成一个凸集。

上面的定理从局部最优与全局最优的关系方面阐述了凸优化模型的优势，不仅如此，就像线性优化模型的单纯形算法一样，凸优化模型有成熟的算法，可以高效求解，而一般的非线性优化模型是无法做到的。

9.1.3 对偶理论与 KKT 条件

在微积分和本书前面的论述中，我们知道无约束的优化问题是比较好处理的，有约束的优化问题往往难以处理。我们自然会问一个问题：能不能将一个有约束的问题变成一个无约束的问题呢？这种思想就是拉格朗日对偶。

对于数学优化模型

$$\min f(\boldsymbol{x})$$
$$\text{s.t. } g(\boldsymbol{x}) \leqslant 0$$
$$h(\boldsymbol{x}) = 0$$

的转化，线性化是个好方法。为了表述方便，我们将这个模型的最优值记为 p^*，也就是

$$p^* = \min_{\Omega} f(\boldsymbol{x})$$

定义 9.7 数学优化模型

$$\min f(\boldsymbol{x})$$
$$\text{s.t. } g(\boldsymbol{x}) \leqslant 0$$
$$h(\boldsymbol{x}) = 0$$

的拉格朗日函数为

$$L(\boldsymbol{x}, \boldsymbol{\alpha}, \boldsymbol{\beta}) = f(\boldsymbol{x}) + \boldsymbol{\alpha}^{\mathrm{T}} g(\boldsymbol{x}) + \boldsymbol{\beta}^{\mathrm{T}} h(\boldsymbol{x}), \boldsymbol{x} \in D, \boldsymbol{\alpha} \in \mathbb{R}^m, \boldsymbol{\beta} \in \mathbb{R}^p$$

模型的拉格朗日对偶函数为

$$r(\boldsymbol{\alpha}, \boldsymbol{\beta}) = \min_{\boldsymbol{x} \in D} L(\boldsymbol{x}, \boldsymbol{\alpha}, \boldsymbol{\beta}), \boldsymbol{\alpha} \in \mathbb{R}^m, \boldsymbol{\beta} \in \mathbb{R}^p$$

我们探索一下拉格朗日对偶函数与原始模型目标函数 $f(x)$ 的关系。首先我们需要限定 $\alpha \geq 0$，下面的推导过程自然会告诉你为什么。

$$
\begin{aligned}
& r(\alpha, \beta) \\
= \ & \min_{x \in D} L(x, \alpha, \beta) \\
\leq \ & \min_{x \in \Omega} L(x, \alpha, \beta), \text{（因为} \Omega \subseteq D\text{）} \\
= \ & \min_{x \in \Omega} f(x) + \alpha^{\mathrm{T}} g(x) + \beta^{\mathrm{T}} h(x) \\
= \ & \min_{x \in \Omega} f(x) + \alpha^{\mathrm{T}} g(x), \text{（因为在} \Omega \text{上，} h(x) = 0\text{）} \\
\leq \ & \min_{x \in \Omega} f(x), \text{（因为} \alpha \geq 0 \text{并且在} \Omega \text{上} g(x) \leq 0, \text{所以一定有} \alpha^{\mathrm{T}} g(x) \leq 0\text{）} \\
= \ & p^{*}
\end{aligned}
$$

这是一个简单但是有用的结论

$$\forall \alpha \in \mathbb{R}^{m},\ \alpha \geq 0;\ \forall \beta \in \mathbb{R}^{p} \Rightarrow r(\alpha, \beta) \leq p^{*}$$

自然就有

$$d^{*} := \max_{\alpha \geq 0, \beta} r(\alpha, \beta) \leq p^{*}$$

定义 9.8　数学优化模型

$$
\begin{aligned}
& \min f(x) \\
& \text{s.t. } g(x) \leq 0 \\
& \qquad h(x) = 0
\end{aligned}
$$

的拉格朗日对偶模型为

$$
\begin{aligned}
& \max\ r(\alpha, \beta) \\
& \text{s.t. }\ \alpha \geq 0
\end{aligned}
$$

根据上面的推导，一个数学优化模型，它的最优值为 p^{*}，它的对偶模型的最优值为 d^{*}，一定有 $d^{*} \leq p^{*}$，这个简单的不等式称为弱对偶不等式。既然有弱，自然有强，如果 $d^{*} = p^{*}$，我们就称之为强对偶不等式。一个数学优化模型如果满足强对偶，那么是极好的，只需要计算出对偶模型的最优值，也就算出了自己的最优值。那什么样的数学模型满足强对偶呢？这并不容易，对于一般的数学优化模型，需要很多数学条件，但是对于凸优化模型就容易很多。一个凸的数学优化模型只需要满足所谓的 Slater 条件，就可以保证原始模型与对偶模型的最优值是一样的。至于什么是 Slater 条件，请同学们自行查阅。

回到第 4 章线性规划对偶理论部分，在那里我们通过启发的方式讲述了线性对偶。实际上，线性对偶可以归结在拉格朗日对偶的框架之下。我们仔细推导一下。

例 **9.1.3** 计算线性规划模型

$$\max \boldsymbol{c}^{\mathrm{T}} \boldsymbol{x}$$
$$\text{s.t. } \boldsymbol{A} \boldsymbol{x} \leqslant \boldsymbol{b}$$
$$\boldsymbol{x} \geqslant 0$$

的对偶模型。

解答 首先将模型

$$\max \boldsymbol{c}^{\mathrm{T}} \boldsymbol{x}$$
$$\text{s.t. } \boldsymbol{A} \boldsymbol{x} \leqslant \boldsymbol{b}$$
$$\boldsymbol{x} \geqslant 0$$

等价转换为

$$\min \ (-\boldsymbol{c})^{\mathrm{T}} \boldsymbol{x}$$
$$\text{s.t. } \boldsymbol{A} \boldsymbol{x} - \boldsymbol{b} \leqslant 0$$
$$-\boldsymbol{x} \leqslant 0$$

拉格朗日函数为

$$L(\boldsymbol{x}, \boldsymbol{\alpha}, \boldsymbol{\alpha}') = (-\boldsymbol{c})^{\mathrm{T}} \boldsymbol{x} + \boldsymbol{\alpha}^{\mathrm{T}}(\boldsymbol{A}\boldsymbol{x} - \boldsymbol{b}) - \boldsymbol{\alpha}'^{\mathrm{T}} \boldsymbol{x}$$

拉格朗日对偶函数为

$$r(\boldsymbol{\alpha}, \boldsymbol{\alpha}')$$
$$= \min_{\boldsymbol{x} \in \mathbb{R}^n} (-\boldsymbol{c})^{\mathrm{T}} \boldsymbol{x} + \boldsymbol{\alpha}^{\mathrm{T}}(\boldsymbol{A}\boldsymbol{x} - \boldsymbol{b}) - \boldsymbol{\alpha}'^{\mathrm{T}} \boldsymbol{x}$$
$$= \min_{\boldsymbol{x} \in \mathbb{R}^n} (\boldsymbol{A}^{\mathrm{T}} \boldsymbol{\alpha} - \boldsymbol{c} - \boldsymbol{\alpha}')^{\mathrm{T}} \boldsymbol{x} - \boldsymbol{\alpha}^{\mathrm{T}} \boldsymbol{b}$$
$$= \begin{cases} -\boldsymbol{\alpha}^{\mathrm{T}} \boldsymbol{b}, & \text{如果} \boldsymbol{A}^{\mathrm{T}} \boldsymbol{\alpha} - \boldsymbol{c} - \boldsymbol{\alpha}' = 0 \\ -\infty, & \text{如果} \boldsymbol{A}^{\mathrm{T}} \boldsymbol{\alpha} - \boldsymbol{c} - \boldsymbol{\alpha}' \neq 0 \end{cases}$$

因此对偶模型为

$$\max - \boldsymbol{\alpha}^{\mathrm{T}} \boldsymbol{b}$$
$$\text{s.t. } \boldsymbol{A}^{\mathrm{T}} \boldsymbol{\alpha} - \boldsymbol{c} - \boldsymbol{\alpha}' = 0$$
$$\boldsymbol{\alpha} \geqslant 0, \ \boldsymbol{\alpha}' \geqslant 0$$

等价转化为

$$\min \boldsymbol{\alpha}^{\mathrm{T}} \boldsymbol{b}$$
$$\text{s.t. } \boldsymbol{A}^{\mathrm{T}} \boldsymbol{\alpha} \geqslant \boldsymbol{c}$$
$$\boldsymbol{\alpha} \geqslant 0$$

再一次转化为

$$\min \ \boldsymbol{b}^{\mathrm{T}} \boldsymbol{y}$$
$$\text{s.t. } \boldsymbol{A}^{\mathrm{T}} \boldsymbol{y} \geqslant \boldsymbol{c}$$
$$\boldsymbol{y} \geqslant 0$$

这就是大名鼎鼎的冯·诺依曼线性规划对偶。这就是拉格朗日对偶的威力，可以从数学上形成统一。

一般，我们不知道一个数学优化模型是否满足强对偶，我们只能假设它满足强对偶，然后推导它满足什么性质。

假设数学优化模型

$$\min f(\boldsymbol{x})$$
$$\text{s.t. } g(\boldsymbol{x}) \leqslant 0$$
$$h(\boldsymbol{x}) = 0$$

和对偶模型

$$\max r(\boldsymbol{\alpha}, \boldsymbol{\beta})$$
$$\text{s.t. } \boldsymbol{\alpha} \geqslant 0$$

是强对偶的。那么根据定义可知存在 $\boldsymbol{x}^*, \boldsymbol{\alpha}^*, \boldsymbol{\beta}^*$ 满足

$$\begin{aligned}
\boldsymbol{d}^* &= r(\boldsymbol{\alpha}^*, \boldsymbol{\beta}^*) \\
&= \min_{\boldsymbol{x} \in D} L(\boldsymbol{x}, \boldsymbol{\alpha}^*, \boldsymbol{\beta}^*) \\
&\leqslant \min_{\boldsymbol{x} \in \Omega} L(\boldsymbol{x}, \boldsymbol{\alpha}^*, \boldsymbol{\beta}^*) \\
&= \min_{\boldsymbol{x} \in \Omega} f(\boldsymbol{x}) + \boldsymbol{\alpha}^{*\mathrm{T}} g(\boldsymbol{x}) + \boldsymbol{\beta}^{*\mathrm{T}} h(\boldsymbol{x}) \\
&\leqslant f(\boldsymbol{x}^*) + \boldsymbol{\alpha}^{*\mathrm{T}} g(\boldsymbol{x}^*) + \boldsymbol{\beta}^{*\mathrm{T}} h(\boldsymbol{x}^*) \\
&= L(\boldsymbol{x}^*, \boldsymbol{\alpha}^*, \boldsymbol{\beta}^*) \\
&\leqslant f(\boldsymbol{x}^*) = \boldsymbol{p}^* = \boldsymbol{d}^*
\end{aligned}$$

因为首尾相等，所以所有不等式变成等式。

由

$$\min_{\boldsymbol{x} \in D} L(\boldsymbol{x}, \boldsymbol{\alpha}^*, \boldsymbol{\beta}^*) = L(\boldsymbol{x}^*, \boldsymbol{\alpha}^*, \boldsymbol{\beta}^*)$$

可以推出

$$\nabla_x L(\boldsymbol{x}^*, \boldsymbol{\alpha}^*, \boldsymbol{\beta}^*) = 0$$

也就是

$$\nabla f(\boldsymbol{x}^*) + \nabla g(\boldsymbol{x}^*) \boldsymbol{\alpha}^{*\mathrm{T}} + \nabla h(\boldsymbol{x}^*) \boldsymbol{\beta}^{*\mathrm{T}} = 0$$

由

$$f(\boldsymbol{x}^*) + \boldsymbol{\alpha}^{*\mathrm{T}} g(\boldsymbol{x}^*) + \boldsymbol{\beta}^{*\mathrm{T}} h(\boldsymbol{x}^*) = f(\boldsymbol{x}^*)$$

可以推出

$$\boldsymbol{\alpha}^{*\mathrm{T}} g(\boldsymbol{x}^*) = 0$$

又因为 $\alpha_i^* \geqslant 0, g_i(\boldsymbol{x}^*) \leqslant 0$，对于 $\forall i$ 可以进一步推出

$$\alpha_i^* g_i(\boldsymbol{x}^*) = 0, \forall i$$

再结合 $\boldsymbol{x}^* \in \Omega$ 及 $\boldsymbol{\alpha}^* \geqslant 0$，可以综合成如下 5 个方程

$$\nabla f(\boldsymbol{x}^*) + \nabla g(\boldsymbol{x}^*)\boldsymbol{\alpha}^* + \nabla h(\boldsymbol{x}^*)\boldsymbol{\beta}^* = 0;$$
$$g(\boldsymbol{x}^*) \leqslant 0; h(\boldsymbol{x}^*) = 0; \boldsymbol{\alpha}^* \geqslant 0;$$
$$\alpha_i^* g_i(\boldsymbol{x}^*) = 0, \forall i$$

这组方程就是著名的 KKT 条件，感兴趣的同学可以了解这三个字母代表的数学家的故事。KKT 条件的可解性和数学模型的最优点之间的关系比较微妙，对于一般的数学优化模型而言，需要加比较苛刻的条件和细致的数学讨论，但是对于凸优化模型，只需要加一点很容易满足的条件，就可以得到 KKT 条件与最优点等价的结论，这又是凸模型的一个显著优势。

例 9.1.4 用 KKT 条件计算如下优化模型
$$\min f(x) = (x-3)^2$$
$$\text{s.t. } 0 \leqslant x \leqslant 5$$

解答 将模型转化为标准型
$$\min f(x) = (x-3)^2$$
$$\text{s.t. } -x \leqslant 0$$
$$x - 5 \leqslant 0$$

代入 KKT 条件可得
$$2(x-3) - \alpha_1 + \alpha_2 = 0;$$
$$x \geqslant 0, x-5 \leqslant 0, \alpha_1 \geqslant 0, \alpha_2 \geqslant 0;$$
$$\alpha_1 x = 0, \alpha_2(x-5) = 0$$

解得
$$x^* = 3, \alpha_1^* = 0, \alpha_2^* = 0$$

9.1.4 典型求解算法

考虑数学优化模型
$$\min_\Omega f(\boldsymbol{x})$$

的求解算法，可以先考察一种简单的情形：可行域 $\Omega = \mathbb{R}^n$，通常称为无约束极值问题，这类问题虽然简单但已能够体现了求解的一般思路，其他更复杂情况（有约束极值问题）只需要加入一些特定的数学处理技术，将其转化即可。由于篇幅问题，后者这里不再细述。

对于无约束极值问题，典型的算法思想是迭代法：从初始点 $\boldsymbol{x}_0$ 出发，不停地搜索下降方向，调整步长，直到找不到下降方向为止。具体而言，假设算法迭代到了第 k 个点 $\boldsymbol{x}_k$，此时需要根据函数 $f(\boldsymbol{x}_k)$ 的性质寻找下降方向 $\boldsymbol{d}_k$，然后根据下

降方向确定步长 α_k，得到新的点 $\boldsymbol{x}_{k+1} = \boldsymbol{x}_k + \alpha_k \boldsymbol{d}_k$，继续进行。

这里就涉及两个问题：一是如何找下降方向 $\boldsymbol{d}$，即明确迭代中向哪里走，二是如何找步长 α，即明确迭代中单步走多远。

先考虑确定步长的问题，假设已经确定了下降方向 $\boldsymbol{d}$，到底单步能走多远呢？比较通用的方法是"最优步长法"，即求解如下关于 α（作为唯一的变量）的一维优化问题：

$$\min_{\alpha>0} f(\boldsymbol{x}+\alpha\boldsymbol{d})$$

这是个单变量函数的求极值问题。利用微积分中的相关知识，可假设最优解为 α^*，显然应有

$$\nabla f(\boldsymbol{x}+\alpha^*\boldsymbol{d})^{\mathrm{T}}\boldsymbol{d} = 0$$

选择步长为满足上述等式的 α 值：

$$\alpha_k \in \arg\min_{\alpha>0} f(\boldsymbol{x}_k+\alpha\boldsymbol{d}_k)$$

其次考虑下降方向的寻找问题。所谓下降方向就是满足如下方程的 $\boldsymbol{d}$：

$$f(\boldsymbol{x}+\boldsymbol{d}) < f(\boldsymbol{x})$$

寻找下降方向的方法很多，这些方法与步长的确定方法结合在一起就产生了不同的算法。

1. 梯度法（最速下降法）

考虑目标函数的一阶泰勒展开式：

$$f(\boldsymbol{x}+\boldsymbol{d}) = f(\boldsymbol{x}) + \nabla f(\boldsymbol{x})^{\mathrm{T}}\boldsymbol{d} + \mathcal{O}(\boldsymbol{d})$$

省略高阶项，所谓下降方向指的是

$$f(\boldsymbol{x}) + \nabla f(\boldsymbol{x})^{\mathrm{T}}d < f(\boldsymbol{x})$$

也就是

$$\nabla f(\boldsymbol{x})^{\mathrm{T}}\boldsymbol{d} < 0$$

因此，从一阶泰勒展开式的角度来看，其中一个自然的选择是取负梯度方向，有

$$\boldsymbol{d} = -\nabla f(\boldsymbol{x})$$

选择步长时使用上面的最优步长法，即步长 $\alpha_k \in \arg\min_{\alpha>0} f(\boldsymbol{x}_k+\alpha\boldsymbol{d}_k)$

据此产生新的迭代点：

$$\boldsymbol{x}_{k+1} = \boldsymbol{x}_k + \alpha_k\boldsymbol{d}_k$$

以此类推，直到达成事前规定的停止规则。这一迭代求解过程称为求解无约束极值问题的梯度法，也称最速下降法。

特别地，当目标函数 $f(\boldsymbol{x})$ 具有二阶连续偏导数时，有：

$$f(\boldsymbol{x}_{k+1}) = f(\boldsymbol{x}_k + \alpha\boldsymbol{d}_k) = f(\boldsymbol{x}_k - \alpha\nabla f(\boldsymbol{x}_k))$$

$$\approx f(\boldsymbol{x}_k) - \nabla f(\boldsymbol{x}_k)^{\mathrm{T}} \cdot \alpha\nabla f(\boldsymbol{x}_k) + \frac{1}{2}\alpha\nabla f(\boldsymbol{x}_k)^{\mathrm{T}} \cdot \nabla^2 f(\boldsymbol{x}_k) \cdot \alpha\nabla f(\boldsymbol{x}_k)$$

将上式看成 α 的一元函数，对其进行求导并令导数为零，即可得到求近似最优步长的近似计算公式：

$$\alpha_k = \frac{\nabla f(\boldsymbol{x}_k)^{\mathrm{T}} \cdot \nabla f(\boldsymbol{x}_k)}{\nabla f(\boldsymbol{x}_k)^{\mathrm{T}} \cdot \nabla^2 f(\boldsymbol{x}_k) \cdot \nabla f(\boldsymbol{x}_k)}$$

如此就可以方便地计算最优步长 α_k 的数值。

2. 牛顿法

类似上面，我们还可以根据目标函数的二阶泰勒展开式来确定下降方向，考虑：

$$f(\boldsymbol{x} + \boldsymbol{d}) = f(\boldsymbol{x}) + \nabla f(\boldsymbol{x})^{\mathrm{T}}\boldsymbol{d} + \frac{1}{2}\boldsymbol{d}^{\mathrm{T}}\nabla^2 f(\boldsymbol{x})\boldsymbol{d} + \mathcal{O}\left(|\boldsymbol{d}|^2\right)$$

为了实现

$$f(\boldsymbol{x} + \boldsymbol{d}) < f(\boldsymbol{x})$$

略去三阶及以上高阶项，有

$$\nabla f(\boldsymbol{x})^{\mathrm{T}}\boldsymbol{d} + \frac{1}{2}\boldsymbol{d}^{\mathrm{T}}\nabla^2 f(\boldsymbol{x})\boldsymbol{d} < 0$$

由此，一个自然的想法就是计算上式左边表达式中关于方向 $\boldsymbol{d}$ 的二次函数的极小值点，让其梯度方向为 0，有

$$\nabla f(\boldsymbol{x}) + \nabla^2 f(\boldsymbol{x})\boldsymbol{d} = 0$$

设矩阵 $\nabla^2 f(\boldsymbol{x})$ 可逆（若不可逆，可加入一定的扰动使得可逆，以便迭代可进行下去），则可取

$$\boldsymbol{d} = -[\nabla^2 f(\boldsymbol{x})]^{-1}\nabla f(\boldsymbol{x})$$

所谓牛顿法就是迭代至 $\boldsymbol{x}_k$ 处，选择下降方向为

$$\boldsymbol{d}_k = -[\nabla^2 f(\boldsymbol{x}_k)]^{-1}\nabla f(\boldsymbol{x}_k)$$

选择步长为

$$\alpha_k \in \arg\min_{\alpha > 0} f(\boldsymbol{x}_k + \alpha\boldsymbol{d}_k)$$

产生新的迭代点

$$\boldsymbol{x}_{k+1} = \boldsymbol{x}_k + \alpha_k\boldsymbol{d}_k$$

不断这样操作下去，直到满足停止准则为止。

下面，我们用例子演示上面的两种算法。

例 9.1.5 用梯度法求函数 $f(\boldsymbol{X}) = x_1^2 + 5x_2^2$ 的极小点，取允许误差 $\varepsilon = 0.7$。

解： 取初始点 $\boldsymbol{X}^{(0)} = (2,1)^{\mathrm{T}}$。

$\nabla f(\boldsymbol{X}) = (2x_1, 10x_2)^{\mathrm{T}}, \nabla f(\boldsymbol{X}^{(0)}) = (4,10)^{\mathrm{T}}$。其黑塞矩阵

$$\nabla^2 f(\boldsymbol{X}) = \begin{pmatrix} 2 & 0 \\ 0 & 10 \end{pmatrix}$$

$$\lambda_0 = \frac{(4,10)\begin{pmatrix} 4 \\ 10 \end{pmatrix}}{(4,10)\begin{pmatrix} 2 & 0 \\ 0 & 10 \end{pmatrix}\begin{pmatrix} 4 \\ 10 \end{pmatrix}} = 0.1124$$

$$\boldsymbol{X}^{(1)} = \begin{pmatrix} 2 \\ 1 \end{pmatrix} - 0.1124\begin{pmatrix} 4 \\ 10 \end{pmatrix} = \begin{pmatrix} 1.5504 \\ -0.1240 \end{pmatrix}$$

$$\nabla f(\boldsymbol{X}^{(1)}) = \begin{pmatrix} 3.1008 \\ -1.2400 \end{pmatrix}, \left\| \nabla f(\boldsymbol{X}^{(2)}) \right\|^2 = 11.1526 > \varepsilon$$

$$\lambda_1 = \frac{(3.1008, -1.2400)\begin{pmatrix} 3.1008 \\ -1.2400 \end{pmatrix}}{(3.1008, -1.2400)\begin{pmatrix} 2 & 0 \\ 0 & 10 \end{pmatrix}\begin{pmatrix} 3.1008 \\ -1.2400 \end{pmatrix}} = 0.3223$$

$$\boldsymbol{X}^{(2)} = \begin{pmatrix} 1.5504 \\ -0.1240 \end{pmatrix} - 0.3223\begin{pmatrix} 3.1008 \\ -1.2400 \end{pmatrix} = \begin{pmatrix} 0.5510 \\ 0.2757 \end{pmatrix}$$

$$\nabla f(\boldsymbol{X}^{(2)}) = \begin{pmatrix} 1.102 \\ 2.757 \end{pmatrix}, \left\| \nabla f(\boldsymbol{X}^{(2)}) \right\|^2 = 8.815 > \varepsilon$$

$$\lambda_2 = \frac{(1.102, 2.757)\begin{pmatrix} 1.102 \\ 2.757 \end{pmatrix}}{(1.102, 2.757)\begin{pmatrix} 2 & 0 \\ 0 & 10 \end{pmatrix}\begin{pmatrix} 1.102 \\ 2.757 \end{pmatrix}} = 0.1124$$

$$\boldsymbol{X}^{(3)} = \begin{pmatrix} 0.5510 \\ 0.2757 \end{pmatrix} - 0.112\,4\begin{pmatrix} 1.102 \\ 2.757 \end{pmatrix} = \begin{pmatrix} 0.4271 \\ -0.03419 \end{pmatrix}$$

$$\nabla f(\boldsymbol{X}^{(3)}) = \begin{pmatrix} 0.8542 \\ -0.3419 \end{pmatrix}, \left\| \nabla f(\boldsymbol{X}^{(3)}) \right\|^2 = 0.8466 > \varepsilon$$

$$\lambda_3 = \frac{(0.8542, -0.3419)\begin{pmatrix} 0.8542 \\ -0.3419 \end{pmatrix}}{(0.8542, -0.3419)\begin{pmatrix} 2 & 0 \\ 0 & 10 \end{pmatrix}\begin{pmatrix} 0.8542 \\ -0.3419 \end{pmatrix}} = 0.3221$$

$$\boldsymbol{X}^{(4)} = \begin{pmatrix} 0.4271 \\ -0.03419 \end{pmatrix} - 0.3221\begin{pmatrix} 0.8542 \\ -0.3419 \end{pmatrix} = \begin{pmatrix} 0.152 \\ 0.0759 \end{pmatrix}$$

$$\nabla f(X^{(4)}) = \begin{pmatrix} 0.304 \\ 0.759 \end{pmatrix}, \left\| \nabla f(X^{(4)}) \right\|^2 = 0.6685 < \varepsilon$$

故以 $X^{(4)} = (0.152, 0.0759)^{\mathrm{T}}$ 为近似极小点，此时的函数值 $f(X^{(4)}) = 0.0519$。该问题的精确解是 $X^{*} = (0,0)^{\mathrm{T}}, f(X^{*}) = 0$。可知，要得到真正的精确解，需无限迭代下去。完整求解过程如图 9-1-1 所示。

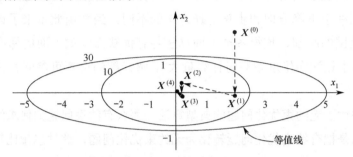

图 9-1-1　梯度法求解过程示意

例 9.1.6　用牛顿法求例 9.1.5 的极小点。

解：任取初始点 $X^{(0)} = (2,1)^{\mathrm{T}}$，算出 $\nabla f(X^{(0)}) = (4,10)^{\mathrm{T}}$。在本例中，

$$A = \begin{pmatrix} 2 & 0 \\ 0 & 10 \end{pmatrix} \quad A^{-1} = \begin{pmatrix} 1/2 & 0 \\ 0 & 1/10 \end{pmatrix}$$

$$X^{*} = X^{(0)} - A^{-1} \nabla f(X^{(0)}) = \begin{pmatrix} 2 \\ 1 \end{pmatrix} - \begin{pmatrix} 1/2 & 0 \\ 0 & 1/10 \end{pmatrix} \begin{pmatrix} 4 \\ 10 \end{pmatrix} = \begin{pmatrix} 0 \\ 0 \end{pmatrix}$$

$\nabla f(X^{*}) = (0,0)^{\mathrm{T}}$，可知 X^{*} 确实为极小点。

将本例与例 9.1.5 进行比较，可知牛顿法的搜索方向与最速下降法的搜索方向不同。

对比梯度法的求解过程，对于本例来说，牛顿法的求解过程更为简洁（请读者思考下，背后的原因是什么？），如图 9-1-2 所示。

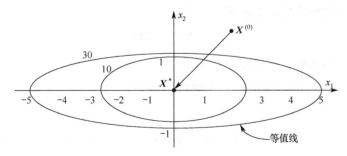

图 9-1-2　牛顿法求解过程示意

上文中我们学习了无约束优化模型的最速下降法和牛顿法，有约束问题的内点法，这三类算法非常典型，提供了宝贵的算法设计思想。整体而言，数学优化模型的算法很多，关键就是下降方向、步长选择以及转化方法，思想大同小异，都是泰勒展式逼近、高维化一维或者有约束化无约束。

求解非线性规划的算法中，类似上面的算法还有很多种，但大致思路是一样的，区别在于下降方向和步长选择方法的不同，当然由此带来了计算速度和问题求解范围的区别，使得各类不同算法各有优缺点（如上面的梯度法收敛速度偏慢，而牛顿法在维度较高时计算量大），感兴趣的读者可参阅相关书籍进一步学习。

上面讲述了无约束优化问题的典型算法，那么有约束问题如何求解呢？一个自然的想法是把有约束优化问题转化为无约束优化问题，这种思想比较典型的算法是内点法。为了简单起见，我们用不等式约束问题说明。

数学优化模型

$$\min f(\boldsymbol{x})$$
$$\text{s.t. } g(\boldsymbol{x}) \leqslant 0$$

或者 $\min_{\Omega} f(\boldsymbol{x})$，其中 $\Omega = \{\boldsymbol{x} \mid g(\boldsymbol{x}) \leqslant 0\}$。

我们定义

$$\Omega_0 = \{\boldsymbol{x} \mid g(\boldsymbol{x}) < 0\}$$

显然 Ω_0 是开集并且是 Ω 的子集。我们构造函数

$$\bar{f}(\boldsymbol{x},\alpha) = f(\boldsymbol{x}) + \alpha \sum_i \log\left(\frac{1}{-g_i(\boldsymbol{x})}\right), \ \alpha > 0$$

或者

$$\bar{f}(\boldsymbol{x},\alpha) = f(\boldsymbol{x}) + \alpha \sum_i \frac{1}{-g_i(\boldsymbol{x})}, \ \alpha > 0$$

我们的目的很清楚，将求解

$$\min_{\Omega} f(\boldsymbol{x})$$

问题转化为求解一系列的

$$\min_{\Omega_0} \bar{f}(\boldsymbol{x},\alpha_k)$$

问题。

为什么叫内点法呢？观察函数的构造，在可行域 Ω 的边界点，函数 $\bar{f}(\boldsymbol{x},\alpha)$ 是无穷大的，好像高耸的围墙，限制算法在内部进行，随着参数 α 的控制，算法的迭代法发生变化，参数 α 越小，迭代点越靠近边界点，参数 α 越大，迭代点越靠

近内部。具体细节问题可参阅相关书籍。

9.1.5 非线性规划的 LINGO 求解

在 LINGO 求解非线性规划时，其模型表达没有特别之处，需要注意两点：一是由于非线性规划不存在通用解法，LINGO 求解时使用的是各类迭代求解算法，有终止条件、全局与局部、初始解等方面的设置问题，读者可在 LINGO|OPTIONS|Nonlinear Solver（非线性求解器）选项卡中找到，图 9-1-3 给出了大致说明；二是求解终止时结果的解读问题，LINGO 能够找到足够精确的全局解，取决于各类因素，不能确保，需要读者结合模型本身的特征及实践验证，对结果进行谨慎解读。

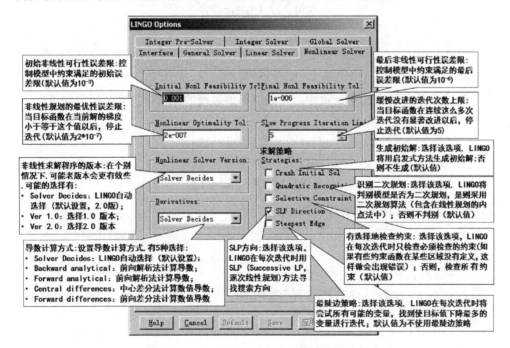

图 9-1-3 LINGO 中非线性求解器设置界面

下面举两个具体例子说明。

例 9.1.7【军事系统评估】为了对一个军事系统进行多属性（假设有 n 个属性）的综合评价，就需要知道每个属性的相对重要性，即确定它们的权重。为此将各属性的重要性（对评价者或者决策而言）进行两两比较，从而得出如下判断矩阵

$$J = \begin{pmatrix} a_{11} & \cdots & a_{1n} \\ \vdots & \ddots & \vdots \\ a_{n1} & \cdots & a_{nn} \end{pmatrix}$$

其中，元素 a_{ij} 是第 i 个属性的重要性与第 j 个属性的重要性之比。现需要根据判断矩阵 J 计算出各属性的权重 $w_i, i = 1, \cdots, n$。为了使求出的权向量

$$(w_1, \cdots, w_n)$$

在最小二乘的意义上能最好地反映出判断矩阵的估计

$$a_{ij} \approx \frac{w_i}{w_j}$$

可得模型

$$\min \sum_i \sum_j (a_{ij} w_j - w_i)^2$$
$$\text{s.t.} \sum_i w_i = 1$$
$$w_i \geqslant 0, \forall i$$

假设该军事系统有 4 个属性，并且该军事系统的综合评价判断矩阵如下：

$$\begin{pmatrix} 1 & 1 & 4 & 5 \\ 1 & 1 & 2 & 4 \\ 0.25 & 0.5 & 1 & 4 \\ 0.2 & 0.25 & 0.25 & 1 \end{pmatrix}$$

使用 LINGO 软件求解过程如下：

```
MODEL:
  sets:
  var/1..4/:w;   !权重向量;
  link(var,var):A; !综合评判判断矩阵;
  endsets

  data: !判断矩阵对应的数据;
  A = 1    1    4    5
      1    1    2    4
      0.25 0.5  1    4
      0.2  0.25 0.25 1;
  enddata

  min = @sum(link(i,j):(A(i,j)*w(j)-w(i))^2); !目标函数;
  @sum(var(i):w(i))=1; !权重和为1，默认均不小于0;
END
```

求解结果如下：

```
Variable          Value        Reduced Cost
  W(1)         0.4271780         0.000000
  W(2)         0.3645441         0.000000
  W(3)         0.1347515         0.1074318E-08
  W(4)         0.7352640E-01     0.7767553E-08
```

该军事系统中 4 个属性的权向量分别为 $w_1 = 0.43$，$w_2 = 0.36$，$w_3 = 0.13$，$w_4 = 0.74$。

例 9.1.8【军费预算问题】 一个国家的军费预算是个重要而复杂的问题。预算的产生总是基于一定的历史数据和原则。假设上一年度国家的军事决算数据为 $(a_1, \cdots, a_n)$，其中 a_1 是投入第 i 项军事建设的费用。假设今年国家根据财政收入确定了军事总投入为 K，军事部门要制订计划将这些经费投入 n 项建设，为了更好地发挥效益，制订了如下评估方案

$$\min\ \phi(x_1, \cdots, x_n)$$
$$\text{s.t.}\ |x_i - a_i|_2 \le \delta_i, x_i \ge 0, \forall i$$
$$\sum_i x_i = K$$

其中，x_i 表示分配给第 i 项建设的经费，$\phi(x_1, \cdots, x_n)$ 表示经费的综合性能评估，$|x_i - a_i|_2 \le \delta_i$ 表示今年投给第 i 项建设的钱和去年所投钱的比较，波动控制在一定范围之内。

假设某个国家的军事建设费用主要包括以下 4 项：生活费供应、发展性经费供应、维持性经费供应和其他经费供应，上年度这 4 项军事费用决算数据分别为 5 个、3 个、4 个、2 个单位，假设本年度军事总投入为 18 个单位，同样投入这 4 项军事建设中，经费综合性能评估函数为：

$$\phi = 2x_1^2 + 3x_2^2 + x_3 + 2x_4$$

其中，波动控制参数为 $\delta = (3,1,1.5,2)$，用 LINGO 软件求解过程如下：

```
MODEL:

sets:
var/1..4/:x,a,d;
endsets

data:
a = 5   3   4   2 ;
d = 3   1   1.5   0.5;
enddata
```

```
min = 2*x(1)^2+3*x(2)^2+x(3)+2*x(4); !目标函数;

@for(var(i):(x(i)-a(i))^2 < d(i)^2); !约束条件;
@sum(var(i):x(i))=18;

END
```

求解结果如下：

Variable	Value	Reduced Cost
X(1)	6.000448	0.000000
X(2)	3.999552	0.000000
X(3)	5.500000	0.000000
X(4)	2.500000	0.000000

说明在综合性能评估目标下，该年度这 4 项军事建设费用的最优投入分别为 6.0 个、4.0 个、5.5 个和 2.5 个单位。

9.2 动态规划

动态规则（Dynamic Programming，DP）是解决多阶段决策优化问题的运筹学分支，产生于 20 世纪 50 年代，当时美国数学家贝尔曼（R. Bellman）等提出了把多阶段决策问题变换为一系列互相联系的单阶段问题并逐个加以解决的思路，并给出了具有一般性的"最优性原理"，从而创建了一种新的运筹学分支——动态规划。其后，这一方法在工程技术、企业管理、工农业生产及军事等领域中广泛应用，取得了显著的效果。在满足动态规划的使用条件下，许多问题用动态规划去处理，常比其他规划方法更有效，特别对于离散性的问题，因其往往无法解析求解，此时动态非常有用。

9.2.1 问题举例

先看两个示例。

例 9.2.1【最短路问题】 给定一个交通网络，如图 9-2-1 所示，现通过该网络实施兵力机动，已知部队驻地在顶点 A 处，目的地在顶点 G 处，图中弧上的数字为相应顶点间路线的长度（单位：千米），试求一条兵力机动总路线最短的行军方案。

该问题实际可作为第 8 章中的最短路问题来处理，但可以采用本章的动态规划思路求解，这是因为这一问题中，可作为存在多个阶段：从 A 点到 G 点可分为 6 个阶段。从 A 到 B 为第一阶段，从 B 到 C 为第二阶段，以此类推，每一阶段都从一个出发状态选定一条连线，到达一个目的状态，同时这一目的状态作为下一阶段的出发状态，继续这一过程，直到达到整体目标——总线路最短为止。

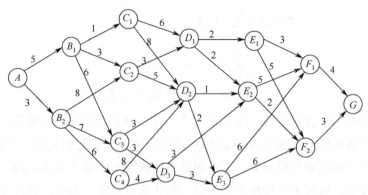

图 9-2-1 寻找从 A 到 G 的最短行军路线

读者很容易想到，这是现实生活中一类普遍问题，如我们的求学经历，从幼儿园到小学，小学毕业到中学，中学毕业上大学，而且存在求学的总体性目标（虽然可能因人而异）。一般地，我们把这样前后关联、顺次影响、具有链状结构的多阶段决策过程（见图 9-2-2）称为序贯决策过程，也直接称为多阶段决策问题。

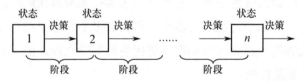

图 9-2-2 多阶段决策过程图示

多阶段决策问题中，各个阶段采取的决策，一般来说是与时间有关的，决策依赖于当前的状态，又随即引起状态的转移，一个决策序列就是在状态的不断转移下产生出来的，故称为"动态规划"。动态规划作为多阶段决策的优化求解方法，其名称由此而来。

动态规划使用阶段、状态、决策状态转移、指标函数等概念描述和求解多阶段决策问题，这一思路不光用来解决显性的多阶段决策优化问题，还用来求解部分看起来和时间无关的优化问题，如下例所示。

例 9.2.2【背包问题】 一名特种兵在执行任务前需要确定其背包携带的物品，设可携带物品质量的限度为 a 千克，现有 n 种物品（可分别编号为 1, 2, $\cdots$, n）可供装入背包，已知第 i 种物品每件质量为 w_i 千克，预期价值是携带数量 x_i 的函数 $c_i(x_i)$。问此人应如何选择携带物品，预期价值最大。

显然，设 x_i 为第 i 种物品的装入件数，则问题的数学模型为

$$\max f = \sum_{i=1}^{n} c_i(x_i)$$

$$\begin{cases} \sum_{i=1}^{n} w_i x_i \leqslant a \\ x_i \geqslant 0 \text{ 且为整数}, \ i = 1, 2, \cdots, n \end{cases}$$

这就是著名的背包问题，在本书第 7 章中，我们讨论过它的整数线性规划形式，如果价值函数是非线性的，以前的办法就无效了，但可以把这一"静态规划"问题转化为动态规划问题求解，基本思路是把决定 x_i 的值（也就是装包的过程）看为多阶段的，如第 1 阶段决定 x_1 的值，第 2 阶段决定 x_2 的值，以此类推，进而使用这里的动态规划来求解。

9.2.2　一般过程

动态规划将问题转化为"多阶段决策问题"，需要各阶段间满足马尔可夫性（下一阶段只受当前状态影响，而不受这一阶段之前的状态的影响），利用"最优性原理"进行求解。所谓最优性原理，是指这一事实：求解最优解时，从某一状态出发，如果之后的"后部子过程"有多个，那么这多个后部子过程上的局部最优解必然是全局最优解的一部分（否则存在更优的后部子过程，则可以替换此过程，使得当前求解不是最优的）。

以例 9.2.1 中的最短路问题为例，可以这样考虑：我们先从最后一段开始，由后向前逐步递推：从 $F \to G$，记各弧的长度为 d，总路线长度的数值记为 f，有 $f_6(F_1) = 4, f_6(F_2) = 3$，类似考虑倒数第 2 阶段，有：

$$f_5(E_1) = \min \begin{cases} d(E_1, F_1) + f_6(F_1) \\ d(E_1, F_2) + f_6(F_2) \end{cases} = \min \begin{cases} 3 + 4 \\ 5 + 3 \end{cases} = 7$$

到这里可以看出，如果最终的最短路线要经过 E_1，后面必然是 $E_1 \to F_1 \to G$，否则不可能是最优路线，那么如果到达 E_1，相应的决策选择一定是 F_1，由 E_1 到终点 G 的最短距离也一定为 7。以此类推，同样对经过 E_2 的后部子过程操作，可得到：

$$f_5\left(E_2\right) = \min \begin{Bmatrix} d_s(E_2, F_1) + f_6(F_1) \\ d_s(E_2, F_2) + f_6(F_2) \end{Bmatrix} = \min \begin{Bmatrix} 5 + 4 \\ 2 + 3 \end{Bmatrix} = 5$$

若最终的最短路线要经过 E_2，后面必然是 $E_2 \to F_2 \to G$，由 E_2 到终点 G 的最短距离也一定为 5。

这样我们就完成了一步迭代，同样操作再向前迭代，最终到达第一阶段 $A \to B$，相当于迭代算法到达初始状态，完成迭代过程。最后回溯这一过程，就可得到全局的最短路线，为 $A \to B_1 \to C_2 \to D_1 \to E_2 \to F_2 \to G$，最短总路长为 18。

上述求解过程与穷举遍历相比，可有效减少遍历的路线数量。特别地，这一过程为递推求解过程，下一步的求解直接引用上一步的结果即可，每一次求解的次数只和当前状态的总量相关，当路线总数很多时，这一计算过程会比直接计算有效。

一般地，求解过程可分为如下 5 个步骤，涉及阶段、状态、决策、策略、指标函数、求解基本方程等 6 个概念，下面简要说明如下。

第 1 步：划分阶段（Stage）。把问题恰当地分为若干个相互联系的阶段，常用字母 k 表示。如上述最短路问题中，可划分为从 A 到 B、B 到 C 等 6 个阶段，其中 F 到 G 为第 6 阶段。

第 2 步：明确状态（State）、决策（Decision）和状态转移关系。状态是指当前阶段的开始状态，同时也是上一阶段的结果状态，常用 S_k 表示。如上述最短路问题中各阶段的出发位置，如第 6 阶段 F 到 G 的状态是 F_1 或 F_2，这两个状态同时也是第 5 阶段的结果状态；决策又称决策变量，指某阶段初从给定的状态出发决策者所做出的选择，常用 u_k 表示，其中 $u_k(\cdot)$ 表示选择。状态转移关系表明后一阶段和前一阶段之间的转换关系。当第 k 阶段状态和状态上的选择（决策）给定之后，第 $k+1$ 阶段状态也就确定了。

第 3 步：确定策略（Policy）。即各阶段决策构成的决策序列。n 个阶段动态规划问题的全局策略可记为

$$P_{1,n} \triangleq \{u_1(S_1), u_2(S_2), \cdots, u_n(S_n)\}$$

当 $k \geqslant 2$ 时：

$$P_{k,n}(S_k) \triangleq \{u_k(S_k), u_2(S_{k+1}), \cdots, u_n(S_n)\}$$

表示从 k 阶段开始到最后的决策子序列，也称为 k–后部子过程。

第 4 步：给定指标函数（Index Function）和最优值函数。指标函数是度量策略好坏的表达式，如果找到了最优策略，对应的指标函数称为最优值函数，如第 k 阶段开始，定义在 k-后部子过程上的指标函数常记为：$V_{k,n}$，最优值函数记为

Note

$f_k = \text{opt } V_{k,n}$ 根据实际情况求最大或求最小，上面的最短路问题中指标函数为路线加和，最优值函数求最小化。

第 5 步：使用基本方程求解模型。根据状态转移关系和指标函数的表达形式，按照逆序（从后面的阶段依次向前）或顺序（从前到后），列出基本方程，实施迭代求解。

指标函数表达若为加和形式，例如最短路问题中，动态规划基本方程为

$$V_{k,n} = \sum_{i=k}^{n} v_i \text{时，有} f_k(S_k) = \max(\min)\{V_k(S_k, u_k) + f_{k+1}(S_{k+1})\}$$

如指标函数表达为相乘形式，动态规划基本方程为

$$V_{k,n} = \prod_{i=k}^{n} v_i \text{时，有} f_k(S_k) = \max(\min)\{V_k(S_k, u_k) \cdot f_{k+1}(S_{k+1})\}$$

这里需要说明的是，动态规划能够求解的问题必须满足马尔可夫性，表现在指标函数表达式上，要求函数必须具有"可分离性"，上述两种形式（加和或乘积）显然满足，读者在使用动态规划时，必须注意这一点。

以下使用此过程求解例 9.2.2。

例 9.2.2【背包问题的求解】简单起见，设共有 3 类物品，数量分别记为 x_1、x_2、x_3，单位质量分别为 2kg、4kg、3kg，背包能承受这 3 类物品的总质重不超过 10kg，且这 3 类物品的预期价值分别为 $4x_1$、$9x_2$、$2x_3^2$，试确定携带物品的数量，使得预期总价值最大。

根据题意，可构建数学模型如下：

$$\max f = 4x_1 + 9x_2 + 2x_3^2$$
$$\begin{cases} 2x_1 + 4x_2 + 3x_3 \leqslant 10 \\ x_i \geqslant 0 \text{且为整数，} i = 1,2,3 \end{cases}$$

解　用动态规划方法来解，首先按照问题的变量个数划分阶段，显然可把它看成一个三阶段决策问题 $(k = 3)$，每个阶段为确定相应 $x_i (i = 1,2,3)$ 的值，设置状态变量分别为 S_0、S_1、S_2、S_3，有

$$S_0 = 0 \quad S_1 = 2x_1 \quad S_1 + 4x_2 = S_2 \quad S_2 + 3x_3 = S_3 \leqslant 10 \qquad (9\text{-}2\text{-}1)$$

计算得到

$$x_1 = S_1/2, x_2 = (S_2 - 2x_1)/4, x_3 = (S_3 - S_2)/3$$
$$0 \leqslant x_2 \leqslant S_2/4, \ 0 \leqslant x_3 \leqslant S_3/3$$

本问题中的决策就是在每个阶段的初始状态 $S_i (i = 0,1,2)$ 选取 x_i 的值，将状态转换到每阶段的结果状态 $S_i (i = 1,2,3)$，即 $S_{i+1} = u_i(S_i)$ $(i = 0,1,2)$，$u_i(\cdot)$ 就是式（9-2-1）中的转换关系。

这里的全局策略就是决定 x_i 全部 3 个变量的值，可表达为

$$P_{1,3} \triangleq \{u_0(S_0), u_1(S_1), u_2(S_2)\}$$

定义在其上的指标函数 $V_{k,n} \triangleq v_k(x_k)$ 就是模型中的目标函数相应部分。

作为基本方程的递推公式可写为

$$\begin{cases} f_k(S_k) = \max\{V_k(x_k) + f_{k-1}(S_{k-1})\}, & k = 1,2,3 \\ f_0 = 0 \end{cases}$$

计算过程如下：

$f_1(s_1) = \max\limits_{x_1 = s_1/2}\{4x_1\} = 2s_1$，最优解为 $x^* = \dfrac{s_1}{2}$；

$f_2(s_2) = \max\limits_{0 \leq x_2 \leq s_2/4}\{9x_2 + f_1(s_1)\} = \max\limits_{0 \leq x_2 \leq s_2/4}\{9x_2 + 2s_1\} = \max\limits_{0 \leq x_2 \leq s_2/4}\{9x_2 + 2s_2 - 8x_2\}$

$= \dfrac{s_2}{4} + 2s_2 = \dfrac{9}{4}s_2$，最优解为 $x_2^* = \dfrac{s_2}{4}$；

$f_3(s_3) = \max\limits_{0 \leq x_3 \leq s_3/3}\{2x_3^2 + f_2(s_2)\} = \max\limits_{0 \leq x_3 \leq s_3/3}\left\{2x_3^2 + \dfrac{9}{4}(s_3 - 3x_3)\right\}$。

由二次函数的性质，解得：

最优解为 $x_3^* = 0$，经比较，在端点 $s_3 = 10$，$x_3^* = 0$ 处能达到最优值，所以该问题的最优解为：$x_1^* = 0, x_2^* = 5/2, x_3^* = 0$；其最优值为 $z^* = 45/2$。

即背包中 3 种物品只放第 2 种，共 2.5kg，可使得总价值最大。

上述过程是从第一阶段逐步递推到最后，这一过程称为顺序解法，实际上，上述过程也可以反过来实施，称为逆序解法，也是动态规划模型的常用求解过程。

9.2.3　动态规划的 LINGO 求解

由于动态规划的计算过程是迭代式的，所以在 LINGO 将模型表达出来后，只需将动态规划基本方程表达出来就可以了，下面以 9.2.1 节中的最短路问题为例说明。

例 9.2.3　试用 LINGO 求解图 9-2-1 中从 A 到 G 的最短路。

解：这是个网络模型，其 LINGO 模型表达方法在 8.7.1 节已经说明，这里不再赘述。

在 LINGO 中表达如下。

```
MODEL: !用动态规划求解最短路问题
  sets:
    vertex/A,B1,B2,C1,C2,C3,C4,D1,D2,D3,E1,E2,E3,F1,F2,G/:L;
```

```
    road(vertex,vertex)/A B1,A B2,B1 C1,B1 C2,B1 c3,B2 C2,B2 C3,B2 C4,
    C1 D1,C1 D2,C2 D1,C2 D2,C3 D2,C3 D3,C4 D2,C4 D3, D1 E1,D1 E2,D2
    E2,D2 E3,D3 E2,D3 E3, E1 F1,E1 F2,E2 F1,E2 F2,E3 F1,E3 F2,F1 G,F2 G/:D;
  endsets
  data:
    D=5 3 1 3 6 8 7 6
    6 8 3 5 3 3 8 4
    2 2 1 2 3 3
    3 5 5 2 6 6 4 3;
    L=0,,,,,,,,,,,,,,,,,;   !对路线长度进行初始赋值;
  enddata
    @for(vertex(i)|i#GT#1:L(i)=@min(road(j,i):L(j)+D(j,i)));
End
```

单击 按钮，得到以下求解结果（仅保留路长部分）。

```
    Variable        Value
    L(A)          0.000000
    L(B1)         5.000000
    L(B2)         3.000000
    L(C1)         6.000000
    L(C2)         8.000000
    L(C3)         10.00000
    L(C4)         9.000000
    L(D1)         11.00000
    L(D2)         13.00000
    L(D3)         13.00000
    L(E1)         13.00000
    L(E2)         13.00000
    L(E3)         15.00000
    L(F1)         16.00000
    L(F2)         15.00000
    L(G)          18.00000
```

注意上述 LINGO 表达中，使用了一个递推表达形式，最终解得的结果为选入最短路相应的路长，跟踪路长变化的关系，即可得到实际的最短路为 $A \to B_1 \to C_2 \to D_1 \to E_2 \to F_2 \to G$，最短路长为 18。

9.2.4　应用说明

动态规划作为一种解决多决策问题的运筹学分支，其解决问题的基本思路是写出基本方程，包括递推关系式和边界条件，然后逐步递推。这一思路在所有运筹学分支中具有独特性，其优点体现在：

（1）适用范围广，便于找到全局最优解。实践中建立的优化模型，约束条件有可能十分复杂，甚至无法写出解析表达式，这时即便目标函数逻辑简单，一般的数学规划模型也很难处理，这时动态规划方法可把原问题转化为多个相似的子问题，而每个子问题的变量个数比原问题少得多，不断求解出子问题，并逐步找出全局最优解，这一过程逻辑清晰、简便易操作，还可有效利用求解子问题的经验不断加快求解过程，对于求解很多问题具有很大优势，甚至很多时候，是求解复杂问题全局最优解的唯一可行方法。

（2）求解结果丰富，易于寻找全部解。相比于一般非线性规划的求解（很多算法找到一个最优解即停止），动态规划将求解分成多阶段进行，求出的不仅是全过程的所有优化解，而且包括了所有子过程上的"过程"解。一方面，优化解的全体对于决策无疑是重要的，有助于增强决策的鲁棒性；另一方面，很多情况下过程解也是分析解决实际问题所需要的。因此，相对于其他解法，动态规划方法在这一方面可大大节省计算量。

但应该看到，动态规划更像是一种方法论，一种分析求解策略的通用思路，并没有统一的标准模型或算法流程，需要使用者根据问题的特征灵活处理，利用动态规划的相关概念来构建相应的求解过程，这对使用者自身提出了很高的要求，同时也无法将其标准化并转化为计算机程序。

使用中，还需要读者注意以下动态规划方法的 3 点不足之处：

（1）使用的前提条件。主要包括两个方面：一是构造动态规划模型时，状态变量必须满足"无后效性"条件，不少实际问题在取其自然特征作为状态变量时往往不能满足这条件，这就降低了动态规划的通用性；二是指标函数要具有"可分离性"，即不同阶段决策的效果度量一定可以各自独立表达，一般为加和或乘积形式，大量的函数，甚至很简单的函数（如变量加和的三角函数）也无法满足这一条件。

（2）求解过程的"维数灾"。由于动态规划需要根据变量个数分阶段逐步求解，每递推一个阶段，都须把前一段算出的最优值函数在相应的状态集合上计算出来（如最短路问题），当维数较多时，需要计算和保存的阶段结果就呈指数倍增长。有些时候，甚至计算机进行求解，也难以处理，这是动态规划方法的内生矛盾，虽然人们已经提出一些方法来部分克服这一问题，但尚不存在一般的解决方法。

（3）结合计算机的处理能力综合应用。应该看到，动态规划的基本思想具有很强的普遍性，但其具体求解过程往往伴随着多种处理技巧和大量的计算。实践中往往需要综合各类手段和方法，特别是计算机强大的计算能力，来灵活建模、巧妙使用动态规划思想解决科学技术和实际生产生活中的复杂问题。

9.3 启发式方法

本书中除本节外，所讨论的优化问题都是所谓的"良结构"问题，这类问题具有边界清晰、要素关系明确以及易于数学描述等特点，容易被人们分析理解，进而使用标准的模型和算法来求解。反之，如果是涉及因素多、要素关系复杂甚至难以清晰表达的"不良结构"问题，传统的标准式模型和算法就难以有效处理，这种情况下，退而求其次，可以利用经验判断、实验探索或一些简单易用的搜索策略，去尝试性找出部分解，进而得到启发，最终给出近似最优化或满意解，这样的解决复杂问题的思路和途径，在运筹学中称为启发式方法（Heuristic Method），由此建立的算法也称为启发式算法（Heuristic Algorithm）。

当前，运筹学中启发式方法已经成为一个庞大的家族，其中不乏贪婪算法、神经网络、遗传算法等"明星级"方法，作为基础性教材，本节简单介绍相关概念，并给出几个较为简单但典型的例子，帮助读者理解启发式方法的一般思想，激发进一步学习的兴趣。

9.3.1 基本概念

启发式方法是相对于经典优化算法而提出的，可以这样界定：一个基于直观或经验而构造的求解思路和具体过程，一般要在可接受的代价（指计算时间、存储空间等）下给出待解决问题每个实例的一个可行解，该解与问题最优解的偏离程度不一定能够事先准确估计。也就是说，启发式方法要求充分发挥人的主观能动性，努力给出一般性的求解策略，求解的结果往往不要求最优，满意解甚至可行解都是可以接受的，一方面，这是复杂问题本身的难度决定的（很多优化问题尚不存在多项式算法）；另一方面，也可能很多时候对速度要求更高，那么我们也可以使用启发式方法。

一般的求解过程是这样的：首先，通过分析研究问题，给出一些合理的解搜索规则；其次，在解空间中进行搜索，通常迭代进行，了解解的变化情况，并不断对解进行评价；再次，根据解的情况判断，反思和改进解的搜索规则或求解思路，及时更新调整，缩小搜索范围；最后，如果找到足够满意的解，迭代过程终止。

通过这一过程，可见启发式方法中最重要的求解问题的思路，称之为启发式策略，常见的策略包括以下几类。

1. 枚举策略

枚举法又称为穷举法，顾名思义，就是检查可行解空间中的多个解（甚至所有解），进一步优选出满意的解。本书中求解 0-1 型整数规划的隐枚举法的思路就是枚举策略，当问题的规模不大时，这一思路简单有效，且枚举的策略不依赖于数学表达，只需要一个个找出问题的解即可。但问题规模较大时，这样的策略就失效了，如本书第 8 章中的 TSP 问题，如果有 50 个城市，路线的数量可达到 10^{62} 条，无法使用这样的策略求解。当运用枚举策略时，最基本的问题是：如何得到问题中尽可能多的解（如何能表达出每个解），因为还需要对每个解进行评估，所以，最终解的质量严重依赖于解的表示方式。

2. 邻域搜索策略

这一策略通常不对整个解空间进行穷举，而只针对某个特定解的局部邻域（具体含义根据问题不同而具体定义，但要求一定能够简洁地表达出来），大致过程为：从所有可行解空间中找到一个解并评估其质量，在当前解的一个局部找到一个新解，并再次进行评估，如果新解比当前解好，则用新解替换当前解，否则抛弃新解。不断重复这一过程，直到在规定的局部邻域中找不到可以改进的解为止。这一过程其实就是局部可行解空间上的枚举策略，但区别是只要求在一个领域内进行，而该策略有效是否的关键也在此，如果邻域选择过大，则可能导致求解过慢，如果选择范围过小，可能使得解的质量不高。

3. 贪婪求解策略

这一策略是指逐一考虑每个决策变量的取值，赋值时不考虑其他因素，只考虑当前值能否使目标达成最优，这样重复操作，尝试找出问题的满意解。这一思想非常简单，即每步选择只考虑当前，并以获取当前最大的好处为目的，这就是"贪婪"这一名称的由来。可以想见，这样的选择有生活中人们进行"莽撞"决策的影子：局部的最佳决定不一定能得到全局优化解，甚至可行是否也需要进一步确认，但针对一些问题，也可能非常高效。贪婪求解的策略实现时对应的算法，也称为"贪婪算法"，结合约束检查、变量重排等技巧，贪婪算法已经成为很大一类启发式算法，在很多问题的求解中发挥着重要作用。

4. 分解合成策略

为求解一个较大的复杂问题，可采用"先分解再合成"的策略，即把问题分解为多个相对简单的子问题，然后选用合适的方法按照一定逻辑关系求解每个子问题，最后对子问题的解进行综合，合成为大问题的整体解。本书第 7 章中分枝定界法本质是这样的求解策略。这一思路的关键是恰当选取分解的方法，一方面要保障分解是有效的，的确使得复杂问题变得简单了；另一方面，分解方法也要使得后面的合成可以进行。常见的分解包括按照问题层次分解、嵌套分解、平行分解等。

5. 分步求解策略

这一策略特指分步骤决策变量的各个分量，最终得到完整解的求解过程。如一个复杂问题需要决定 x_1, x_2, x_3 共 3 个变量的数值，可按照某种设计好的规则，第一步先确定 x_1 的取值，第二步确定 x_2 的取值，最后一步确定 x_3 的值，最终得到一个完整的满意解。这样的求解策略本质是把多变量复杂问题转化为单变量问题来求解，有效降低了问题的复杂度。但需要注意的是，有效的规则至关重要，往往需要对问题特征有一定的洞察才能给出好的规则。

6. 演化学习策略

复杂优化问题的求解一般都要使用迭代法，联想一下，自然界和生物演化其实也是"迭代"，生物（背后是遗传基因）通过学习和适应环境，不断生成适应性更强的物种，这一过程完全可以迁移用来求解优化问题。根据这一思想，人们已经发展出林林总总的算法，如遗传算法、神经网络算法、蚁群算法等，甚至模拟的对象可以是无生命参与的物理过程，如模拟退火算法。这些算法根据模拟的对象和演化进化策略的不同特点各异，已经在运筹学发展中大放异彩，成为与传统精确算法并重的一大类新型算法。

9.3.2 应用举例

启发式方法在理论上，是基于对比、分析、探索、分解、综合等思维过程的科学方法，同时也是一种艺术，其效果如何，还取决于使用者的"技艺"水平，成功地使用启发式方法分析解决问题，往往科学和艺术两者缺一不可。下面我们通过几个简单的例子，介绍几个典型的方法。

1. 贪婪算法示例

例 9.3.1【用贪婪算法求解背包问题】设 0-1 型背包问题的数学模型为

$$\max \sum_{i=1}^{n} c_i x_i$$

$$\begin{cases} \sum_{i=1}^{n} w_i x_i \leqslant a \\ x_i = 0 \text{或} 1 \quad (i = 1, 2, \cdots, n) \end{cases}$$

其中，x_i 为是否选取第 i 种物品的逻辑变量，w_i 为单件质量，c_i 单件的预期价值。

可以构建如下贪婪算法：

第 1 步：对物品以 $\dfrac{c_i}{w_i}$ 从大到小排列，不妨把排列记成 $\{1, 2, \cdots, n\}$，$k := 1$。

第 2 步：若 $\sum_{i=1}^{k} w_i x_i \leqslant a$，则 $x_k = 1$；否则，$x_k = 0$，$k := k + 1$。

当 $k = n + 1$ 时，停止；否则，重复第 2 步。

$(x_1, x_2, \cdots, x_n)$ 为贪婪算法的解。单位重量价值比越大越先装包是上面贪婪算法的原则。这样的算法非常直观，非常容易操作。$\dfrac{c_i}{w_i} (i = 1, 2, \cdots, n)$ 的比值计算需要 n 次运算，$\dfrac{c_i}{w_i} (i = 1, 2, \cdots, n)$ 从大到小排列需要 $O(n \log_2 n)$ 次运算。$\sum_{i=1}^{k} w_i x_i \leqslant a$ 对每一个 k 都需要一次加法运算和一次比较运算，共 $2n$ 次运算。这个贪婪算法的计算量为 $O(n \log_2 n)$，是一个多项式时间算法.

2．分步求解算法示例

例 9.3.2【用分步求解算法求解排序问题】 多个工件在多台设备上加工，需要遵循一定逻辑顺序。如何安装加工工序，使得所用的加工总时间最少？这一问题称为排序问题，目前尚无多项式算法，这里我们用分步求解策略演示一个简单的排序问题求解。

简单起见，仅考虑两台设备（设为 A 和 B），研究 n 个工件在这两台设备上顺次加工时应如何排列工件的顺序问题，如果工件在设备 A 上的加工顺序与在设备 B 上的加工顺序不同，由于增加了等待时间，将使总加工时间延长。因此，在研究该问题时可不考虑这种情况。即使如此，可能的排序方案仍有 $n!$ 个，随着工件数的增多，其计算工作量增加很快。下面寻求用启发式方法的解决途径。

下面这个例子给出了 6 个工件分别在设备 A 和设备 B 上的加工时间 A_j 和设备 B_j（单位：分钟）（见表 9-3-1），设所有工件均先在设备 A 上加工，再在设备 B 上加工。要求确定使总加工时间最短的工件加工顺序。

表 9-3-1　工件的加工时间

设　备	工件加工时间（分钟）					
	1	2	3	4	5	6
A	30	60	60	20	80	90
B	70	70	50	60	30	40

运用分步求解策略。先考虑工件 1 和工件 2，其可能的排序方案有两个：1-2 和 2-1（见图 9-3-1）。由于 $A_1 < A_2$，$B_1 = B_2$，故将工件 1 排在前面加工所需的总加工时间较少。再看工件 2 和工件 3，由于 $A_2 = A_3$，$B_3 < B_2$，故将工件 3 排在工件 2 的后面加工所需的总加工时间较少（见图 9-3-2）。

工件加工顺序	设备	时间（分钟）									
		20	40	60	80	100	120	140	160	180	200
1-2	A	A_1		A_2							
	B			B_1			B_2				
2-1	A		A_2		A_1						
	B				B_2			B_1			

图 9-3-1　工件 1 和工件 2 不同加工顺序对应的加工时间

工件加工顺序	设备	时间（分钟）									
		20	40	60	80	100	120	140	160	180	200
2-3	A		A_2			A_3					
	B				B_2				B_3		
3-2	A		A_3			A_2					
	B				B_3				B_2		

图 9-3-2　工件 1 和工件 2 不同加工顺序对应的加工时间

虽然图 9-3-1 和图 9-3-2 仅分别比较了两个工件的不同加工顺序，且依据的是例子中给定的特定情况，但可以得到启发，将其推广应用到多个工件在两台设备上的加工顺序安排问题，给出以下启发式迭代步骤。

第 1 步：令 $i:=1, k:=0$。

第 2 步：找最小加工时间，即：

$$t = \min\{A_1, A_2, \cdots, A_n; B_1, B_2, \cdots, B_n\}$$

第 3 步：若 t 为 A_j，则安排工件 j 为第 i 个加工工件，并置 $i:=i+1$；若 t 为 B_j，则安排工件 j 为第 $n-k$ 个加工工件，并置 $k:=k+1$。

第 4 步：将已加工工件 A_j 和 B_j 从加工列表中删去，即不再考虑已排好加工顺序的工件。

第 5 步：转第 2 步，直到表 9-3-1 变为空集，即所有工件均已加工。

将上述步骤应用到上面的 6 工件排序问题，得到各工件的加工顺序为：

$$4 \rightarrow 1 \rightarrow 2 \rightarrow 3 \rightarrow 6 \rightarrow 5$$

总加工时间为 370 分钟，具体排序如图 9-3-3 所示。

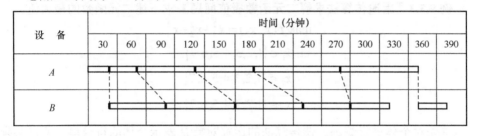

图 9-3-3　求解得到的加工工序

需要指出的是，对在两台设备上加工 n 个工件的问题来说，用上面的方法求得的解是最优解。但如果将其扩展应用到在 m 台设备上加工 n 个工件的一般加工排序问题，所得结果一般就不再是最优解了。不过同样应用上述求解策略，往往能得到较好的解。

3. 遗传算法示例

遗传算法（Genetic Algorithm，GA）是模拟达尔文生物进化论中自然选择和遗传机理的演化学习类算法，最早由美国的 John holland 教授于 20 世纪 70 年代提出。该算法通过数学的方式，将问题的求解过程转换成类似生物进化中的染色体基因的交叉、变异等过程，在求解较为复杂的优化问题时，相对于一些常规的优化算法，经常能够较快地获得较好的优化结果。该方法已被广泛地应用于组合优化、机器学习、信号处理、自适应控制和人工生命等领域。

遗传算法并非致力于改进单个解，而是使用一个有限的群体（解集），并且该群体从一代到下一代（迭代）进行演化（某种程度上的随机变化）。

计算前，需要将优化问题编码为遗传基因（如把所有可能解表达成二进制数或整数字符串），在产生初始种群后，采取以下步骤进行迭代：

第1步：评价，通过适应度计算对个体的适应状况进行评价。

第2步：父代选择，根据适应状况选出某些成对的解（父代）。

第3步：交叉，每对父代相互结合后产生一个或两个新解（子代）。

第4步：变异，随机修改一些子代模拟基因的变异。

第5步：群体选择，根据它们的适应性，用相同数量的子代替换部分或全部的原始群体，进而选择一个新的群体。

然后回到第 1 步，重新进行如上操作，直到达到终止条件（如种群的适应性不再有明显变化）。

下面通过一个例子说明具体求解过程。

例 9.3.3【用遗传算法求解二元函数极值问题】 求下述二元函数的最大值。

$$\max f(x_1, x_2) = x_1^2 + x_2^2 + x_3^2$$
$$\text{s.t. } x_1 \in \{1,2,3,4,5,6,7\}$$
$$x_2 \in \{1,2,3,4,5,6,7\}$$
$$x_3 \in \{1,2,3,4,5,6,7\}$$

首先对个体进行编码。遗传算法的运算对象是表示个体的符号串，所以必须把变量 x_1, x_2, x_3 编码为一种符号串。本题中，因 x_1, x_2, x_3 都是 0～7 的整数，用无符号的 3 位二进制整数来表示，组合在一起，就构成了 9 位的二进制整数。如基因型 $X = 101110010$ 所对应的解为 $X = (x_1, x_2, x_3) = (5, 6, 2)$，个体基因和对应的解可以通过编码和解码相互转换。

遗传算法是对群体进行的进化操作，需要生成初始种群。本例中，群体规模的大小可取为 8，每个个体可通过随机方法产生。如：011101110，101011011，011100101，111001010，010101101，110001101，101101011，111011110。

第1步：评价。

即适应度计算。遗传算法中以个体适应度的大小来评定各个个体的优劣程度，从而决定其遗传机会的大小。本例中，目标函数总取非负值，并且以求函数最大值为优化目标，故可直接利用目标函数值作为个体的适应度。

第2步：父代选择。

选择运算把当前群体中适应度较高的个体按某种规则或模型遗传到下一代群体中。一般要求适应度较高的个体有更多的机会遗传到下一代群体中，实际选择中可使用很多选择算法。本例中采用轮盘赌算子，即与适应度成正比的概率来确定各个个体复制到下一代群体中的数量。其具体操作过程是：

（1）计算出群体中所有个体的适应度的总和；

（2）计算出每个个体的相对适应度，它即为每个个体被遗传到下一代群体中的概率，每个概率值组成一个区域，全部概率值之和为1；

（3）产生一个 0~1 的随机数，依据该随机数出现在上述哪一个概率区域内来确定各个个体被选中的次数。

具体过程如表 9-3-1 所示。

表 9-3-1　父代选择过程

个体编号	初始群体	x_1 x_2 x_3	适应度	百分比	选择次数
1	011101110	3 5 6	70	0.14	1
2	101011011	5 3 3	43	0.09	0
3	011100101	3 4 5	50	0.10	1
4	111001010	7 1 2	54	0.11	1
5	010101101	2 5 5	54	0.11	1
6	110001101	6 1 5	62	0.13	1
7	101101011	5 5 3	59	0.12	1
8	111011110	7 3 6	94	0.19	2
总和			486		

第 3 步：交叉。

交叉运算是遗传算法中产生新个体的主要操作过程，它以某一概率相互交换某两个个体之间的部分染色体。本例采用单点交叉的方法，其具体操作过程是先对群体进行随机配对，再随机设置交叉点位置，最后相互交换配对染色体之间的部分基因。具体过程如表 9-3-2 所示。

表 9-3-2　交叉过程

个体编号	选择结果	配对情况	交叉点位置	交叉结果
1	01|1101110	1-2	1-2: 2	111101110
2	11|1011110	3-4	3-4: 4	011011110
3	0111|00101	5-6	5-6: 6	111000101
4	1110|01010	7-8	7-8: 7	011101010
5	0101011|01			110001101
6	1100011|01			010101101
7	1011010|11			111011111
8	1110111|10			101101010

第 4 步：变异。

变异运算是对个体的某一个或某一些基因的值按某一较小的概率进行改变，它也是产生新个体的一种操作方法。本例中采用基本位变异的方法来进行变异运算，其具体操作过程是：首先确定出各个个体的基因变异位置，表 9-3-3 所示为随机产生的变异点位置，其中的数字表示变异点设置在该基因上，然后依照某一概率将变异点的原有基因值取反。具体过程如表 9-3-3 所示。

表 9-3-3　变异过程

个体编号	交叉结果	变异点	变异结果	子代种群
1	111101110	4	111001110	111001110
2	011011110	3	010011110	010011110
3	111000101	6	111001101	111001101
4	011101010	7	011101110	011101110
5	110001101	2	100001101	100001101
6	010101101	1	110101101	110101101
7	111011111	4	111111111	111111111
8	101101010	8	101101000	101101000

第 5 步：群体选择。

对群体进行一轮选择、交叉、变异运算之后，全部替换上一代群体，得到新一代的群体，如表 9-3-4 所示。

表 9-3-4　群体选择过程

个体编号	子代种群	x_1 x_2 x_3	适应度	百分比
1	111001110	7 1 6	86	0.14
2	010011110	2 3 6	49	0.08
3	111001101	7 1 5	75	0.12
4	011101110	3 5 6	70	0.12
5	100001101	4 1 5	42	0.07
6	110101101	6 5 5	86	0.14
7	111111111	7 7 7	147	0.24
8	101101000	5 5 0	50	0.08
总和			605	

从表 9-3-4 中可以看出，群体经过一代的进化后，其适应度的最大值、平

均值都得到了明显的改进。事实上，这里已经找到了最佳个体"111111111"（对应于变量值为 $X = (x_1, x_2, x_3) = (7, 7, 7)$）。需要说明的是，表中些栏的数据是随机产生的。这里为了更好地说明问题，特意选择了一些较好的数值以便能够得到较好的结果，而在实际运算过程中有可能需要一定的循环次数才能达到这个最优结果。

习 题

9.1 某次试验中测算四组自变量（x_i）和变量（y_i）的数据，如下表所示，请用一条直线拟合这些数据，使其在最小二乘意义上最好反映试验结果。

x_i	2	4	6	8
y_i	1	3	5	6

9.2 试判断如下非线性规划是否为凸规划。

$$\min f(X) = 2x_1^2 + x_2^2 + x_3^2 - x_1 x_2$$

$$\begin{cases} x_1^2 + x_2^2 \leqslant 4 \\ 5x_1^2 + x_3 = 10 \\ x_1, x_2, x_3 \geqslant 0 \end{cases}$$

9.3 试用梯度法求解函数函数 $f(X) = -(x_1 - 2)^2 - 2x_2^2$ 的极大值点，要求以 $(0, 0)^T$ 和 $(0, 1)^T$ 为不同的初始点进行迭代，要求迭代不少于 2 次或找到了极值点，并比较这两个迭代过程。

9.4 请以 $(0, 0)^T$ 为初始点，分别用梯度法和牛顿法求解如下非线性规划模型的最优解，要求迭代不少于 4 次或找到最优值点。

$$\min f(X) = 2x_1^2 + x_2^2 + 2x_1 x_2 + x_1 - x_2$$

9.5 二次规划为下列形式的非线性规划模型（其中 Q 为对称矩阵），请写出该问题中目标函数的梯度表达式，并给出 KKT 条件的一般形式。

$$\min f(X) = CX + \frac{1}{2} X^T Q X$$

$$\begin{cases} AX + b \geqslant 0 \\ X \geqslant 0 \end{cases}$$

9.6 试写出如下非线性规划问题的 KKT 条件，并使用其求解问题的最优解。

$$\begin{cases} \min f(x) = (x-3)^2 \\ 1 \leqslant x \leqslant 5 \end{cases}$$

9.7 请使用动态规划方法求解下图中 A 到 B、C 和 D 的最短路线。

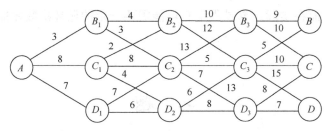

9.8 请使用动态规划方法求解下面的非线性规划问题。

$$\max z = 2x_1 + 3x_2 + x_3^2$$

$$\begin{cases} 3x_1 + 4x_2 + x_3 = 20 \\ x_1, x_2, x_3 \geqslant 0 \end{cases}$$

9.9 请使用动态规划方法求解下面的非线性规划问题。

$$\max z = x_1 \cdot x_2 \cdots x_n = \prod_{j=1}^{n} x_j$$

$$\begin{cases} \sum_{j=1}^{n} x_j = c, \, c > 0 \\ x_j \geqslant 0, \, j = 1, 2, \cdots, n \end{cases}$$

9.10 请使用动态规划方法求解下面的整数规划问题。

$$\max Z = 4x_1 + 7x_2 + 8x_3$$

$$\begin{cases} 2x_1 + 3x_2 + 4x_3 \leqslant 8 \\ x_1, x_2, x_3 \geqslant 0 \text{ 且为整数} \end{cases}$$

9.11 已知某服装厂今后 4 个月的临聘用工数量如下表所示，每月如超过需要量，每人多支出 600 元，解聘费用为 200 元乘以上两个月聘用总人数之差的平方，且工人工资必须按照整月发放，试写出求解 4 个月总费用最小问题的动态规划基本方程。

月份	1	2	3	4
需要量	250	210	230	190

9.12 试根据你自己的生活经验，给出 1～2 个不良结构问题的例子，并试着给出你对相应问题如何求解的思考。

9.13 设有 4 个工件，记为 J_1、J_2、J_3、J_4，要求在 3 台设备 A、B 和 C 上顺

次加工，各工件的加工时间如下表所示，试构造一种启发式算法，用来确定使得总加工时间最短的加工方案。

		工件加工时间（分钟）			
		J_1	J_2	J_3	J_4
设 备	A	5	10	9	5
	B	7	5	7	8
	C	9	4	5	10

9.14 阅读课外资料（可以来自网络或本章的参考文献），学习一种启发式方法，并向您的同学说明这种方法的思想和优缺点。

参 考 文 献

[1] 胡运权. 运筹学基础及应用[M]. 4 版. 北京：高等教育出版社，2004.

[2] 《运筹学》教材编写组. 运筹学[M]. 4 版. 北京：清华大学出版社，2012.

[3] 谢金星. 现代优化计算方法[M]. 2 版. 北京：清华大学出版社，2005.

[4] 朱德通. 最优化模型和实验[M]. 上海：同济大学出版社，2003.

[5] Zbigniew Michalewics, David B. Fogel. 如何求解问题——现代启发式方法[M]. 曹宏庆，等，译. 北京：中国水利水电出版社，2003.

附录A

综合实践项目

综合性实践能对学习者的多方面能力起到锻炼作用，对于快速提高分析和解决问题的能力至关重要。本附录给出 3 类综合实践项目：第 1 类是算法编程实现类项目，包括项目 1 和项目 2，选取了运筹学中两类典型算法，要求学习者使用高级编程语言实现，可以综合锻炼算法理解、程序设计与实现、结论分析与验证等方面的能力；第 2 类是针对界定清晰的实际问题进行建模求解的项目，包括项目 3～项目 8，选取了 6 个与本书内容有较强关联性的数学建模试题，供读者锻炼分析问题、构建模型、求解模型及分析结论方面的能力；第 3 类为更开放的自选实际问题研究项目，包括项目 9～项目 12，项目中只说明了具体背景，需要读者自行提出问题、收集数据和解决问题，这些项目能够让读者更完整地体验运筹学研究问题的过程。

　　值得说明的是，这些项目读者均可以独立完成，也可以组队研究，在组队时需要注意分工与合作关系的处理。在完成实践项目后，一般需要撰写研究报告，并建议在公开场合进行汇报交流。

　　在本书所列项目中，项目 5、项目 6、项目 8 难度稍大，供学有余力的读者选用。

项目 1：单纯形算法程序设计与实现

　　项目背景：利用计算机语言（C/C++、Python 等）编程实现单纯形法计算过程。

　　主要任务：完整实现单纯形算法程序（可选大 M 法、两阶段法或改进单纯形法），并通过联调测试，能够就中小规模的线性规划问题进行输入、运算和结果输出，要求计算结果正确、程序适用性较强，并且具备处理常见错误的能力。

　　主要内容：①在编码前进行单纯形算法流程的程序结构设计，画出算法步骤图；②编写单纯形算法程序核心模块，生成并调试以确保运行结果正确；③进行输入输出界面编写和测试；④进行单纯形算法完整程序的联调与测试，排除错误，实现基本功能；⑤优化完善单纯形算法程序，增强界面优化程度，改进计算速度，并增加灵敏度分析等模块。

项目2：最短路算法程序设计与实现

项目背景： 根据本书提供的单纯形法计算步骤，利用计算机语言（C/C++、Python等）编程实现计算过程。

主要任务： 完整实现最短路算法程序（可选Dijkstra算法、Floyd算法），并通过联调测试，能够就中小规模的最短路问题进行输入、运算和结果的输出，要求计算结果正确、程序适用性较强，并且具备处理常见错误的能力。

主要内容： ①在编码前进行最短路算法流程的程序结构设计，画出算法步骤图；②编写最短路算法程序核心模块，生成并调试以确保运行结果正确；③进行输入输出界面编写和测试；④进行最短路算法完整程序的联调与测试，排除错误，实现基本功能；⑤优化完善最短路形算法程序，增强界面优化程度，改进计算速度，并增加结果图形化显示等模块。

项目3：奶制品的加工计划问题[1]

一家奶制品工厂用牛奶生产 A_1、A_2 两种初级奶制品，它们可以直接出售，也可以分别加工成 B_1、B_2 两种高级奶制品再出售。按目前生产工艺，每桶牛奶可加工成2千克 A_1 奶制品和3千克 A_2 奶制品，每桶牛奶的买入价为10元，加工费为5元，加工时间为15小时。若要进一步深加工为高级奶制品，则每千克 A_1 可加工成0.8千克 B_1，加工费为4元，加工时间为12小时；每千克 A_2 可加工成0.7千克 B_2，加工费为3元，加工时间为10小时。

已知初级奶制品 A_1 和 A_2 的售价分别为10元/千克和9元/千克，高级奶制品 B_1 和 B_2 的售价分别为30元/千克和20元/千克。工厂现有的加工能力为每周共2000小时。根据市场状况，高级奶制品的需求量占全部奶制品需求量的20%~40%。试在售价稳定的条件下为该工厂制订一周的生产计划，使总利润最大，并进一步研究如下问题。

（1）工厂拟拨一笔资金用于技术革新，据估计可实现下列革新中的某一项：

---

[1] 选自韩中庚编著的《运筹学及其工程应用》（2014年清华大学出版社出版），有改动。

总加工能力提高 10%；各项加工费用均减少 10%；初级奶制品 A_1 和 A_2 的产量提高 10%；高级奶制品 B_1 和 B_2 的产量提高 10%。问应将资金用于哪项革新，这笔资金的上限（时间为 1 周）应为多少？

（2）该厂的技术人员又提出一项技术革新，将原来的每桶牛奶可加工成品 2 千克 A_1 和 3 千克 A_2，变为每桶牛奶可加工 4 千克 A_1 或 6.5 千克 A_2。假设其他条件都不变，问是否采用这项革新，若采用，生产计划应该如何变化？

（3）根据市场规律，初级奶制品 A_1 和 A_2 的售价都要随着二者销售量的增加而降低，同时，在深加工过程中，单位成本会随着它们各自加工数量的增加而降低。在高级奶制品需求量占全部奶制品需求量 20% 的情况下，市场调查得到一批数据，如表 A-1 所示。试根据此市场实际情况对该厂的生产计划进行修订（设其他条件不变）。

表 A-1　奶制品市场调查数据

A_1 售量	20	25	50	55	65	65	80	70	85	90
A_2 售量	210	230	170	190	175	210	150	190	190	190
A_1 售价	15.2	14.4	14.2	12.7	12.2	11.0	11.9	11.5	10.0	9.6
A_2 售价	11.0	9.6	13.0	10.8	11.5	8.5	13.0	10.0	9.2	9.1
A_1 深加工量	40	50	60	65	70	75	80	85	90	100
A_1 深加工费	5.2	4.5	4.0	3.9	3.6	3.6	3.5	3.5	3.3	3.2
A_2 深加工量	60	70	80	90	95	100	105	110	115	120
A_2 深加工费	3.8	3.3	3.0	2.9	2.9	2.8	2.8	2.8	2.7	2.7

项目 4：蔬菜市场的调运问题

　　某市是一个人口不到 15 万人的小城市。根据该市的蔬菜种植情况，分别在花市（A）、城乡路口（B）和下塘街（C）设立了 3 个收购点，再由各收购点分送到全市的 8 个菜市场面向市民销售。该市的道路情况、各路段距离（单位：百米）及各收购点、菜市场①～⑧的具体位置如图 A-1 所示。按常年情况，A、B、C 这 3 个收购点每天的收购量分别为 200、170、160（单位：百千克），各菜市场每天需求量及在发生供应短缺时带来的损失（元/百千克）如表 A-2 所示。设从收购点至各菜市场蔬菜调运费为每百千克每百米 1 元。

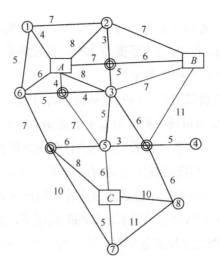

图 A-1　道路与各站点位置示意

表 A-2　市场的需求和短缺损失

菜 市 场	每天需求量（百千克）	短缺损失（元/百千克）
①	75	10
②	60	8
③	80	5
④	70	10
⑤	100	10
⑥	55	8
⑦	90	5
⑧	80	8

请解决以下问题：

（1）为该市设计一个从收购点至每个菜市场的定点供应方案，使用于蔬菜调运及预期的短缺损失最小；

（2）若规定各菜市场短缺量一律不超过需求量的 20%，请重新设计定点供应方案；

（3）为满足城市居民的蔬菜供应，该市规划增加蔬菜种植面积，试问增产的蔬菜每天应分别向 A、B、C 这 3 个采购点供应多少最经济、合理。

项目 5：铁路平板车问题[1]

现有 7 种规格的包装箱要装到两辆铁路平板车上去。包装箱的宽和高是一样的，但厚度（t，单位厘米）、质量（ω，单位千克）是不同的。表 A-3 给出了每种包装箱的厚度、质量、数量。每辆平板车有 10.2 米长的地方可用来装包装箱（像面包片那样），载重为 40 吨。由于当地货运的限制，对这类包装箱的总数有一个特别的限制：这类箱子所占的空间（厚度）不能超过 302.7 厘米。

试把包装箱装到平板车上去（见图 A-2），使浪费的空间最小。

表 A-3　每种包装箱的厚度、质量和数量

	C_1	C_2	C_3	C_4	C_5	C_6	C_7
件数	8	7	9	6	6	4	8
t（厘米）	48.7	52.0	61.3	72.0	48.7	52.0	64.0
ω（千克）	2000	3000	1000	500	4000	2000	1000

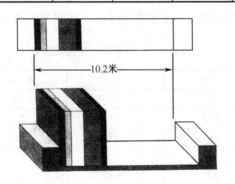

图 A-2　一辆平板车装载的示意

项目 6：投资的收益和风险[2]

市场上有 n 种资产（如股票、债券等）S_i（$i=1,\cdots,n$）供投资者选择，某公司有数额为 M 的一笔资金用作投资。公司财务分析人员对 n 种资产进行了评估，估

---

[1] 本题为美国大学生建模竞赛（AMCM）1988 年的赛题。

[2] 本题为全国大学生数学建模竞赛 1998 年的赛题，由浙江大学陈叔平提供。

算出在这个时期内购买 S_i 的平均收益率为 r_i，并预测出购买 S_i 的风险损失率为 q_i。考虑到投资越分散，总体风险就越小。公司决定，当用这笔资金购买若干种资产时，总体风险可用所投资的 S_i 中最大的一个风险来度量。

购买 S_i 要付交易费，费率为 p_i，并且当购买额不超过给定值 u_i 时，交易费按购买 u_i 计算（不买当然无须付费）。另外，假定同期银行存款利率是 r_0，且既无交易费又无风险（ $r_0 = 5\%$ ）。

（1）已知当 $n = 4$ 时的相关数据如表 A-4 所示，试给该公司设计一种投资组合方案，即用给定的资金 M，有选择地购买若干种资产或存银行生息，使净收益尽可能大，而总体风险尽可能小。

表 A-4　不同资产的相关数据 1

S_i	r_i （%）	q_i （%）	p_i （%）	u_i （元）
S_1	28	2.5	1	103
S_2	21	1.5	2	198
S_3	23	5.5	4.5	52
S_4	25	2.6	6.5	40

（2）试就一般情况对以上问题进行讨论，并利用表 A-5 中的数据进行计算。

表 A-5　不同资产的相关数据 2

S_i	r_i （%）	q_i （%）	p_i （%）	u_i （元）
S_1	9.6	42	2.1	181
S_2	18.5	54	3.2	407
S_3	49.4	60	6.0	428
S_4	23.9	42	1.5	549
S_5	8.1	1.2	7.6	270
S_6	14	39	3.4	397
S_7	40.7	68	5.6	178
S_8	31.2	33.4	3.1	220
S_9	33.6	53.3	2.7	475
S_{10}	36.8	40	2.9	248
S_{11}	11.8	31	5.1	195
S_{12}	9	5.5	5.7	320
S_{13}	35	46	2.7	267
S_{14}	9.4	5.3	4.5	328
S_{15}	15	23	7.6	131

项目 7：网络数据的传输问题[1]

互联网已经成为人们生活、工作的重要平台，在互联网上进行数据信息的传输已经成为人们日常生活的常态和必需。在网络中传输信息的速度主要取决于网络的带宽，随着网络技术的飞速进步，网络分组交换技术在计算机网络中发挥着越来越重要的作用。从源节点到目的节点传送文件不再需要固定一个"路径"，而将文件按分割位分组，再通过不同的路径传送到目的节点，目的节点再根据分组信息进行重组，还原整个文件。分组交换技术具有在文件传输时不需要始终占有一条线路、不怕单条线路掉线、多路传输提高传输速率等优点。问题是怎么利用现有的网络带宽资源让其发挥最高的传输效率，这是问题的关键。

现举一个具体例子说明，现有如图 A-3 所示的网络，网络中连接两个节点的数字表示相邻两个交换机间的可用带宽（单位：Mbps）。

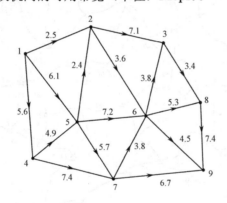

图 A-3　网络示意

请研究以下问题。

（1）设需要从节点 1 到节点 9 传输信息，在此网络中沿哪些线路传输，能有最大的传输流量，其最大带宽是多少？

（2）如果考虑将网络中从节点 1 到节点 9 的传输带宽提高，问应该优先改造哪些线路。

（3）现有一个客户希望租用节点 1 到节点 9 的线路，但希望这两个节点间的带宽至少达到 100MB，请根据现实情况为网络服务商提供几种网络扩容的方案，并合理设定相关的费用，给出不同方案所用费用的优先顺序。

---

[1] 选取韩中庚编著的《运筹学及其工程应用》（2014 年由清华大学出版社出版），有改动。

（4）根据（3）中的方案，调查生活中各类网络服务商的定价方法，分析评估不同定价方法的优劣。

项目 8：灾情巡视路线[1]

图 A-4 所示为某县的乡（镇）、村公路网示意，公路边的数字为该路段的长度（单位：千米）。

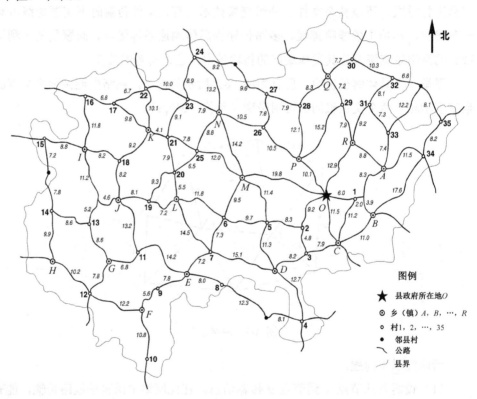

图 A-4　某县的乡（镇）、村公路网示意

现该县遭受水灾。为考察灾情、组织自救，县领导决定带领有关部门负责人到全县各乡（镇）、村巡视。巡视路线为从县政府所在地出发，走遍各乡（镇）、村，又回到县政府所在地。

（1）若分 3 组（路）巡视，试设计总路程最短且各组尽可能均衡的巡视路线。

---

[1] 本题为全国大学生数学建模竞赛 1998 年的赛题，由上海海运学院丁颂康提供。

（2）假定巡视人员在各乡（镇）停留时间 $T=2$ 小时，在各村停留时间 $t=1$ 小时，汽车行驶速度 $V=35$ 千米/小时。要在 24 小时内完成巡视，至少应分几组；给出在这种分组下你认为最佳的巡视路线。

（3）在上述关于 T、t 和 V 的假定下，如果巡视人员足够多，完成巡视的最短时间是多少？给出在这种最短时间完成巡视的要求下，你认为最佳的巡视路线。

（4）若巡视组数已定（如 3 组），要求尽快完成巡视，讨论 T、t 和 V 的改变对最佳巡视路线的影响。

项目 9：日常饮食的营养优化问题

"民以食为天。"饮食问题关系到每个人的身心健康，非常重要。同时，人们每天吃什么，大多根据个人喜好、经济情况和可选范围"随性而为"，但若将营养需求和可用成本作为重要因素考虑进去，兼顾喜好、经济等方面因素，就有进行量化建模和生成优化方案的问题（其实有些营养专家就是这样做的）。

请读者根据自己的实际情况，确定一个营养优化问题，明确目标，收集数据，并完成建模、计算和结论分析过程。

项目 10：一周时间利用的优化安排

每个人的时间都是固定的，但不同的利用效率在很大程度上决定着生活、学习的质量。特别是在临近考试、参加比赛、毕业实习等重要时刻，更是如此。如果将时间看成一种资源，这种资源在不同安排下的"价值"显然不同，同时时间的利用面临身心状态、可用外在条件等多方面的限制。

请读者根据自己的实际情况，以"周"为单位考虑可用时间的总量，并确定时间利用的目标，整理实际数据，并进行建模、求解和结论分析，提出一份自己满意的时间利用计划。

项目 11：选修课选择的优化方案

大学学习中如何选取选修课是一件"技术活"：一是各专业均有一定的学分要求；二是每个人对不同的课程有偏好；三是存在是否"选上"的问题。将多方面的因素进行量化优化可能会产生更好的选择方案。

请读者根据自己的实际情况，确定目标（可以是多目标），收集相关数据，完成建模、计算和结论分析过程，并将结论在实践中验证，评估其效果。

项目 12：网络购物的调查与优化

随着电子商务的快速发展，网络购物已经成为人们生活的常态，其中涉及买家、卖家、平台、快递服务商、快递交通网络等多类因素，以及大量的优化问题，每类问题的效率提升均可能带来巨大的经济效益和社会效益，请读者根据自己熟悉的情况，选取一个明确的问题，在必要时完成小范围的访问调查，进行分析研究，并最终得出结论。

附录 B

LINGO 使用说明

1. LINGO 概述

LINGO（Linear Interaction and General Optimizer，交互式的线性和通用优化求解器）由美国 Lindo System Inc.开发，是用来帮助人们快速构建和求解线性、非线性和整数最优化模型的工具。LINGO 有功能强大的建模语言、内置的高效求解程序及用于构建模型的编程环境，可以方便地读取和写入 Excel 等格式文件或数据库。LINGO 软件界面友好、使用方便、操作灵活，适用于各类运筹优化问题的求解，在运筹学教科书中被广泛地用作教学软件。

LINGO 有单机版和网络版。单机版供单一用户使用，可应用于小型科学研究和数学建模；网络版对用户数无限制，功能更强大。初级使用者也可直接在官网下载使用单机 Demo 版（区别是对变量的数量和可用求解器的种类有一定限制）。

1）LINGO 界面介绍

由于 LINGO 官方没有给出中文版本，需要使用者有一定的英文基础。这里以 LINGO 11.0 为例（其后变化不大），用中英文对照方式说明 LINGO 界面中菜单、工具栏、工作区等窗口的含义，供读者参考。

图 B-1 所示是 LINGO 软件的主窗口（用户界面），所有功能都集成在这个窗口之内。主窗口有标题栏、菜单栏、工具栏和状态栏，用户可以用选项命令（LINGO|Options|Interface 菜单命令）决定是否需要显示工具栏和状态栏。

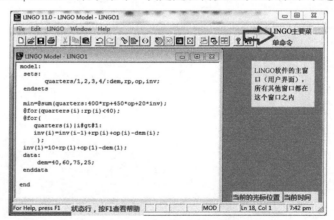

图 B-1　LINGO 软件的主窗口界面

（1）【File】菜单介绍。

菜单栏中【File】菜单下主要完成与文件相关的命令，包括文件的建立、输入输出及历史文件记录等，具体各项的含义如图 B-2 所示。

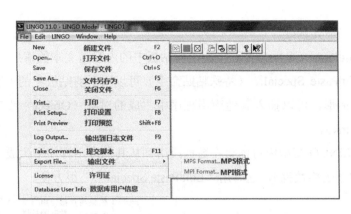

图 B-2　LINGO 界面【File】菜单下各命令的含义

其中，File|Export File…命令将优化模型输出到文件，有两个子菜单，分别表示两种输出格式（都是文本文件）。

● MPS Format（MPS 格式）：IBM 公司制定的一种数学规划文件格式。

● MPI Format（MPI 格式）：Lindo 制定的一种数学规划文件格式。

当用户需要使用数据库时，单击 File|Database User Info 菜单，会弹出对话框，要求用户输入需要验证的用户名（User ID）和密码（Password），这些信息在使用@ODBC( )函数访问数据库时要用到。

（2）【Edit】菜单介绍。

菜单栏中【Edit】菜单下主要完成与文字编辑相关的命令，包括文本的复制、粘贴、查找、替换，以及工作区中的其他相关命令（见图 B-3）。

图 B-3　LINGO 界面【Edit】菜单下各命令的含义

Edit|Paste 和 Edit|Paste Special…命令（见图 B-4），可将 Windows 剪贴板中的

内容粘贴到当前光标处。

- Edit|Paste（粘贴命令）仅用于剪贴板中的内容是文本的情形。
- Edit|Paste Special…（特殊粘贴命令）可以用于剪贴板中的内容不是文本的情形，可以插入其他应用程序中生成的对象（Object）或对象的链接（Link）。

例如，LINGO 模型中可能会在数据段用到从其他应用程序中生成的数据对象（如 Excel 电子表格数据），这时用"Edit|Paste Special…"很方便。

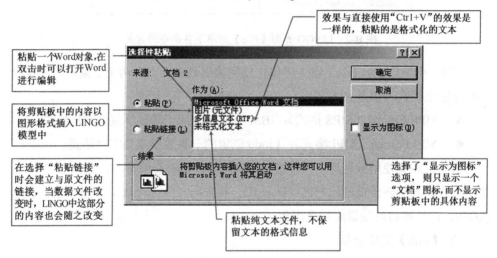

图 B-4　LINGO 界面【Edit】菜单下 Edit|Paste Special…界面

不过要注意：在这种粘贴方式中，只有选择"富信息文本（RTF）"或"未格式化文本"，才能正确输入数据，其他两种方式：Word 文档和图形，LINGO 在运行时会将它们忽略掉。在选择"粘贴链接"建立链接关系后，可以随时用"Edit|Links…"命令修改这个链接的属性。

如果数据不放在 Word 文档中，而放在 Excel 电子表格文件或者其他应用程序的文件中，操作和结果与上面介绍的过程类似。

Edit|Match Parenthesis 菜单用于匹配模型中的括号。如果当前没有选定括号，则把光标移动到离当前光标最近的一个括号并选中这个括号。当选定一个括号后，这个命令会把光标移动到与这个括号相匹配的括号并选中这个括号。

Edit|Paste Function 菜单，以及下一级子菜单、下下一级子菜单，用于按函数类型选择 LINGO 的某个函数，粘贴到当前光标处。

Edit|Select Font 菜单，单击后弹出对话框，控制显示的字体、字形、大小、颜色、效果等。需要注意的是，这些显示特性只有当文件保存为 LINGO 格式（*.lg4）

的文件时才能保存下来。此外，如果"按语法显示色彩"选项是有效的（参见附录"LINGO|Options"），在模型窗口中将不能通过"Edit|Select Font"菜单命令控制文本的颜色。

Edit|Insert New Object 菜单，用于插入其他应用程序中生成的整个对象或对象的链接。前面介绍过的"Edit|Paste Special…"与此类似，但"Paste Special…"命令一般用于粘贴某个外部对象的一部分，而这里的命令是插入整个对象或对象的链接。

Edit|Links 菜单，用于在模型窗口中选择一个外部对象的链接。选择"Edit|Links（链接）"命令，则弹出一个对话框，可以修改这个外部对象的链接属性。

Edit|Object Properties 菜单，用来在模型窗口中选择一个链接或嵌入对象（OLE）。选择"Edit|Object Properties（对象属性）"命令，则弹出一个对话框，可以修改这个对象的属性。包括以下属性。

- Display of the object：对象的显示；
- The object's source：对象的源；
- Type of update (automatic or manual)：修改方式（自动或人工修改）；
- Opening a link to the object：打开对象的一个链接。
- Updating the object：修改对象；
- Breaking the link to the object：断开对象的链接。

（3）【LINGO】菜单介绍。

菜单栏中【LINGO】菜单为软件的核心功能菜单，主功能菜单要完成与模型求解和调试的相关命令，包括模型求解、结果显示、模型信息统计等（见图 B-5）。

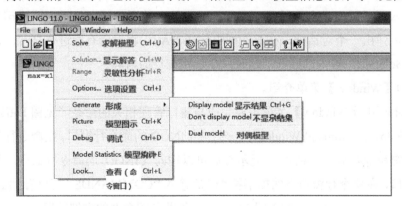

图 B-5 LINGO 界面【LINGO】菜单下各命令的含义

LINGO|Solve 用于求解模型，单击后，LINGO 根据输入模型的类型和设定的

参数进行求解。如果模型语法无误，则另开窗口显示求解结果；如果模型语法有问题，则会弹出窗口，并告知用户相应的错误代码。

LINGO|Solution 指定查看当前内存中求解结果的那些内容。

LINGO|Range 用来完成灵敏度分析。用该命令产生当前模型的灵敏性分析报告：在研究当目标函数的费用系数和约束右端项在什么范围（此时假定其他系数不变）时，最优基保持不变。灵敏性分析需要在求解模型时才能给出，因此要求在求解模型时灵敏性分析开头处于激活状态（默认不激活）。为了激活灵敏性分析，运行 LINGO|Options…，选择 General Solver Tab，在 Dual Computations 列表框中，选择 Prices and Ranges 选项。灵敏性分析会耗费更多的求解时间，因此，当速度很关键时，就没有必要激活它。

LINGO|Options 命令用来修改 LINGO 系统的各种控制参数和选项，在打开后，会弹出含有 7 个选项卡的窗口，包括显示界面、通用求解器选项、线性规划求解器选项、非线性求解器选项、整数规划求解预处理选项、整数规划求解器选项、全局变量求解器选项，涉及优化算法的方方面面。

LINGO|Generate 和 LINGO|Picture 菜单都只能在模型窗口下才能使用，它们的功能是按照 LINGO 模型的完整形式［如将属性按下标（集合的每个元素）展开］显示目标函数和约束（只有非零项才会显示出来）。

LINGO|Generate 菜单控制模型是否以代数表达式的形式给出，按照是否在屏幕上显示结果的要求，可以选择"Display model（Ctrl+G）"和"Don't display model（Ctrl+Q）"两个子菜单。

LINGO|Look 用于控制模型的显示，在模型窗口下才能使用，按照 LINGO 模型的输入形式以文本方式显示，在显示时对输入的所有行（包括说明语句）按顺序编号。弹出一个对话框，在对话框中选择"All"将对所有行进行显示，也可以选择"Selected"输入起始行，这时只显示相应行的内容。

（4）【Window】菜单介绍。

菜单栏中【Window】菜单主要完成与窗口管理相关的命令（见图 B-6）。

Window | Command Window 用来打开 LINGO 的命令行窗口。在命令行窗口中可以获得命令行界面，在"："提示符后可以输入 LINGO 的命令行命令。打开命令行窗口，在命令行窗口下的提示符"："后输入"COMMANDS"可以看到 LINGO 的所有行命令，也可以通过查阅 LINGO 的帮助了解命令的详细情况。

图 B-6 LINGO 界面【Windows】菜单下各命令的含义

Window|Status Window 用来打开 LINGO 的求解状态窗口。如果在编译期间没有错误，那么 LINGO 将调用适当的求解器来求解模型。当求解器开始运行时，它就会显示如图 B-7 所示的求解器状态窗口（LINGO Solver Status），该窗口列出了变量的数量、约束条件的数量、优化状态、非零系数数量、内存、时间等信息，窗口中各要素的细致含义如图 B-7 中所示（这里是示例，读者看到的可能有差别，但大致是一致的）。

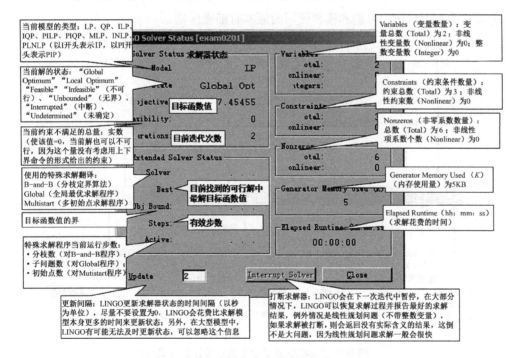

图 B-7 LINGO 求解器状态窗口解读（示例）

求解器状态窗口对于监视求解器的进展和模型大小是有用的。求解器状态窗口提供了一个中断求解器按钮（Interrupt Solver），点击它会导致 LINGO 在下一次迭代时停止求解。

（5）【Help】菜单介绍。

菜单栏中【Help】菜单如图 B-8 所示。

图 B-8　LINGO 界面【Help】菜单下各命令的含义

其中，在选中 Help Menu 后，可以打开 LINGO 的帮助文件。

（6）工具栏介绍。

对于 LINGO 界面中的工具栏，各图标的含义如图 B-9 所示，这里是在工具栏中显示的常用按钮，可能和读者使用的版本有细微区别。

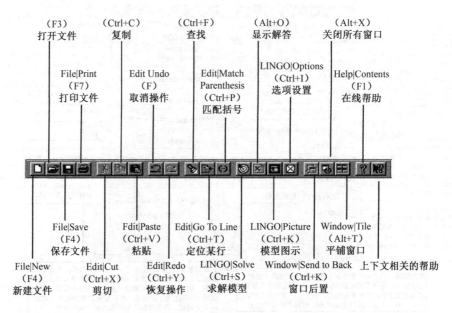

图 B-9　LINGO 界面中工具栏按钮的含义

2）LINGO 建模基本要素说明

下面首先简单说明 LINGO 模型的基本要素，然后通过一个简单例子，说明 LINGO 使用的基本方法。

（1）LINGO 中的变量定义。

LINGO 中所有变量名都需要以字母开头，变量和行名可以超过 8 个字符，但不能超过 32 个字符。字母不区分大小写，但区分中文标点和英文标点，不需要严格规范下标，如 x1 即可表示一个变量。

如果没有其他说明，LINGO 中已假定所有变量非负，如果有其他要求，需要用相关函数进行说明。例如，@gin 限定变量取整数；@free 取消变量的非负限制，即变量为所有实数；@BIN 限制变量为 0 或 1。

用 LINGO 求解优化模型时默认所有变量非负，当需要变量在特定范围内时可以用@BND 进行特别说明。

（2）LINGO 中的语句表达。

语句是组成 LINGO 模型的基本单位，每个语句都以分号（英文状态）结尾。语句顺序没有严格规定，但为了提高 LINGO 求解的效率，应尽可能采用线性表达式定义目标和约束。

说明语句（包括注释和补充语句）应以感叹号开始，以分号结束。

（3）LINGO 模型的一般构成。

完整的 LINGO 模型共由如下 4 个部分构成。

- 目标与约束段（MODEL：　　END）；
- 集合段（SETS：　　ENDSETS）；
- 数据段（DATA：　　ENDDATA）；
- 初始化段（INIT：　　ENDINIT）。

除了一些非常简单的模型，一般目标与约束段是必需的，其他是可选的。

（4）在运行时才对变量赋值的表达。

在 LINGO 模型中，如果想在运行时才对变量赋值，可以在数据段使用输入语句。但是，这仅能用于对单个变量赋值，输入语句格式为：变量名=？。

（5）LINGO 中的文件类型。

除可以读取或者接入其他文件类型外，LINGO 使用了 5 种特有的文件类型，不过除*.lg4 文件是二进制文件外，其他 4 种文件实质上都是文本文件，可以用任何一种文本编辑器打开。这 5 种特有文件类型说明如表 B-1 所示。

表 B-1　LINGO 中的文件类型

扩 展 名	文件类型
lng	纯文本格式模型文件，不含格式（如字体、颜色等）信息
ldt	LINGO 数据文件
ltf	LINGO 命令脚本文件
lgr	用来存放 LINGO 的计算结果（Solution Report）
lg4	LINGO 模型的格式文件

2. LINGO 的运算符说明

（1） 算术运算符。

LINGO 中的算术运算符包括：

$$- 负值；^ 次方；* 乘 ；/ 除；+ 加 ；-减$$

除负值"−"是单目运算符外，其余都是双目运算符。优先级最高为次方^，之后依次为"*、/"和"+、−"。

（2） 逻辑运算符。

LINGO 中的逻辑运算符共有 9 个（见表 B-2），在使用时均需要以"#..#"表示，如#AND#、#OR#等。其中，#NOT#是单目运算符，其余都是双目运算符。不管逻辑表达式的具体形式，其值只有真（TRUE）和假（FALSE）两种。

表 B-2　LINGO 中的逻辑运算符

序 号	运 算 符	含 义
1	#EQ#	两个运算对象在相等时为真，否则为假
2	#NE#	两个运算对象在不相等时为真，否则为假
3	#GT#	左边大于右边为真，否则为假
4	#GE#	左边大于等于右边为真，否则为假
5	#LT#	左边小于右边为真，否则为假
6	#LE#	左边小于等于右边为真，否则为假
7	#NOT#	单目，非，运算对象取反
8	#AND#	左边和右边都真为真，否则为假
9	#OR#	左边和右边都假为假，否则为真

（3）关系运算符。

在 LINGO 编程中，对约束条件的左边与右边的关系只规定了 3 种运算符，即 =（等于）、<=（小于等于）、>=（大于等于）。值得注意的是，LINGO 没有单独的"<""">"关系。也就是说，"<"等同于"<="，">"等同于">="。如果需要严格

A<B 或 A>B，应改成 A+α<=B，α>=0.0001，或 A-α>=B，α>=0.0001。

3. LINGO 中的常用函数

LINGO 中各类优化计算功能的实现，靠的是其内置的丰富函数集，包括常见的数学函数、变量界定函数、集合操作函数、数据输入输出函数等。表 B-3～表 B-8 说明了这些函数，读者可参考 LINGO 的帮助或网上资料了解更多信息。

表 B-3　LINGO 中的常用数学函数——确定性函数

函 数 名	返 回 值
@ABS(x)	返回 x 的绝对值
@SIN(x)	返回 x 的正弦值
@COS(x)	返回 x 的余弦值
@TAN(x)	返回 x 的正切值
@LOG(x)	返回 x 的自然对数值
@EXP(x)	返回 e 的指数值
@SIGN(x)	返回 x 的符号（$x<0$，返回-1；$x\geq0$，返回 1）
@SMAX($x_1,x_2,\ldots,x_n$)	返回 $x_1,x_2,\cdots,x_n$ 中的最大值
@SMIN($x_1,x_2,\ldots,x_n$)	返回 $x_1,x_2,\cdots,x_n$ 中的最小值
@FLOOR(x)	返回 x 的整数部分（2.5 取 2，−2.5 取−2）
@LGM(x)	返回 x 的 gamma 函数的自然函数值
@POW(x,y)	返回 $x^\wedge y$ 的值

表 B-4　LINGO 中的常用数学函数——概率函数

函 数 名	返 回 值
@PSN(X)	返回标准正态分布的分布函数值
@PPS(A,X)	返回参数为 A 的泊松分布的分布函数值
@PBN(P,N,X)	返回参数为 A、N 的二项分布的分布函数值
@PHG(pop,G,N,X)	返回参数为 pop、G、N 的超几何分布的分布函数值，当 X 不是整数时，采用线性插值进行计算
@PFD(N,D,X)	返回参数自由度为 N 和 D 的 F 分布的分布函数值
@PCX(N,X)	返回参数自由度为 N 的卡方分布的分布函数值
@PTD(N,X)	返回参数自由度为 N 的 t 分布的分布函数值
@RAND(SEED)	返回 0～1 的伪随机数，SEED 为种子
@QRAND(SEED)	返回 0～1 的多个拟均匀随机数，SEED 为种子
@PEB(A,X)	当达到负荷 A 时，服务系统有 X 个服务，并且允许在无穷排队时的 Erlang 繁忙概率
@PEL(A,X)	当达到负荷 A 时，服务系统有 X 个服务，并且不允许排队时的 Erlang 繁忙概率

函 数 名	返 回 值
@PPL(A,X)	泊松分布的线性损失函数，即返回 max(0,z-X)的期望值，其中随机变量 z 服从均值为 A 的泊松分布
@PFS(A,X,C)	当负荷上限为 A、顾客数为 C、平行服务台数量为 X 时，有限源的泊松服务系统的等待顾客数的期望值
@PSL(X)	单位正态分布的线性损失函数，即返回 max(0,z-X)的期望值，其中随机变量 z 服从标准正态分布

表 B-5 LINGO 中的常用函数——变量定界函数

函 数 名	含 义
@BIN(X)	X=0 或 1，在 0-1 规划中必用
@GIN(X)	X 被限制为整数，在整数规划中必用
@BND(A,X,B)	$A \leq X \leq B$
@FREE(X)	X 可取任意实数
@IF(A,B,C)	当 A 为真时，取 B，否则取 C

表 B-6 LINGO 中的常用函数——集合操作函数

函 数 名	含 义
@FOR(A:B)	对集合 A 中的每个成员都生成一个具有 B 表达式的约束条件，A 为集合，B 为表达式
@SUM(A:B)	对集合 A 中的每个成员，用 B 表达式进行累加，并返回其总和，A 为集合，B 为表达式
@MAX(A:B)	对集合 A 中的每个成员，计算 B 表达式的值，并返回其最大值，A 为集合，B 为表达式
@MIN(A:B)	对集合 A 中的每个成员，计算 B 表达式的值，并返回其最小值，A 为集合，B 为表达式
@IN(A:e_1)	如果成员 e_1 在集合 S 中，则返回 1，否则返回 0
@SIZE(S)	返回集合 S 中的成员数
@INDEX(S:e_k)	返回成员 e_k 在集合 S 的索引号，其值在 1 到集合 S 的成员个数之间，如果集合 S 中没有该成员，则返回出错信息
@WRAP(I,N)	@WRAP(I,N)的返回值：当 1$\leq I \leq N$ 时，返回 I；当 $I>N$ 时，如果 I 不会整除 N，就返回 I/N 的余数，否则返回 I

表 B-7 LINGO 中的常用函数——文件输入输出函数

函 数 名	含 义
@FILE(fn)	模型引用其他 ASCII 码文件中的数据或文本
@ODBC(fn)	提供 LINGO 与 ODBC 的接口
@OLE(fn)	提供 LINGO 与 OLE 的接口
@TEXT(fn)	把 LINGO 的数据写入文件名为 fn 的文本文件，用来保存计算结果
@POINTER(N)	在 Windows 下使用 LINGO 的动态链接库，从共享内存区传递数据

表 B-8 LINGO 中的常用函数——结果报告函数

函 数 名	含 义
@ITERS()	用在数据段，无参数，返回求解时的迭代次数
@RANGED(X)	X 为变量名或行名，最优解保持不变，目标函数中变量的系数的允许减少量，或指定约束行右边项的允许减少量，用于灵敏度分析
@RANGEU(X)	X 为变量名或行名，最优解保持不变，目标函数中变量的系数的允许增加量，或指定约束行右边项的允许增加量，用于灵敏度分析
@DUAL(X)	X 为变量名或行名，当参数为变量时，返回 Reduced Cost；当参数为行号时，返回该约束行的 Dual Price（影子价格）
@STATUS()	返回 LINGO 求解结束的状态，具体结果见 LINGO 帮助中的说明

课后习题参考答案

第 1 章 绪论

1.1 ××√××

1.2 请用自己的语言简述运筹学的定义。

答：说清楚 3 个要点即可：量化方法、决策优化及应用学科。

1.3 略。

第 2 章 运筹学研究方法

2.1 运筹学研究问题一般包括问题定义、数据收集、模型构建、模型求解、模型检验和结论实施等 6 个步骤，并根据需要进行反馈迭代。

2.2 常用的建模方法包括直接分析法、数据分析法、类比法、实验分析法、构造法等 5 种，举例略。

2.3 略。

2.4 略。

第 3 章 线性规划与单纯形法

3.1 √√××√√√√√√

3.2 使用图解法（过程略）解得，模型在点(6,5)处目标函数取得最大值 280，即应派遣 A 型卡车 6 辆，B 型卡车 5 辆，可最多一次运输 280 吨物资。

3.3 （1）令 $x_1 = x, x_2 = x^2, x_3 = x^3, x_4 = xy$ （此处是不完全等价转化）

（2）令 $x_i = u_i - v_i, |x_i| = u_i + v_i, u_i, v_i \geqslant 0$

（3）令 $u_1 = \dfrac{x_1}{3y_1 + y_2}, u_2 = \dfrac{x_1}{3y_1 + y_2}, u_3 = \dfrac{x_1}{3y_1 + y_2}, u_4 = \dfrac{x_1}{3y_1 + y_2}, t = \dfrac{x_1}{3y_1 + y_2}$

（4）令 $r = \max\limits_{y_i} |\varepsilon_i|$，转化为 $\text{Min} w = r, x_i - y_i \leqslant r (i = 1, 2, \cdots, n)$

3.4 （1）解得该问题有唯一最优解，为（3/4, 7/4），min z=27/4。

（2）无穷多最优解，以（$\dfrac{1}{2}$, 3）和（$\dfrac{13}{2}$, 0）为端点的线段上都是最优解，目标函数最大值为 $\dfrac{13}{2}$。

（3）无界解，目标函数值可以增大到无穷。

（4）可行域为空集，即无可行解。

3.5 （1）标准形式如下，其中 M 为惩罚性系数：

$$\max = -x_1 + x_2' + x_3' - x_3'' + 0x_4 + 0x_5 - Mx_6$$

$$\begin{cases} x_1 + x_2' + x_3' - x_3'' + x_4 = 7 \\ -2x_1 + x_2' + x_3' - x_3'' + x_5 = 2 \\ -3x_1 + x_2' + 2x_3' - 2x_3'' + x_6 = 5 \\ x_2' \geqslant 0; x_3' \geqslant 0; x_3'' \geqslant 0; x_i \geqslant 0 (i=1,4,5,6) \end{cases}$$

初始单纯形表略。

（2）此模型实际是运输问题中产大于销问题的模型，加入 m 个松弛变量 $x_{i(n+1)}$，得到如下标准形式：

$$\max z = -\sum_{i=1}^{m}\sum_{j=1}^{n} c_{ij}x_{ij}$$

$$\begin{cases} \sum_{j=1}^{n+1} x_{ij} = a_i (i=1,2,\cdots,m) \\ \sum_{i=1}^{m} x_{ij} = b_i (j=1,2,\cdots,n) \\ x_{ij} \geqslant 0 \end{cases}$$

初始单纯形表略。

3.6 （1）最优基可行解为 $\boldsymbol{X}^* = (0,6,2)^{\mathrm{T}}$，$z^* = 4$。

（2）最优基可行解为 $\boldsymbol{X}^* = (\frac{2}{5},0,\frac{11}{5},0)^{\mathrm{T}}$，$z^* = \frac{43}{5}$。

3.7 最终答案见 3.4，过程略。

3.8 （1）无穷多最优解，以 $(3/2,1/2)^{\mathrm{T}}$、$(0,2)^{\mathrm{T}}$ 为端点的线段上都是最优解，$z^* = 4$；

（2）无穷多最优解，以 $(4/5,9/5,0)^{\mathrm{T}}$、$(0,3,-2)^{\mathrm{T}}$ 为端点的线段上都是最优解，$z^* = 7$。

3.9 当 $c_1 > 0, c_2 = 0$ 时，顶点（4,0）成为最优解；当 $-c_1/c_2 \leqslant -1/2, c_2 > 0$ 时，顶点（4,2）成为最优解；当 $0 \geqslant -c_1/c_2 \geqslant -1/2, c_2 > 0$ 时，顶点（2,3）成为最优解；当 $c_1 = 0, c_2 > 0$ 时，顶点（0,3）成为最优解。

3.10 最大利润值为 15，最小利润值为 5。

3.11 （1）此时要求非基变量检验数小于 0，即 $d \geqslant 0, c_1 < 0, c_2 < 0$；

（2）此时要求非基变量检验数小于等于 0 且有一个为 0，即 $d \geqslant 0$，$c_1 \leqslant 0$，$c_2 \leqslant 0$，且 $c_1 \cdot c_2 = 0$；

（3）此时要求非基变量检验数大于 0，且对应系数向量非正，即 $d \geqslant 0$，$c_2 > 0$，$a_1 \leqslant 0$；

（4）此时要求非基变量 x_1 检验数大于 0，且基变量 x_6 对应的 θ 值最小，即 $d \geqslant 0, c_1 > 0, a_3 > 0, \dfrac{d}{4} \geqslant \dfrac{3}{a_3}$。

3.12 略。

3.13 略。

3.14 略。

3.15 基于单纯形表计算过程是不断对左乘基的逆的过程，运用矩阵表达形式计算，得到完整的单纯形表为：

	c_j		3	5	4	0	0	0
C_B	X_B	b	x_1	x_2	x_3	x_4	x_5	x_6
5	x_2	80/41	0	1	0	15/41	8/41	−10/41
4	x_3	50/41	0	0	1	−6/41	5/41	4/41
3	x_1	44/41	1	0	0	−2/41	−12/41	15/41
	σ_j		0	0	0	−45/41	−24/41	−11/41

3.16 观察初始表与最终表，得到最优基的逆，运用单纯形表的矩阵表示，计算得到 $c_1 = 7$，$c_2 = 4$，$c_3 = 8$，$b_1 = 8$，$b_2 = 5$，$a_{11} = 9/2$，$a_{12} = 4$，$a_{13} = 1$，$a_{21} = 5/2$，$a_{22} = 2$，$a_{23} = 1$。

3.17 分析钢管的不同截法，可得到数学模型，求解得到应下料根数最小为 55。

3.18 设星期一到星期日开始上班的工作人员数为变量，构建线性规划模型，求解可得 $x_1 = 8$，$x_2 = 2$，$x_3 = 0$，$x_4 = 6$，$x_5 = 3$，$x_6 = 3$，$x_7 = 0$。即每周最少配备 22 名工作人员才能满足需求。

3.19 设 x_{ij} 为第 i 月份签订的期限为 j 的合同，构建线性规划数学模型，最终得到应签 4 份合同：1 月签一份为期 6 个月的面积为 15 个单位的合同；3 月签订一份为期 1 个月的面积为 5 个单位的合同；5 月签订一份为期 2 个月的面积为 3 个单位的合同；6 月签订一份为期 1 个月的面积为 7 个单位的合同。这时租金最少，为 186600 元。

3.20 类似 3.19 题构建线性规划数学模型，最终得到工厂的总利润最大，为 1147 万元。

3.21 类似上两题，构建线性规划数学模型，最终得到物资最大价值为

606600。

3.22　略。

第 4 章　对偶理论与灵敏度分析

4.1　$\sqrt{} \times \times \times \times \sqrt{} \times \sqrt{} \times \times$

4.2　本题中对偶问题的一种解释为：设对偶变量分别为蛋白质、脂肪、维生素的单价，模型为求如何定价使得不超出各食品定价的情况下收益最高的问题。

4.3　(1)　$\max w = 10y_1 + 20y_2$

$$\begin{cases} 2y_1 + 4y_2 \geqslant 3 \\ y_1 \geqslant 2 \\ 2y_1 + y_2 \geqslant 1 \\ y_1, y_2 \geqslant 0 \end{cases}$$

(2)　$\max w = 3y_1 + 2y_2 + 5y_3$

$$\begin{cases} y_1 + 3y_2 + y_3 \geqslant 1 \\ 3y_1 - y_2 + y_3 \leqslant 2 \\ -4y_1 + y_2 + y_3 = 1 \\ y_1 \geqslant 0, y_2 \leqslant 0, y_3 无约束 \end{cases}$$

(3)　$\max w = 5y_1 + 6y_2 + 7y_3$

$$\begin{cases} y_1 + y_2 \geqslant 1 \\ 2y_1 + y_3 \leqslant 1 \\ -2y_1 + y_2 + 2y_3 \leqslant -2 \\ y_1 - 2y_2 + y_3 = 1 \\ y_1 \geqslant 0, y_2 \leqslant 0, y_3 无约束 \end{cases}$$

(4)　$\max w = \sum_{i=1}^{m} a_i u_i + \sum_{j=1}^{n} b_j v_j$

$$\begin{cases} u_i + v_j \leqslant c_{ij} \\ u_i, v_j 无约束 \\ i = 1, 2, \cdots m, j = 1, 2, \cdots, n \end{cases}$$

4.4　写出其对偶问题，由互补松弛性可得对偶问题最优解 $Y^* = (2, 2, 1, 0)$，$w^* = 20$。

4.5　写出两个问题的对偶问题形式，观察其解的关系，根据原问题和对偶问题的最优目标函数值相等，即可证明。

4.6　考察最优基的形式变化，利用对偶变量的矩阵表示 $Y = C_B B^{-1}$ 即可推算出相应变化。

4.7　找到两个问题基之间的变换关系，利用对偶变量表达式 $Y = C_B B^{-1}$ 求出 y_i 和 $\hat{y}_i$ 之间的关系，最后有：$$\begin{cases} \hat{y}_1 = \dfrac{1}{5} y_1 - \dfrac{3}{5} y_3 \\ \hat{y}_2 = 5y_2 \\ \hat{y}_3 = y_3 \end{cases}$$

4.8　(1)　最优解为 $X^* = \left(\dfrac{4}{3}, \dfrac{4}{3}, 0, 0 \right)^{\mathrm{T}}$，目标函数最优值为 4。

(2)　最优解为 $X^* = (3, 0, 0, 0, 6, 7, 0)^{\mathrm{T}}$，目标函数最优值为 -9。

4.9　（1）最优解为 $x_1 = 0, x_2 = 0, x_3 = 6$（无穷多最优解），工厂最大利润为 30 万元。

（2）原料影子价格为 1 万元，因此以 0.9 万元的单价购买原料是合算的。

（3）当 $15 - \Delta b_1 \geqslant 0$ 时，$x_1 = 0, x_2 = 0, x_3 = 6$ 仍为最优解，即劳动力最大减少 15 时总利润不变。

4.10　结合第 8 章中最大流和最小截的数学模型表达，本问题原问题是求网络最大流的问题，对偶问题是求网络最小截问题，模型中的解分别是网络中各弧的可行流量和截集取哪些弧段的 0-1 型变量。

4.11　（1）最优解为 $\boldsymbol{X}^* = (0,0,9,3,0)^{\mathrm{T}}$，目标函数最优值为 117；

（2）最优解为 $\boldsymbol{X}^* = (0,5,5,0,0)^{\mathrm{T}}$，目标函数最优值为 90；

（3）最优解不变；

（4）最优解不变；

（5）最优解为 $\boldsymbol{X}^* = (0,25/2,5/2,0,15,0)^{\mathrm{T}}$，目标函数最优值为 95；

（6）最优基不变，最优解为 $\boldsymbol{X}^* = (0,20,0,0,0)^{\mathrm{T}}$，目标函数最优值为 100。

4.12　（1）生产产品 I、II、III 分别 338/15、116/5、22/3 个单位时盈利最大，为 2029/15 千元；

（2）市场租用价格 0.3/15（千元/台时）高于影子价格，所以租用不划算；

（3）最优生产方案变为生产产品 I、II、III、IV、V 分别 107/4、31/2、0、0、55/4 个单位时盈利最大，为 10957/80 千元。即产品 IV 投产不划算，产品 V 投产划算；

（4）改进后能够使收益增加。

4.13　当 $-3 \leqslant \triangle c_2 \leqslant 1$ 时，最优生产方案不变，否则需要继续使用单纯形表求得新的最优生产方案。

4.14　（1）当 $t \leqslant 1$ 时，最优解为 $\boldsymbol{X}^* = (0,100,230,0,0,20)^{\mathrm{T}}$；当 $t > 1$ 时，最优解为 $\boldsymbol{X}^* = (0,0,430,460,420)^{\mathrm{T}}$；

（2）当 $0 \leqslant t \leqslant 1$ 时，得到的仍为可行解，最优解为 $\boldsymbol{X}^* = (10,10,0,5,0)^{\mathrm{T}}$；当 $1 < t \leqslant 5$ 时，得到的仍为可行解，最优解为 $\boldsymbol{X}^* = (10+2t,15-3t,0,0,5t-5)^{\mathrm{T}}$；当 $5 < t \leqslant 25$ 时，最优解为 $\boldsymbol{X}^* = (25-t,0,3t-15,0,2t+10)^{\mathrm{T}}$。

（3）当 $0 \leqslant t \leqslant 8/3$ 时，检验数均不大于 0，最优解为 $\boldsymbol{X}^* = (0,10,10,0,0)^{\mathrm{T}}$；当 $8/3 < t \leqslant 5$ 时，检验数均不大于 0，最优解为 $\boldsymbol{X}^* = (0,15,0,5,0)^{\mathrm{T}}$；当 $t > 5$ 时，最优解为 $\boldsymbol{X}^* = (15,0,0,5,0)^{\mathrm{T}}$。

（4）当 $0 \leqslant t \leqslant 6$ 时，得到的仍为可行解，最优解为 $\boldsymbol{X}^* = (0,0,0,10+t/3,0,$

$18-3t, 45-5t)^{\mathrm{T}}$ ； 当 $6 < t \leqslant 11$ 时， 得 到 的 仍 为 可 行 解 ， 最 优 解 为 $\boldsymbol{X}^* = (0, t/3 - 2, 0, 12, 0, 0, 33 - 3t)^{\mathrm{T}}$ ；当 $11 < t \leqslant 59$ 时，得到的仍为可行解，最优解为 $\boldsymbol{X}^* = (0, t/3 - 2, t/8 - 11/8, 59/4 - t/4, 0, 0, 0)^{\mathrm{T}}$ 。

4.15 略。

第 5 章　运输问题

5.1 √ × × × × √

5.2 （1）得到最优解时，最小总运费为 245；

（2）得到最优解时，最小总运费为 90；

（3）得到最优解时，最小总运费为 5520。

5.3 该运输问题的对偶问题中，对偶变量可看作在产地和销地间单位物资的实际售价，对偶问题的经济意义为：如该公司欲自己将公司物资运到各地销售，其差价不能超过两地之间的运价（否则买主将在相应产地自己购买运到对应销地），在此条件下希望获利最大。

5.4 证明思路参考教材中的定理 5.3，过程略。

5.5 （1）当 $10 \geqslant c_{22} \geqslant 3$ 时最优调运方案不变。

（2）当 $c_{22} = 17$ 时，该运输问题有无穷多最优调运方案，用闭回路调整法再次调整即可得到更多最优解。

5.6 最优运输方案为：仓库 A_1 向靶场 B_2、B_3 分别运输 40 个、20 个基数，仓库 A_2 向靶场 B_1、B_3 分别运输 30 个、30 个基数，油料消耗为 4890 升。

5.7 计算得到最优解时，最小总运费为 5.1 万元。

5.8 计算得到最优解时，最大总盈利为 147.9 万元。

5.9 最终得到：第一周生产 700 件，其中 600 件用于当周供货，剩余 100 件用于第二周供货；第二周正常生产 700 件、加班生产 200 件，其中 700 件用于当周供货，200 件用于第三周供货；第三周正常生产 700 件、加班生产 100 件，其中 700 件用于当周供货，100 件用于第四周供货；第四周生产 700 件，全部用于当周供货，总成本 363000 元。

5.10 将中转站同时看作产地和销地，可转化为标准形式的运输问题，即可进行求解。

5.11 略。

第 6 章 线性目标规划

6.1 （1）目标规划中为了平衡不同目标间的冲突，提出了满意解概念，它是最优解概念的妥协，相对而言，线性规划的最优解是单一目标情况的最佳情况。

（2）目标规划的目标函数中不同一般线性规划的目标函数，通过引入正、负偏差变量，使原规划问题中的目标要求变成了约束条件，新的目标函数使用偏差变量重新构建，可根据实际值偏离目标值的期望不同，区分为要求恰好达到目标值、尽量不超过目标值和尽量不低于目标值 3 类分别表达出来。

（3）相同点是目标函数和约束条件都是变量的线性表达式，主要区别有 3 点：一是前者有一类新的人工加入的变量——偏差变量；二是前者的目标函数中仅包含偏差变量，同时考虑了多类目标实现的优先顺序；三是前者的约束条件中有两类——绝对约束和目标约束。

（4）求解线性目标规划也可以使用求解一般线性规划的图解法和单纯形法，但主要区别在于要灵活处理不同优先级的目标，图解法中要根据优先级依次给出可行域的边界，最后得到满意解的区域；单纯形法中要使用多行检验数依次处理不同优先级的目标。解法上的区别主要来自模型结构的差异，线性目标函数的解法核心是要处理多目标的问题。

6.2 （1）满意解为 $(x_1, x_2) = (2, 2)^{\mathrm{T}}$。

（2）满意解为四边形区域，可表示为 $(x_1, x_2) = \alpha_1(6, 3) + \alpha_2(9, 0) + \alpha_3(8, 0) + \alpha_4(4.8, 2.4) = (6\alpha_1 + 9\alpha_2 + 8\alpha_3 + 4.8\alpha_4, 3\alpha_1 + 2.4\alpha_4)$
上述表达式中系数取值均在 0～1，且加和为 1。

（3）满意解为 （25, 15）。

（4）满意解为 （70, 20）。

6.3 （1）当 x_1=20，x_2=35，d_3^-=215，d_4^-=60 时，原式为最优解；

（2）当 x_1=20，x_2=35 时，新问题达到最优解；

（3）增加新的目标约束重新计算后，本问题中满意解不发生变化。

6.4 略。

6.5 略。

6.6 略。

第 7 章 整数线性规划

7.1 松弛问题最优解为（0,3.75），整数规划最优解为（2,3）。

7.2 （1）最优解为（2,2）或（3,1），目标函数为8；

（2）最优解为(3,2)，(4,1)或（5,0），目标函数为5。

7.3 原问题的解为（1,1），最优解 z 值等于4；

7.4 整数规划模型

$$\min z = 20y_1 + 5x_1 - 12y_2 - 6x_2$$

$$\begin{cases} 1:\ x_1 \leqslant y_1^*;\ x_2 \leqslant y_2^* M \\ 2:\ x_1 \geqslant 10 - y_3^* M \\ \quad x_2 \geqslant 10 - (1 - y_3)^* M \\ 3:\ 2x_1 + x_2 \geqslant 15 - y_4^* M \\ \quad x_1 + x_2 \geqslant 15 - y_5^* M \\ \quad x_1 + 2x_2 \geqslant 15 - y_6^* M \\ \quad y_4 + y_5 + y_6 \leqslant 2 \\ 4:\ x_1 - x_2 = 0y_7 - 5y_8 + 5y_9 - 10y_{10} + 10y_{10} \\ \quad y_7 + y_8 + y_9 + y_{10} + y_{11} = 1 \\ 5:\ x_1 \geqslant 0, x_2 \geqslant 0, y_i = 0或1\,(i = 1, \cdots, 11) \end{cases}$$

其中，第一组约束条件辅助表达目标函数；第二组约束条件使 $x_1 \geqslant 10$ 或者 $x_2 \geqslant 10$；第三组约束条件使 $2x_1 + x_2 \geqslant 15$、$x_1 + x_2 \geqslant 15$ 和 $x_1 + 2x_2 \geqslant 15$ 至少一个成立；第四组约束条件使 x_1 和 x_2 两者之间或相差10、或相差5、或相等；第五组约束条件使 x_1 和 x_2 均为非负数，且 y 取值为0或1。

7.5 （1）最优解为（0,1,1）；

（2）最优解为（1,0,0）。

7.6 （1）最优解为 $x_{14} = x_{22} = x_{33} = x_{41} = 1$，其他变量取值为0，最优值为46；

（2）最优解为 $x_{15} = x_{23} = x_{33} = x_{44} = x_{51} = 1$，其他变量取值为0，最优值为21。

7.7 装载4号和5号货物分别为2500吨和2500吨，可使得总价值系数最大为107500。

7.8 应选中 B_1、B_2、B_3、B_4、B_5、B_9、B_{13}、B_{14} 建机场，可使总费用最低为15.4万元。

7.9 （1）应选甲完成 B 工作，乙完成 C 工作，丙完成 D 工作，丁完成 A 工作，工资总成本最低为6500。

（2）应选甲完成 D 工作，乙完成 C 工作，丙完成 B 工作，丁完成 A 工作，总利润为26000。

7.10 使总成绩最好的分配任务方案为：赵→自由泳，钱→蝶泳，孙→仰泳，李→蛙泳，总成绩为126.2秒。

7.11 建立 0-1 型整数规划模型，使用隐枚举法求解，求得可关闭消防站②。

7.12 建立 0-1 型整数规划模型，使用 LINGO 编程求解，解得只需在②⑤⑥这 3 个路口装摄像头即可。

7.13 略。

第 8 章 图与网络优化

8.1 略。

8.2 ×√×√√√×√√√

8.3 （参考思路）将不同的车道看作图中的顶点，如果相应车道通行时有交叉，就在相应顶点间连一条边，则可将这一交通路口建模为一个图模型，图中任何有边相连的车道均不可以同时通过路口；反之，如果没有边相连，则相应车道上的车辆可以同时通行。

8.4 （参考思路）将 3 种容器的实际装酒量设为 (a,b,c)，则初始状态为 $(8,0,0)$，最终状态要求为 $(4,4,0)$，根据相邻状态之间的转移关系可以将所有可能达成的状态绘制出来，从而形成一个有向图。问题可归结为在有向图中找一个从初始状态到最终状态的有向链路，所有这样链路中最短的那个（通过最短路算法）是将酒平分的步骤最少的方案。最终得到最短路的路长为 7，即最少倒酒 7 次可以将酒平分。

8.5 （参考思路）首先将图中比赛项目看作图的顶点，如果不存在运动员参加相应两项比赛，就在相应顶点间连一条边，则得到一个无向图模型（实际构建时，可以先构建有运动员同时参加的图，然后找其边的补图）。然后在该图中任意一个从任一个顶点出发，遍历所有顶点的路线即对应一个可行的比赛方案（如 $A{\to}C{\to}B{\to}F{\to}E{\to}D$），本图中共有多种不同的方案。

8.6 （参考思路）使用反证法。首先构建象棋比赛的图模型，然后使用图论的基本定理可发现矛盾。

8.7 （参考思路）使用反证法。将人用图的顶点表示，图的两顶点间的边表示两人为朋友关系，问题转换为证明在任意简单图中至少存在两顶点的度数相等。使用抽屉原理可得出矛盾。

8.8 （参考思路）使用反证法，只需证明找到 3 人相互间握过手即可，假设没有，根据顶点的度的数量，可推出矛盾。

8.9 题中问题转化为图的欧拉问题和 Hamilton 问题。

8.10 （参考思路）使用反证法，若不是连通图，一定存在两个互不连通的子图，对于两个子图来说，边数至多为完全图中的情况，可根据不等式关系得到矛盾。

8.11 邻接矩阵 A 中的每个数字 a_{ij} 都标识这个图中第 i 个点和第 j 个点之间有无邻接边，A^k 中每个元素表示长度为 k 的相应顶点间道路的条数，由此 A^3 中 $v_1 \to v_2$ 之间共有 8 条长度为 3 的道路，以此类推。

8.12 略。

8.13 最终得到如下图所示的邮递员路线，其中任一欧拉圈都是最优邮路。

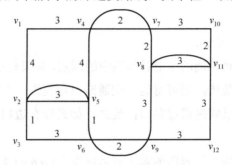

8.14 （参考思路）用反证法，设这两个奇点分别为 u 和 v，且无路相连，则 u 和 v 分属 G 的两个互不相连的子图，则两个子图中各只有一个奇点，这和图中奇点个数必然为偶数个矛盾。

8.15 （参考思路）用极化构造的方法证明。设出图中的最长简单路，考虑最长路端点的情况，可证明其必然与最长路上的其他顶点构成圈；同时这样的圈有很多个，圈长最长的那一个，圈长一定不少于最小次加 1。

8.16 该图为欧拉图，所有边都在回路上，则必然没有割边。

8.17 （参考思路）使用反证法，考虑图中的分枝，根据树的性质可找出矛盾。

8.18 结合数的定义，以及树中顶点和边数的数量关系，即可得证。

8.19 将小田地看作图中顶点，若两块田间有一个公共堤埂，则在相应顶点间连一条边，加上水源地的顶点（设水源在田地外），则灌溉问题转化为一个 13 个顶点的图模型，只需要在图中找到支撑树（存在多个解），即可得到要挖开的最小堤埂数，为 12 个。

8.20 略。

8.21 v_1 到各点 v_2、v_5、v_7、v_6、v_8 的最短路为

$d(v_1, v_2) = 4$，$d(v_1, v_5) = 1$，$d(v_1, v_7) = 3$，$d(v_1, v_6) = 7$，$d(v_1, v_8) = 10$；

v_1 不能到达 v_3 及 v_4。

8.22 转化为一个网络最短路问题，求解即可。将刚入学时、大一期末、大二

期末、大三期末和大四期末等 5 个时间节点作为顶点，将时间点之间所用电脑的总费用（包括购置费和维修升级费，同时减去回收价格）作为路的权值，将问题化为最短路问题。最终得到应在大一买新电脑用到大三学期末卖掉旧电脑，同时买台新电脑用到大四结束，总费用最少为 9 千元。

8.23 这是一个多对多的最短路问题，可使用 Floyd 算法求解，求解结果略。

8.24 经过路上权值的对数转化，得到一个最短路问题，解得最短路径为 ①→②→③→⑤→⑦，即该人沿这条路线去地点⑦所用时间最短。

8.25 经过加权处理后，该问题为多对多的最短路问题，最终结果为小学应建在 D 村。

8.26 （1）经验证，该网络流是可行流；

（2）该链是增广链，因为该链满足增广链的两个条件；

（3）使用最大流标号算法求解，过程略，最后得到最大流流量为 10。

8.27 （1）截集总个数为 $C_3^0 + C_3^1 + C_3^2 + C_3^3 = 8$ 个；

（2）分别求所有 8 个截集的截量，得到最小截集，其截量为 5；

（3）由最大流最小截集定理可知，图中可行流的流量 $f = 5$，等于最小截量，即为最大流。

8.28 使用用最大流标号算法求解，最终得到放行方案应为从出发点向 v_1 方向（上方）每小时放行 5 百辆，向 v_2 方向（下方）放行 11 百辆，向 v_3 方向（中间）放行 9 百辆，最多每小时可达到 2500 辆。每小时通行辆小于 3000，需要进行道路扩容，寻找最小割集所在地，得到道路 $\{(v_4, v_t), (v_3, v_5), (v_6, v_t)\}$（最上端为 v_4, v_4 正下方为 v_3，v_3 右方为 v_5，v_5 下方为 v_6）应该优先实施扩容。

8.29 根据最大流标号算法过程中流量调整的方法可证。

8.30 （1）略。（2）用标号算法经过 2 步迭代得到最大流，其流量为 6。

8.31 使用最小费用流算法求解，得到最终总费用最小为 196。

8.32 产地和销地看作图中的顶点，并添加虚拟的源点和汇点，形成一个网络图，图中有向边上的权值有两个：第一个是最大运出量（容量），第二个是单位运价（费用），则运输问题转化为求流量不小于总运入量的最小费用流问题。使用相应算法计算最小费用流，最终得到最小费用运输方案，最小总费用为 240。

8.33 略。

第 9 章 其他分支选讲

9.1 根据最小二乘法，构建二次函数，根据偏导求极值，得到最优拟合直线

应为 $y = \dfrac{17}{30}x - \dfrac{1}{2}$。

9.2　该问题不是凸规划。

9.3　以 $(0,0)^{\mathrm{T}}$ 为初始点迭代一次得到 $x^{(1)} = (2,0)^{\mathrm{T}}$ 是极值点，以 $(0,1)^{\mathrm{T}}$ 为初始点迭代 2 次得不到极值点，原因是本题中函数为椭圆，圆心为极值点，第一次计算负梯度方向直指圆心，收敛快，但第二次计算的搜索路径呈现直角锯齿状，收敛较慢。

9.4　梯度法迭代中呈现锯齿状慢速收敛，但牛顿法一次迭代即可得到最优解，极值点为 $x = (-1, 3/2)^{\mathrm{T}}$。

9.5　略。

9.6　该问题的 KKT 条件表达略，解得最优解为 $X^* = 3$。

9.7　解得最终结果如下：

A 到 B 的最短路线为：$A \to B_1 \to C_2 \to C_3 \to B$，最短距离为 16。

A 到 C 的最短路线为：$A \to B_1 \to C_2 \to C_3 \to C$ 或 $A \to B_1 \to C_2 \to D_3 \to C$，最短距离为 20。

A 到 D 的最短路线为：$A \to B_1 \to C_2 \to D_3 \to D$，最短距离为 20。

9.8　得到最优解 $x_1^* = 0$，$x_2^* = 0$，$x_3^* = 20$，目标函数最大值为 $Z^* = 400$。

9.9　该问题的最优解为 $x_1^* = x_2^* = \cdots = x_n^* = \dfrac{c}{n}$，其最优指标函数值为 $\max z = \left(\dfrac{c}{n}\right)^n$。

9.10　解得最优解为 $x_1^* = 1$，$x_2^* = 2$，$x_3^* = 0$，$\max Z = 18$。

9.11　得到动态规划基本方程（顺序求解）为：

$$\begin{cases} f_k(s_k) = \min\limits_{u_k \in D_k(s_k)} \left\{ 600(s_k - d_k) + 200u_k^2 + f_{k-1}(s_k - u_k) \right\}, k = 1,2,3,4 \\ f_0(s_0) = 0 \end{cases}$$

9.12　略。

9.13　最优加工顺序为 $J_1 \to J_4 \to J_3 \to J_2$，总加工时间为 40。

9.14　略。